机械设计制造及其自动化专业本科系列教材

液气压传动与控制

主　编　赵汝和　蒋冬清
主　审　李三雁　刘　念

重庆大学出版社

内容提要

全书分两篇，共 13 章。第 1 篇即 1—10 章为液压传动与控制。第 1 章详细讲解液压传动与控制的工作原理与特征；第 2 章讲解流体静力学和动力学；第 3 章介绍液压系统的动力元件，介绍常见的齿轮泵、叶片泵和柱塞泵等的基本结构及基本原理；第 4 章介绍液压马达和液压缸；第 5 章介绍液压系统的控制阀，包括常见的流量控制阀、方向控制阀、压力控制以及伺服控制阀等；第 6 章介绍液压系统的辅助元件；第 7 章介绍液压系统的典型回路，包括方向控制回路、压力控制回路和速度控制回路；第 8 章举例介绍典型液压控制系统；第 9 章介绍液压系统的设计计算；第 10 章介绍液压仿真软件 AMESim、液压系统的仿真。第 2 篇即第 11—13 章为气压传动与控制。第 11—13 章介绍气压系统的基础知识。全书的特点有两个：采用了新形态的形式，重点、难点知识和章节，提供了视频、动画讲解；国内在液气压传动与课程中引入 AMESim 软件的仿真，对液压静力学、动力学、液压系统的动力元件、执行元件、控制回路提供全方位的仿真。

本书可作为高等院校机械类专业教材，也可作为工程技术人员的参考书。

图书在版编目(CIP)数据

液气压传动与控制/赵汝和，蒋冬清主编.--重庆：重庆大学出版社，2021.6(2024.7 重印)
机械设计制造及其自动化专业本科系列教材
ISBN 978-7-5689-2765-9

Ⅰ.①液… Ⅱ.①赵… ②蒋… Ⅲ.①液压传动—自动控制—高等学校—教材 ②气压传动—自动控制—高等学校—教材 Ⅳ.①TH137 ②TH138

中国版本图书馆 CIP 数据核字(2021)第 107398 号

液气压传动与控制
主 编 赵汝和 蒋冬清
主 审 李三雁 刘 念
策划编辑：杨粮菊
责任编辑：李定群 版式设计：杨粮菊
责任校对：谢 芳 责任印制：张 策
*
重庆大学出版社出版发行
出版人：陈晓阳
社址：重庆市沙坪坝区大学城西路 21 号
邮编：401331
电话：(023)88617190 88617185(中小学)
传真：(023)88617186 88617166
网址：http://www.cqup.com.cn
邮箱：fxk@cqup.com.cn(营销中心)
全国新华书店经销
重庆新荟雅科技有限公司印刷
*
开本：787mm×1092mm 1/16 印张：18.25 字数：470 千
2021 年 6 月第 1 版 2024 年 7 月第 3 次印刷
ISBN 978-7-5689-2765-9 定价：49.80 元

前言

液气压传动与控制以体积小、功率密度高、响应快等特点成为现代传动与控制的一种重要的形式,伴随着微电子技术、自动控制技术的发展,液气压传动与控制技术进入一个全新的发展时期,广泛应用于工程机械、兵器工业、航空航天、冶金、石油勘探等领域。为了适应新工科对人才培养的要求,编写了液气压传动与控制教材。

"液气压传动与控制"属于专业基础课。本书适用于机械工程各个专业的研究生、本科生作为教材或教学参考书。本书的知识结构较为独立,详细介绍了流体力学基础理论、液气压基本元件、液气压基本回路以及典型应用,也适合从事液气压传动与控制工程的工程技术人员作为参考。

本书的特点有两个:采用了新形态的教材,重点、难点知识和章节,提供了视频讲解;在液气压传动与控制课程中引入AMESim软件的仿真,对液压静力学、动力学、液压系统的动力元件、执行元件、控制回路提供全方位的仿真。

本书分两篇,共13章。第1章详细讲解液气压传动与控制的基本原理与特征;第2章讲解液压流体力学,是整个液气压传动与控制的理论基础,主要讲解的是静力学和动力学;第3章介绍液压系统的动力元件即液压泵的基本结构以及基本原理,介绍常见的齿轮泵、叶片泵和柱塞泵等;第4章介绍液压系统的执行元件:液压马达和液压缸;第5章介绍液压系统的控制阀,包括常见的流量控制阀、方向控制阀、压力控制以及伺服控制阀等;第6章介绍液压系统的辅助元件;第7章介绍液压系统的典型回路,包括方向控制回路、压力控制回路和速度控制回路;第8章举例介绍典型液压控制系统;第9章介绍液压系统的设计计算;第10章介绍液压仿真软件AMESim、液压系统的仿真;第11—13章介绍气压系统的基础知识。

全书由赵汝和负责统稿,具体分工:黄晖编写第1章,赵汝和编写第2,6,7章,黄兰编写第3,11章,刘琴琴编写第4,9章,蒋冬清编写第5章,李永胜编写第8章,刘启伟、李小平编写第10章,周思河编写第12章,代春香编写第13章。

本书是四川省“液气压传动与控制”示范课程建设成果，也是四川大学锦城学院教学改革的经验总结，引导学生参与编写工作，实现教学相长、教研相长、教技相长；由四川大学锦城学院李三雁教授、四川大学刘念教授负责审稿，在此表示衷心感谢。感谢四川大学锦城学院实验实训中心的支持和配合。

由于作者水平有限，加之书中图表较多，难免有不足与疏漏之处，恳请广大读者以及同行批评指正，不胜感激！

编　者

2021 年 1 月

目录

第1篇　液压传动与控制

第2篇　气压传动与控制

第1篇 液压传动与控制

第1章 绪论

1.1 液压传动的工作原理及特征

液压传动的工作原理及特征与气压传动的基本工作原理是相似的。现以如图 1.1 所示的液压千斤顶为例来阐述液压传动的工作原理。

如图 1.1 所示,当向上抬起杠杆时,手动液压泵的小活塞向上运动,小液压缸 1 下腔容积增大形成局部真空,排油单向阀 2 关闭,油箱 4 的油液在大气压作用下经吸油管顶开吸油单向阀 3 进入小液压缸下腔。当向下压杠杆时,小液压缸 1 下腔容积减小,油液受挤压,压力升高,关闭吸油单向阀 3,顶开排油单向阀 2,油液经排油管进入大液压缸 6 的下腔,推动大活塞上移顶起重物。如此不断地上下扳动杠杆,则不断有油液进入大液压缸 6 下腔,使重物逐渐举升。

如杠杆停止动作，大液压缸下腔油液压力将使排油单向阀 2 关闭，大活塞连同重物一起被自锁不动，停止在举升位置。如打开截止阀 5，大液压缸 6 下腔通油箱，大活塞将在自重作用下向下移动，迅速回复到原始位置。

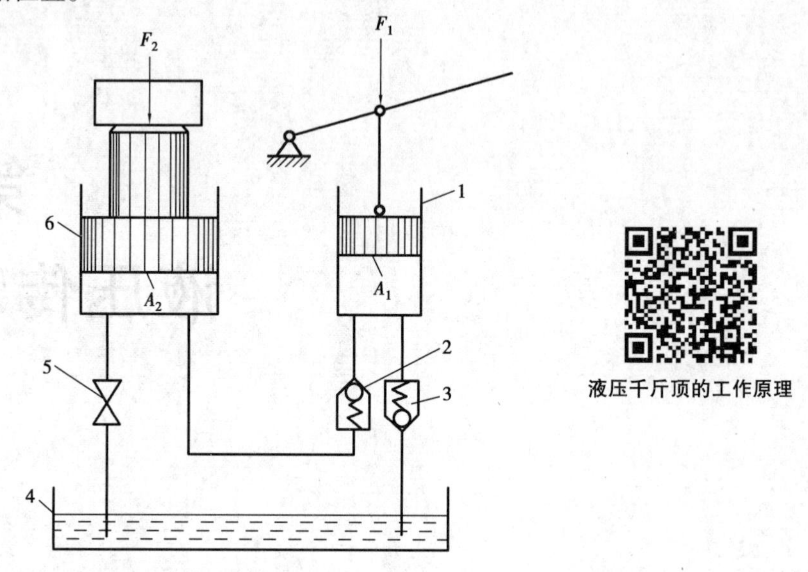

图 1.1　液压千斤顶工作原理图

1—小液压缸；2—排油单向阀；3—吸油单向阀；4—油箱；5—截止阀；6—大液压缸

由液压千斤顶的工作原理可知，小液压缸 1 与单向阀 2，3 一起完成吸油与排油，将杠杆的机械能转换为油液的压力能输出，称为（手动）液压泵。大液压缸 6 将油液的压力能转为机械能输出，抬起重物，称为（举升）液压缸。在这里，大、小液压缸组成了最简单的液压传动系统，实现了力和运动的传递。

1）力的传递

设液压缸活塞面积为 A_2，作用在活塞上的负载力为 F_2。该力在液压缸中所产生的液体压力为

$$p_2 = \frac{F_2}{A_2}$$

根据帕斯卡原理，在密闭容器内，施加于静止液体上的压力将以等值同时传递到液体各点，液压泵的排油压力 p_1 应等于液压缸中的液体压力，即

$$p_1 = p_2 = p$$

液压泵的排油压力又称系统压力。

为了克服负载力使液压缸活塞运动，作用在液压泵活塞上的作用力 F_1 应为

$$F_1 = p_1 A_1 = p_2 A_1 = pA_1 \tag{1.1}$$

式中　A_1——液压泵活塞面积。

在 A_1，A_2 一定时，负载力 F_2 越大，系统中的压力 p 也越高，所需的作用力 F_1 也越大，即系统压力与外负载密切相关。这是液压与气压传动工作原理的第一个特征：液压与气压传动中工作压力取决于外负载，与施加的力大小无关。

2）运动的传递

如果不考虑液体的可压缩性、漏损和缸体及管路的变形，液压泵排出的液体体积必然等于

进入液压缸的液体体积。设液压泵活塞位移为 s_1，液压缸活塞位移为 s_2，则

$$s_1A_1 = s_2A_2 \tag{1.2}$$

式(1.2)两边同时除以运动时间 t，得

$$q_1 = v_1A_1 = v_2A_2 = q_2 \tag{1.3}$$

式中　v_1,v_2——液压泵活塞和液压缸活塞的平均运动速度；

q_1,q_2——液压泵输出的平均流量和液压缸输入的平均流量。

由此可知，液压与气压传动是靠密闭工作容积变化相等的原则实现运动(速度和位移)传递的。调节进入液压缸的流量 q，即可调节活塞的运动速度 v，这是液压与气压传动工作原理的第二个特征：活塞的运动速度只取决于输入流量的大小，而与外负载无关。

由上述讨论还可知，与外负载力相对应的流体参数是流体压力，与运动速度相对应的流体参数是流体流量。因此，压力和流量是液压与气压传动中两个最基本的参数。

1.2　液压传动系统的构成

以如图1.2所示的机床工作台液压系统为例，说明其组成和各种元件在系统中的作用。当液压泵3由电动机驱动旋转时，从液压泵3经过滤油器2吸油。油液经换向阀7和管路11进入液压缸9的左腔，推动活塞杆及工作台10向右运动。液压缸9右腔的油液经管路8、换向阀7和管路6，4排回油箱1，通过扳动换向手柄12来切换换向阀7的阀芯，使之处于左端工作位置，则液压缸活塞反向运动；换向阀7的阀芯工作位置处于中间位置，则液压缸9可在任意位置停止运动。

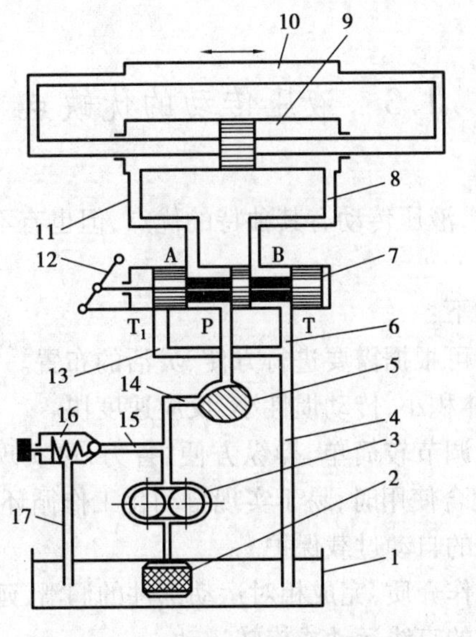

图1.2　机床工作台液压系统

1—油箱；2—滤油器；3—液压泵；4，6，8，11，13，14，15，17—管路；5—流量控制阀；

7—换向阀；9—液压缸；10—工作台；12—换向手柄；16—溢流阀

调节和改变流量控制阀5的开度大小可调节进入液压缸9的流量，从而调节液压缸活塞及工作台的运动速度。液压泵3排出的多余油液经管路15、溢流阀16和管路17流回油箱1。

液压缸 9 的工作压力取决于负载。液压泵 3 的最大工作压力由溢流阀 16 调定,其调定值应为液压缸的最大工作压力及系统中的油液经各类阀和管路的压力损失之和。因此,系统的工作压力不会超过溢流阀的调定值,溢流阀对系统还有超载保护作用。

由机床工作台液压系统的工作过程可知,一个完整的、能正常工作的液压系统应由以下 5 个主要部分组成:

1) 动力元件

动力元件是供给液压系统压力油,把原动机的机械能转化成液压能的装置。常见的有各类液压泵。

液压系统的基本元件

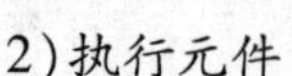

2) 执行元件

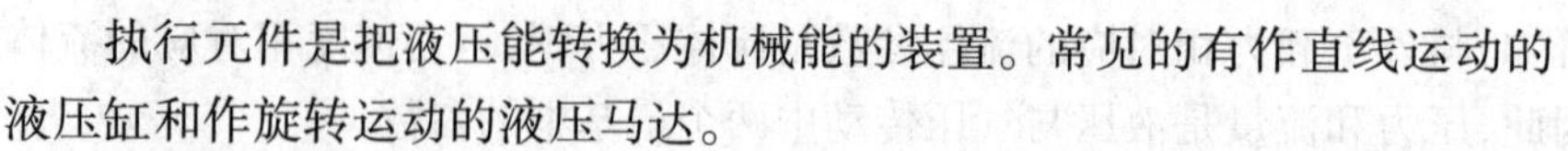

执行元件是把液压能转换为机械能的装置。常见的有作直线运动的液压缸和作旋转运动的液压马达。

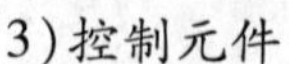

3) 控制元件

控制元件用来完成对液压系统中工作液体的压力、流量和流动方向的控制与调节。这类元件主要包括各种液压阀,如溢流阀、节流阀和换向阀等。

4) 辅助元件

辅助元件是指油箱、蓄能器、油管、管接头、滤油器、压力表及流量计等。这些元件分别起储油、蓄能、输油、连接、过滤、测量压力及测量流量等作用,以保证系统正常工作。它是液压传动系统不可缺少的组成部分。

5) 工作介质

工作介质在液压传动及控制中起传递运动、动力及信号的作用。它包括液压油或其他合成液体。它直接影响液压系统的工作性能。

1.3 液压传动的优缺点

与其他的传动方式相比,液压传动有其独特的优点,但也有不足。

1) 液压传动的优点

液压传动的优点具体如下:

①液压传动的各种元件可根据需要进行方便、灵活的布置。

②单位功率的质量小,体积小,传动惯性小,反应速度快。

③液压传动装置的控制调节较简单,操纵方便、省力,可实现大范围的无级调速(调速比可达 2 000)。当机、电、液配合使用时,易于实现自动化工作循环。

④能较方便地实现系统的自动过载保护。

⑤一般采用矿物油为工作介质,完成相对运动部件的润滑,延长零部件的使用寿命。

⑥很容易实现工作机构的直线运动或旋转运动。

⑦在采用电、液联合控制后,可实现更高程度的自动控制和遥控。

⑧液压元件已实现标准化、系列化和通用化。因此,液压系统的设计、制造和使用都较方便。

2)液压传动的缺点

液压传动的缺点具体如下：

①因为液体流动的阻力损失和泄漏较大,所以效率较低。如果处理不当,泄漏不仅污染场地,而且可能引起火灾和爆炸事故。

②工作性能易受温度变化的影响。因此,不宜在很高的温度或很低的温度条件下工作。

③液压元件的制造精度要求很高。因此,其价格较贵。

④由于液体介质的泄漏及可压缩性,因此,不能得到严格的定比传动;液压传动出故障时,不易找出原因,要求具有较高的使用和维护技术水平。

⑤在高压、高速和大流量的环境下,液压元件和液压系统的噪声较大。

总之,随着科学技术的不断进步,液压传动的缺点会得到克服,液压技术会日臻完善,液压技术与电子技术及其他传动技术的相互配合会更加紧密,其发展前途很大。

1.4 液压传动与控制系统的发展概况

液压传动以其独特的优势成为现代机械工程、机电一体化技术中的基本构成技术和现代控制工程中的基本技术要素,在国民经济各行业得到了广泛的应用。表1.1列举了一些液压传动在机械工程设备中的应用。

表1.1 液压传动在机械工程设备中的应用

行业名称	应用举例
工程机械	挖掘机、装载机、推土机、铲运机等
矿山机械	凿岩机、开掘机、提升机、液压支架等
建筑机械	平地机、液压千斤顶、打桩机等
冶金机械	轧钢机、压力机等
机械制造	机床、数控加工中心、模锻机、空气锤、压铸机等
轻工机械	打包机、食品包装机、织布机、印染机、造纸机等
汽车工业	自卸式汽车、汽车吊、高空作业车、汽车转向器、减振器等
水利工程	水坝、闸门、船舵液压操纵装置等
农林机械	联合收割机、拖拉机、农具悬挂系统等
国防工业	飞机、坦克、舰艇、火炮、导弹发射架、雷达等
智能机械	折臂式小汽车装卸器、数字式体育锻炼机、模拟驾驶舱、机器人等

我国的液压传动技术是在中华人民共和国成立后发展起来的,最初只应用于机床和锻压设备上。我国的液压传动技术从无到有,发展很快,从最初的引进国外技术到现在进行产品自主研制、开发国产液压件新产品,并在性能、种类和规格上与国际先进新产品水平接近。

随着世界工业水平的不断提高,各类液压产品的标准化、系列化和通用化也使液压传动技术得到了迅速发展,液压传动技术开始向高压、高速、大功率、高效率、低噪声、低能耗、长寿命、高度集成化等方向发展。同时,新型液压元件和液压系统的计算机辅助设计(CAD)、计算机辅助测试(CAT)、计算机直接控制(CDC)、机电一体化技术、计算机仿真技术、优化设计技术及可靠性技术等方面也在不断发展。可以预见,液压传动技术将在现代化生产中发挥越来越重要的作用。

思考与练习

简答题

1. 液体传动有哪两种形式？它们的主要区别是什么？
2. 液压传动系统由哪几部分组成？各组成部分的作用是什么？
3. 液压传动的优缺点有哪些？

第2章 流体力学基础

液体是液压传动的工作介质。因此,了解液体的基本性质,掌握液体在静止状态和运动状态的主要力学规律,是正确理解液压传动原理以及合理设计、使用液压系统的基础。本章除了简要介绍液压油的性质、对液压油的要求和选用等外,将着重阐述液体的静力学特性、静力学基本方程式和动力学方程。

2.1 液压油的类型和性质

2.1.1 液压油的类型

目前,液压传动中采用的工作液体介质主要有矿物油、乳化液和合成油液三大类。矿物油有汽轮机油、通用液压油、机械油、液压导轨油等,具有润滑性能好、腐蚀性小、品种多、化学安定性好等优点,能满足各种黏度的需要。大多数液压传动系统都采用矿物油作为传动介质。乳化液有油包水(油占60%,水占40%)和水包油(油占40%,水占60%)两种类型。合成油液主要有磷酸酯基液压油和水-二元醇基液压油两类。

2.1.2 油液的性质

1)密度

单位体积液体的质量,称为该液体的密度,用ρ表示。对均质液体,则

$$\rho = \frac{m}{V} \tag{2.1}$$

式中　V——液体的体积,m^3;

　　　m——液体的质量,kg。

液压油的体积随着温度和压力的变化而改变。一般是随着温度的升高体积膨胀,体积随压力的增加而减小。但是,体积的变化量很小,可近似将液体的密度视为常数。在液压油的密度计算时,可取近似值$\rho = 900\ kg/m^3$。

2)可压缩性

液体受压力作用而发生体积缩小的性质,称为液体的可压缩性。体积为V的液体,当压

力增加 Δp 时，体积缩小 ΔV，则液体在单位压力变化下的体积相对变化量为

$$k = -\frac{1}{\Delta p} \cdot \frac{\Delta V}{V} \tag{2.2}$$

式中 k——液体的压缩系数。

由于压力增加时液体的体积缩小。因此，式(2.2)的右边须增加一负号，使 k 值为正值。k 的倒数称为液体的体积弹性模量，用 K 表示，即

$$K = \frac{1}{k} = -\frac{\Delta p}{\Delta V}V \tag{2.3}$$

式中 K——产生单位体积相对变化量所需要的压力增量。在实际应用中，常用 K 值说明液体抵抗压缩能力的大小。

液压油的平均体积弹性模量 K 值为 $(1.2 \sim 2) \times 10^3$ MPa，数值很大，故对一般液压系统中的液压油都认为是不可压缩的。但如果液压油中混入空气时，其可压缩性将显著改变，并将严重影响液压系统的工作性能。因此，在液压系统中，应尽量防止空气混入油液中。

3) 油液的黏性

(1) 黏性的意义

液体分子与固体分子之间的吸引力，称为附着力。液体分子之间的吸引力使其互相制约形成一体，这种吸引力称为内聚力。当液体在流动时，液体分子间内聚力会阻碍上层液体分子的运动，拖拽下层分子，宏观上体现为内摩擦力，这个特性称为液体的黏性。黏性是液压油的重要物理特性，也是选择液压油的依据。油液在流动时，呈现黏性；液体处于静止状态时，不呈现黏性。

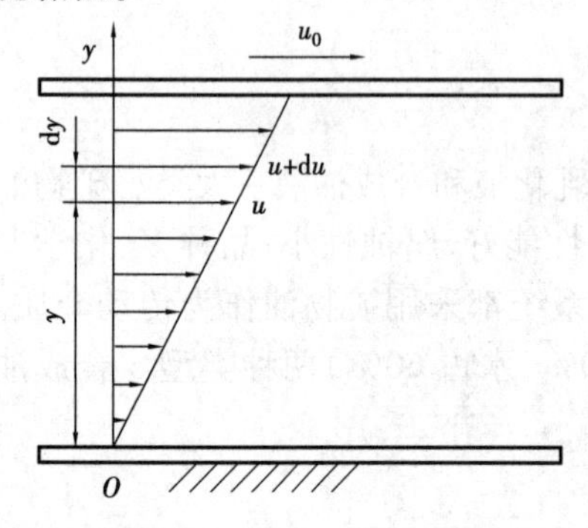

图 2.1 液体黏性示意图

液体流动时，由液体和固体壁面间的附着力以及液体的黏性的存在，会使液体内各液层间的速度大小不同。如图 2.1 所示，设在两个平行平板之间充满液体，当上平板以速度 u_0 向右运动，下平板相对于静止时，在附着力的作用下，紧贴于上平板的液体层其运动速度为 u_0，而中间各层液体的速度则从上到下近似呈线性规律递减到 0，这是因为在相邻两液体层间存在内摩擦力的缘故。该力对上层液体起阻滞作用，而对下层液体则起拖曳作用。

实验测定结果表明，液体流动时相邻液层间的内摩擦力 F_f 与液层接触面积 A、液层间的速度梯度 du/dy 成正比，即

$$F_f = \mu A \frac{du}{dy} \tag{2.4}$$

式中 μ——比例系数，又称动力黏度或黏度系数。

若以 τ 表示液层间在单位面积上的内摩擦力，则式(2.4)可写为

$$\tau = \frac{F_f}{A} = \mu \frac{du}{dy} \tag{2.5}$$

式(2.5)为牛顿内摩擦定律的表达形式。

由式(2.5)可知，在静止液体中，因速度梯度为零，故内摩擦力为零。因此，液体在静止状态下是不呈黏性的。

(2)液体的黏度

液体的黏性的大小用黏度来表示。常见的黏度有3种,即动力黏度、运动黏度和相对黏度。

①动力黏度μ

它是表征液体黏度的内摩擦系数。由式(2.5)可知

$$\mu = \frac{\tau}{\frac{du}{dy}} \tag{2.6}$$

由式(2.6)可知,动力黏度的物理意义是:当速度梯度为1时,液层间单位面积上的内摩擦力τ,就是动力黏度。因此,动力黏度也称绝对黏度。

在我国动力黏度的单位是Pa·s(帕·秒),或用N·s/m^{2}表示。

②运动黏度

动力黏度和该液体密度ρ的比值,称为运动黏度,用ν表示,即运动黏度。它没有明确的物理意义,即

$$\nu = \frac{\mu}{\rho} \tag{2.7}$$

动力黏度并不是一个黏度的量。但工程中,常用它来标志液体的黏度。例如,液压油的牌号,就是这种油液在40 ℃时的运动黏度(mm^2/s)的平均值,如L-AN32液压油就是指这种液压油在40 ℃时的运动黏度平均值为32 mm^2/s。

③相对黏度

相对黏度又称条件黏度,是采用特定的黏度计在规定的条件下测量出来的液体黏度。根据测量条件的不同,目前世界各国采用的相对黏度的单位也不同。例如,中国、俄罗斯及德国等普遍采用恩氏黏度(°E),英国采用雷氏黏度(R),以及美国采用国际赛氏秒(SSU)等。

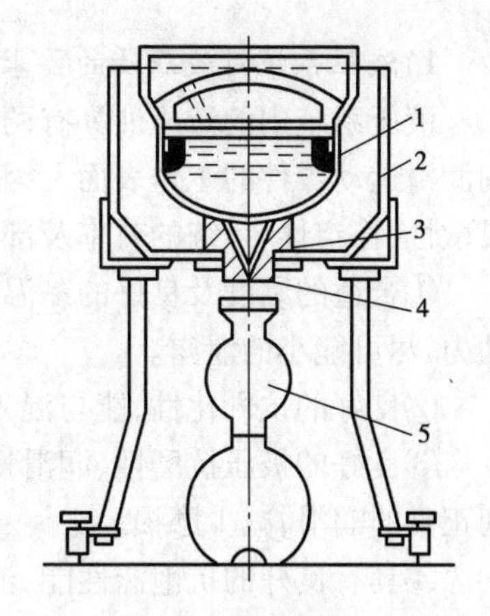

图2.2　恩氏黏度计

1—储液器;2—水槽;3—锥管;4—出口小孔;5—量筒

恩氏黏度由恩氏黏度计(见图2.2)测定,即将200 cm^{3}的被测液体装入底部有$\phi 8$的小孔的恩氏黏度计的容器中,在某一特定温度t ℃时,测定液体在自重作用下流过小孔所需的时间t_1,和同体积的蒸馏水在20 ℃时流过同一小孔所需的时间t_2(50~52 s,通常取51 s)的比值作为恩氏黏度。它是一个没有量纲的数,恩氏黏度用符号°E_t表示。

一般以20,50,100 ℃作为测定恩氏黏度的标准温度,由此而得来的恩氏黏度分别用°E_{20},°E_{50}和°E_{100}表示。

恩氏黏度(单位:m^2/s)和运动黏度的换算关系为

$$\nu = \left(7.31°E - \frac{6.31}{°E}\right) \times 10^{-6} \tag{2.8}$$

4)黏温关系

黏度和温度的关系,称为黏温关系,也称黏温特性。温度对油液黏度的影响很大,当油液温度升高时,其黏度迅速下降。油液黏度的变化直接影响液压系统的性能和泄漏量。因此,希望黏温关系越平稳越好。不同的油液有不同的黏温特性。黏温特性常用黏度指数(ν_i)来表

达。ν_i 表示该液体的黏度随温度变化程度与标准液的黏度变化程度之比。黏度指数越高,液体的黏度特性越好,即温度变化时,黏度变化较小。通常要求油液的黏度指数高于90,在100以上为优质液压油。

5)黏压关系

压力会在一定程度上影响油液的黏度。压力增加,分子间的距离缩小,液体不容易流动,黏度增加。不同的液压油有不同的压力变化曲线,这种关系称为油液的黏压特性。通常当压力在35 MPa以下时,黏度随压力的变化较小;当压力在35 MPa以上时,压力对黏度的影响较明显。当压力从零升高到150 MPa时,液压油的黏度将增大至17倍。其运动黏度可计算为

$$\nu_p = \nu_0 e^{bp} \tag{2.9}$$

式中 ν_p——压力 p 时的运动黏度,10^{-6} m²/s;

ν_0——一个大气压下的运动黏度,10^{-6} m²/s;

b——黏度压力系数,对一般液压油,$b=0.002 \sim 0.003$。

6)其他特性

液压油还有其他的一些物理化学性质,如抗燃性、抗凝性、抗氧化性、抗泡沫性、防锈性、抗乳化性、导热性、润滑性、稳定性及相容性(主要是指对密封材料、软管等不侵蚀和不溶胀的性质)等。这些性质对液压系统的工作性能有重要影响。对不同品种的液压油,这些性质的指标是有差异的。具体应用时,可查阅相关手册。

2.1.3 液压油的要求和选用

1)液压系统对液压油的要求

液压系统中的液压油具有两大作用:一是作为传递能量和运动的工作介质;二是作为润滑剂润滑运动零件的工作表面。因此,油液的性能会直接影响液压传动的性能,如系统可靠性、灵敏性、稳定性、系统的效率及部件的寿命等。液压系统对液压油有以下7个要求:

①合适的黏度及良好的黏温性能,以确保工作温度发生变化的条件下能准确、灵敏地传递动力,尽可能小的泄露。

②良好的抗乳化性,能与混入油中的水迅速分离,以免形成乳化液。

③良好的极压抗磨性、润滑性能,以保证液压元件中的摩擦副在高压、高速苛刻条件下得到正常的润滑,减少磨损。

④具有良好的抗泡沫性能,油液在受到机械不断搅拌的工作条件下产生的泡沫能自动消失,以使动力传递稳定。

⑤具有良好的防锈性及抗氧化稳定性,使用寿命长。

⑥低温液压油要求具有良好的低温使用性能。

⑦抗燃液压油要求具有良好的抗燃性能。在防火防爆的场合需要在使用时,需要考虑防火措施。

2)液压油选用原则

选择液压油,首先要考虑的是合适的黏度。黏度选择偏高的油液流动时产生的阻力较大,克服阻力所消耗的功率高,消耗能量。黏度选择偏低,会使系统泄漏量加大,系统的容积效率下降。黏度选择时,一般考虑以下4个方面:

(1)液压系统的工作压力

工作压力偏高的液压系统,应首先考虑选用黏度较大的液压油,以减少系统泄漏;反之,可选用黏度较小的液压油。

(2)系统工作环境温度

环境温度较高时,宜选用黏度较大的液压油。

(3)执行元件运动速度

液压系统执行元件运动速度较快时,为减小液流的功率损失,宜选用黏度较低的液压油。

(4)动力元件的类型

在液压系统的所有元件中,以动力元件(即液压泵)对液压油的性能最为敏感,因泵内零件的运动速度很高,承受的压力较大,润滑要求苛刻,温升高。因此,常根据液压泵的类型及要求来选择液压油的黏度。各类液压泵适用的黏度范围及推荐用油牌号,可参考相关的设计手册。

2.2 流体静力学

液体静力学是研究液体在静止状态下的遵循力学规律以及这些规律的应用的一门学科。这里所说的静止,是指液体内部质点之间没有相对运动,至于液体整体,完全可像刚体一样做各种运动。

2.2.1 液体静压力及其特性

1)液体的静压力

液体处在静止状态时,单位面积上所受的法向力定义为静压力。如果在液体内某点处微小面积 ΔA 上作用有法向力 ΔF,则 $\Delta F/\Delta A$ 的极限就定义为该点处的静压力,并用 p 表示,即

$$p = \lim_{\Delta A \to 0} \frac{\Delta F}{\Delta A} \tag{2.10}$$

若在液体的承压面积为 A,力 F 均匀的作用在面积 A 上,则静压力可表示为

$$p = \frac{F}{A} \tag{2.11}$$

液体静压力在物理学上,定义为压强;在工程实际应用中,习惯上称为压力。

在国际单位制(SI)中,压力的单位是 Pa(帕,N/m^2)。由于此单位太小,在工程上使用很不方便。因此,常采用它的倍数单位 MPa(兆帕),即

$$1\ \text{MPa} = 1 \times 10^6\ \text{Pa}$$

压力的常用单位是巴(bar)、工程大气压(lat)、1 米水柱(1 mH_2O)、10 米水柱、1 毫米汞柱(1 mmHg)。各种常见单位之间的换算关系为

$$1\ \text{bar} = 1 \times 10^5\ \text{Pa} = 0.1\ \text{MPa}$$

$$1\ \text{at(工程大气压)} = 1\ \text{kgf/cm}^2 = 9.8 \times 10^4\ \text{Pa}$$

$$1\ \text{mH}_2\text{O(米水柱)} = 9.8 \times 10^3\ \text{Pa}$$

$$1\ \text{mmHg(毫米汞柱)} = 1.33 \times 10^2\ \text{Pa}$$

2)液体静压力的特性

①液体静压力的方向垂直于其承压面,其方向指向该面的内法线方向。

②静止液体内任一点静压力在各个方向上大小都相等。

2.2.2 静压力基本方程

1)静压力基本方程式

在大气中静止液体受到的力有两个:一是液体的重力;二是大气压施加的压力。其受力情况如图2.3(a)所示。如果计算离液面深度为 h 的某一点压力,可以以该点为圆心取一个半径为 r 的圆柱,如图2.3(b)所示。设液柱底面积为 ΔA,高为 h,体积为 $\Delta A \cdot h$,则液柱的重力为 G,且作用于液柱的重心上。由于液柱处于平衡状态,因此,在垂直方向上存在关系

$$p\Delta A = p_0\Delta A + \rho g h \Delta A \tag{2.12}$$

等式两边同时除以 ΔA,得

$$p = p_0 + \rho g h \tag{2.13}$$

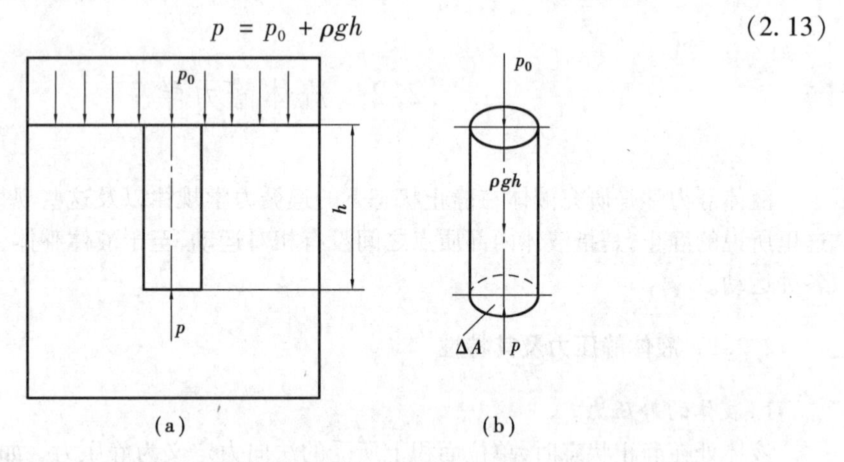

图2.3 液体静压力分布规律图

式(2.13)为液体的静压力基本方程式。可知,处于静止状态的液体,其压力分布有以下特征:

①静止液体内任一点的压力由两部分组成:大气压力和液体自重产生的压力。

②静止液体内的任一点压力随深度增加呈线性规律递增。

③离液面深度相同处各点的压力均相等,而压力相等的所有点组成的面,称为等压面。

2)压力的表述方法以及单位

液体压力可用绝对压力和相对压力来表示。以绝对真空为基准来度量的压力,称为绝对压力。式(2.13)表示的压力为绝对压力。以大气压力为基准来度量的压力,称为相对压力。如式(2.13)中超过大气压的那部分压力定义为相对压力,相对压力也称表压力。若某点的绝对压力低于大气压时,大气压与该点的绝对压力之差,称为真空度,即

$$真空度 = 大气压 - 绝对压力$$

绝对压力、相对压力和真空度的表示方法如图2.4所示。

例2.1 如图2.5所示,容器内充满油液。已知油的密度 $\rho = 900\ \text{kg/m}^3$,活塞上的作用力 $F = 1\,000\ \text{N}$,活塞面积 $A = 1 \times 10^{-3}\ \text{m}^2$,忽略活塞的质量。问活塞下方深度为 $h = 0.5\ \text{m}$ 处的静压力等于多少?

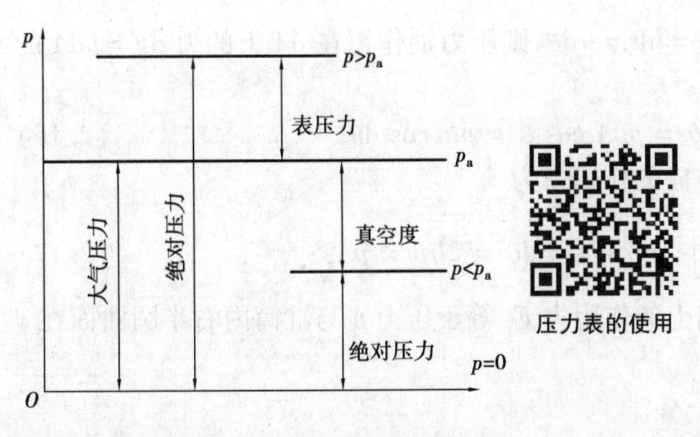

图2.4　绝对压力、相对压力和真空度

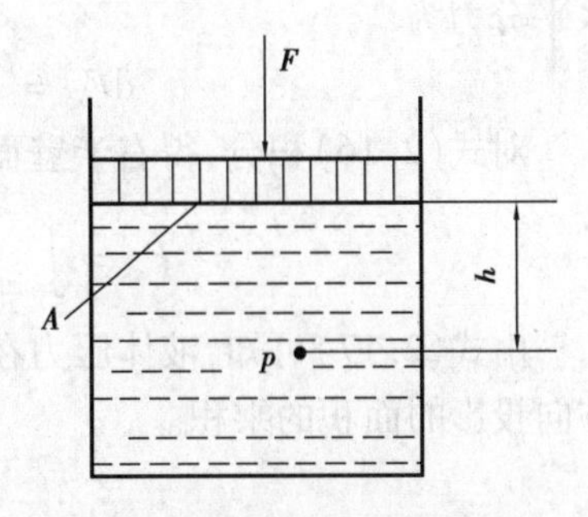

图2.5　液体内部压力计算

解　由 $p=p_0+\rho gh$，活塞与油液上接触的压力为

$$p_0=\frac{F}{A}=\frac{1\ 000}{1\times10^{-3}}\ \text{Pa}=1\ \text{MPa}$$

则深度为 $h=0.5$ m 处的液体压强为

$$\begin{aligned}p&=p_0+\rho gh\\&=1\ \text{MPa}+900\times9.8\times0.5\ \text{Pa}\\&=1.004\ 4\times10^6\ \text{N/m}^2\\&\approx10^6\ \text{N/m}^2\\&=1\ \text{MPa}\end{aligned}$$

3)静压力对固体壁面的作用力

液体作用在固体壁面时，固体壁面将受到液体静压力的作用。

当固体壁面为一平面时，液体压力在该平面上的总作用力 F 等于液体压力 p 与该平面面积 A 的乘积，其作用力垂直于该平面，即

$$F=pA \tag{2.14}$$

当固体壁面为一曲面时，情况就不一样；作用在曲面上各点处的压力方向是不平行的。因此，静压力作用在曲面某一方向上的总作用力 F，等于液体压力与曲面在该方向投影面积 A 的乘积，即

$$F_x=pA_x \tag{2.15}$$

上述结论适用于任何曲面。下面以液压缸缸筒的受力情况为例加以证明。

例2.2　有一个液压缸缸筒如图2.6所示。缸筒半径为 r，长度为 L，试求液压油对缸筒右半壁内表面在 x 方向上的作用力 F_x。

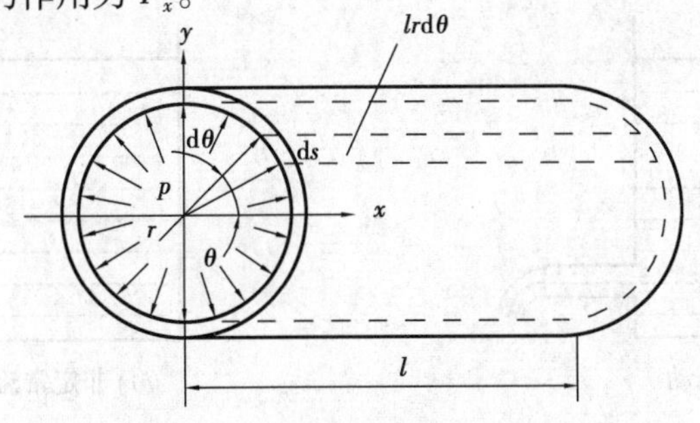

图2.6　作用在缸筒内壁上的力

解 在右半壁面上取一微小面积 $dA = l\mathrm{d}s = lr\mathrm{d}\theta$,则压力油作用在 $\mathrm{d}A$ 上的力 $\mathrm{d}F = p\mathrm{d}A$ 的水平分力为

$$\mathrm{d}F_x = \mathrm{d}F\cos\theta = p\mathrm{d}A\cos\theta = plr\cos\mathrm{d}\theta \tag{2.16}$$

对式(2.16)积分,得右半壁面在 x 方向的作用力为

$$F_x = \int_{-\frac{\pi}{2}}^{\frac{\pi}{2}}\mathrm{d}F_x = \int_{-\frac{\pi}{2}}^{\frac{\pi}{2}} plr\cos\theta\,\mathrm{d}\theta = 2lrp = pA_x \tag{2.17}$$

由式(2.17)可知,液体压力在 x 方向上的作用力 F_x 等于压力 p 与缸筒内右半圆曲面在 x 方向投影的面积的乘积。

2.3 流体运动学和动力学

流体运动学研究液体的运动规律。流体动力学研究作用于流体上的力与流体运动之间的关系。流体的连续性方程、伯努利方程、动量方程是描述流动液体力学规律的 3 个基本方程。前两个方程式反映压力、流速与流量之间的关系;动量方程揭示了流动液体与固体壁面间的相互作用力问题。这些内容不仅构成了流体运动学和液体动力学的基础,而且还是液压技术中分析问题和设计计算的理论依据。

2.3.1 基本概念

1)理想液体和定常流动

液体运动时,才体现黏性。因此,在研究流动液体时,必须考虑黏性的影响。但是,液体中影响黏性的因素非常多,并且非常复杂。为了分析和计算问题的方便,首先假设液体没有黏性,然后考虑黏性的影响,对分析结果进行修正。这是工程中面对复杂问题通常的做法。

理想液体:在研究液体时,假设的是既没有黏性又不可压缩的液体。

实际液体:在研究液体时,假设的是既有黏性又可以被压缩的液体。

定常流动:当液体处在流动状态时,如果液体中任一点的压力、速度和密度都不随时间而变化,则称为定常流动,也称恒定流动或非时变流动。

非定常流动:当液体处在流动状态时,若液体中任一点处的压力、速度和密度之一有一个随时间而改变时,则称为非定常流动,也称非恒定流动或时变流动。

如图 2.7(a)所示为定常流动,如图 2.7(b)所示为非定常流动。非定常流动的情况较复杂,本书主要讨论定常流动时的基本方程。

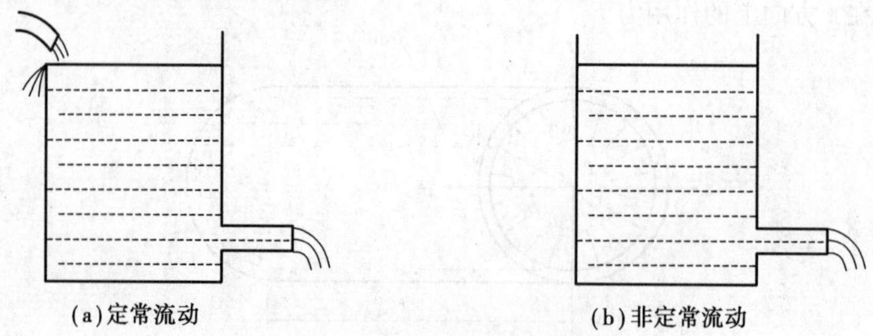

(a)定常流动　　(b)非定常流动

图 2.7　定常流动和非定常流动

2) 通流截面、流量和平均流速

液体在管道中流动时，其垂直于流动方向的截面为通流截面（或过流截面）。单位时间内流过某一通流截面的液体体积，称为通流截面上的流量。流量用 q 表示，流量的单位为 m^3/s 或 L/min。由于流动液体黏性的作用，在通流截面上各点的流速 u 一般是不相同的。因此，在计算流过整个通流截面 A 的流量时，可在通流截面 A 上取一微小面元 dA（见图 2.8(a)），并认为在该面元各点的速度相等，则流过该微小面元的流量为

$$dq = u dA \tag{2.18}$$

流过整个通流截面 A 的流量为

$$q = \int_A u dA \tag{2.19}$$

对实际液体的流动，速度 u 的分布规律很复杂（见图 2.8(b)），故按式(2.19)计算流量是困难的。因此，提出一个平均流速的概念，即假设通流截面上各点的流速均匀分布，液体以此均布流速 v 流过通流截面的流量等于以实际流速流过的流量，即

$$q = \int_A u dA = vA \tag{2.20}$$

由此可得通流截面上的平均流速为

$$v = \frac{q}{A} \tag{2.21}$$

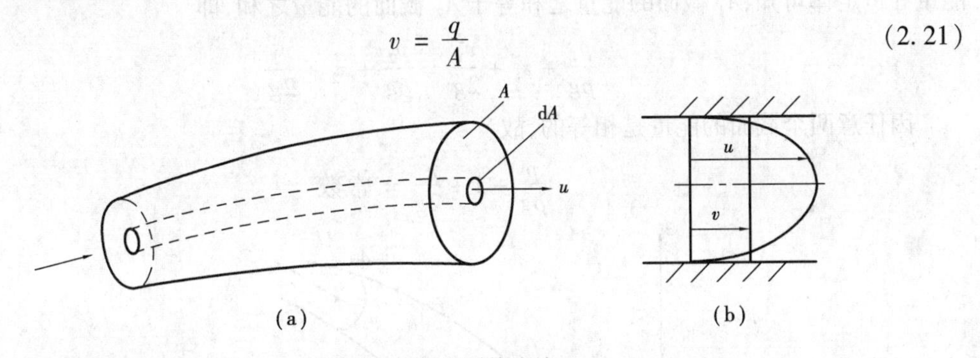

图 2.8　流量和平均流速

2.3.2　流量连续性方程

流量连续性方程是质量守恒定律在流体力学中的一种表达形式。如图 2.9 所示为一任意管道，液体在管内作恒定流动，任取 1,2 两个通流截面，设其面积分别为 A_1 和 A_2，两个截面中液体的平均流速和密度分别为 $v_1, \rho_1; v_2, \rho_2$。根据质量守恒定律，在单位时间内流过两个截面的液体质量相等，即

$$\rho_1 v_1 A_1 = \rho_2 v_2 A_2 \tag{2.22}$$

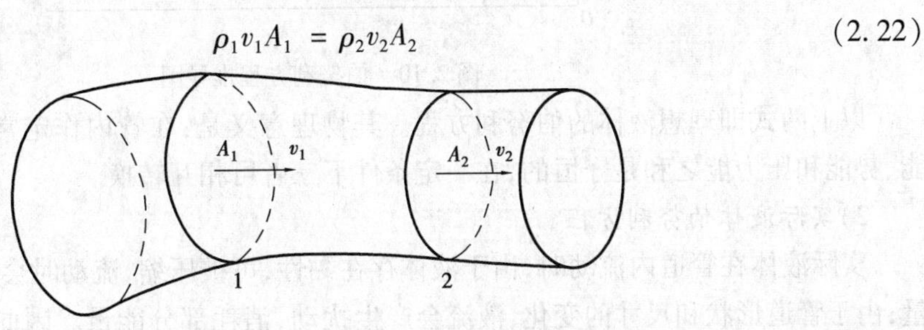

图 2.9　流量连续性方程

因是理想液体,不考虑液体的压缩性,有 $\rho_1=\rho_2$,故

$$v_1A_1 = v_2A_2 \tag{2.23}$$

又因两通流截面是任意取的,故有

$$q = vA = 常数 \tag{2.24}$$

式(2.24)为流量连续性方程。它说明定常流动中流过各截面的理想液体的流量是不变的。因此,流速与通流截面的面积成反比。

2.3.3 伯努利方程

能量守恒是自然界的客观规律。伯努利方程描述了流动液体时遵循的能量守恒规律。掌握这一方程的物理意义是十分重要的。

1)理想液体的伯努利方程

理想液体没有黏性,不可压缩,故在管内作稳定流动时没有能量损失。根据能量守恒定律,同一管道每一截面的总能量都是相等的。如前所述,对静止液体,单位质量液体的总能量为单位质量液体的压力能、势能和动能三者之和。在图 2.10 中,任取两个截面 A_1 和 A_2,它们距基准水平面的距离分别为 z_1 和 z_2,断面平均流速分别为 v_1 和 v_2,压力分别为 p_1 和 p_2。根据能量守恒定律可知,A_1 截面的能量之和等于 A_2 截面的能量之和,即

$$\frac{p_1}{\rho g} + z_1 + \frac{v_1^2}{2g} = \frac{p_2}{\rho g} + z_2 + \frac{v_2^2}{2g} \tag{2.25}$$

因任意两个截面的能量是相等的,故

$$\frac{p}{\rho g} + z + \frac{v^2}{2g} = 常数 \tag{2.26}$$

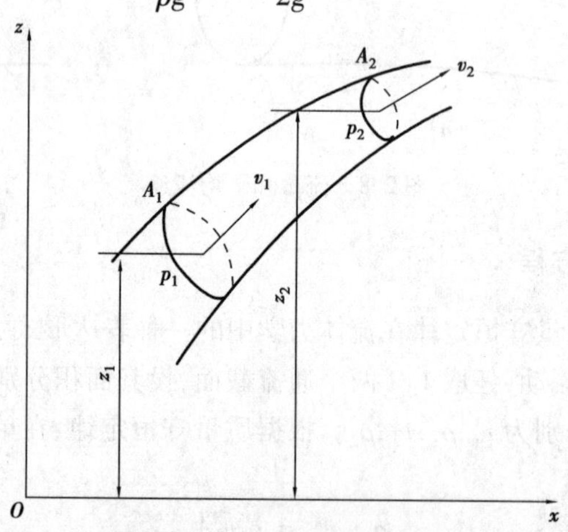

图 2.10　伯努利方程推导图

以上两式即理想液体的伯努利方程。其物理意义是:在管内作定常流动的理想液体其动能、势能和压力能之和是守恒的,在一定条件下三者可相互转换。

2)实际液体伯努利方程

实际液体在管道内流动时,由于液体存在黏性,可被压缩,流动时会产生内摩擦力,消耗能量;由于管道形状和尺寸的变化,液流会产生扰动,消耗部分能量。因此,实际液体流动时,存在能量损失,单位质量液体在两截面之间流动的能量损失为 h_w。

因实际流速 u 在管道通流截面上的分布不是均匀的,为简化问题,用平均流速替代实际流速计算动能将产生计算误差。为修正这一误差,便引进了动能修正系数 a。它等于单位时间内某通流截通的实际动能与按平均流速计算的动能之比。其表达式为

$$a=\frac{\frac{1}{2}\int_A u^2\rho u\mathrm{d}A}{\frac{1}{2}\rho A v v^2}=\frac{\int_A u^3\mathrm{d}A}{v^3 A} \tag{2.27}$$

动能修正系数 a:在紊流时,取 $a=1.1$;在层流时,取 $a=2$。实际计算时,常取 $a=1$。在引进了能量损失 h_w 和动能修正系数 a 后,实际液体的伯努利方程可表示为

$$\frac{p_1}{\rho g}+z_1+a_1\frac{v_1^2}{2g}=\frac{p_2}{\rho g}+z_2+a_2\frac{v_2^2}{2g}+h_w \tag{2.28}$$

在利用式(2.28)进行计算时,必须注意:

①截面1,2应顺流向选取,且选在流动平稳的通流截面上。

②z 和 p 应为通流截面的同一点上的两个参数,为方便起见,一般将这两个参数定在两个通流截面的轴心处。

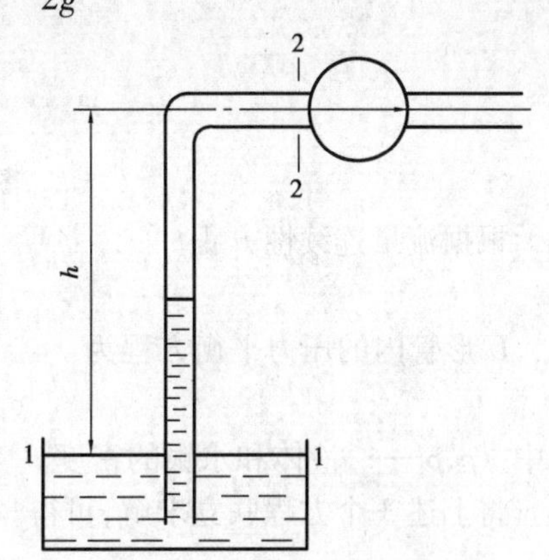

图2.11　泵吸油装置

例2.3　应用伯努利方程,分析液压泵可正常吸油的条件,并分析其真空度的构成。液压泵吸油装置如图2.11所示。设液压泵吸油口处的绝对压力为 p_2,油箱液面压力为大气压 p_1,泵吸油口至油箱液面高度为 h。

解　取油箱液面为基准面,并定为1—1截面,泵的吸油口处为2—2截面,对两截面列伯努利方程(动能修正系数取 $a_1=a_2=1.0$),有

$$\frac{p_1}{\rho g}+\frac{v_1^2}{2g}=\frac{p_2}{\rho g}+h+\frac{v_2^2}{2g}+h_w \tag{2.29}$$

式中　p_1——大气压;

v_1——油箱液面,可认为下降速度为零;

v_2——泵吸油处的流速;

h_w——吸油管路中由1—1截面至2—2截面的能量损失。

代入已知条件,式(2.29)可简化为

$$\frac{p_1}{\rho g}-\frac{p_2}{\rho g}=\frac{\Delta p}{\rho g}=h+\frac{v_2^2}{2g}+h_w \tag{2.30}$$

由式(2.30)可知,液压泵吸油口处的真空度由3部分组成:单位质量液体从静止加速到速度为 v_2,其次把单位质量液体提高 h 消耗的压力和吸油管的压力损失。为保证液压泵正常工作,液压泵吸油口的真空度不能太大。若真空度太大,溶于油液中的空气会析出形成气泡,产生气穴现象,出现振动和噪声。因此,必须限制液压泵吸油口的真空度必须小于 0.3×10^5 Pa。其具体措施有增大吸油管直径、降低吸油高度,以及缩短吸油管长度、减少局部阻力等手段。

例2.4　推导文丘利流量计的流量公式。

解　如图2.12所示为文丘利流量计原理图。在文丘利流量计上,取两个通流截面1—1和2—2。它们的面积、平均流速和压力分别为$A_1,v_1,p_1;A_2,v_2,p_2$。如不计能量损失,对通过此流量计的液流采用理想流体的能量方程,并取动能修正系数$a=1.0$,则

$$\frac{p_1}{\rho g_1}+\frac{v_1^2}{2g}=\frac{p_2}{\rho g}+\frac{v_2^2}{2g} \tag{2.31}$$

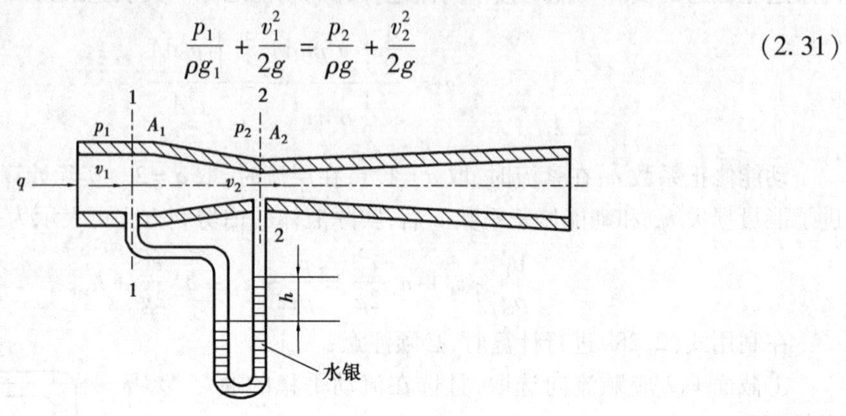

图2.12　文丘里流量计

根据流量连续性方程

$$v_1A_1=v_2A_2=q \tag{2.32}$$

U形管内的压力平衡方程为

$$p_1+\rho gh=p_2+\rho' gh \tag{2.33}$$

式中　ρ,ρ'——液体和水银的密度。

将上述3个方程联立求解,可得

$$q=v_2A_2=\frac{A_2}{\sqrt{1-\left(\frac{A_2}{A_1}\right)^2}}\sqrt{\frac{2g(\rho'-\rho)}{\rho}h}=C\sqrt{h} \tag{2.34}$$

即流量可由压力差换算得到。

2.3.4　动量方程

动量方程是动量定理在流体力学中的具体应用。动量方程可用来计算流动液体和管壁相互的作用力。根据刚体力学动量定理可知,作用在物体上全部外力的矢量和应等于物体在力作用方向上的动量的变化率,即

$$\sum F=\frac{\Delta(mv)}{\Delta t} \tag{2.35}$$

为推导液体作稳定流动时的动量方程,在如图2.13所示的管道中,任取通流截面1,2所截取的体积,在流体力学中称为控制体积。

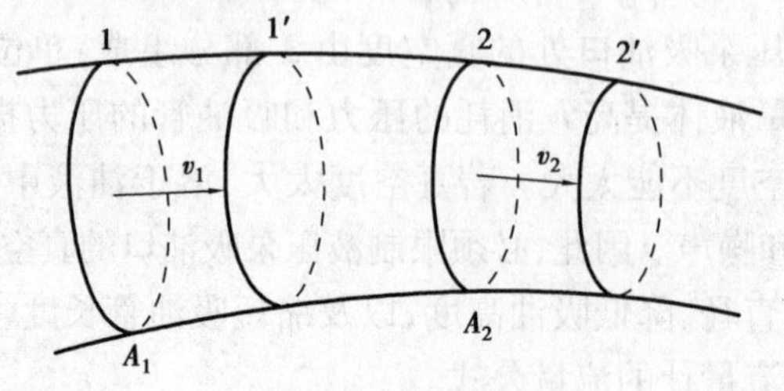

图2.13　动量方程推导图

假设液体为理想液体,截面1,2上的通流面积分别为A_1,A_2,平均流速分别为$\boldsymbol{v}_1,\boldsymbol{v}_2$,控制体积从1—2流到1′—2′位置时,可看成一个质点系在运动。若以$d[mv]$表示控制体积在位置1—2′处相对于位置1—2处的动量增量,故动量的变化量为

$$\begin{aligned} d[mv] &= [mv]_{1'2'} - [mv]_{12} \\ &= [mv]_{1'2} + [mv]_{22'} - [mv]_{11'} - [mv]_{1'2} \\ &= [mv]_{22'} - [mv]_{11'} \end{aligned}$$

F表示管壁作用在控制体积上的合力,根据动量定理,得

$$[mv]_{22'} = (\rho A_2 v_2 \cdot dt) v_2 = \rho q_2 v_2 \cdot dt$$

$$[mv]_{11'} = (\rho A_1 v_1 \cdot dt) v_1 = \rho q_1 v_1 \cdot dt$$

所以

$$\sum \boldsymbol{F} = \rho q(\boldsymbol{v}_2 - \boldsymbol{v}_1) = \rho q \Delta \boldsymbol{v} \tag{2.36}$$

式中,$\boldsymbol{F},\boldsymbol{v}_1,\boldsymbol{v}_2$均为矢量。在具体应用时,应将式(2.36)向某指定方向投影,其合力$\boldsymbol{F}$是管壁对控制体积的作用力,而控制体积对管壁的反作用力为$\boldsymbol{F}'$,$\boldsymbol{F}$与$\boldsymbol{F}'$是作用力与反作用力的关系为大小相等,方向相反。在实际应用中,还有动量修正系数。液体的真实动量与用平均流速计算出的动量之比定义为动量修正系数,即

$$\boldsymbol{F} = \rho q(\beta_2 \boldsymbol{v}_2 - \beta_1 \boldsymbol{v}_1) \tag{2.37}$$

对圆管中的层流流动,取$\beta = 1.33$,近似值常取$\beta = 1$;对圆管中的紊流流动,取$\beta = 1$。

例2.5　如图2.14所示为一滑阀工作示意图。液体流入、流出滑阀的情况如图示。试求液流对阀芯的轴向作用力。

解　取液压阀进出口之间的液体为控制体积。假设液体为理想液体,液体为恒定流动,则对控制体积上的液体应用动量定理

$$F = \rho q(v_2 \cos \theta_2 - v_1 \cos \theta_1)$$

式中　θ_1,θ_2——流经滑阀式进出口液流的流入角度和流出角度。

因θ_2为90°,故

$$F = -\rho q v_1 \cos \theta_1$$

阀芯对液体的作用力的方向向左,液体对阀芯的作用力的方向向右,促使阀芯关闭。

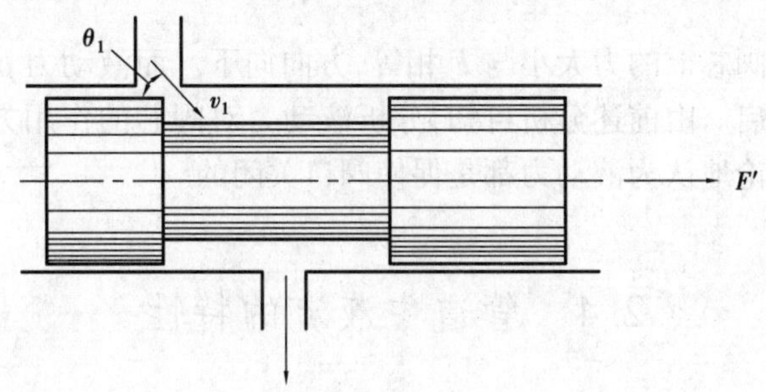

图2.14　滑阀上的液动力

例2.6　如图2.15所示为一个锥阀。锥阀的锥角为2α,液体在压力p的作用下以流量q流经锥阀,当液流方向是外流式(见图2.15(a))和内流式(见图2.15(b))时,求作用在阀芯上的液动力的大小和方向。

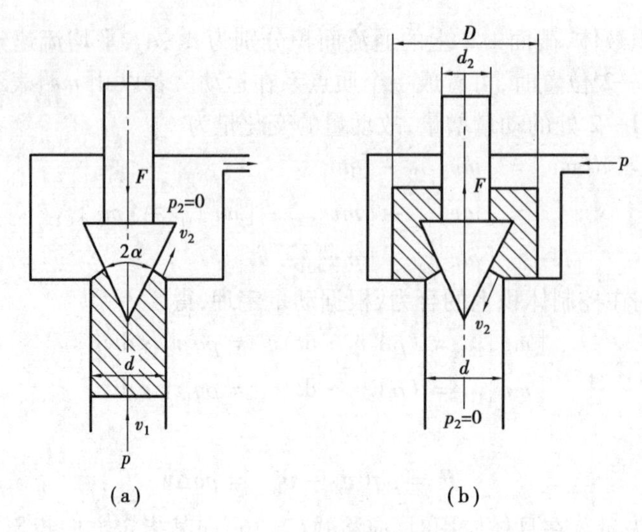

图 2.15　锥阀上的液动力

解　设阀芯对控制体积的作用力为 F，流入速度为 v_1，流出速度为 v_2。

对如图 2.15(a)所示的情况，控制体取在阀口下方(图中阴影部分)，沿液流方向列出动量方程为

$$p\frac{\pi}{4}d^2 - F = \rho q(v_2 \cos\theta_2 - v_1 \cos\theta_1)$$

因为 $v_1 \ll v_2$，忽略 v_1，则 $\theta_2 = \alpha, \theta_1 = 0°$，代入整理后，得

$$F = \frac{\pi}{4}d^2 p - \rho q v_2 \cos\alpha$$

作用在阀芯上的力大小等于 F'，方向向上，与 F 相反。该力使阀口关闭。

对如图 2.15(b)所示的情况，将控制体取在上方。同理，列出动量方程为

$$\frac{\pi}{4}(D^2 - d_2^2) - p\frac{\pi}{4}(D^2 - d^2) - F = \rho q(v_2 \cos\theta_2 - v_1 \cos\theta_1)$$

因 $\theta_1 = 90°, \theta_2 = \alpha$，则

$$F = \frac{\pi}{4}p(d^2 - d_2^2) - \rho q v_2 \cos\alpha$$

同样，液流作用在阀芯上的力大小与 F 相等，方向向下。而液动力 $\rho q v_2 \cos\alpha$ 与液压力方向相反，力图使阀口开启。由前述分析可知，分析液动力对阀芯的作用方向时，应根据具体情况来分析，不能一概而论地认为液动力都是促使阀口关闭的。

2.4　管道中液流的特性

由于流动液体有黏性，同时液体流动时流道突然转弯、液流流过阀口会出现漩涡并与管壁相互撞击，必然会消耗能量。因此，消耗的能量转变成热量后，一部分沿管壁散发到空间，另一部分进入系统使油液的温度升高。能量损失的外部表现是液体流过一段管路后压力降低，故也可用压力损失来描述能量损失。

液体在管道中流动时的能量损失有两种形式：一种是液体在等径直管中流过一段距离时，

因液体的黏性摩擦产生的能量损失,定义为沿程压力损失;另一种是液体在经过通流截面形状突然改变的区域时,液流的方向或速度突然变化引起液体质点间的剧烈作用而产生的能量损失,定义为局部压力损失。液体在管路中流动时的压力损失和液流的运动状态密切相关。下面首先分析液流的流态,然后分析两种压力损失。

2.4.1　流态与雷诺数

1)流态

液体在管道中流动时的流动状态可分为层流和紊流两种。层流与紊流是两种不同性质的流动状态,可通过雷诺实验观察。

(1)层流

当液体在层流时,液体质点互不干扰,液体的流动呈线性或层状;层流时,液体流速通常较慢,液体质点间的黏性力起主导作用,液体质点受黏性力的约束,不能随意运动。

(2)紊流

紊流时,液体流速较快,液体质点间黏性力的制约作用减弱,惯性起主导作用。当液流处在紊流时,液体质点的运动杂乱无章,除了平行于管道轴线的运动外,还存在着剧烈的横向运动。

2)雷诺实验

雷诺实验揭示了液体存在层流和紊流这两种不同的流动状态。雷诺实验装置如图2.16(a)所示。水箱5由进水管2不断供水,并通过溢流管1保持水箱5中水位恒定实现恒定流动。水杯3内盛有红颜色水,将开关4打开,红色液体经细导管6流入水平玻璃管7中。当调节节流阀阀门8的开度使水平玻璃管7中水的流速较小时,在水平玻璃管7中呈现一条明显红色的直线,上下移动细导管6,红色的细线也上下移动,如图2.16(b)所示。这说明水平玻璃管7中水流是分层的,层与层之间互不干扰,液体的这种流动状态就是层流。当调节节流阀阀门8的开度使水平玻璃管7中水的流速逐渐增大至某一数值时,可看到这条红线开始抖动,并呈波浪状,如图2.16(c)所示。如果继续加大阀门8的开口大小,使水平玻璃管7中的流速进一步增大,红色波浪线被拉断,红色的液体杂乱无章的分布在管道中,如图2.16(d)所示。这时的流动状态,称为紊流。在紊流状态下,如果将阀门8逐渐调小时,红线又会出现,水流又重新恢复为层流。

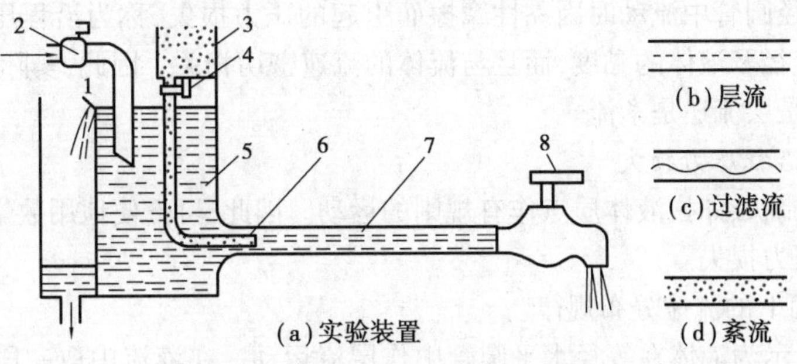

图2.16　雷诺实验

1—溢流管;2—进水管;3—水杯;4—开关;
5—水箱;6—细导管;7—水平玻璃管;8—阀门

雷诺实验证明,液体在管中的流动状态的影响因素有液体的平均流速 v、管道内径 d 和液体的运动速度。

3)雷诺数 Re

液体的流动状态可用雷诺数来判断。雷诺数定义了平均流速 v、管道内径 d、液体的运动黏度三者构成的一个无量纲数。当液流从层流到紊流状态对应了一个雷诺数,从紊流到层流也对应了一个雷诺数,后者的值较小,定义为临界雷诺数。液流的实际雷诺数小于临界雷诺数时,可认为液流处于层流状态;反之,认为液流处于紊流状态。常见液流管道的临界雷诺数由实验求得,见表 2.1,可计算为

$$Re = \frac{vd}{\nu} \tag{2.38}$$

表 2.1 常见液流管道的临界雷诺数

管 道	Re	管 道	Re
光滑金属圆管	2 320	带环槽的同心环状缝隙	700
橡胶软管	1 600 ~ 2 000	带环槽的偏心环状缝隙	400
光滑同心环状缝隙	1 100	圆柱形华发阀口	260
光滑偏心环状缝隙	1 000	锥阀阀口	20 ~ 100

对非圆截面的管道,Re 可计算为

$$Re = \frac{4vR}{\nu} \tag{2.39}$$

式中 R——通流截面的水力半径,等于通流截面的有效面积 A 和它的湿周(通流截面有效截面的周长)的比值。

在通流截面有效面积一定时,水力半径大,代表液流和管壁的接触周长越小,管壁对液流的阻力小,通流能力大。在面积相等但形状不同的所有通流截面中,圆形管道的水力半径最大。

2.4.2 液流在管道中流动时的沿程压力损失

液体在等直径圆管中流动时因黏性摩擦而引起的压力损失,称为沿程压力损失。它取决于管道长度、内直径及液体的黏度,而且与流体的流速密切相关。因此,实际分析计算时,应先判别液体的流态是层流还是紊流。

1)层流时的沿程压力损失

液流处在层流状态时,液体质点作有规则的运动。因此,可方便地用数学工具来分析液流的速度、流量和压力损失。

(1)通流截面上的流速分布规律

如图 2.17 所示为液体在等径水平圆管中作层流运动。在液流中取一段与管轴相重合的微小圆柱体作为研究对象,设其半径为 r,长度为 l,作用在两端面的压力为 p_1 和 p_2,作用在侧面的内摩擦力为 F_t。液流在作匀速运动时受力平衡,故

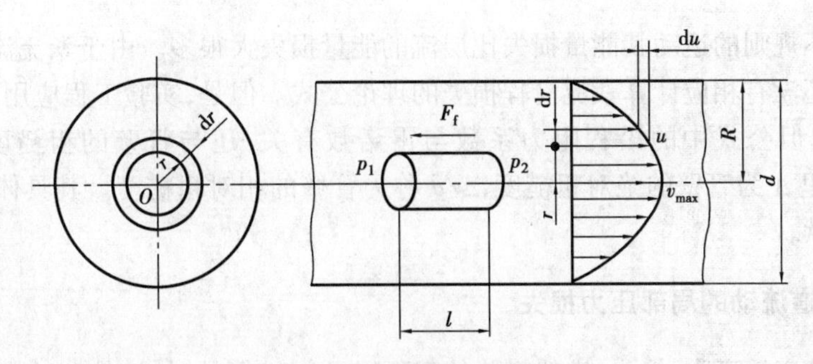

图 2.17　圆管层流运动

$$du = -\frac{\Delta p}{2ul} r\, dr$$

对上式积分,并应用边界条件,当 $r=R$ 时,$u=0$,得到

$$u = \frac{\Delta p}{4\mu l}(R^2 - r^2) \tag{2.40}$$

可知,管内液体质点的流速在半径方向呈二次曲线规律分布,最大流速在轴线 $r=0$ 处,$u_{max} = \Delta pR^2/(4\mu l)$。最小流速在管壁 $r=R$ 处,$u_{min}=0$。

(2)通过管道的流量

在半径 r 处取一个微小的面元 $dA = 2\pi r dr$,通过的流量为 $dq = udA = 2\pi ru dr$,对此积分得到

$$q = \int_0^R dq = \int_0^R 2\pi ur dr = \int_0^R 2\pi \frac{\Delta p}{4\mu l}(R^2 - r^2) r dr$$

$$= \frac{\pi R^4}{8\mu l}\Delta p = \frac{\pi d^4}{128\mu l}\Delta p \tag{2.41}$$

(3)管道内的平均流速

按平均流速的定义,则

$$v = \frac{q}{A} = \frac{1}{\pi R^2} \cdot \frac{\pi R^4}{8\mu l}\Delta p = \frac{R^2}{8\mu l}\Delta p = \frac{d^2}{32\mu l}\Delta p \tag{2.42}$$

由式(2.42)与 u_{max} 值比较可知,平均流速 v 为最大流速的 1/2。

(4)沿程压力损失

由式(2.42)可得到沿程压力损失为

$$\Delta p_\lambda = \Delta p = \frac{32\mu l v}{d^2} \tag{2.43}$$

由式(2.43)可知,液流在等直径的管道中流动时,沿程压力损失和管长、黏度、流速成正比,与管径的平方成反比。适当变换式(2.43),可改写为

$$\Delta p_\lambda = \frac{64}{Re} \cdot \frac{l}{d} \cdot \frac{\rho v^2}{2} = \lambda \frac{l}{d} \cdot \frac{\rho v^2}{2} \tag{2.44}$$

式中　λ——沿程阻力系数,理论值 $\lambda = 64/Re$,考虑实际流动中的油温变化不匀等问题,故在实际计算时:对金属管,取 $\lambda = 75/Re$;对橡胶软管,取 $\lambda = 80/Re$。

2)紊流时的沿程压力损失

紊流时流体质点速度的大小和方向都随时间的变化而发生无规律的变化,实质是非恒定

流动。这种极不规则的运动其能量损失比层流的能量损失大很多。由于紊流流动状态的复杂性,因此,目前还没有相应计算紊流沿程损失的理论公式。但是,实验工程应用中,可采用层流时的计算公式,但公式中的沿程阻力系数与雷诺数有关,还与管壁的粗糙度有关,即 $\lambda = f(Re,\Delta/d)$,这里 Δ 为管壁的绝对粗糙度,Δ/d 称为管壁的相对粗糙度。其具体数值可查阅相关的手册和文献。

2.4.3 管道流动的局部压力损失

液体流经管道的弯头、接头、突然变化的截面以及阀口等处时,液体流速的大小和方向将发生急剧变化,在这些区域形成旋涡、液体相互碰撞等,引起压力损失。这种压力损失定义为局部压力损失。液流流过上述局部装置时的流动状态非常复杂,影响的因素也很多。局部压力损失值除少数情况能从理论上分析和计算外,一般都依靠实验测得各类局部损失的阻力系数,然后进行计算。局部压力损失 Δp_{ξ} 可计算为

$$\Delta p_{\xi} = \xi \frac{\rho v^2}{2} \tag{2.45}$$

式中 ξ——局部阻力系数,由实验确定,具体数值可查阅有关手册;

ρ——液体密度,kg/m^3;

v——液体的平均流速,m/s。

液体流过各种阀的局部压力损失,因阀芯结较复杂,故按式(2.45)计算较困难。这时,可由手册中查出阀在额定流量时的压力损失 Δp。当流经阀的实际流量为 q,局部压力损失可计算为

$$\Delta p_{\xi} = \Delta p_{\tau}\left(\frac{q}{q_{\tau}}\right)^2 \tag{2.46}$$

2.4.4 液压系统的总压力损失

在求出液压系统中各段管路的沿程压力损失和各局部压力损失后,整个液压系统的总压力损失应为所有沿程压力损失和所有局部压力损失之和,即

$$\Delta p = \sum \Delta p_{\lambda} + \sum \Delta p_{\xi} = \sum \lambda \frac{l}{d} \cdot \frac{\rho v^2}{2} + \sum \xi \cdot \frac{\rho v^2}{2} \tag{2.47}$$

但要注意,式(2.47)仅在两相邻局部障碍之间的距离超过管道内径 10 ~ 20 倍时才是正确的。如果距离太短,液流经过局部阻力区域后受到很大的干扰,阻力系数可能会比正常值大好几倍。

2.5 孔口的压力流量特性

在液压传动中,常利用液体流经阀的小孔控制流量和压力,达到调速或调压的目的。研究液体流经小孔的压力流量特性,对正确分析液压元件和系统的工作性能是非常有价值的。

小孔的结构形式根据孔口的通流长度 l 与直径 d 的比(简称长径比)分为 3 种情况:$l/d \leqslant 0.5$,称为薄壁小孔;$l/d > 4$,称为细长孔;$0.5 < l/d \leqslant 4$ 称为短孔。

2.5.1　薄壁小孔

如图2.18所示为液流流过薄壁小孔的情况。当液体流经薄壁小孔时，通过面1—1截面，由于$D>d$，其流速较低。通过小孔时，液体质点突然加速，在惯性作用下，形成一个收缩断面2—2。对圆形小孔，此收缩断面离孔口的距离约为$d/2$，因$D\gg d$，故通过2—2截面后液流迅速扩大到D，液流在这一收缩和扩散过程会造成很大的能量损失。

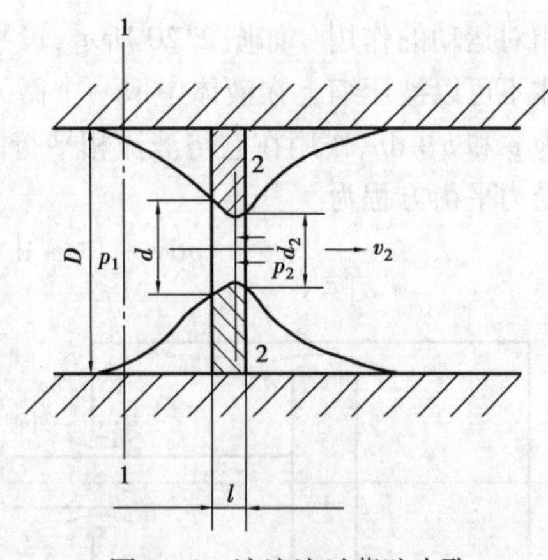

图2.18　液流流过薄壁小孔

采用伯努利方程对液体流经薄壁小孔时的参数进行分析，可得到薄壁小孔的压力流量特性为

$$q_V = C_q A_T \sqrt{\frac{2\Delta p}{\rho}} = C A_T \sqrt{\Delta p} \tag{2.48}$$

式中　C_q——流量系数，无量纲，当小孔的长径比$l/d\geqslant 7$时流量系数C_q取0.6~0.62，当$l/d<7$时C_q取0.7~0.8；

$C=C_q\sqrt{\frac{2}{\rho}}$；

Δp——小孔前后压力差，Pa；

ρ——液体的密度，kg/m^3；

A_T——小孔的通流截面面积，m^2。

2.5.2　细长孔

当液体流过短孔时，流量公式同薄壁小孔的流量公式。但是，流量系数应单独查询相关的手册。液体流经细长孔时，因黏性而流动不畅，一般都处于层流状态，故可用沿程阻力损失公式，即

$$q_V = \frac{\pi d^4}{128\mu l}\Delta p \tag{2.49}$$

油液流经细长小孔的流量与小孔前后的压力差Δp的一次方成正比，与管径的4次方成正比，与管长成反比。同时，由于公式中也包含油液的黏度，因此，流量受油温变化的影响较大。这是与薄壁小孔不一样的地方。

2.5.3　液体流经缝隙的流量压力特性

液压元件内各零件之间有相对运动，也存在适当间隙。间隙过大，会造成泄漏；间隙过小，会使零件卡死而无法运动。如图2.19所示的泄漏是由压差和间隙造成的。内泄漏的损失转换为热能，使油温升高，外泄漏污染环境，两者都会影响系统的性能与效率。因此，研究液体流经间隙的泄漏量、压差与间隙量之间的关系，对提高元件性能、保证系统正常工作是必要的。

液流流经缝隙一般有压差流动、剪切流动以及压差与剪切同时存在的流动。在液压系统中，常见的间隙流动有平行平板缝隙流动和环形缝隙流动两种。

1）平行平板缝隙流动

液体流经平行平板缝隙的一般情况是既受压差作用，又有剪切流动，即两平行平板之间存

在相对运动的作用。如图 2.20 所示，设平板长为 l，宽为 b，平板间隙为 h，且 $l \gg h$，$b \gg h$，假设液体不可以被压缩。在液体中取一个微元体 $\mathrm{d}x\mathrm{d}y$，作用在它与液流相垂直的两个表面上的压力为 p 和 $p+\mathrm{d}p$，作用在它与液流相平行的上下两个表面上的切应力为 τ 和 $\tau+\mathrm{d}\tau$。因此，它的受力平衡方程为

$$p\mathrm{d}y + (\tau + \mathrm{d}\tau)\mathrm{d}x = (p + \mathrm{d}p)\mathrm{d}y + \tau\mathrm{d}x$$

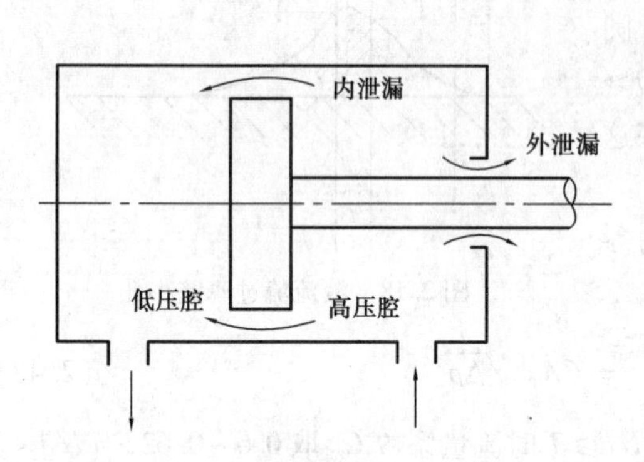

图 2.19　内泄漏和外泄露

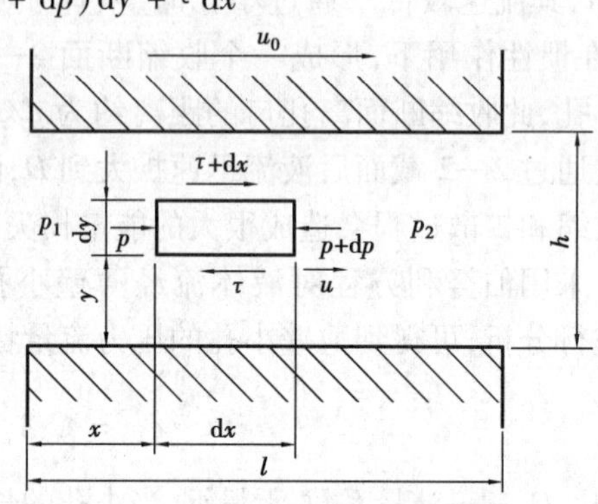

图 2.20　平行平板缝隙流动的流量公式

经过整理，并根据牛顿摩擦定律，有

$$\frac{\mathrm{d}^2 u}{\mathrm{d}y^2} = \frac{1}{u}\frac{\mathrm{d}p}{\mathrm{d}x}$$

对上式积分，可得

$$u = \frac{y^2}{2\mu}\cdot\frac{\mathrm{d}p}{\mathrm{d}x} + C_1 y + C_2 \tag{2.50}$$

式中　C_1, C_2——积分常数。

当平行平板之间的相对运动速度为 u_0 时，则在 $y=0$ 处，$u=0$，$y=h$ 处，$u=u_0$；另外，当液流做层流运动时，p 是 x 的线性函数，$\mathrm{d}p/\mathrm{d}x=(p_2-p_1)/l$，代入式(2.50)并整理得到流速的表达式。对流速积分得到流量的表达式为

$$q = \frac{bh^3}{12\mu l}\Delta p \pm \frac{bh}{2}u_0 \tag{2.51}$$

当平行平板间没有相对运动时，$u_0=0$，这时的流动属于压差流动。其流量为

$$q = \frac{bh^3}{12\mu l}\Delta p \tag{2.52}$$

当平行平板间不存在压差时，通过的液流由平板运动引起，称为剪切流动。其流量值为

$$q = \frac{bh}{2}u_0 \tag{2.53}$$

由上述公式可得结论，在压差作用下，流过平行平板的流量与缝隙高度的 3 次方成正比。这说明液压元件内缝隙的大小对泄漏量的影响是非常大的。

2）环形缝隙流动

（1）同心圆柱环形缝隙中的平行流动

如图 2.21 所示为同心圆柱环形缝隙中的平行流动。可看成平行平板缝隙流动，只要将 $b=h$代入式(2.51)流量公式，就可得到同心圆柱环形缝隙中平行流动的流量表达式为

$$q = \frac{\pi dh^3}{12\mu l}\Delta p \pm \frac{\pi dh}{2}u_0 \tag{2.54}$$

式(2.54)中,前面部分是压差流动,后面部分是剪切流动。当压差流动的方向和剪切流动的方向一致时,取正号;当压差流动的方向和剪切流动的方向不一致时,取负号。

(2)偏心圆柱环形缝隙中的平行流动

如图2.22所示为偏心圆柱环形缝隙。孔半径为R,圆心为O,轴半径为r,圆心为O_1,设内外圆的偏心量为e,在任意角度α处的缝隙为h,可得

$$h = R - (r\cos\beta + e\cos\alpha) \tag{2.55}$$

因为β很小,$\cos\beta\to 1$,所以$h=(R-r+e\cos\alpha)$,在$\mathrm{d}\alpha$一个很小的角度范围内,通过缝隙的流量$\mathrm{d}q$可看成平行平板缝隙流动。因b相当于$R\mathrm{d}\alpha$,故

$$\mathrm{d}q = \frac{R\Delta p}{12\mu l}h^3\mathrm{d}\alpha = \frac{R\Delta p}{12\mu l}[R-(r+e\cos\alpha)]^3\mathrm{d}\alpha \tag{2.56}$$

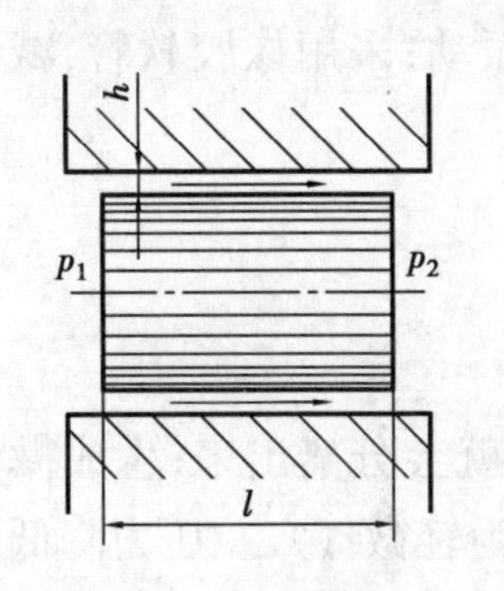

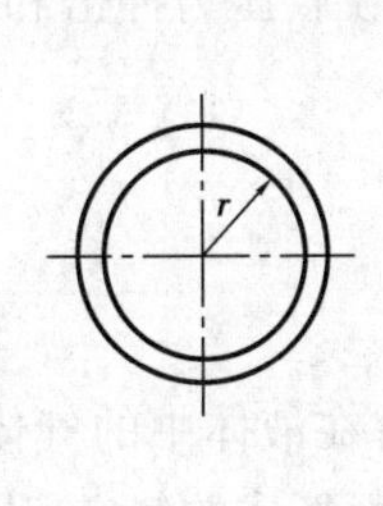

图2.21　同心圆柱环形缝隙中的平行流动

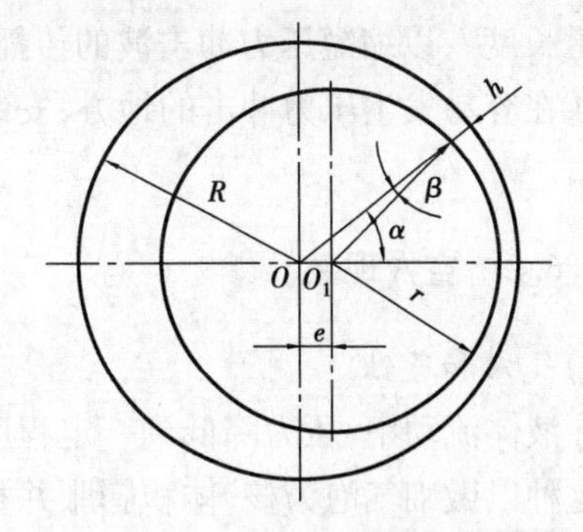

图2.22　偏心圆柱环形缝隙的流动

并在$0\sim2\pi$积分,设$R-r=h_0$(同心时的半径间隙量),$e/h_0=\varepsilon$(相对偏心率),可得通过整个偏心圆柱环形缝隙的流量为

$$q = \frac{\pi d h_0^3\Delta p}{12\mu l}(1+1.5\varepsilon^2) \tag{2.57}$$

由式(2.57)可知,当偏心量为$\varepsilon=0$时,即同心圆环缝隙流量的情况。当$\varepsilon=1$时(即最大偏心距$e=h_0$)时,是同心流量的2.5倍。这说明偏心量对环形缝隙流量的影响是很大的。因此,液压元件的同心度是有要求的。

2.6　液压冲击和气穴现象

2.6.1　液压冲击

在液压系统中,由某一元件工作状态的突然改变引起油压瞬时突然升高,产生很高的压力峰值,进一步伴随冲击波,这种现象称为液压冲击。

1)液压冲击的类型

①液流突然停止流动或液流迅速换向,使液流速度的大小和方向突然变化而产生的液压冲击。

②高速运动的部件突然制动或换向时,运动部件的惯性而引起的液压冲击。

2)液压冲击的危害

液压冲击的峰值往往比正常工作压力高好5~10倍甚至几十倍。瞬间压力冲击波不仅引起振动和噪声,而且会损坏密封装置、管道和液压元件,还会使某些液压元件产生误动作,造成设备故障,特别是在高压、大流量系统中,其破坏性更加严重。

3)减少液压冲击的措施

①延长液压阀阀门关闭和运动部件制动换向的时间,可采用换向时间可调的换向阀,也可从阀结构上进行设计,做到当换向阀移到中位时,液压缸两腔互通,可降低液压冲击。

②正确设计阀口,使运动部件制动时速度变化较均匀。例如,机床液压系统中,管道流速通常限制在4 m/s以下,液压缸驱动的运动部件速度一般不超过10 m/min。

③适当增大管径d,在流量一定的情况下不仅可降低流速,而且可减小冲击波的速度;缩短管道长度l,以缩短压力冲击波的传播时间。

④在容易发生压力冲击的地方,安装蓄能器吸收压力冲击和振动;采用橡胶软管,减少压力冲击。

2.6.2　空穴现象

1)气穴和气蚀

在液体流动中,压力降低到一定程度时,溶解在液体中的气体就会分离出来,生成微小气泡。这种以微细气泡为核,体积膨胀并相互聚合而形成的气穴,称为轻微气穴。压力降低到有这种液体对应的空气分离压时,原来溶解在油液中的空气游离出来,产生大量的气泡,这种现象称为严重气穴。当气泡随着流动的液体被带到高压区时,气泡体积急剧缩小或者溶解在油液中,气泡在压力的作用下的破裂会产生振动和噪声,在气泡聚集处,局部压力和温度瞬间急剧上升,加热局部金属。当油液流过又会冷却金属,这样反复作用就会引起金属的疲劳,在液压元件表面产生剥落,出现蜂窝状的空洞,这种现象称为气蚀现象。在液压泵的吸油口处,最容易出现气穴和气蚀现象。因此,液压泵的金属元件应采用耐腐蚀的金属制造,应防止吸油高度过低,通常低于0.5 m。

2)气穴和气蚀的危害

①由气穴现象产生的大量气泡,造成流量不稳定,同时气泡会聚集在管道的最高处或通流的狭窄处而形成气塞,使油流不畅甚至堵塞,从而使系统影响系统正常工作。

②系统容积效率降低,使系统性能特别是动态性能变坏。

③系统工况不稳定。

④气蚀腐蚀金属,容易污染液压油,同时降低液压元件的使用寿命。

3)减少气穴和气蚀现象的措施

为了减小气穴和气蚀现象,一般可采用以下措施:

①减小流经节流口及缝隙处的压力,一般希望节流口或缝隙前后压力比$P_1/P_2<3.5$。

②在设计液压管路时,尽量避免出现狭窄的油道、急转弯油道或急换向油道。

③尽量降低吸油高度,适当加大吸油管的直径,限制吸油管的流速,尽量减少管路的阻力损失。

④提高管道的密封性能,以避免空气进入。

⑤提高零件的机械强度和降低零件的表面粗糙度，采用抗腐蚀能力强的金属材料，以提高元件抗气蚀能力。

思考与练习

一、填空题

1. 液体在管道中存在两种流动状态：________和________。当液流处于层流时，________起主导作用，液体的流动状态可用________来判断。

2. 液流流经薄壁小孔的流量与________的1次方成正比，与________的1/2次方成正比，通过小孔的流量对________不敏感。因此，薄壁小孔常用作可调节流量的节流阀。

3. 液体的密度的定义是____。

4. 通过固定平行平板缝隙流动的流量与________1次方成正比，与________的3次方成正比。这说明液压元件内________的大小对其泄漏量的影响非常大。

二、简答题

1. 简述理想液体与实际液体。

2. 简述定常流动与非定常流动。

3. 简述雷诺数的意义。

4. 简述帕斯卡定律。

5. 什么是压力？压力的表示单位有哪些？

6. 简述实际液体的伯努力的物理意义，并指出实际液体的伯努力方程和理想液体的伯努力方程的区别。

7. 简述气穴、气蚀现象的机理与危害以及解决措施。

8. 简述液压冲击的现象的机理以及危害解决的措施。

三、计算题

1. 已知有一个油罐的内径为$D=300$ mm，长$L=1\ 000$ mm，压力从一个标准大气压增加到10 MPa。如果假设油罐不变形和没有油液泄漏，问压缩量是多少？

2. 一个潜水员在太平洋距离水面400 m处工作。如果海水的密度为$\rho=1\ 000\ \text{kg/m}^3$，问潜水员受到的压力为多少？

3. 在如图2.23所示的液压千斤顶中，人施加的力量为$T=3\ 000$ N，大小活塞的面积分别为$A_2=5\times10^{-3}\ \text{m}^2$，$A_1=1\times10^{-3}\ \text{m}^2$，压力损失不计。试计算：

(1)在小活塞上作用的力F_1以及产生的系统压力p。

(2)如果重物$G=200\ 000$ N，问此时系统压力p为多少？施加的力T应是多少？

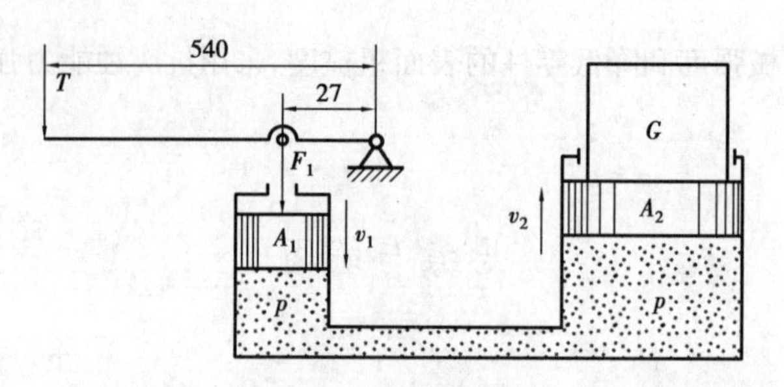

图 2.23　题3图

4. 两个相距 1 mm 的平板，用液体充满，下平板固定，上平板在 2 N/m^2 的作用下以 0.25 m/s 的速度移动，求该液体的黏度。

5. 如图 2.24 所示为两个液压缸串联。大小活塞分别为 $D_2=125$ mm，$D_1=75$ mm；大小活塞杆直径分别为 $d_2=40$ mm，$d_1=20$ mm。若流量 $q=25$ L/min，求 v_1，v_2，q_1，q_2。

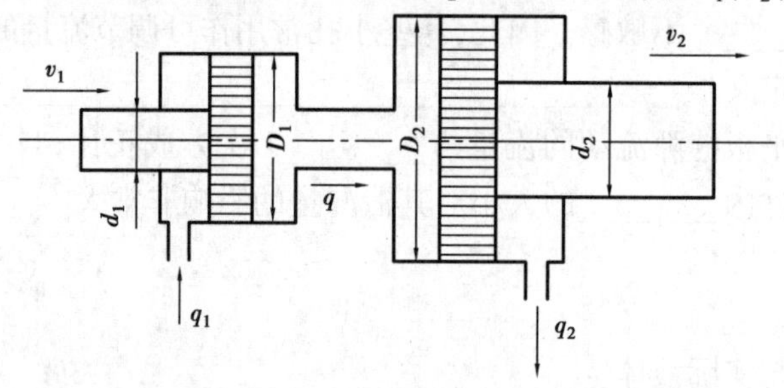

图 2.24　题5图

6. 如图 2.25 所示，液压泵从油箱吸油，泵距离油面高度为 0.4 m，泵的流量为 25 L/min，吸油管内径为 $d=30$ mm。假设滤油器以油管的压力损失为 3×10^4 Pa，油液的密度为 950 kg/m^3，求泵入口处的真空度。

7. 如图 2.26 所示的柱塞，直径 $d=22$ mm，缸套的直径 $D=22$ mm，长 $l=70$ mm，柱塞在力 $F=50$ N 的作用下向下运动。如果缸套与柱塞同心，油液的动力黏度为 $\mu=0.784\times10^{-6}$ Pa·s，求柱塞下落 0.1 m 所需的时间。

四、分析题

在如图 2.27 所示的活塞上有一个小孔，其内径为 d，活塞面积为 A，其下部的油腔充满了油液，油液的密度为 ρ，流量系数为 C_d，忽略系统的摩擦力，不考虑泄漏。试分析重物（质量为 M）的下降速度。

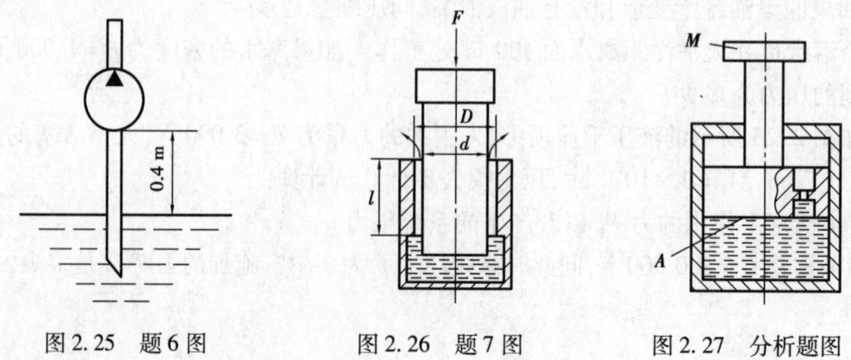

图 2.25　题6图　　图 2.26　题7图　　图 2.27　分析题图

第3章 液压泵

液压泵是液压系统的动力元件,是系统不可缺少的核心元件。液压泵是一种能量转换装置,它向系统提供具有一定压力和流量的液体,把动力机(如电动机、内燃机等)输出的机械能转换为液体的压力能,从而驱动系统工作。

3.1 液压泵概述

3.1.1 液压泵的工作原理及特点

1)液压泵的工作原理

液压泵的工作原理是:运动带来泵腔容积的变化,并压缩液体使其具有压力能。液压泵必备的条件是泵腔有密封容积变化,故称容积式液压泵。如图3.1所示为一单柱塞液压泵的工

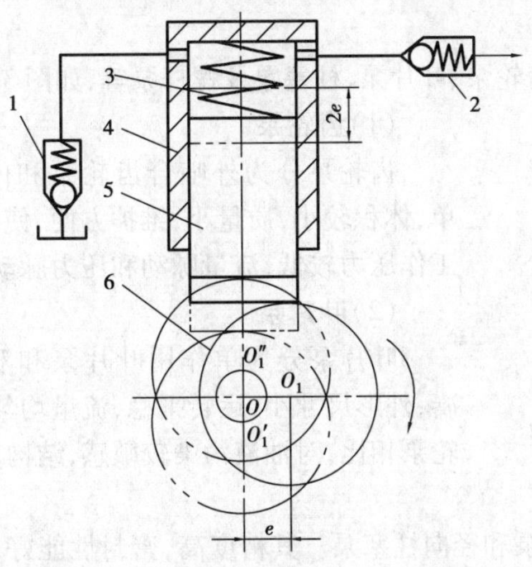

图3.1 单一柱塞液压泵的工作原理图

1,2—单向阀;3—弹簧;4—缸体;5—柱塞;6—偏心轮

作原理图。柱塞5装在缸体4中形成一个密封容积,柱塞5在弹簧3的作用下,始终压紧在偏心轮6上。原动机驱动偏心轮6旋转,使柱塞5作往复运动,使密封容积的大小发生周期性的交替变化。当密封容积由小变大时,形成部分真空,使油箱中油液在大气压的作用下,经吸油管顶开单向阀1进入油箱而实现吸油;反之,当密封容积由大变小时,容腔中吸满的油液将顶开单向阀2流入系统而实现压油。这样,液压泵就将原动机输入的机械能转换成液体的压力能,原动机驱动偏心轮不断旋转,液压泵就能不断地吸油和压油。

2)液压泵的特点

单柱塞液压泵具有容积式液压泵的基本特点,具体如下:

①具有若干个密封且又可周期性变化的空间。液压泵输出流量与此空间的容积变化量和单位时间内的变化次数成正比,与其他因素无关。这是容积式液压泵的一个重要特性。

②油箱内液体的绝对压力必须恒等于或大于大气压力,这是容积式液压泵能吸入油液的外部条件。因此,为保证液压泵正常吸油,油箱必须与大气相通,或采用密闭的充压油箱。

③油腔处于吸油时,称为吸油腔;油腔处于压油时,称为排油腔。容积式液压泵具有相应的配流机构(也称配流器),将吸油腔和排油腔隔开,保证液压泵有规律地、连续地吸排液体。液压泵的结构原理不同,其配油机构也不相同。如图3.1所示的单向阀1,2就是配油机构。

吸油腔的压力决定于吸油高度和吸油管路的阻力。吸油高度过高或吸油管路阻力太大,会使吸油腔真空度过高而影响液压泵的自吸能力。排油腔的压力则取决于外负载和排油管路的压力损失,从理论上讲,排油压力与液压泵的流量无关。

容积式液压泵的理论排油量取决于液压泵的有关几何尺寸和转速,而与排油压力无关。但排油压力会影响泵的液体泄露和油液的压缩量,从而影响泵的实际输出流量。因此,液压泵的实际输出流量随排油压力的升高而降低。

3.1.2 液压泵的分类

常用液压泵的分类及主要特点如下:

1)按结构特点分类

按结构特点,可分为齿轮泵、叶片泵、柱塞泵及螺杆泵等,如图3.2所示。

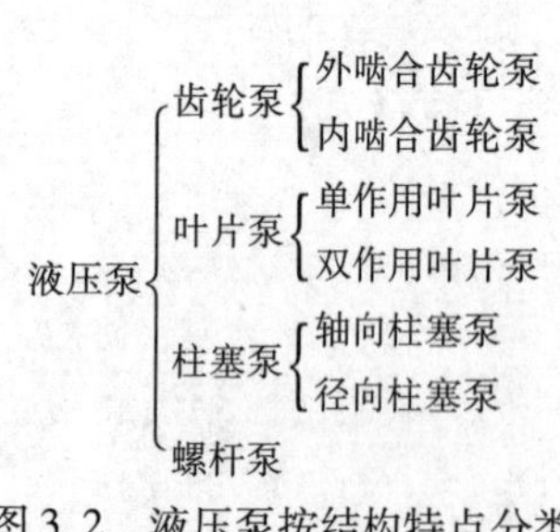

图3.2　液压泵按结构特点分类

(1)齿轮泵

齿轮泵分为外啮合齿轮泵和内啮合齿轮泵。其结构简单,体积较小,质量小,维护方便,使用寿命长,价格较便宜;但工作压力较低,流量脉动和压力脉动较大。

(2)叶片泵

叶片泵分为单作用叶片泵和双作用叶片泵。其结构紧凑,外形尺寸小,运转平稳,流量均匀,噪声小,寿命长;但与齿轮泵相比,对油液污染较敏感,结构也比齿轮泵复杂。

(3)柱塞泵

柱塞泵分为轴向柱塞泵和径向柱塞泵。其精度高,密封性能好,可在高压下工作,可改变流量,故得到了广泛应用;但结构较复杂,制造精度要求高,制造成本高,对油液污染敏感。

(4)螺杆泵

螺杆泵结构简单、质量小,流量及压力的脉动小,输送均匀,无紊流,工作可靠,运转平稳性比齿轮泵和叶片泵高;但加工较难,不能改变流量。适用于低、中压、流量一定的场合。

2)按排量可否调节分类

按排量可否调节,可分为变量泵和定量泵。

输出流量可根据需要来调节的,称为变量泵;输出流量不能调节的,称为定量泵。

3)按能否双向排油分类

按能否双向排油,可分为单向泵和双向泵。

3.1.3　液压泵的图形符号

常用液压泵的图形符号一般采用标准图形符号绘制。液压泵的图形符号如图3.3所示。

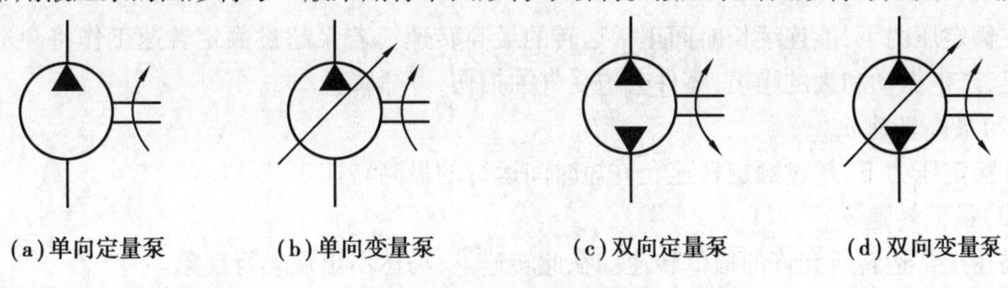

(a)单向定量泵　(b)单向变量泵　(c)双向定量泵　(d)双向变量泵

图3.3　液压泵的图形符号

3.1.4　液压泵的主要参数

1)压力

(1)工作压力 P

液压泵实际工作时的输出压力,称为工作压力。工作压力的大小取决于外负载的大小和排油管路上的压力损失,而与液压泵的流量无关。

(2)额定压力

液压泵在正常工作条件下,按试验标准规定能连续运转的最高压力,称为液压泵的额定压力。

(3)最高允许压力 P_{max}

按试验标准规定,超过额定压力允许液压泵短暂运行的最高压力,称为液压泵的最高允许压力(简称最高压力)。

2)排量和流量

(1)排量 V

液压泵的传动主轴每转一周,由其密封腔内几何尺寸变化计算而得的排出液体的体积,称为液压泵的排量。排量的法定计量单位为 m^3/r。工程实践中,常用单位为 mL/r。排量可调节的液压泵,称为变量泵;排量为常数的液压泵,称为定量泵。

(2)理论流量 q_i

理论流量是指单位时间内由密封腔内几何尺寸变化计算而得的排出液体体积,即不考虑液压泵泄漏流量的情况下,在单位时间内所排出的液体体积。显然,如果液压泵的排量为 V,其主轴转速为 n,则该液压泵的理论流量 q_i 为

$$q_i = Vn \tag{3.1}$$

(3)实际流量 q

液压泵在某一具体工况下,单位时间内所排出的液体体积,称为实际流量。它等于理论流量 q_i 减去泄漏流量 Δq,即

$$q = q_i - \Delta q \tag{3.2}$$

(4)额定流量 q_n

液压泵在正常工作条件下,按试验标准规定(如在额定压力和额定转速下)必须保证的流量。

3)转速

(1)额定转速 n_n

在额定压力下,能连续长时间正常运转的最高转速。若泵超过额定转速工作将会造成吸油不足,产生振动和大的噪声,零件会遭受气蚀损伤,寿命降低。

(2)最高转速 n_{max}

在额定压力下,超过额定转速允许短时间运行的最高转速。

(3)最低转速 n_{min}

马达正常运转所允许的最低转速。在此转速下,马达不出现爬行现象。

4)功率和效率

(1)液压泵的功率损失

液压泵的功率损失有容积损失和机械损失两个部分。

①容积损失

容积损失是指液压泵流量上的损失。液压泵的实际输出流量总是小于其理论流量。其主要原因是液压泵内部高压腔的泄漏、油液的压缩以及在吸油过程中由于吸油阻力太大、油液黏度大以及液压泵转速高等而导致油液不能全部充满密封工作腔。液压泵的容积损失用容积效率来表示。它等于液压泵的实际输出流量 q 与其理论流量 q_i 之比,即

$$\eta_i = \frac{q}{q_i} = \frac{q_i - \Delta q}{q_i} = 1 - \frac{\Delta q}{q_i} \tag{3.3}$$

因此,液压泵的实际输出流量 q 为

$$q = q_i \eta_V = Vn\eta_V \tag{3.4}$$

式中 V——液压泵的排量,cm^3/r;

n——液压泵的转速,r/s。

液压泵的容积效率随着液压泵工作压力的增大而减小,且随液压泵的结构类型不同而异,但恒小于1。

②机械损失

机械损失是指液压泵在转矩上的损失。液压泵的实际输入转矩 T_0 总是大于理论上所需要的转矩 T_i。其主要原因是液压泵体内相对运动部件之间因机械摩擦而引起的摩擦转矩损失以及液体的黏性而引起的摩擦损失。液压泵的机械损失用机械效率表示。它等于液压泵的理论转矩 T_i 与实际输入转矩 T_0 之比。设转矩损失为 ΔT,则液压泵的机械效率为

$$\eta_m = \frac{T_i}{T_0} = \frac{1}{1 + \frac{\Delta T}{T_1}} \tag{3.5}$$

(2)液压泵的功率

①输入功率 P_i

液压泵的输入功率是指作用在液压泵主轴上的机械功率。当输入转矩为 T_0,角速度为 ω 时,则

$$p_i = T_0\omega \tag{3.6}$$

②输出功率 P_o

液压泵的输出功率是指液压泵在工作过程中的实际吸油口、压油口之间的压差 Δp 和输出流量 q 的乘积,即

$$p = \Delta pq \tag{3.7}$$

式中　Δp——液压泵吸油口、压油口之间的压力差,Pa;

q——液压泵的实际输出流量,m^3/s;

p——液压泵的输出功率,N · m/s 或 W。

在实际的计算中,若油箱通大气,液压泵吸油、压油的压力差往往用液压泵出口压力 p 代入。

(3)液压泵的总效率

液压泵的总效率是指液压泵的实际输出功率与其输入功率的比值,即

$$\eta = \frac{p}{p_i} = \frac{\Delta pq}{T_0\omega} = \frac{\Delta pq_i u_V}{\frac{T_i\omega}{\eta_m}} = \eta_V\eta_m \tag{3.8}$$

式中　$\frac{\Delta pq_i}{\omega}$——理论输入转矩 T_i。

由式(3.8)可知,液压泵的总效率等于其容积效率与机械效率的乘积,故液压泵的输入功率也可写为

$$P_i = \frac{\Delta pq}{\eta} \tag{3.9}$$

液压泵的各个参数和压力之间的关系如图3.4所示。

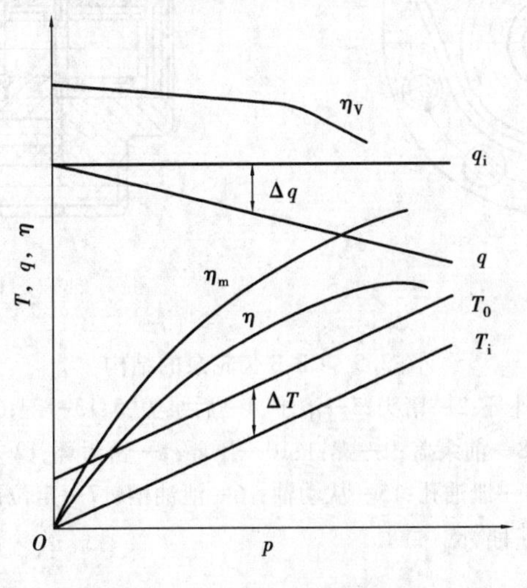

图3.4　液压泵的特性曲线

3.2 齿轮泵

齿轮泵是液压系统中广泛采用的一种液压泵。它一般做成定量泵。齿轮泵按结构,可分为外啮合齿轮泵和内啮合齿轮泵。通常以外啮合齿轮泵应用最广。下面以外啮合齿轮泵为例来剖析齿轮泵。

3.2.1 齿轮泵的工作原理和结构

CB-B 齿轮泵的结构如图 3.5 所示。当泵的主动齿轮按图示箭头方向旋转时,齿轮泵右侧(吸油腔)齿轮脱开啮合,齿轮的轮齿退出齿间,使密封容积增大,形成局部真空,油箱中的油液在外界大气压的作用下,经吸油管路、吸油腔进入齿间。随着齿轮的旋转,吸入齿间的油液被带到另一侧,进入压油腔。这时,轮齿进入啮合,使密封容积逐渐减小,齿轮间部分的油液被挤出,形成了齿轮泵的压油过程。齿轮啮合时,齿向接触线把吸油腔和压油腔分开,起配油作用。当齿轮泵的主动齿轮由电动机带动不断旋转时,轮齿脱开啮合的一侧,因密封容积变大则不断从油箱中吸油,轮齿进入啮合的一侧;因密封容积减小,则不断地排油,这就是齿轮泵的工作原理。

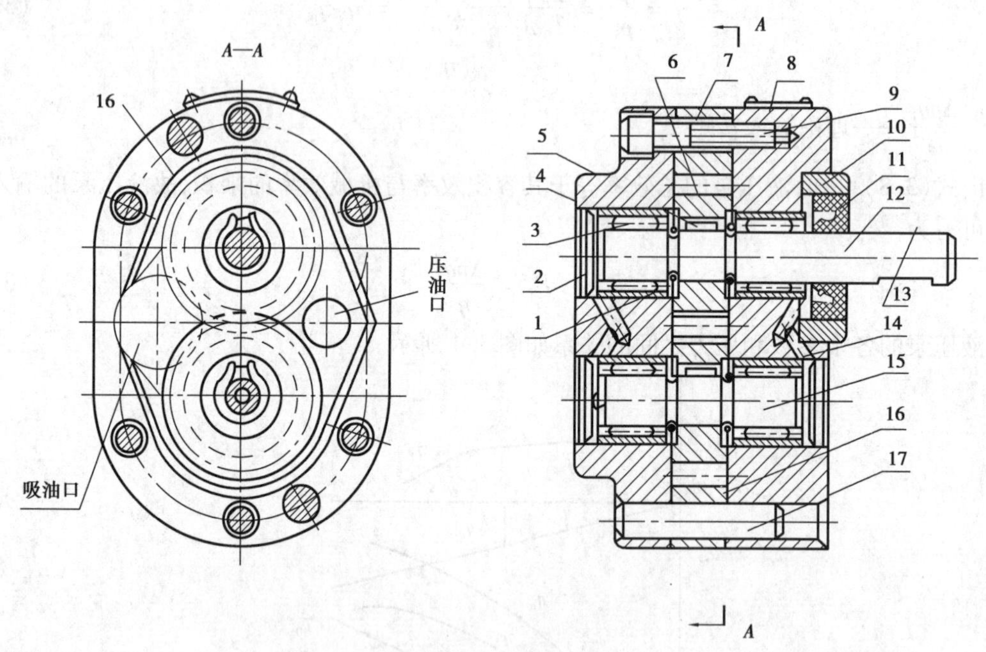

图 3.5 CB-B 齿轮泵的结构

1—轴承外环;2—堵头;3—滚子;4—后泵盖;5,13—键;6—齿轮;7—泵体;8—前泵盖;9—螺钉;10—压环;1—密封环;12—主动轴;14—泄油孔;15—从动轴;16—泄油槽;17—定位销

齿轮泵的外形如图 3.6 所示。

图3.6 齿轮泵的外形

3.2.2 齿轮泵的困油问题

齿轮泵要能连续地供油，就要求齿轮啮合的重叠系数 ε 大于1。也就是，当一对齿轮尚未脱开啮合时，另一对齿轮已进入啮合，这样就出现同时有两对齿轮啮合的瞬间，在两对齿轮的齿向啮合线之间形成了一个封闭容积，一部分油液也就被困在这一封闭容积中，如图3.7(a)所示；齿轮连续旋转时，这一封闭容积便逐渐减小，到两啮合点处于节点两侧的对称位置时(见图3.5(b))，封闭容积为最小；齿轮再继续转动时，封闭容积又逐渐增大，直到如图3.7(c)所示的位置时，容积又变为最大。

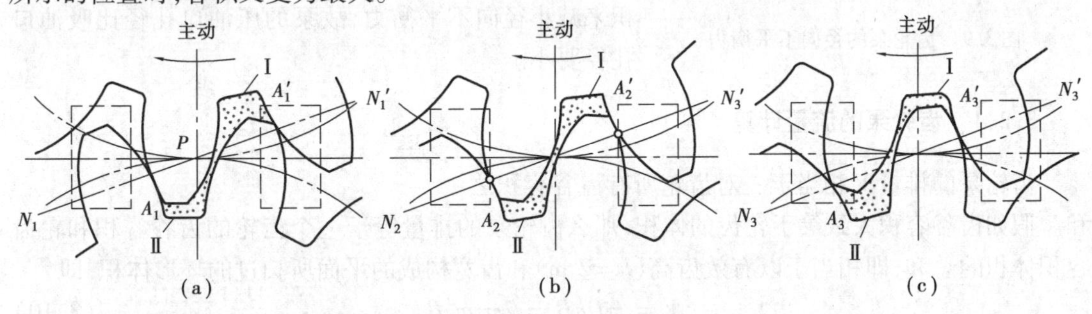

图3.7 齿轮泵的困油现象

在封闭容积减小时，被困油液受到挤压，压力急剧上升，使轴承上突然受到很大的冲击载荷，使泵剧烈振动。这时，高压油从一切可能泄漏的缝隙中挤出，造成功率损失，使油液发热。当封闭容积增大时，由于没有油液补充，因此形成局部真空，使原来溶解于油液中的空气分离出来，形成了气泡，油液中产生气泡后，会引起噪声、气蚀等一系列恶果。以上情况就是齿轮泵的困油现象。这种困油现象极为严重地影响着泵的工作平稳性和使用寿命。

为了消除困油现象，在CB-B型齿轮泵的泵盖上铣出两个困油卸荷凹槽。其几何关系如图3.8所示。卸荷槽的位置应使困油腔由大变小时，能通过卸荷槽与压油腔相通，而当困油腔由小变大时，能通过另一卸荷槽与吸油腔相通。两卸荷槽之间的距离为 a，必须保证在任何时候都

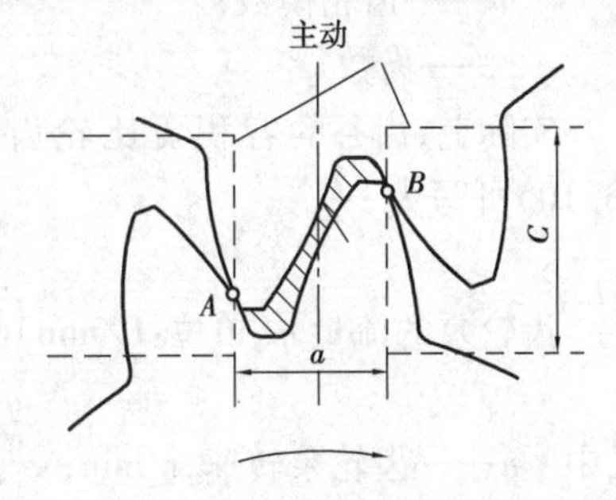

图3.8 齿轮泵的困油卸荷槽

不能使压油腔和吸油腔互通。

按上述对称开的卸荷槽，当困油封闭腔由大变至最小时（见图3.8），因油液不易从即将关闭的缝隙中挤出，故封闭油压仍将高于压油腔压力；齿轮继续转动，当封闭腔和吸油腔相通的瞬间，高压油又突然和吸油腔的低压油相接触，会引起冲击和噪声。于是，CB-B型齿轮泵将卸荷槽的位置整个向吸油腔侧平移了一段距离。这时，封闭腔只有在由小变至最大时才与压油腔断开，油压没有突变，封闭腔和吸油腔接通时，封闭腔不会出现真空也没有压力冲击。这样改进后，使齿轮泵的振动和噪声得到了进一步改善。

3.2.3 齿轮泵的径向不平衡力

齿轮泵工作时，在齿轮和轴承上承受径向液压力的作用。如图3.9所示，泵的下侧为吸油腔，上侧为压油腔。在压油腔内有液压力作用于齿轮上，沿着齿顶的泄漏油，具有大小不等的压力，就是齿轮和轴承受到的径向不平衡力。液压力越高，这个不平衡力则越大，其结果不仅加速了轴承的磨损，降低了轴承的寿命，甚至使轴变形，造成齿顶和泵体内壁的摩擦等。为了解决径向力不平衡的问题，在有些齿轮泵上，采用开压力平衡槽的办法来消除径向不平衡力，但这将使泄漏增大，容积效率降低等。CB-B型齿轮泵则采用缩小压油腔，以减少液压力对齿顶部分的作用面积来减小径向不平衡力，故泵的压油口孔径比吸油口孔径要小。

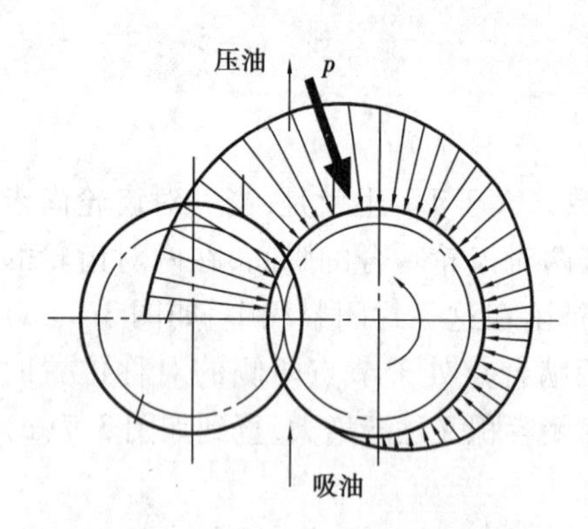

图3.9 齿轮泵的径向不平衡力

3.2.4 齿轮泵的流量计算

齿轮泵的排量V相当于一对齿轮所有齿谷容积之和。假如齿谷容积大致等于轮齿的体积，那么齿轮泵的排量等于一个齿轮的齿谷容积和轮齿容积体积的总和，即相当于以有效齿高（$h=2\ m$）和齿宽构成的平面所扫过的环形体积，即

$$V = \pi DhB = 2\pi zm^2B \tag{3.10}$$

式中 D——齿轮分度圆直径，$D=mz$；

h——有效齿高，$h=2\ m$；

B——齿轮宽；

m——齿轮模数；

z——齿数。

实际上，齿谷的容积要比轮齿的体积稍大，故式（3.10）中的π常以3.33代替，则式（3.10）可写为

$$V = 6.66zm^2B \tag{3.11}$$

齿轮泵的流量q（单位：L/min）为

$$q = 6.66zm^2Bn\eta_V \times 10^{-3} \tag{3.12}$$

式中 n——齿轮泵转速，r/min；

η_V——齿轮泵的容积效率。

实际上,齿轮泵的输油量是有脉动的,故式(3.12)所表示的是泵的平均输油量。

从上述公式可知,流量和几个主要参数的关系为:

①输油量与齿轮模数 m 的平方成正比。

②在泵的体积一定时,齿数少,模数就大,故输油量增加,但流量脉动大;齿数增加时,模数就小,输油量减少,流量脉动也小。

③输油量与齿宽 B、转速 n 成正比。

3.2.5　高压齿轮泵的特点

上述齿轮泵因泄漏大(主要是端面泄漏,占总泄漏量的70%~80%)且存在径向不平衡力,故压力不易提高。高压齿轮泵主要是针对上述问题采取了一些措施,如尽量减小径向不平衡力和提高轴与轴承的刚度,以及对泄漏量最大处的端面间隙采用了自动补偿装置等。下面对端面间隙的补偿装置作简单介绍。

1)浮动轴套式

如图3.10(a)所示为浮动轴套式的间隙补偿装置。它利用泵的出口压力油,引入齿轮轴上的浮动轴套1的外侧 A 腔,在液体压力作用下,使轴套紧贴齿轮3的侧面,因而可消除间隙并可补偿齿轮侧面和轴套间的磨损量。在泵启动时,靠弹簧4来产生预紧力,保证了轴向间隙的密封。

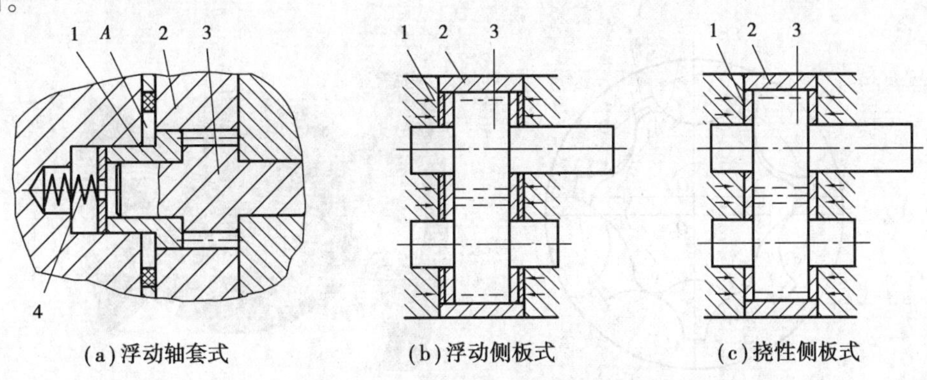

(a)浮动轴套式　(b)浮动侧板式　(c)挠性侧板式

图3.10　高压齿轮泵的自动补偿装置

1—浮动轴套;2—泵体;3—齿轮;4—弹簧

2)浮动侧板式

浮动侧板式补偿装置的工作原理与浮动轴套式基本相似。它也是利用泵的出口压力油引到浮动侧板1的背面(见图3.10(b)),使之紧贴于齿轮2的端面来补偿间隙。启动时,浮动侧板靠密封圈来产生预紧力。

3)挠性侧板式

如图3.10(c)所示为挠性侧板式间隙补偿装置。它是利用泵的出口压力油引到侧板的背面后,靠侧板自身的变形来补偿端面间隙的,侧板的厚度较薄,内侧面要耐磨(如烧结有0.5~0.7 mm的磷青铜),这种结构采取一定措施后,易使侧板外侧面的压力分布大体上和齿轮侧面的压力分布相适应。

3.2.6　内啮合齿轮泵

内啮合齿轮泵的工作原理也是利用齿间密封容积的变化来实现吸油压油的。如图3.11

所示为内啮合齿轮泵的工作原理。它由配油盘(前后盖)、外转子(从动轮)和偏心安置在泵体内的内转子(主动轮)等组成。内外转子相差一齿,图中内转子为6齿,外转子为7齿,因内外转子是多齿啮合,故形成了若干密封容积。当内转子围绕中心 O_1 旋转时,带动外转子绕外转子中心 O_2 作同向旋转。这时,由内转子齿顶 A_1 和外转子齿谷 A_2 之间形成的密封容积 C(图中阴线部分),随着转子的转动密封容积就逐渐扩大,于是就形成局部真空,油液从配油窗口 b 被吸入密封腔,至 A_1',A_2'位置时封闭容积最大,这时吸油完毕。当转子继续旋转时,充满油液的密封容积便逐渐减小,油液受挤压,于是通过另一配油窗口 a 将油排出,至内转子的另一齿全部和外转子的齿凹 A_2 全部啮合时,压油完毕,内转子每转一周,由内转子齿顶和外转子齿谷所构成的每个密封容积,完成吸油、压油各一次,当内转子连续转动时,即完成了液压泵的吸排油工作。

内啮合齿轮泵的外转子齿形是圆弧,内转子齿形为短幅外摆线的等距线,故称内啮合摆线齿轮泵,也称转子泵。

内啮合齿轮泵具有结构紧凑,体积小,零件少,转速可高达10 000 r/mim,运动平稳,噪声低,容积效率较高等优点。其缺点是流量脉动大,转子的制造工艺复杂等,目前已采用粉末冶金压制成型。随着工业技术的发展,摆线齿轮泵的应用将会越来越广泛。内啮合齿轮泵可正反转,可作液压马达用。

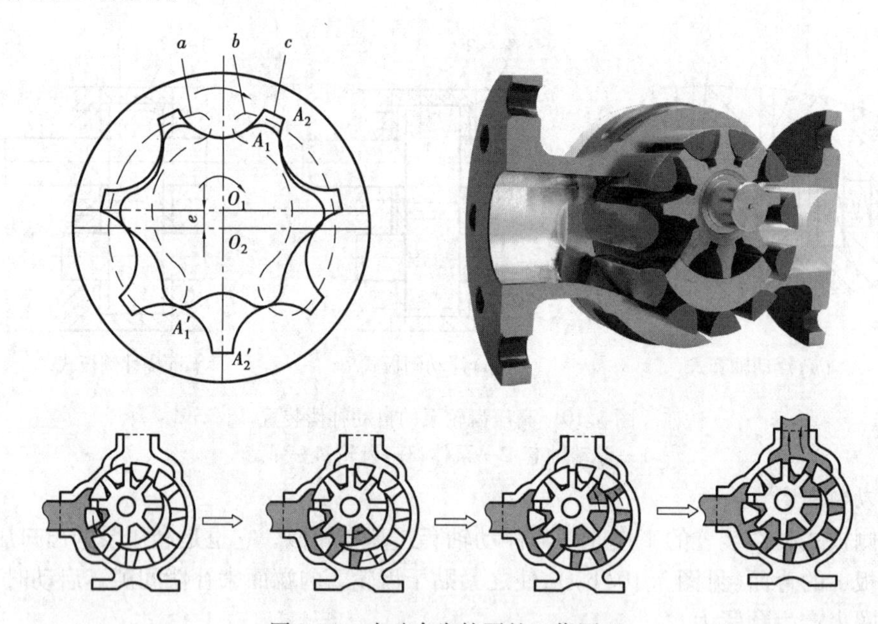

图3.11 内啮合齿轮泵的工作原理

3.3 叶片泵

叶片泵的结构较齿轮泵复杂,但其工作压力较高,且流量脉动小,工作平稳,噪声较小,寿命较长,故被广泛应用于专业机床、自动线等中低压液压系统中。叶片泵分单作用叶片泵(变量泵,最大工作压力为7.0 MPa)和双作用叶片泵(定量泵,最大工作压力为7.0 MPa)。

3.3.1　单作用叶片泵

1)结构和原理

如图3.12所示为是单作用叶片泵的工作原理。定子的内表面是一个圆柱形孔,转子1和定子2有偏心距e。在配流盘上开有两个腰形的配流窗口,其中一个与吸油口相通,为吸油窗口a;另一个与压油口相通,为压油窗口b。叶片3在转子的槽内可灵活滑动。当转子由轴带动按图示方向旋转时,叶片在离心力的作用下,随转子转动的同时,向外伸出,叶片顶部紧贴在定子内表面上,于是两相邻叶片、配油盘、定子和转子间便形成了一个个密封的工作腔。右侧的叶片向外伸出,密封工作腔容积逐渐增大,产生真空,于是通过吸油口和配油盘上窗口a将油吸入。而在图的左侧叶片往里缩进,密封工作腔容积逐渐缩小,密封腔中的油液经配油盘另一窗口b和压油口1被压出而输出到系统中。这种泵在转子转一转过程中吸油、压油各一次,故称单作用式叶片泵。因这种泵的转子受有单向的径向不平衡力,故称非平衡式叶片泵。如改变定子和转子之间的偏心距,便可改变泵的排量而成为变量泵。

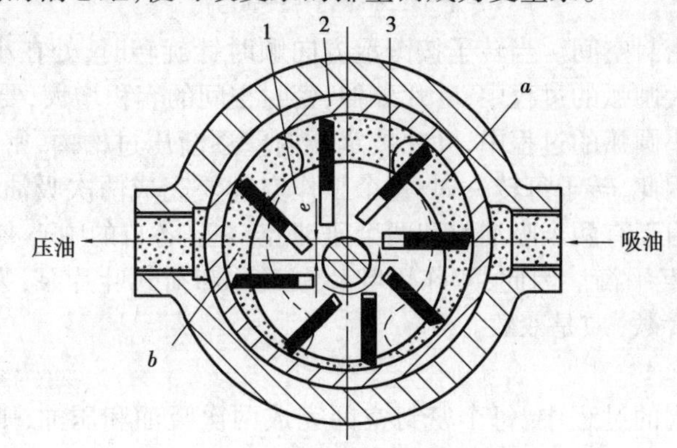

图3.12　单作用叶片泵的工作原理
1—转子;2—定子;3—叶片

2)结构特点

①叶片后倾。

②转子上受有不平衡径向力,压力增大,不平衡力增大,不宜用于高压。

③均为变量泵结构。

单作用叶片泵的流量是有脉动的。理论分析表明,泵内叶片数越多,流量脉动率越小。奇数叶片泵的脉动率比偶数叶片泵的脉动率小。因此,单作用的叶片数均为奇数,一般为13或15片。

3.3.2　双作用叶片泵

1)结构和原理

双作用叶片泵的工作原理如图3.13所示。它由定子1、转子2、叶片3及配油盘(图中未画出)等组成。

转子和定子中心重合,定子内表面近似为椭圆柱形。该椭圆形由两段长半径圆弧、两段短半径圆弧和4段过渡曲线所组成。当转子转动时,叶片在离心力和(建压后)根部压力油的作用下,在转子槽内向外移动而压向定子内表面,由叶片、定子的内表面、转子的外表面和两侧配

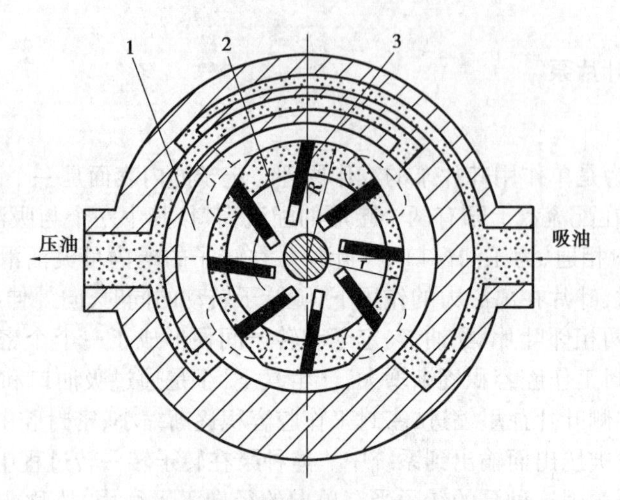

图3.13　双作用叶片泵的工作原理

1—定子;2—转子;3—叶片

油盘间就形成若干个密封空间。当转子按图示方向顺时针旋转时,处在小圆弧上的密封空间经过渡曲线而运动到大圆弧的过程中,叶片外伸,密封空间的容积增大,要吸入油液;再从大圆弧经过渡曲线运动到小圆弧的过程中,叶片被定于内壁逐渐压过槽内,密封空间容积变小,将油液从压油口压出。因此,转子每转一周,每个工作空间要完成两次吸油和压油,称为双作用叶片泵。这种叶片泵由于有两个吸油腔和两个压油腔,并且各自的中心夹角是对称的,作用在转子上的油液压力相互平衡。因此,双作用叶片泵又称卸荷式叶片泵,为了使径向力完全平衡,密封空间数(即叶片数)应是双数。

2)排量

由于转子在转一周的过程中,每个密封空间完成两次吸油和压油,则双作用叶片泵的排量为

$$V = 2\pi B(R^2 - r^2) - \frac{2zBs(R - r)}{\cos\theta} \tag{3.13}$$

式中　R、r——定子圆弧段的大、小半径:

B——转子宽度;

S——叶片厚度;

Z——叶片数;

θ——叶片槽与径向间的夹角。

3)结构特点

①叶片倾角。沿旋转方向前倾10°~14°,以减小压力角。

②叶片底部通以压力油,防止压油区叶片内滑。

③转子径向负荷对称,轴承寿命长。

④防止压力跳变,配油盘上开有三角槽(眉毛槽),同时避免困油。

⑤双作用泵不能改变排量,只作定量泵用。

3.3.3　限压式变量叶片泵

1)结构和工作原理

限压式变量叶片泵是单作用叶片泵。根据前面介绍的单作用叶片泵的工作原理,改变定

子和转子间的偏心距 e，就能改变泵的输出流量。限压式变量叶片泵能借助输出压力大小自动改变偏心距 e 的大小来改变输出流量。当压力低于某一可调节的限定压力时，泵的输出流量最大；当压力高于限定压力时，随着压力的增加，泵的输出流量线性地减少。其工作原理如图 3.14 所示。其中，1 为转子，在转子槽中装有叶片，2 为定子，3 为配油盘上的吸油窗口，8 为压油窗口，9 为调压弹簧，10 为调压螺钉，4 为柱塞，5 为螺钉。泵的出口经通道 7 与柱塞缸 6 相通。在泵未运转时，定子在调压弹簧 9 的作用下，紧靠柱塞 4，并使柱塞 4 靠在螺钉 5 上。这时，定子和转子有一偏心量 e_0。调节螺钉 5 的位置，便可改变 e_0。

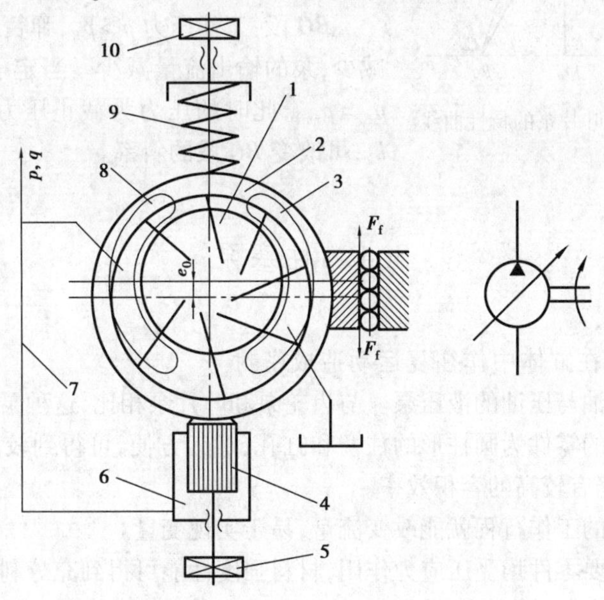

图 3.14　限压式变量叶片泵的工作原理

1—转子；2—定子；3—吸油窗口；4—柱塞；5—螺钉；
6—柱塞缸；7—通道；8—压油管口；9—调压弹簧；10—调压螺钉

当泵的出口压力 p 较低时，则作用在柱塞 4 上的液压力也较小。若此液压力小于上端的弹簧作用力，当柱塞的面积为 A、调压弹簧的刚度为 k_s、预压缩量为 x_0 时，有

$$p_A < k_s x_0$$

此时，定子相对于转子的偏心量最大，输出流量最大。随着外负载的增大，液压泵的出口压力 P 也将随之提高。当压力升至与弹簧力相平衡的控制压力时，有

$$p_B = k_s x_0$$

当压力进一步升高，就有 $p_A > k_s x_0$，这时若不考虑定子移动时的摩擦力，液压作用力就要克服弹簧力推动定子向上移动，随之泵的偏心量减小，泵的输出流量也减小。p_B 称为泵的限定压力，即泵处于最大流量时所能达到的最高限定压力，调节调压螺钉 10，可改变弹簧的预压缩量 x_0，即可改变 p_B 的大小。设定子的最大偏心量为 e_0，偏心量减小时，弹簧的附加压缩量为 x，则定子移动后的偏心量 e 为

$$e = e_0 - x_0$$

定子的受力平衡方程式为

$$p_A = k_s(x_0 + x)$$

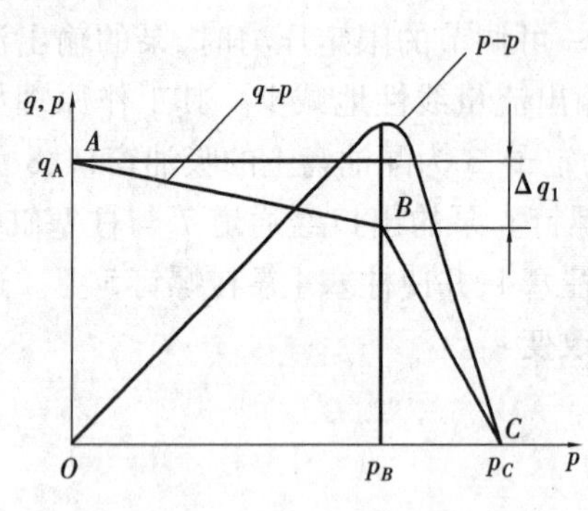

图 3.15　限压式变量叶片泵的特性曲线

可知,泵的工作压力越高,偏心量越小,泵的输出流量也越小。

2)特性曲线

如图 3.15 所示为限压式变量叶片泵的特性曲线。

AB 段:工作压力 $p<p_B$,输出流量 q_A 不变,但供油压力增大,泄漏流量 q_1 也增加,故实际流量 q 减少。

BC 段:工作压力 $p>p_B$,弹簧压缩量增大,偏心量减少,泵的输出流量减少。当定子的偏心量 $e=0$,则 $p_C=p_{\max}$,此时的压力为截止压力。调节弹簧的刚度 k_s,可改变 *BC* 段的斜率。

3.4　柱塞泵

柱塞泵是靠柱塞在缸体中作往复运动造成密封容积的变化来实现吸油与压油的液压泵。与齿轮泵和叶片泵相比,这种泵有许多优点。

①构成密封容积的零件为圆柱形的柱塞和缸孔,加工方便,可得到较高的配合精度,密封性能好,在高压工作仍有较高的容积效率。

②只需改变柱塞的工作行程就能改变流量,易于实现变量。

③柱塞泵中的主要零件均受压应力作用,材料强度性能可得到充分利用。

由于柱塞泵压力高,结构紧凑,效率高,流量调节方便,因此,在需要高压、大流量、大功率的系统中和流量需要调节的场合,如龙门刨床、拉床、液压机、工程机械、矿山冶金机械、船舶上得到广泛的应用。柱塞泵按柱塞的排列和运动方向不同,可分为径向柱塞泵和轴向柱塞泵两大类。

3.4.1　径向柱塞泵

1)径向柱塞泵的工作原理

径向柱塞泵的工作原理如图 3.16 所示。柱塞 1 径向排列装在缸体 2 中,缸体由原动机带动连同柱塞 1 一起旋转,故缸体 2 一般称为转子。柱塞 1 在离心力的(或在低压油)作用下抵紧定子 4 的内壁。当转子按图示方向回转时,由于定子和转子之间有偏心距 e,柱塞绕经上半周时向外伸出,柱塞底部的容积逐渐增大,形成部分真空,因此便经过衬套 3(衬套 3 是压紧在转子内,并与转子一起回转)上的油孔从配油孔 5 和吸油口 b 吸油;当柱塞转到下半周时,定子内壁将柱塞向里推,柱塞底部的容积逐渐减小,向配油轴的压油口 c 压油,当转子回转一周时,每个柱塞底部的密封容积完成一次吸压油,转子连续运转,即完成压吸油工作。配油轴固定不动,油液从配油轴上半部的两个孔 a 流入,从下半部两个油孔 d 压出,为了进行配油,配油轴在与衬套 3 接触的一段加工出上下两个缺口,形成吸油口 b 和压油口 c,留下的部分形成封油区。封油区的宽度应能封住衬套上的吸压油孔,以防吸油口和压油口相连通,但尺寸也不能大得太多,以免产生困油现象。

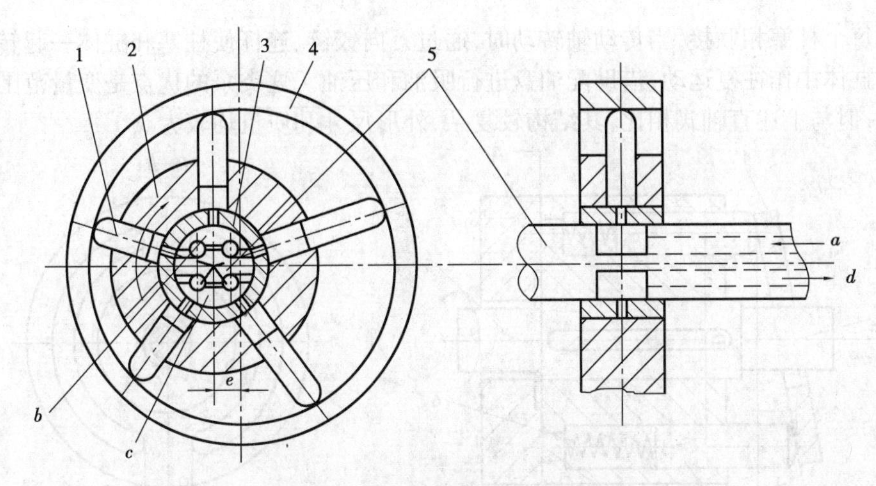

图3.16　径向柱塞泵的工作原理

1—柱塞;2—缸体;3—衬套;4—定子;5—配油轴

2)径向柱塞泵的排量和流量计算

当转子和定子之间的偏心距为 e 时,柱塞在缸体孔中的行程为 $2e$。设柱塞个数为 z、直径为 d 时,泵的排量为

$$V = \frac{\pi}{4}d^2 2ez \tag{3.14}$$

设泵的转数为 n,容积效率为 η_V,则泵的实际输出流量为

$$q = \frac{\pi}{4}d^2 2ezn\eta_V = \frac{\pi}{2}d^2 ezn\eta_V \tag{3.15}$$

3.4.2　轴向柱塞泵

1)轴向柱塞泵的工作原理

轴向柱塞泵是将多个柱塞配置在一个共同缸体的圆周上,并使柱塞中心线和缸体中心线平行的一种泵。轴向柱塞泵有两种形式:直轴式(斜盘式)和斜轴式(摆缸式)。如图3.17所示为直轴式轴向柱塞泵的工作原理。这种泵主体由缸体1、配油盘2、柱塞3及斜盘4等组成。柱塞沿圆周均匀分布在缸体内。斜盘轴线与缸体轴线倾斜一角度,柱塞靠机械装置或在低压油作用下压紧在斜盘上(图中为弹簧),配油盘2和斜盘4固定不转。当原动机通过传动轴使缸体转动时,由斜盘的作用,迫使柱塞在缸体内作往复运动,并通过配油盘的配油窗口进行吸油和压油。如图3.23中所示的回转方向,当缸体转角在 $\pi \sim 2\pi$,柱塞向外伸出,柱塞底部缸孔的密封工作容积增大,通过配油盘的吸油窗口吸油;在 $0 \sim \pi$,柱塞被斜盘推入缸体,使缸孔容积减小,通过配油盘的压油窗口压油。缸体每转一周,每个柱塞各完成吸油、压油一次,如改变斜盘倾角,就能改变柱塞行程的长度,即改变液压泵的排量,改变斜盘倾角方向,就能改变吸油和压油的方向,即成为双向变量泵。

配油盘上吸油窗口和压油窗口之间的密封区宽度 l 应稍大于柱塞缸体底部通油孔宽度 l_1。但不能相差太大,否则会发生困油现象。一般在两配油窗口的两端部开有小三角槽,以减小冲击和噪声。

斜轴式轴向柱塞泵的缸体轴线相对传动轴轴线成一倾角,传动轴端部用万向铰链、连杆与缸体中的每个柱塞相联接，当传动轴转动时，通过万向铰链、连杆使柱塞和缸体一起转动，并迫使柱塞在缸体中作往复运动，借助配油盘进行吸油和压油。这类泵的优点是变量范围大，泵的强度较高，但与上述直轴式相比，其结构较复杂，外形尺寸和质量均较大。

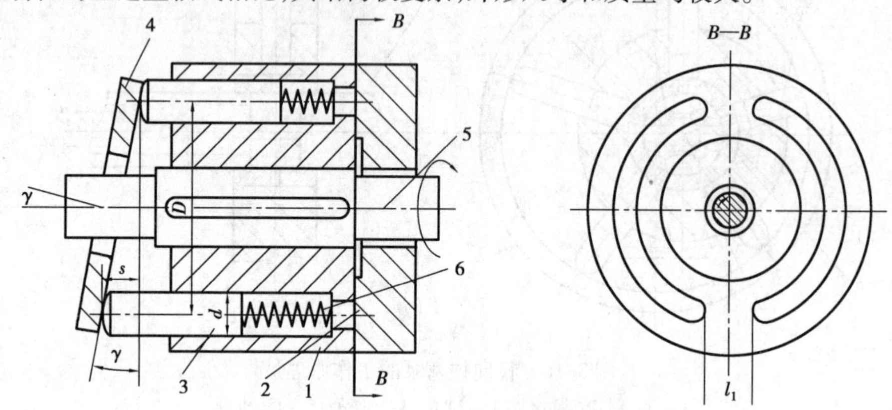

图 3.17　轴向柱塞泵的工作原理

1—缸体；2—配油盘；3—柱塞；4—斜盘；5—传动轴；6—弹簧

轴向柱塞泵的优点是：结构紧凑、径向尺寸小，惯性小，容积效率高，目前最高压力可达 40.0 MPa，甚至更高，一般用于工程机械、压力机等高压系统中。但其轴向尺寸较大，轴向作用力也较大，结构较复杂。

2）轴向柱塞泵的排量和流量计算

如图 3.17 所示，柱塞的直径为 d、柱塞分布圆直径为 D、斜盘倾角为 γ 时，柱塞的行程为 $s=D\tan\gamma$。因此，当柱塞数为 z 时，轴向柱塞泵的排量为

$$V=\frac{\pi}{4}d^2 D\tan\gamma\cdot z \tag{3.16}$$

设泵的转数为 n，容积效率为 η_V，则泵的实际输出流量为

$$V=\frac{\pi}{4}d^2 D\tan\gamma\cdot zn\eta_V \tag{3.17}$$

实际上，由于柱塞在缸体孔中运动的速度不是恒速的，因此，输出流量是有脉动的。当柱塞数为奇数时，脉动较小，且柱塞数多脉动也较小，故一般常用的柱塞泵的柱塞个数为 7，9 或 11。

3）轴向柱塞泵的结构特点

（1）典型结构

如图 3.18 所示为直轴式轴向柱塞泵的结构。

柱塞的球状头部装在滑履 4 内，以缸体作为支承的弹簧通过钢球推压回程盘 3，回程盘和柱塞滑履一同转动。在排油过程中，借助斜盘 2 推动柱塞作轴向运动；在吸油时，依靠回程盘、钢球和弹簧组成的回程装置将滑履紧紧压在斜盘表面上滑动，弹簧一般称为回程弹簧，这样的泵具有自吸能力。在滑履与斜盘相接触的部分有一油室，通过柱塞中间的小孔与缸体中的工作腔相连，压力油进入油室后在滑履与斜盘的接触面间形成了一层油膜，起着静压支承的作用，使滑履作用在斜盘上的力大大减小，因而磨损也减小。传动轴 8 通过左边的花键带动缸体 6 旋转，由于滑履 4 贴紧在斜盘表面上，柱塞在随缸体旋转的同时在缸体中作往复运动。缸体中柱塞底部的密封工作容积是通过配油盘 7 与泵的进出口相通的。随着传动轴的转动，液压泵就连续地吸油和排油。

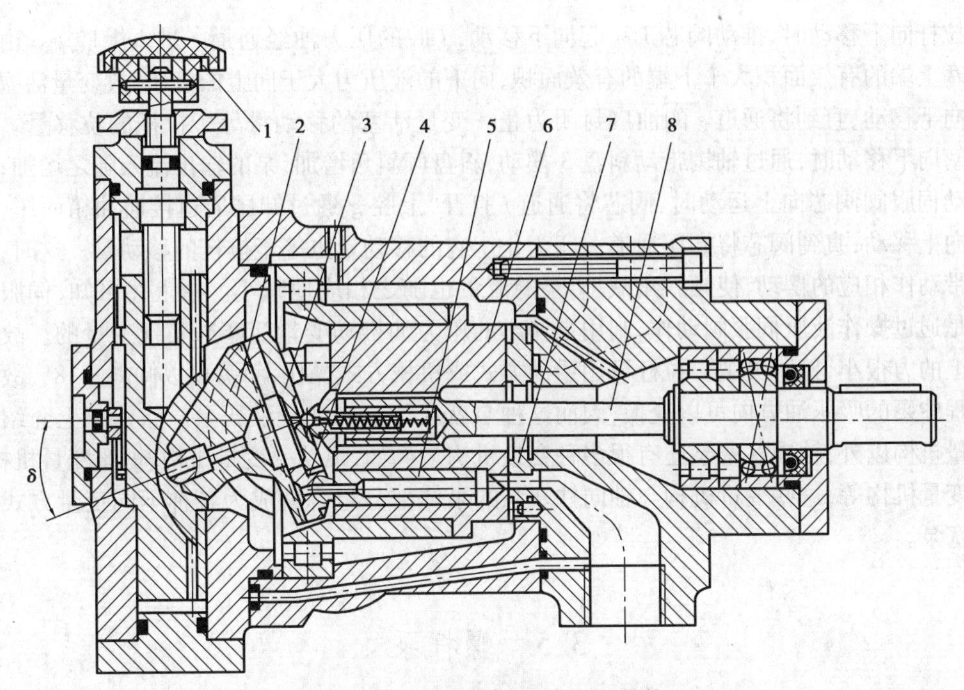

图 3.18　直轴式轴向柱塞泵的结构
1—转动手轮;2—斜盘;3—回程盘;4—滑履;5—柱塞;
6—缸体;7—配油盘;8—传动轴

(2)变量机构

由式(3.16)可知,若要改变轴向柱塞泵的输出流量,只要改变斜盘的倾角,即可改变轴向柱塞泵的排量和输出流量。下面介绍常用的轴向柱塞泵的手动变量和伺服变量机构的工作原理。

①手动变量机构

如图3.18所示,转动手轮1,使丝杠转动,带动变量活塞作轴向移动(因导向键的作用,变量活塞只能作轴向移动,不能转动),从而使斜盘倾角改变,达到变量的目的。这种变量机构结构简单,但操纵不轻便,且不能在工作过程中变量。

②伺服变量机构

如图3.19所示为轴向柱塞泵的伺服变量机构,以此机构代替如图3.18所示轴向柱塞泵中的手动变量机构,就成为手动伺服变量泵。其工作原理为:泵输出的压力油由通道经单向阀 α 进入变量机构壳体的下腔 d,液压力作用在变量活塞4的下端。当与伺服阀阀芯1相连接的拉杆不动时(图示状态),变量活塞4的上腔 g 处于封闭状态,变量活塞不动,斜盘3在某一相应的位置上。

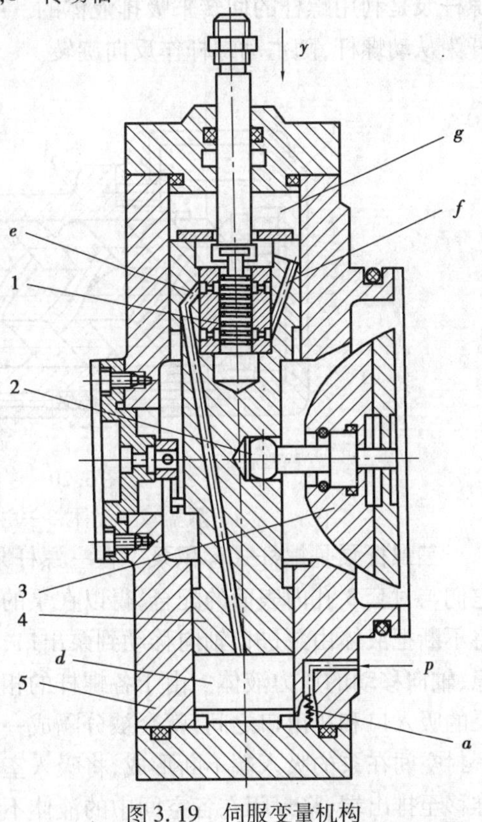

图 3.19　伺服变量机构
1—阀芯;2—铰链;3—斜盘;4—活塞;5—壳体

当使拉杆向下移动时,推动阀芯 1 一起向下移动,d 腔的压力油经通道 e 进入上腔 g。由于变量活塞上端的有效面积大于下端的有效面积,向下的液压力大于向上的液压,故变量活塞 4 也随之向下移动,直到将通道 e 的油口封闭为止。变量活塞的移动量等于拉杆的位移量。当变量活塞向下移动时,通过轴销带动斜盘 3 摆动,斜盘倾斜角增加,泵的输出流入随之增加;当拉杆带动伺服阀阀芯向上运动时,阀芯将通道 f 打开,上腔 g 通过卸压通道接通油箱而压,变量活塞向上移动,直到阀芯将卸压通道关闭为止。它的移动量也等于拉杆的移动量。这时,斜盘也被带动作相应的摆动,使倾斜角减小,泵的流量也随之相应地减小。由上述可知,伺服变量机构是通过操作液压伺服阀动作,利用泵输出的压力油推动变量活塞来实现变量的。故加在拉杆上的力很小,控制灵敏。拉杆可用手动方式或机械方式操作,斜盘可以倾斜 $\pm 18°$,故在工作过程中泵的吸压油方向可以变换,因而这种泵就成为双向变量液压泵。除了以上介绍的两种变量机构以外,轴向柱塞泵还有很多种变量机构。例如,恒功率变量机构、恒压变量机构、恒流量变量机构等,这些变量机构与轴向柱塞泵的泵体部分组合就成为各种不同变量方式的轴向柱塞泵。

3.5 螺杆泵

螺杆泵实质上是一种外啮合摆线齿轮泵。如图 3.20 所示为三螺杆泵的结构示意图。三螺杆泵是利用螺杆的回转来吸排液体的。中间螺杆为主动螺杆,由原动机带动回转,两边的螺杆为从动螺杆,随主动螺杆作反向旋转。

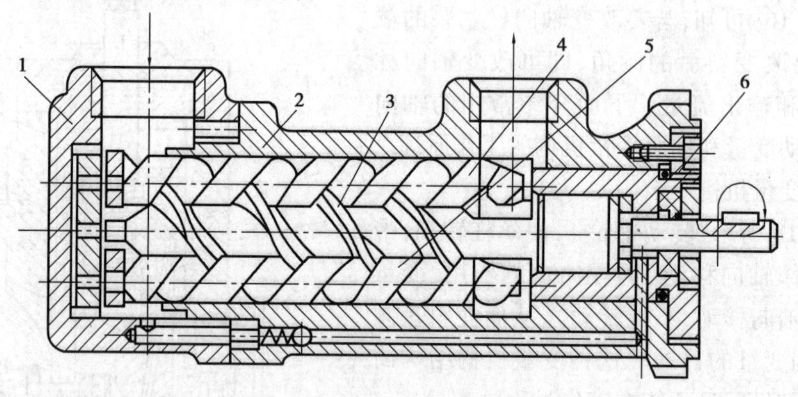

图 3.20 三螺杆泵的结构示意图

1—后盖;2—壳体;3—主动螺杆;4,5—从动螺杆;6—前盖

三螺杆泵是螺杆式容积泵。在三螺杆泵中,由于主螺杆与从动螺杆上螺旋槽相互啮合及它们与衬套 3 孔内表面的配合,得以在泵的进口与出口之间形成数级动密封室,这些动密封室将不断把液体由泵进口轴向移动到泵出口,并使所输送液体逐级升压,从而形成一个连续、平稳、轴向移动的压力液体。由于各螺杆的相互啮合以及螺杆与衬筒内壁的紧密配合。因此,在泵的吸入口和排出口之间,就会被分隔成一个或多个密封空间。随着螺杆的转动和啮合,这些密封空间在泵的吸入端不断形成,将吸入室中的液体封入其中,并自吸入室沿螺杆轴向连续地推移至排出端,将封闭在各空间中的液体不断排出,犹如一螺母在螺纹回转时被不断向前推进的情形那样,其中螺纹圈数看成液体,当螺钉旋转时螺纹在转动时就相当于液体在螺杆泵里面

的情形,这就是螺杆泵的基本工作原理,如图3.21所示。

图3.21　三螺杆泵

3.6　液压泵的选用

液压泵是液压系统提供一定流量和压力的油液动力元件。它是每个液压系统不可缺少的核心元件。合理地选择液压泵,对降低液压系统的能耗、提高系统的效率、降低噪声、改善工作性能以及保证系统的可靠工作十分重要。表3.1列出了常用液压泵的技术性能。选择液压泵的原则是:根据主机工况、功率大小和液压系统对工作性能的要求,首先决定选用变量泵还是定量泵,变量泵的价格高,但能达到提高工作效率、节能及压力恒定等要求;然后根据各类泵的性能、特点及成本等,确定选用何种结构类型的液压泵;最后按系统所要求的压力、流量大小,确定其规格型号。

表3.1　各类液压泵的主要技术性能

性　能	齿轮泵			叶片泵		柱塞泵			螺旋泵
	外啮合	内啮合		单作用	双作用	轴向式		径向式	
		渐开线	摆线			斜盘式	斜轴式		
压力范围/MPa	2.5~25	10	6	6.3~10	6.3~28	7~40	16~40	100	2.5~10
排量范围 /($mL \cdot r^{-1}$)	2.5~210	1.76~63.6	16	10~125	2.5~237	2.5~237	9.4~915	0.25~188	0.16~1 463
转速范围 /($r \cdot min^{-1}$)	1 450~4 000	2 000~3 000	1 500~2 000	600~1 800	600~2 800	1 000~3 600	970~3 750	1 500	100~1 800
最大功率/kW	187.2	16.8	4	53	49	148	583	46	290
容积效率/kW	70~95	90	90	60~90	85~95	90~97	90~97	98	70~95
功率质量比	中	中	中	小	中	大	中	小	小
流量脉动/%	11~27	1~3	≤3	—	—	1~5	<14	<2	<1
对污染敏感性	小	小	小	中	中	大	大	中	小
最高自吸能力/kPa	50	—	—	33.5	33.5	16.5	16.5	16.5	63.5
价格	最低	低	低	中	中低	高	高	高	高

思考与练习

简答题

1. 液压泵要完成吸油和压油的工作过程,须具备什么条件?
2. 简述齿轮泵、叶片泵、柱塞泵及螺杆泵的优缺点。
3. 什么是泵的困油现象?它有什么危害?应如何防止?
4. 要提高泵的压力须解决哪些关键问题?通常应采取哪些措施?
5. 在实际运用中,应如何选用液压泵?
6. 简述叶片泵的工作原理。
7. 简述单作用叶片泵和双作用叶片泵的优缺点。

第4章 液压系统执行元件

4.1 液压马达

4.1.1 液压马达的特点及分类

液压马达是把液体的压力能转换为机械能,液压泵把机械能转换为压力能,同类型的液压泵和液压马达的结构是相似的。从这个原理上讲,液压马达和液压泵是可逆的,液压泵可作马达用,液压马达也可作液压泵使用。但为了能量转换的效率更高,两者在结构上也有某些差异。

①液压马达一般需要正反转,故在内部结构上应具有对称性,而液压泵一般是单方向旋转的,没有这一要求。

②为了减小吸油阻力和径向力,一般液压泵的吸油口比出油口的尺寸大。而液压马达低压腔的压力稍高于大气压力,故没有上述要求。

③液压马达要求能在很宽的转速范围内正常工作。因此,应采用液动轴承或静压轴承,因当马达速度很低时,若采用动压轴承,就不易形成润滑滑膜。

④叶片泵依靠叶片跟转子一起高速旋转而产生的离心力,使叶片始终贴紧定子的内表面,起封油作用,形成工作容积。若将其当马达用,必须在液压马达的叶片根部装上弹簧,以保证叶片始终贴紧定子内表面,以便马达能正常启动。

⑤液压泵在结构上需保证具有自吸能力,而液压马达就没有这一要求。

⑥液压马达必须具有较大的启动扭矩。所谓启动扭矩,就是马达由静止状态启动时,马达轴上所能输出的扭矩。该扭矩通常大于在同一工作压差时处于运行状态下的扭矩。因此,为使启动扭矩尽可能接近工作状态下的扭矩,要求马达扭矩的脉动小,内部摩擦小。

液压马达与液压泵具有上述特点,使得很多类型的液压马达和液压泵不能互逆使用。

液压马达按额定转速,可分为高速和低速两大类。额定转速高于500 r/min 的,属于高速液压马达;额定转速低于500 r/min 的,属于低速液压马达。

高速液压马达的基本形式有齿轮式、螺杆式、叶片式及轴向柱塞式等。它们的主要特点是转速较高,转动惯量小,便于启动和制动,调速和换向的灵敏度高。通常高速液压马达的输出转矩不大(仅几十牛·米到几百牛·米),故称高速小转矩液压马达。

低速液压马达的基本形式是径向柱塞式,如单作用曲轴连杆式、液压平衡式和多作用内曲线式等。此外,在轴向柱塞式、叶片式和齿轮式中也有低速的结构形式。低速液压马达的主要特点是排量大、体积大、转速低(有时,可达每分钟几转,甚至零点几转),因此可直接与工作机构连接,不需要减速装置,使传动机构大为简化,通常低速液压马达输出转矩较大(可达几千牛顿·米到几万牛顿·米),故称低速大转矩液压马达。

液压马达也可按结构类型,可分为齿轮式、叶片式、柱塞式及其他形式。

4.1.2 液压马达的性能参数

液压马达的性能参数很多。下面介绍液压马达的主要性能参数。

1)排量、流量和容积效率

习惯上,将马达的转轴每转一周,按几何尺寸计算所进入的液体容积,称为马达的排量 V,有时称为几何排量、理论排量,即不考虑泄漏损失时的排量。

液压马达的排量表示出其工作容腔的大小。它是一个重要的参数,因液压马达在工作中输出的转矩大小是由负载转矩决定的。但是,推动同样大小的负载,工作容腔大的马达的压力要低于工作容腔小的马达的压力,因此,工作容腔的大小是液压马达工作能力的主要标志。也就是说,排量的大小是液压马达工作能力的重要标志。

根据液压动力元件的工作原理可知,马达转速 n、理论流量 q_i 与排量 V 之间的关系为

$$q_i = nV \tag{4.1}$$

式中 q_i——理论流量,m^3/s 或 L/min;

n——转速,r/min;

V——排量,cm^3/r。

由于存在泄漏,马达实际输入流量 q 大于理论输入流量,则

$$q = q_i + \Delta q \tag{4.2}$$

式中 Δq——液压泵泄漏量。

因此,液压马达的容积效率为

$$\eta_V = \frac{q_i}{q} = \frac{q_i}{q_i + \Delta q} \tag{4.3}$$

2)液压马达输出的理论转矩

根据排量的大小,可计算在给定压力下液压马达所能输出的转矩的大小,也可计算在给定的负载转矩下马达的工作压力的大小。当液压马达进油口、出油口之间的压力差为 Δp,输入液压马达的流量为 q,液压马达输出的理论转矩为 T_t,角速度为 ω,如果不计损失,液压马达输入的液压功率应全部转化为液压马达输出的机械功率,即

$$\Delta p_q = T_t \omega \tag{4.4}$$

又因 $\omega = 2\pi n$,故液压马达的理论转矩为

$$T_t = \frac{\Delta p V}{2\pi} \tag{4.5}$$

式中 Δp——马达进出口之间的压力差。

3)液压马达的机械效率

因液压马达内部不可避免地存在各种摩擦,故实际输出的转矩 T 总要比理论转矩 T_t 小些,即

$$\eta_m = \frac{T}{T_t} \tag{4.6}$$

式中 η_m——液压马达的机械效率,%。

4)液压马达的启动机械效率 η_{mO}

液压马达的启动机械效率是指液压马达由静止状态启动时,马达实际输出的转矩 T_o 与它在同一工作压差时的理论转矩 T_t 之比,即

$$\eta_{mo} = \frac{T_o}{T_t} \tag{4.7}$$

液压马达的启动机械效率表示出其启动性能的指标。因为在同样的压力下,液压马达由静止到开始转动的启动状态的输出转矩要比运转中的转矩大,这给液压马达带载启动造成了困难,所以启动性能对液压马达是非常重要的。启动机械效率正好能反映其启动性能的高低。启动转矩降低的原因:一方面是在静止状态下的摩擦因数最大,在摩擦表面出现相对滑动后摩擦因数明显减小;另一方面也是最主要的方面,是因为液压马达静止状态润滑油膜被挤掉,基本上变成了干摩擦。一旦马达开始运动,随着润滑油膜的建立,摩擦阻力立即下降,并随滑动速度增大和油膜变厚而减小。

在实际工作中,都希望启动性能好一些,即希望启动转矩和启动机械效率大一些。现将不同结构形式的液压马达的启动机械效率 η_{mo} 的大致数值列入表4.1中。

表4.1 液压马达的启动机械效率

液压马达的结构形式		启动机械效率 η_{mo}/%
齿轮马达	老结构	0.60~0.80
	新结构	0.85~0.88
叶片马达	高速小扭矩型	0.75~0.85
轴向柱塞马达	滑履式	0.80~0.90
	非滑履式	0.82~0.92
曲轴连杆马达	老结构	0.80~0.85
	新结构	0.83~0.90
静压平衡马达	老结构	0.80~0.85
	新结构	0.83~0.90
多作用内曲线马达	由横梁的滑动摩擦副传递切向力	0.90~0.94
	传递切向力的部位具有滚动副	0.95~0.98

由表4.1可知,多作用内曲线马达的启动性能最好,轴向柱塞马达、曲轴连杆马达和静压平衡马达居中,叶片马达较差,而齿轮马达最差。

5)液压马达的转速

液压马达的转速取决于供液的流量和液压马达本身的排量 V,可计算为

$$n_t = \frac{q_i}{V} \tag{4.8}$$

式中 n_t——理论转速,r/min。

由于液压马达内部有泄漏,并不是所有进入马达的液体都推动液压马达做功,一小部分因泄漏损失掉了。因此,液压马达的实际转速要比理论转速低一些,即

$$n = n_t \eta_V \tag{4.9}$$

式中 n——液压马达的实际转速,r/min;

η_V——液压马达的容积效率,%。

6)最低稳定转速

最低稳定转速是指液压马达在额定负载下,不出现爬行现象的最低转速。所谓爬行现象,就是当液压马达工作转速过低时,往往保持不了均匀的速度,进入时动时停的不稳定状态。

液压马达在低速时产生爬行现象的原因如下:

(1)摩擦力的大小不稳定

通常的摩擦力是随速度增大而增加的,而对静止和低速区域工作的马达内部的摩擦阻力,当工作速度增大时非但不增加,反而减少,形成了所谓"负特性"的阻力。另外,液压马达和负载是由液压油被压缩后压力升高而被推动的,因此,可用如图 4.1(a)所示的物理模型表示低速区域液压马达的工作过程:以匀速 v_0 推弹簧的一端(相当于高压下不可压缩的工作介质),使质量为 m 的物体(相当于马达和负载质量、转动惯量)克服"负特性"的摩擦阻力而运动。当物体静止或速度很低时阻力大,弹簧不断压缩,增加推力。只有等到弹簧压缩到其推力大于静摩擦力时,才开始运动。一旦物体开始运动,阻力突然减小,物体突然加速跃动,其结果又使弹簧的压缩量减少,推力减小,物体依靠惯性前移一段路程后停止下来,直到弹簧的移动又使弹簧压缩,推力增加,物体就再一次跃动为止,形成如图 4.1(b)所示的时动时停的状态。对于液压马达来说,这就是爬行现象。

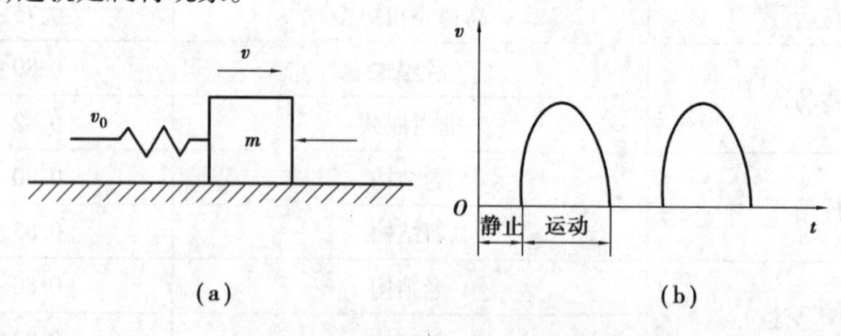

图 4.1 液压马达爬行的物理模型

(2)泄漏量大小不稳定

液压马达的泄漏量不是每个瞬间都相同,它也随转子转动的相位角度变化作周期性波动。低速时进入马达的流量小,泄漏所占的比重就增大,泄漏量的不稳定就会明显地影响参与马达工作的流量数值,从而造成转速的波动。当马达在低速运转时,其转动部分及所带的负载表现的惯性较小,上述影响比较明显,因而出现爬行现象。

在实际工作中,一般都期望最低稳定转速越小越好。

7)最高使用转速

液压马达的最高使用转速主要受使用寿命和机械效率的限制,转速提高后,各运动副的磨损加剧,使用寿命降低,转速高则液压马达需要输入的流量就大。因此,各过流部分的流速相应增大,压力损失也随之增加,从而使机械效率降低。

对某些液压马达,转速的提高还受到背压的限制。例如,曲轴连杆式液压马达,转速提高时,回油背压必须显著增大才能保证连杆不会撞击曲轴表面,从而避免撞击现象。随着转速的提高,回油腔所需的背压值也应随之提高。但过分的提高背压,会使液压马达的效率明显下降。为使马达的效率不致过低,马达的转速不应太高。

8)调速范围

液压马达的调速范围用最高使用转速和最低稳定转速之比表示,即

$$i = \frac{n_{\max}}{n_{\min}} \tag{4.10}$$

4.1.3 液压马达的工作原理

常用的液压马达的结构与同类型的液压泵很相似。下面对叶片马达、轴向柱塞马达和摆动马达的工作原理作一介绍。

1)叶片马达

如图4.2所示为叶片液压马达的工作原理图。

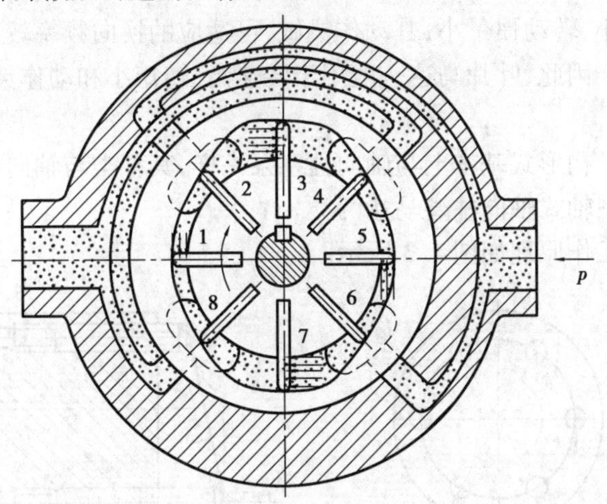

图4.2 叶片马达的工作原理图

1—7—叶片

当压力为 p 的油液从进油口进入叶片1和3之间时,叶片2因两面均受液压油的作用,故不产生转矩。叶片1,3上,一面作用有压力油,另一面为低压油。由于叶片3伸出的面积大于叶片1伸出的面积,因此,作用于叶片3上的总液压力大于作用于叶片1上的总液压力。于是,压力差使转子产生顺时针的转矩。同样道理,压力油进入叶片5和7之间时,叶片7伸出的面积大于叶片5伸出的面积,也产生顺时针转矩。这样,就把油液的压力能转变成了机械能,这就是叶片马达的工作原理。当输油方向改变时,液压马达就反转。

当定子的长短径差值越大、转子的直径越大以及输入的压力越高时,叶片马达输出的转矩也越大。

在图 4.2 中，叶片 2,4,6,8 两侧的压力相等，无转矩产生。叶片 3,7 产生的转矩为 T_1，方向为顺时针方向。假设马达出口压力为零，则

$$T_1 = 2\left[(R_1 - r)Bp\frac{(R_1 + r)}{2}\right] = B(R_2^2 - r^2)p \tag{4.11}$$

式中　B——叶片宽度；

R_1——定子长半径；

r——转子半径；

p——马达的进口压力。

叶片 1,5 产生的转矩为 T_2，方向为逆时针方向，则

$$T = T_1 - T_2 = B(R_1^2 - R_2^2) \cdot p \tag{4.12}$$

由式(4.12)、式(4.13)可知，对结构尺寸已确定的叶片马达，其输出转矩 T 决定于输入油的压力。

由叶片马达的理论流量 q_i 的公式，得到转速 n 的表达式为

$$n = \frac{q_i}{2\pi B(R_1^2 - R_2^2)} \tag{4.13}$$

式中　q_i——液压马达的理论流量，$q_i = q\eta_V$；

q——液压马达的实际流量，即进口流量。

由式(4.14)可知，对结构尺寸已确定的叶片马达，其输出转速 n 决定于输入油的流量。

叶片马达的体积小，转动惯量小，其动作灵敏，可适应的换向频率较高。但泄漏较大，不能在很低的转速下工作。因此，叶片马达一般用于转速高、转矩小和动作灵敏的场合。

2)轴向柱塞马达

轴向柱塞马达的结构形式基本上与轴向柱塞泵一样，其种类与轴向柱塞泵相同，也分为直轴式轴向柱塞马达和斜轴式轴向柱塞马达两类。

轴向柱塞马达的工作原理如图 4.3 所示。

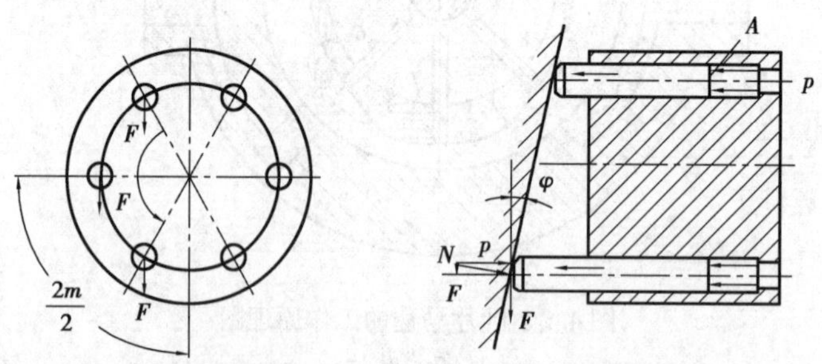

图 4.3　斜盘式轴向柱塞马达的工作原理图

当压力油进入液压马达的高压腔后，工作柱塞便受到油压作用力为 p_A(p 为油压力，A 为柱塞面积)，通过滑靴压向斜盘，其反作用为 N，N 可被分解成两个分力，沿柱塞轴向分力 p，与柱塞所受液压力平衡；另一分力 F，与柱塞轴线垂直向上，它与缸体中心线的距离为 r，这个力便产生驱动马达旋转的力矩。F 力的大小为

$$F = p_A \tan \gamma$$

式中　γ——斜盘的倾斜角度，(°)。

这个 F 力使缸体产生扭矩的大小，由柱塞在压油区所处的位置而定。设有一柱塞与缸体

的垂直中心线成 ϕ 角，则该柱塞使缸体产生的扭矩 T 为

$$T = F_{\mathrm{r}} = FR\sin\phi = p_A R\tan\gamma\sin\phi \tag{4.14}$$

式中　R——柱塞在缸体中的分布圆半径，m。

随着角度 ϕ 的变化，柱塞产生的扭矩也随着变化。整个液压马达能产生的总扭矩，是所有处于压力油区的柱塞产生的扭矩之和。因此，总扭矩也是脉动的，当柱塞的数目较多且为单数时，脉动较小。

液压马达的实际输出的总扭矩可计算为

$$T = \frac{\eta_{\mathrm{m}}\Delta pV}{2\pi} \tag{4.15}$$

式中　Δp——液压马达进出口油液压力差，Pa；

V——液压马达理论排量，$\mathrm{m^3/r}$；

η_{m}——液压马达机械效率。

可知，当输入液压马达的油液压力一定时，液压马达的输出扭矩仅与每转排量有关。因此，提高液压马达的每转排量，可增加液压马达的输出扭矩。

一般来说，轴向柱塞马达都是高速马达，输出扭矩小。因此，必须通过减速器来带动工作机构。如果能使液压马达的排量显著增大，也就可使轴向柱塞马达做成低速大扭矩马达。

3）摆动马达

摆动液压马达的工作原理如图4.4所示。

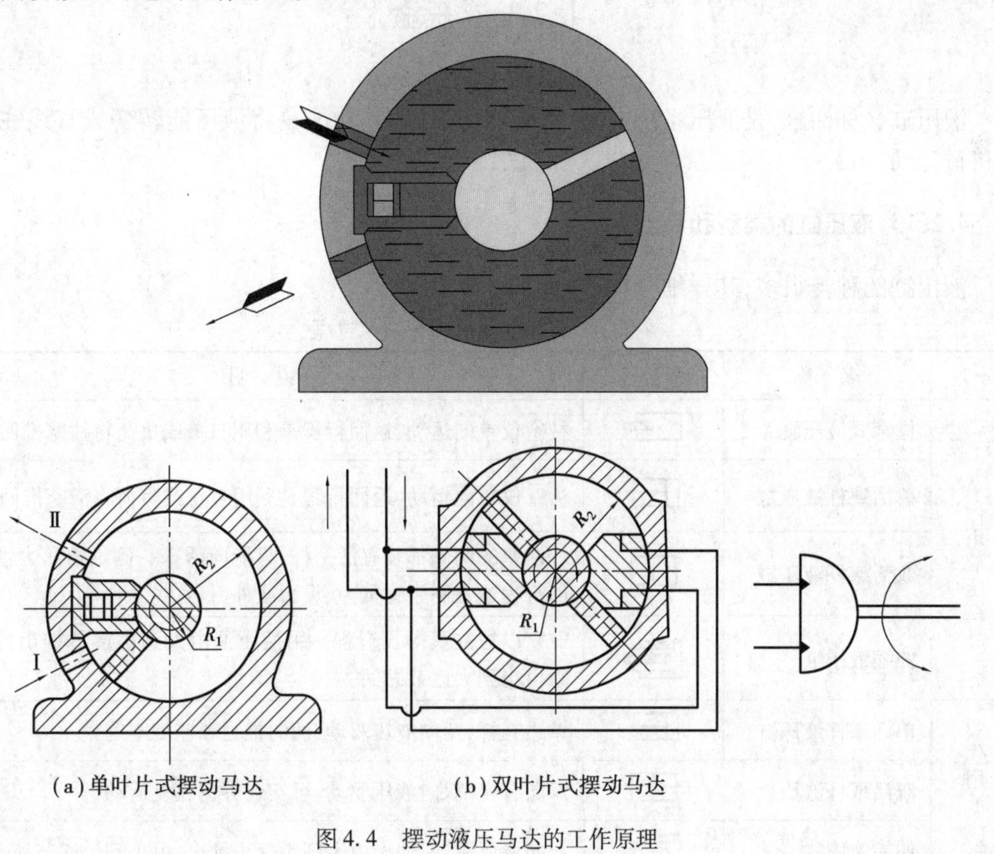

图4.4　摆动液压马达的工作原理

图 4.4(a)是单叶片式摆动马达。若从油口Ⅰ通入高压油,叶片作逆时针摆动,低压力从油口Ⅱ排出。因叶片与输出轴连在一起,帮输出轴摆动同时输出转矩、克服负载。

此类摆动马达的工作压力小于 10 MPa,摆动角度小于 280°。由于径向力不平衡,叶片和壳体、叶片和挡块之间密封困难,限制了其工作压力的进一步提高,从而也限制了输出转矩的进一步提高。

图 4.4(b)是双叶片式摆动马达。在径向尺寸和工作压力相同的条件下,分别是单叶片式摆动马达输出转矩的 2 倍,但回转角度要相应减少,双叶片式摆动马达的回转角度一般小于 120°。

叶片摆动马达的总效率 $\eta = 70\% \sim 95\%$。

设其机械效率为 1,出口背压为 0,则它的输出转矩为

$$T = pB\int_{R_1}^{R_2} r\mathrm{d}r = \frac{pB}{2}(R_2^2 - R_1^2) \tag{4.16}$$

式中 p——单叶片式摆动马达的进口压力;

B——叶片宽度;

R_1——叶片轴外半径,叶片内半径;

R_2——叶片外半径。

4.2 液压缸

液压缸又称油缸,是液压系统中的一种执行元件。其功能是将液压能转变成直线往复式的机械运动。

4.2.1 液压缸的类型和特点

液压缸的种类很多,其详细分类见表 4.2。

表 4.2 常见液压缸的种类及特点

分类	名 称	符 号	说 明
单作用液压缸	柱塞式液压缸		柱塞仅单向运动,返回行程是利用自重或负荷将柱塞推回
	单活塞杆液压缸		活塞仅单向运动,返回行程是利用自重或负荷将活塞推回
	双活塞杆液压缸		活塞的两侧都装有活塞杆,只能向活塞一侧供给压力油,返回行程通常利用弹簧力、重力或外力
	伸缩液压缸		它以短缸获得长行程。用液压油由大到小逐节推出,靠外力由小到大逐节缩回
双作用液压缸	单活塞杆液压缸		单边有杆,两向液压驱动,两向推力和速度不等
	双活塞杆液压缸		双向有杆,双向液压驱动,可实现等速往复运动
	伸缩液压缸		双向液压驱动,伸出由大到小逐步推出,由小到大逐节缩回

续表

分类	名　称	符　号	说　明
组合液压缸	弹簧复位液压缸		单向液压驱动,由弹簧力复位
	串联液压缸		用于缸的直径受限制,而长度不受限制处,获得大的推力
	增压缸(增压器)		由低压力室A缸驱动,使B室获得高压油源
	齿条传动准压缸		活塞往复运动经装在一起的齿条驱动齿轮获得往复回转运动
摆动液压缸			输出轴直接输出扭矩,其往复回转的角度小于360°,也称摆动马达

下面分别介绍几种常用的液压缸。

1)活塞式液压缸

活塞式液压缸根据其使用要求,可分为双杆式活塞缸和单杆式活塞缸两种。

(1)双杆式活塞缸

活塞两端都有一根直径相等的活塞杆伸出的液压缸,称为双杆式活塞缸。它一般由缸体、缸盖、活塞、活塞杆及密封件等组成。根据安装方式,可分为缸筒固定式和活塞杆固定式两种。

如图4.5(a)所示为缸筒固定式的双杆式活塞缸。它的进口、出口布置在缸筒两端,活塞通过活塞杆带动工作台移动。当活塞的有效行程为l时,整个工作台的运动范围为$3l$,所以机床占地面积大,一般适用于小型机床。当工作台行程要求较长时,可采用如图4.5(b)所示的活塞杆固定的形式。这时,缸体与工作台相连,活塞杆通过支架固定在机床上,动力由缸体传出。在这种安装形式中,工作台的移动范围只等于液压缸有效行程l的2倍($2l$),故占地面积小。进出油口可设置在固定不动的空心的活塞杆的两端,但必须使用软管连接。

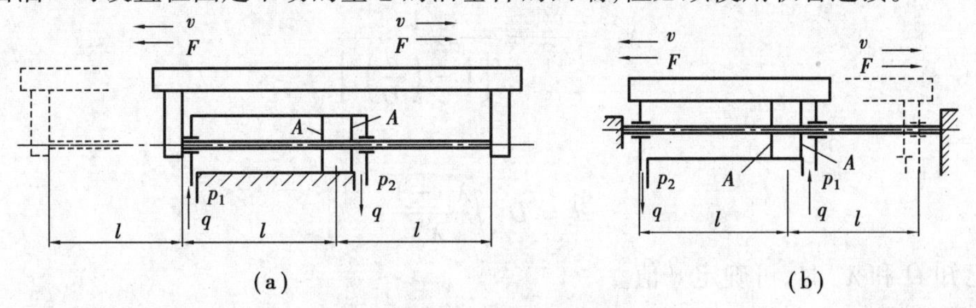

图4.5　双杆活塞缸

由于双杆活塞缸两端的活塞杆直径通常是相等的,因此,它左右两腔的有效面积也相等。当分别向左右腔输入相同压力和相同流量的油液时,液压缸左右两个方向的推力和速度相等。当活塞的直径为D、活塞杆的直径为d、液压缸进出油腔的压力为p_1和p_2、输入流量为q时,双杆活塞缸的推力F和速度v为

$$F = A(p_1 - p_2) = \frac{\pi}{4}(D^2 - d^2)(p_1 - p_2) \tag{4.17}$$

$$v = \frac{q}{A} = \frac{4q}{\pi(D^2 - d^2)} \tag{4.18}$$

式中　A——活塞的有效工作面积。

双杆活塞缸在工作时,设计成一个活塞杆是受拉的,而另一个活塞杆不受力。因此,这种液压缸的活塞杆可做得细些。

(2)单杆式活塞缸

如图 4.6 所示,活塞只有一端带活塞杆,单杆液压缸也有缸体固定和活塞杆固定两种形式,但它们的工作台移动范围都是活塞有效行程的 2 倍。

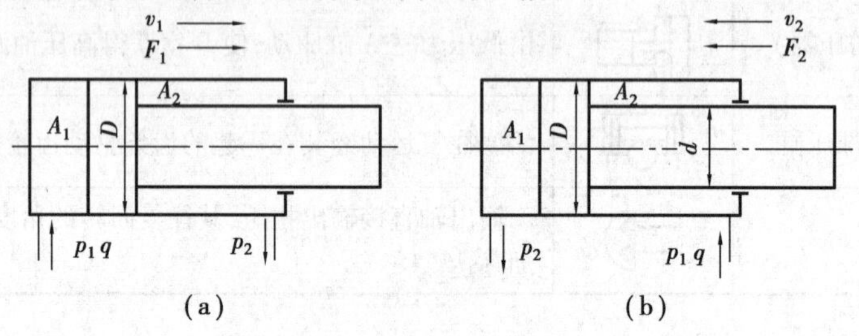

图 4.6　单杆式活塞缸

由于液压缸两腔的有效工作面积不等,因此,它在两个方向上的输出推力和速度也不等。其值分别为

$$F_1 = (p_1A_1 - p_2A_2) = \frac{\pi}{4}[(p_1 - p_2)D^2 - p_2d^2] \tag{4.19}$$

$$F_2 = (p_1A_2 - p_2A_1) = \frac{\pi}{4}[(p_1 - p_2)D^2 - p_1d^2] \tag{4.20}$$

$$v_1 = \frac{q}{A_1} = \frac{4q}{\pi D^2} \tag{4.21}$$

$$v_2 = \frac{q}{A_2} = \frac{4q}{\pi(D^2 - d^2)} \tag{4.22}$$

由式(4.19)—式(4.22)可知,因 $A_1 > A_2$,故 $F_1 > F_2$,$v_1 < v_2$。将两个方向上的输出速度 v_2 和 v_1 的比值,称为速度比,记作 λ_v,则

$$\lambda_v = \frac{v_2}{v_1} = \frac{1}{\left[1 - \left(\frac{d}{D}\right)^2\right]}$$

因此

$$d = D\sqrt{\frac{\lambda_v - 1}{\lambda_v}}$$

在已知 D 和 λ_v 时,可确定 d 值。

(3)差动油缸

单杆活塞缸在其左右两腔都接通高压油时,称为差动连接,如图 4.7 所示。差动连接缸左右两腔的油液压力相同,但因左腔(无杆腔)的有效面积大于右腔(有杆腔)的有效面积,故活塞向右运动,同时使右腔中排出的油液(流量为 q')也进入左腔,加大了流入左腔的流量($q + q'$),从而也加快了活塞移动的速度。实际上,活塞在运动时,由于差动连接时两

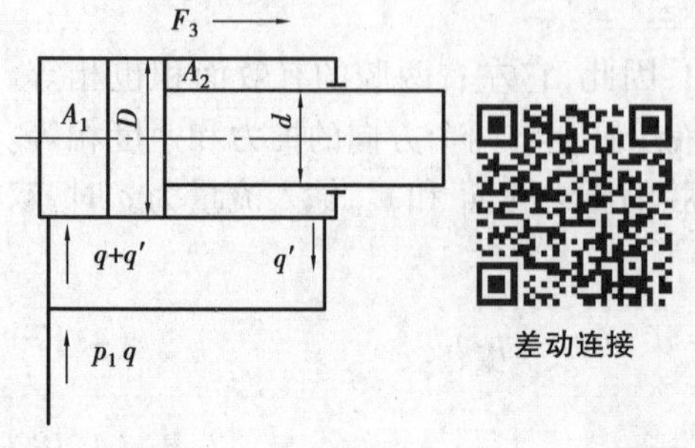

图 4.7　差动缸

腔间的管路中有压力损失，因此，右腔中油液的压力稍大于左腔油液压力，而这个差值一般都较小，可忽略不计，则差动连接时活塞推力 F_3 和运动速度 v_3 为

$$F_3 = p_1(A_1 - A_2) = \frac{p_1 \pi d^2}{4} \tag{4.23}$$

进入无杆腔的流量为

$$q_1 = v_3 \frac{\pi D^2}{4} = q + \frac{v_3 \pi (D^2 - d^2)}{4} \tag{4.24}$$

$$v_3 = \frac{4q}{\pi d^2} \tag{4.25}$$

由式(4.23)、式(4.25)可知，差动连接时液压缸的推力比非差动连接时小，速度比非差动连接时大。正好利用这一点，可使在不加大油源流量的情况下得到较快的运动速度。因此，这种连接方式广泛应用于组合机床的液压动力系统和其他机械设备的快速运动中。如果要求机床往返快速相等时，则由式(4.22)和式(4.25)得

$$\frac{4q}{\pi(D^2 - d^2)} = \frac{4q}{\pi d^2}$$

即

$$D = \sqrt{2} d \tag{4.26}$$

2)柱塞缸

如图4.8(a)所示为柱塞缸。它只能实现一个方向的液压传动，反向运动要靠外力。若需要实现双向运动，则必须成对使用。如图4.8(b)所示，这种液压缸中的柱塞和缸筒不接触，运动时由缸盖上的导向套来导向。因此，缸筒的内壁不需精加工。它特别适用于行程较长的场合。

柱塞缸输出的推力和速度各为

$$F = pA = p \frac{\pi}{4} d^2 \tag{4.27}$$

$$v_i = \frac{q}{A} = \frac{4q}{\pi d^2} \tag{4.28}$$

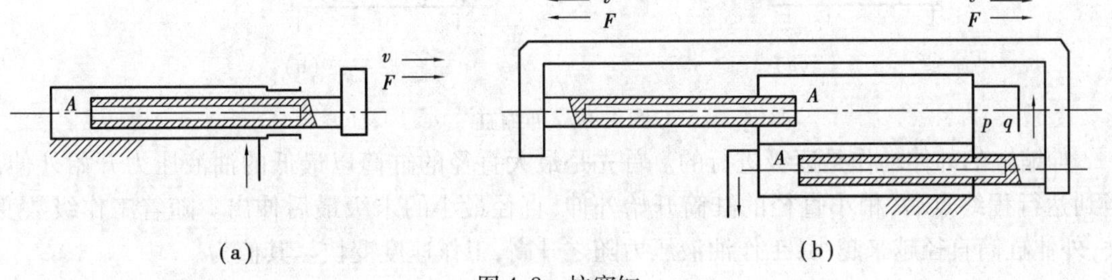

图4.8　柱塞缸

3)其他液压缸

(1)增压液压缸

增压液压缸又称增压器，是利用活塞和柱塞有效面积的不同使液压系统中的局部区域获得高压。它有单作用和双作用两种形式。单作用增压缸的工作原理如图4.9(a)所示。当输入活塞缸的液体压力为 p_1、活塞直径为 D、柱塞直径为 d 时，柱塞缸中输出的液体压力为高压。

其值为

$$p_2 = p_1\left(\frac{D}{d}\right)^2 = Kp_1 \tag{4.29}$$

式中　$K = \left(\frac{D}{d}\right)^2$——增压比,代表其增压程度。

显然增压能力是在降低有效能量的基础上得到的。也就是说,增压缸仅仅是增大输出的压力,并不能增大输出的能量。

单作用增压缸在柱塞运动到终点时,不能再输出高压液体,需要将活塞退回到左端位置,再向右行时才又输出高压液体。为了克服这一缺点,可采用双作用增压缸(见图 4.9(b)),由两个高压端连续向系统供油。

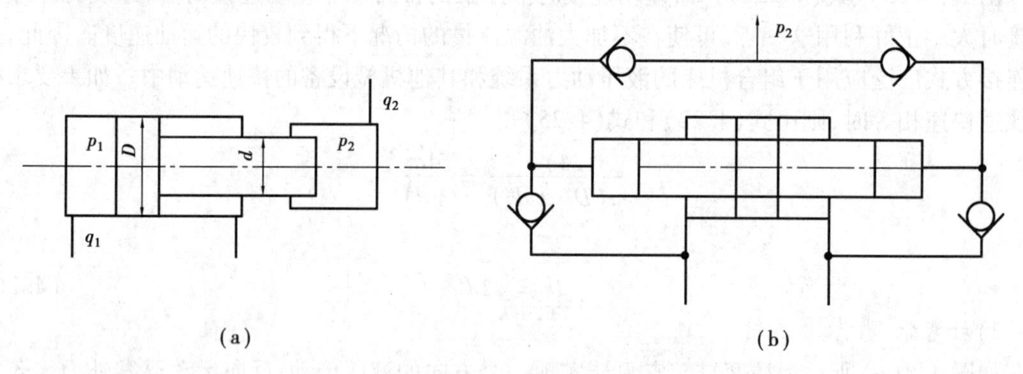

图 4.9　增压缸

(2)伸缩缸

伸缩缸由两个或多个活塞缸套装而成。前一级活塞缸的活塞杆内孔是后一级活塞缸的缸筒,伸出时可获得很长的工作行程,缩回时可保持很小的结构尺寸,伸缩缸广泛用于起重运输车辆上。

伸缩缸可以是如图 4.10(a)所示的单作用式,也可以是如图 4.10(b)所示的双作用式。前者靠外力回程,后者靠液压回程。

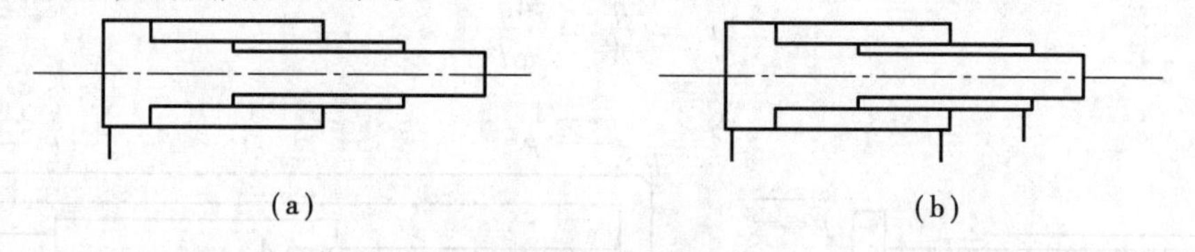

图 4.10　伸缩缸

伸缩缸的外伸动作是逐级进行的。首先是最大直径的缸筒以最低的油液压力开始外伸,当到达行程终点后,稍小直径的缸筒开始外伸,直径最小的末级最后伸出。随着工作级数变大,外伸缸筒直径越来越小,工作油液压力随之升高,工作速度变快。其值为

$$F_i = p_1 \frac{\pi}{4} D_i^2 \tag{4.30}$$

$$v_i = \frac{4q}{\pi D_i^2} \tag{4.31}$$

式中,i 是指 i 级活塞缸。

(3)齿轮缸

齿轮缸由两个柱塞缸和一套齿条传动装置组成,如图4.11所示。柱塞的移动经齿轮齿条传动装置变成齿轮的传动,用于实现工作部件的往复摆动或间歇进给运动。

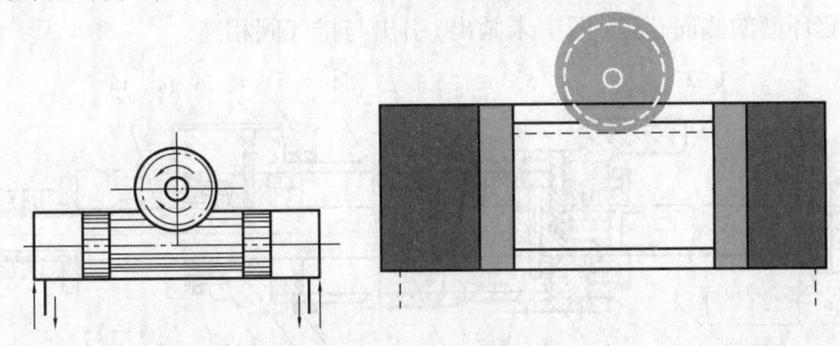

图4.11　齿轮缸

4.2.2　液压缸的典型结构和组成

1)液压缸的典型结构举例

如图4.12所示为一个较常用的双作用单活塞杆液压缸。它是由缸底20、缸筒10、缸盖兼导向套9、活塞11及活塞杆18组成。缸筒一端与缸底焊接,另一端缸盖(导向套)与缸筒用卡键6、套5和弹簧挡圈4固定,以便拆装检修,两端设有油口A和B。活塞11与活塞杆18利用卡键15、卡键帽16和弹簧挡圈17连在一起。活塞与缸孔的密封采用的是一对Y形聚氨酯密封圈12,由于活塞与缸孔有一定间隙,采用由尼龙1010制成的耐磨环13(又称支承环)定心导向。活塞杆18和活塞11的内孔由密封圈14密封。较长的导向套9则可保证活塞杆不偏离中心,导向套外径由O形圈7密封,而其内孔则由Y形密封圈8和防尘圈3分别防止油外漏和灰尘带入缸内。缸与杆端销孔与外界联接,销孔内有尼龙衬套抗磨。

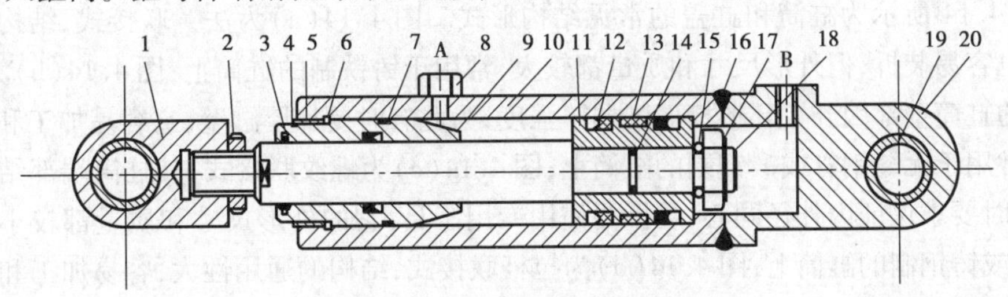

图4.12　双作用单活塞杆液压缸

1—耳环;2—螺母;3—防尘圈;4,17—弹簧挡圈;5—套;6,15—卡键;
7,14—O形密封圈;8,12—Y形密封圈;9—缸盖兼导向套;10—缸筒;
11—活塞;13—耐磨环;16—卡键帽;18—活塞杆;19—衬套;20—缸底

如图4.13所示为一空心双活塞杆式液压缸的结构。可知,液压缸的左右两腔是通过油口b和d经活塞杆1和15的中心孔与左右径向孔a和c相通的。活塞杆固定在床身上,缸体10固定在工作台上,工作台在径向孔c接通压力油,径向孔a接通回油时向右移动;反之,则向左移动。在这里,缸盖18和24是通过螺钉(图中未画出)与压板11和20相连,并经钢丝环12相连,左缸盖24空套在托架3孔内,可自由伸缩。空心活塞杆的一端用堵头2堵死,并通过锥销9和22与活塞8相连。缸筒相对于活塞运动由左右两个导向套6和19导向。活塞与缸筒之间、缸盖与活塞杆之间以及缸盖与缸筒之间分别用O形圈7、V形圈4和17以及纸垫13和23进行密封,以防止油液的内外泄漏。缸筒在接近行程的左右终端时,径向孔a和c的开口逐渐减小,对移动部件起制动缓冲作用。为排除液压缸中剩留的空气,缸盖上设置有排气孔5和14,经导向套环槽的侧面孔道(图中未画出)引出与排气阀相连。

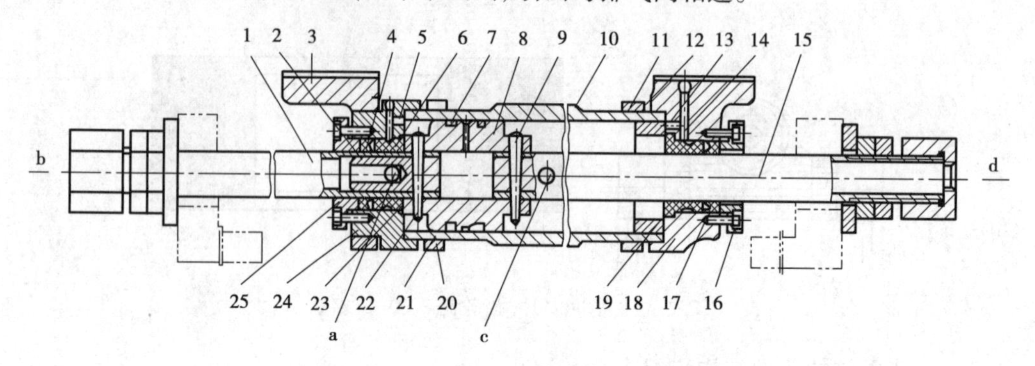

图4.13 空心双活塞杆式液压缸的结构

1—活塞杆;2—堵头;3—托架;4,17—V形密封圈;5,14—排气孔;6,19—导向套;
7—O形密封圈;8—活塞;9,22—锥销;10—缸体;11,20—压板;12,21—钢丝环;
13,23—纸垫;15—活塞杆;16,25—压盖;18,24—缸盖

2)液压缸的组成

由上述液压缸典型结构可知,液压缸的结构基本上可分为缸筒和缸盖、活塞和活塞杆、密封装置、缓冲装置及排气装置5个部分。

(1)缸筒和缸盖

一般来说,缸筒和缸盖的结构形式和其使用的材料有关。工作压力$p<10$ MPa时,使用铸铁;$p<20$ MPa时,使用无缝钢管;$p>20$ MPa时,使用铸钢或锻钢。

如图4.14所示为缸筒和缸盖的常见结构形式。图4.14(a)为法兰联接式,结构简单,容易加工,也容易装拆,但外形尺寸和质量都较大,常用于铸铁制的缸筒上;图4.14(b)为半环联接式,它的缸筒壁部因开了环形槽而削弱了强度,为此有时要加厚缸壁,它容易加工和装拆,质量较小,常用于无缝钢管或锻钢制的缸筒上;图4.14(c)为螺纹联接式,其缸筒端部结构复杂,外径加工时要求保证内外径同心,装拆要使用专用工具,它的外形尺寸和质量都较小,常用于无缝钢管或铸钢制的缸筒上;图4.14(d)为拉杆联接式,结构的通用性大,容易加工和装拆,但外形尺寸较大,且较重;图4.14(e)为焊接联接式,结构简单,尺寸小,但缸底处内径不易加工,且可能引起变形。

(2)活塞和活塞杆

可将短行程的液压缸的活塞杆与活塞做成一体,这是最简单的形式。但当行程较长时,这种整体式活塞组件的加工较费事,常将活塞与活塞杆分开制造,再联接成一体。

如图4.15所示为几种常见的活塞与活塞杆的联接形式。图4.15(a)为活塞与活塞杆之间采用螺纹联接,适用负载较小,受力无冲击的液压缸中。螺纹联接虽然结构简单,安装方便可靠,但在活塞杆上车螺纹将削弱其强度。图4.15(b)、(c)为卡环式联接方式。图4.15(b)中,活塞杆5上开有一个环形槽,槽内装有两个半圆环3以夹紧活塞4,半环3由轴套2套住,而轴套2的轴向位置用弹簧卡圈1来固定。图4.16(c)中的活塞杆使用了两个半圆环4,它们分别由两个密封圈座2套住，半圆形的活塞3安放在密封圈座的中间。图4.15(d)为一种径向销式联接结构，用锥销1把活塞2固联在活塞杆3上。这种联接方式特别适用于双出杆式活塞。

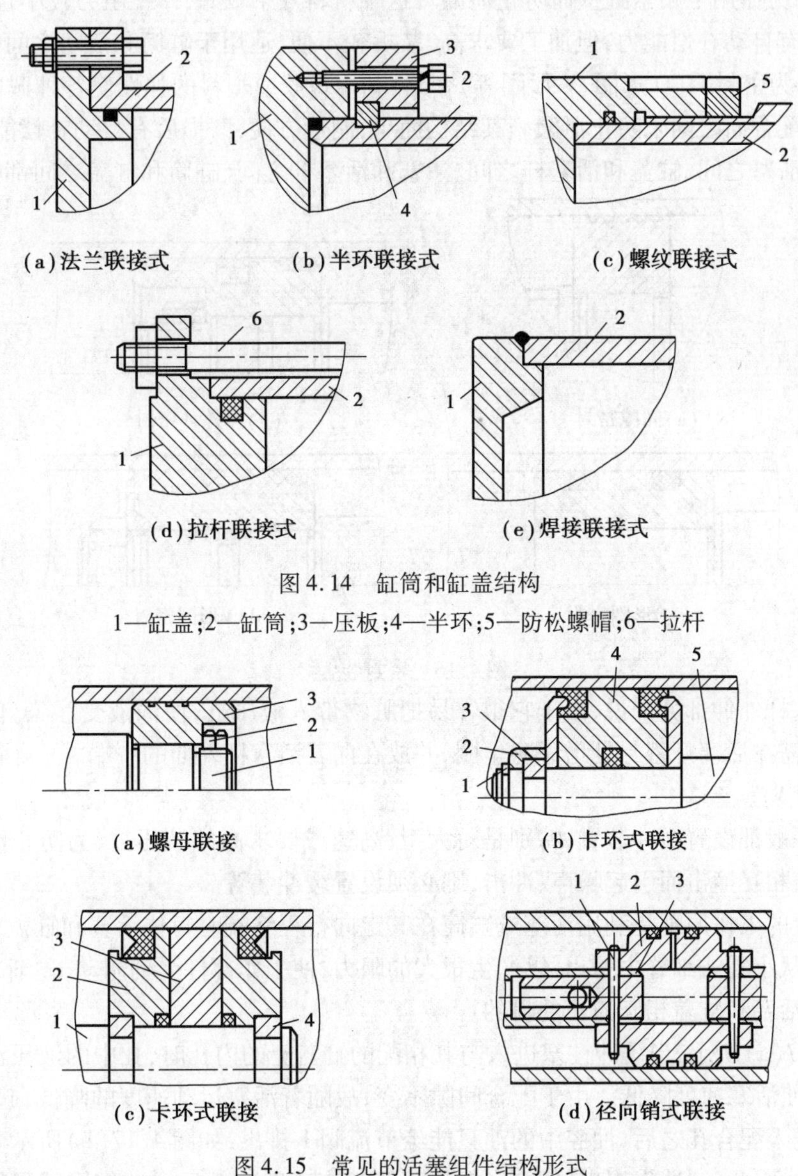

(a)法兰联接式　(b)半环联接式　(c)螺纹联接式

(d)拉杆联接式　(e)焊接联接式

图4.14　缸筒和缸盖结构

1—缸盖；2—缸筒；3—压板；4—半环；5—防松螺帽；6—拉杆

(a)螺母联接　(b)卡环式联接

(c)卡环式联接　(d)径向销式联接

图4.15　常见的活塞组件结构形式

(a)1—活塞；2—螺母；3—活塞杆

(b)1—弹簧卡；2—轴套；3—半环；4—活塞；5—活塞杆

(c)1—活塞杆；2—密封圈座；3—活塞；4—半环

(d)1—锥销；2—活塞；3—活塞杆

(3)密封装置

液压缸中常见的密封装置如图4.16所示。图4.16(a)为间隙密封，它依靠运动间的微小间隙来防止泄漏。为了提高这种装置的密封能力，通常在活塞的表面上制出几条细小的环形槽，以增大油液通过间隙时的阻力。其结构简单，摩擦阻力小，可耐高温，但泄漏大，加工要求高，磨损后无法恢复原有能力，只有在尺寸较小、压力较低、相对运动速度较高的缸筒和活塞间使用。图4.16(b)为摩擦环密封，依靠套在活塞上的摩擦环（尼龙或其他高分子材料制成）在O形密封圈弹力作用下贴紧缸壁而防止泄漏。这种材料效果较好，摩擦阻力较小且稳定，可耐高温，磨损后有自动补偿能力，但加工要求高，装拆较不便，适用于缸筒和活塞之间的密封。图4.16(c)、(d)为密封圈（O形圈、V形圈等）密封，利用橡胶或塑料的弹性使各种截面的环形圈贴紧在静、动配合面之间来防止泄漏。其结构简单，制造方便，磨损后有自动补偿能力，性能可靠，在缸筒和活塞之间、缸盖和活塞杆之间、活塞和活塞杆之间、缸筒和缸盖之间都能使用。

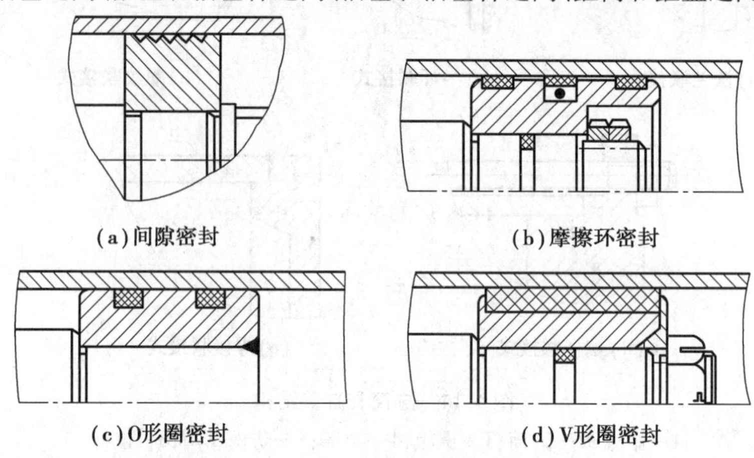

(a)间隙密封　(b)摩擦环密封

(c)O形圈密封　(d)V形圈密封

图4.16　密封装置

对于活塞杆外伸部分来说，由于它很容易把脏物带入液压缸，使油液受污染，使密封件磨损。因此，常需在活塞杆密封处增添防尘圈，并放在向着活塞杆外伸的一端。

(4)缓冲装置

液压缸一般都设置缓冲装置，特别是对大型、高速或要求高的液压缸，为防止活塞在行程终点时和缸盖相互撞击而引起噪声、冲击，则必须设置缓冲装置。

缓冲装置的工作原理是利用活塞或缸筒在其走向行程终端时封住活塞和缸盖之间的部分油液，强迫它从小孔或细缝中挤出，以产生很大的阻力，使工作部件受到制动，逐渐减慢运动速度，达到避免活塞和缸盖相互撞击的目的。

如图4.17(a)所示，当缓冲柱塞进入与其相配的缸盖上的内孔时，孔中的液压油只能通过间隙δ排出，使活塞速度降低。由于配合间隙不变，故随着活塞运动速度的降低，起缓冲作用。当缓冲柱塞进入配合孔之后，油腔中的油只能经节流阀1排出，如图4.17(b)所示。由于节流阀1是可调的，因此，缓冲作用也可调节，但仍不能解决速度减低后缓冲作用减弱的缺点。如图4.17(c)所示，在缓冲柱塞上开有三角槽，随着柱塞逐渐进入配合孔中，其节流面积越来越小，解决了在行程最后阶段缓冲作用过弱的问题。

(5)排气装置

液压缸在安装过程中或长时间停放重新工作时，液压缸里和管道系统中会渗入空气，为防止执行元件出现爬行、噪声和发热等不正常现象，需把缸中和系统中的空气排出。一般可在液压缸的最高处设置进出油口把气带走，也可在最高处设置如图4.18(a)所示的放气孔或专门的放气阀（见图4.18(b)、(c)）。

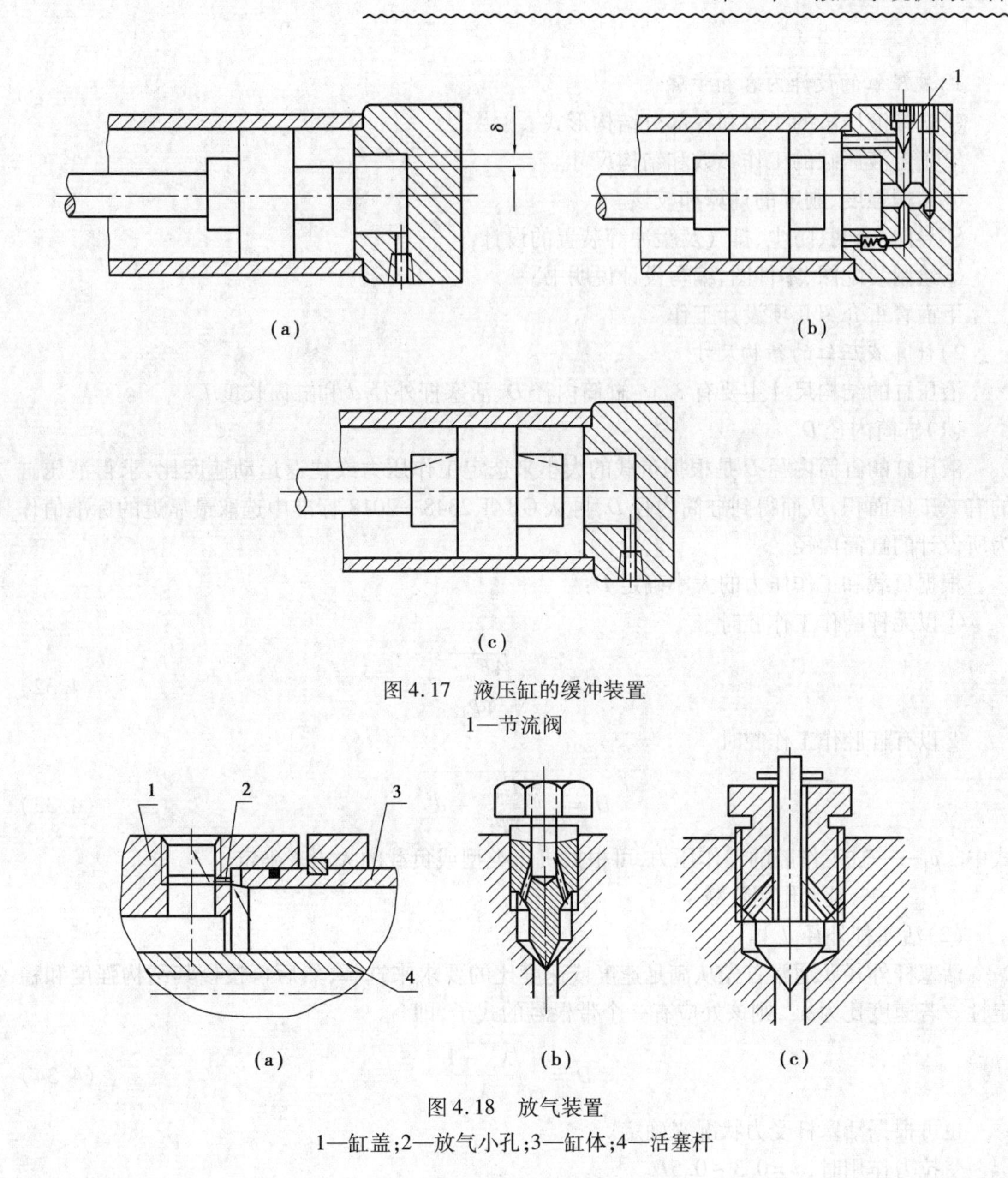

图4.17　液压缸的缓冲装置

1—节流阀

图4.18　放气装置

1—缸盖;2—放气小孔;3—缸体;4—活塞杆

4.3　液压缸的设计计算

液压缸是液压传动的执行元件。它与主机工作机构有直接的联系,对不同的机种和机构,液压缸具有不同的用途和工作要求。因此,在设计液压缸之前,首先必须对整个液压系统进行工况分析,编制负载图,选定系统的工作压力(详见第9章);然后根据使用要求选择结构类型,按负载情况、运动要求、最大行程等确定其主要工作尺寸,进行强度、稳定性和缓冲验算;最后进行结构设计。

1)液压缸的设计内容和步骤

①选择液压缸的类型和各部分结构形式。

②确定液压缸的工作参数和结构尺寸。

③结构强度、刚度的计算和校核。

④导向、密封、防尘、排气及缓冲等装置的设计。

⑤绘制装配图、零件图、编写设计说明书。

下面着重介绍几项设计工作。

2)计算液压缸的结构尺寸

液压缸的结构尺寸主要有3个:缸筒内径 D、活塞杆外径 d 和缸筒长度 L。

(1)缸筒内径 D

液压缸的缸筒内径 D 是根据负载的大小来选定工作压力或往返运动速度比,求得液压缸的有效工作面积,从而得到缸筒内径 D,再从 GB/T 2348—2018 标准中选取最靠近的标准值作为所设计的缸筒内径。

根据负载和工作压力的大小确定 D:

①以无杆腔作工作腔时

$$D = \sqrt{\frac{4F_{\max}}{\pi p_{\mathrm{I}}}} \tag{4.32}$$

②以有杆腔作工作腔时

$$D = \sqrt{\frac{4F_{\max}}{\pi p_{\mathrm{I}}} + d^2} \tag{4.33}$$

式中 p_{I}——缸工作腔的工作压力,可根据机床类型或负载的大小来确定;

$F_{\max}$——最大作用负载。

(2)活塞杆外径 d

活塞杆外径 d 通常首先从满足速度或速度比的要求来选择,然后再校核其结构强度和稳定性。若速度比为 λ_{v},则该处应有一个带根号的式子,即

$$D = \sqrt{\frac{\lambda_{\mathrm{v}} - 1}{\lambda_{\mathrm{v}}}} \tag{4.34}$$

也可根据活塞杆受力状况来确定。

受拉力作用时,$d = 0.3 \sim 0.5D$。

受压力作用:

$p_{\mathrm{I}} < 5$ MPa 时,$d = 0.5 \sim 0.55D$;

5 MPa $< p_{\mathrm{I}} <$ 7 MPa 时,$d = 0.6 \sim 0.7D$;

$p_{\mathrm{I}} > 7$ MPa 时,$d = 0.7D$。

(3)缸筒长度 L

缸筒长度 L 由最大工作行程长度加上各种结构需要来确定,即

$$L = l + B + A + M + C$$

式中 l——活塞的最大工作行程;

B——活塞宽度,一般为$(0.6 - 1)D$;

A——活塞杆导向长度,取$(0.6 - 1.5)D$;

M——活塞杆密封长度,由密封方式确定;

C——其他长度。

一般缸筒的长度最好不超过内径的20倍。

另外,液压缸的结构尺寸还有最小导向长度H。

(4)最小导向长度的确定

当活塞杆全部外伸时,从活塞支承面中点到导向套滑动面中点的距离,称为最小导向长度H,如图4.19所示。如果导向长度过小,将使液压缸的初始挠度(间隙引起的挠度)增大,影响液压缸的稳定性。因此,设计时必须保证有一最小导向长度。

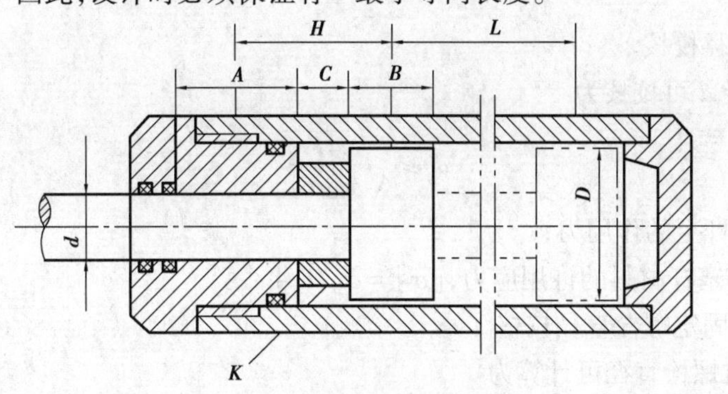

图4.19　油缸的导向长度

K—隔套

对一般的液压缸,其最小导向长度应满足

$$H \geqslant \frac{L}{20} + \frac{D}{2} \tag{4.35}$$

式中　L——液压缸最大工作行程,m;

D——缸筒内径,m。

一般导向套滑动面的长度A,在$D<80$ mm时,取$A=(0.6-1.0)D$;在$D>80$ mm时,取$A=(0.6-1.0)d$。活塞的宽度B则取$B=(0.6-1.0)D$。为保证最小导向长度,过分增大A和B都是不适宜的,最好在导向套与活塞之间装一隔套K,隔套宽度C由所需的最小导向长度决定,即

$$C = H - \frac{A + B}{2} \tag{4.36}$$

采用隔套不仅能保证最小导向长度,还可改善导向套及活塞的通用性。

3)强度校核

对液压缸的缸筒壁厚δ、活塞杆直径d和缸盖固定螺栓的直径,在高压系统中必须进行强度校核。

(1)缸筒壁厚校核

缸筒壁厚校核时,分薄壁和厚壁两种情况:当$D/\delta \geqslant 10$时,为薄壁,壁厚可校核为

$$\delta \geqslant \frac{1}{2} p_t D[\sigma] \tag{4.37}$$

式中　D——缸筒内径;

p_t——缸筒试验压力,当缸的额定压力$p_n \leqslant 16$ MPa时,取$p_t = 1.5p_n$;

$[\sigma]$——缸筒材料的许用应力，$[\sigma]=\frac{\sigma_b}{n}$，$\sigma_b$ 为材料的抗拉强度，n 为安全系数，一般取 $n=5$。

当 $D/\delta<10$ 时，为厚壁，壁厚可校核为

$$\delta \geqslant \frac{D}{2}\left(\sqrt{\frac{[\sigma]+0.4p_t}{[\sigma]-1.3p_t}}-1\right) \tag{4.38}$$

在使用式(4.37)、式(4.38)进行校核时，若液压缸缸筒与缸盖采用半环联接，δ 应取缸筒壁厚最小处的值。

(2)活塞杆直径校核

活塞杆的直径 d 可校核为

$$d \geqslant \sqrt{\frac{4F}{\pi[\sigma]}} \tag{4.39}$$

式中　F——活塞杆上的作用力；

$[\sigma]$——活塞杆材料的许用应力，$[\sigma]=\sigma_b/1.4$。

(3)液压缸盖固定螺栓直径校核

液压缸盖固定螺栓直径可计算为

$$d \geqslant \sqrt{\frac{5.2kF}{\pi z[\sigma]}} \tag{4.40}$$

式中　F——液压缸负载；

z——固定螺栓个数；

k——螺纹拧紧系数，$k=1.12\sim1.5$；

$[\sigma]=\sigma_s/(1.2\sim2.5)$，$\sigma_s$ 为材料的屈服极限。

4)液压缸稳定性校核

活塞杆受轴向压缩负载时，其直径 d 一般不小于长度 L 的 1/15。当 $L/d\geqslant15$ 时，须进行稳定性校核，应使活塞杆承受的力 F 不能超过使它保持稳定工作所允许的临界负载 F_k，以免发生纵向弯曲，破坏液压缸的正常工作。F_k 的值与活塞杆材料性质、截面形状、直径、长度以及缸的安装方式等因素有关，验算可按材料力学有关公式进行。

5)缓冲计算

液压缸的缓冲计算主要是估计缓冲时缸中出现的最大冲击压力，以便用来校核缸筒强度、制动距离是否符合要求。缓冲计算中，如发现工作腔中的液压能和工作部件的动能不能全部被缓冲腔所吸收时，制动中就可能产生活塞和缸盖相碰现象。

液压缸在缓冲时，缓冲腔内产生的液压能 E_1 和工作部件产生的机械能 E_2 分别为

$$E_1 = p_c A_c l_c \tag{4.41}$$

$$E_2 = p_c A_c l_c + \frac{1}{2}mv_0^2 - F_f l_c \tag{4.42}$$

式中　p_c——缓冲腔中的平均缓冲压力；

p_p——高压腔中的油液压力；

A_c，A_p——缓冲腔、高压腔的有效工作面积；

l_c——缓冲行程长度；

m——工作部件质量；

v_0——工作部件运动速度；

F_f——摩擦力。

式(4.42)中，等号右边第一项为高压腔中的液压能，第二项为工作部件的动能，第三项为摩擦能。当 $E_1 = E_2$ 时，工作部件的机械能全部被缓冲腔液体所吸收，由上两式得

$$p_c = \frac{E_2}{A_c l_c} \tag{4.43}$$

如缓冲装置为节流口可调式缓冲装置，在缓冲过程中的缓冲压力逐渐降低，假定缓冲压力线性地降低，则最大缓冲压力(即冲击压力)为

$$p_{max} = p_c + \frac{m v_0^2}{2A_c l_c} \tag{4.44}$$

如缓冲装置为节流口变化式缓冲装置，则由于缓冲压力 p_c 始终不变，最大缓冲压力的值见式(4.43)。

6)液压缸设计中应注意的问题

液压缸的设计和使用正确与否，直接影响它的性能和易否发生故障。在这方面，经常碰到的是液压缸安装不当、活塞杆承受偏载、液压缸或活塞下垂以及活塞杆的压杆失稳等问题。因此，在设计液压缸时，必须注意以下6点：

①尽量使液压缸的活塞杆在受拉状态下承受最大负载，或在受压状态下具有良好的纵向稳定性。

②考虑液压缸行程终了处的制动问题和液压缸的排气问题。缸内如无缓冲装置和排气装置，系统中需有相应的措施，但并非所有的液压缸都要考虑这些问题。

③正确确定液压缸的安装、固定方式。例如，承受弯曲的活塞杆不能用螺纹联接。液压缸不能在两端用键或销同时固定，只能在一端固定，为的是不致阻碍它在受热时的膨胀。例如，冲击载荷使活塞杆压缩，定位件须设置在活塞杆端。

④液压缸各部分的结构需根据推荐的结构形式和设计标准进行设计，尽可能做到结构简单、紧凑，加工、装配和维修方便。

⑤在保证能满足运动行程和负载力的条件下，应尽可能地缩小液压缸的轮廓尺寸。

⑥要保证密封可靠，防尘良好。液压缸可靠的密封是其正常工作的重要因素。如泄漏严重，不仅降低液压缸的工作效率，甚至会使其不能正常工作(如满足不了负载力和运动速度要求等)。良好的防尘措施有助于提高液压缸的工作寿命。

总之，液压缸的设计内容不是一成不变的。根据具体的情况，有些设计内容可不做或少做，也可增大一些新的内容。设计步骤可能要经过多次反复修改，才能得到正确、合理的设计结果。在设计液压缸时，正确选择液压缸的类型是所有设计计算的前提。在选择液压缸的类型时，要从机器设备的动作特点、行程长短、运动性能等要求出发，同时还要考虑主机的结构特征给液压缸提供的安装空间和具体位置等相关因素。

思考与练习

一、简答题

从能量的观点来看，液压泵和液压马达有什么区别和联系？从结构上来看，液压泵和液压马达又有什么区别和联系？

二、计算题

1. 已知单杆液压缸缸筒直径 $D=100$ mm，活塞杆直径 $d=50$ mm，工作压力 $p_1=2$ MPa，流量为 $q=10$ L/min，回油背压力为 $p_2=0.5$ MPa。试求活塞往复运动时的推力和运动速度。

2. 已知单杆液压缸缸筒直径 $D=50$ mm，活塞杆直径 $d=35$ mm，泵供油流量为 $q=10$ L/min。试求：

(1)液压缸差动连接时的运动速度；

(2)若缸在差动阶段所能克服的外负载 $F=1\ 000$ N，缸内油液压力有多大？(不计管内压力损失)

3. 一柱塞缸柱塞固定，缸筒运动，压力油从空心柱塞中通入，压力为 p，流量为 q，缸筒直径为 D，柱塞外径为 d，内孔直径为 d_0。试求柱塞缸所产生的推力 F 和运动速度 v。

4. 如图 4.20 所示的叶片泵，铭牌参数为 $q=18$ L/min，$p=6.3$ MPa。设活塞直径 $D=90$ mm，活塞杆直径 $d=60$ mm，在不计压力损失且 $F=28\ 000$ N 时，试求在各图示情况下压力表的指示压力是多少？($p_2=2$ MPa)

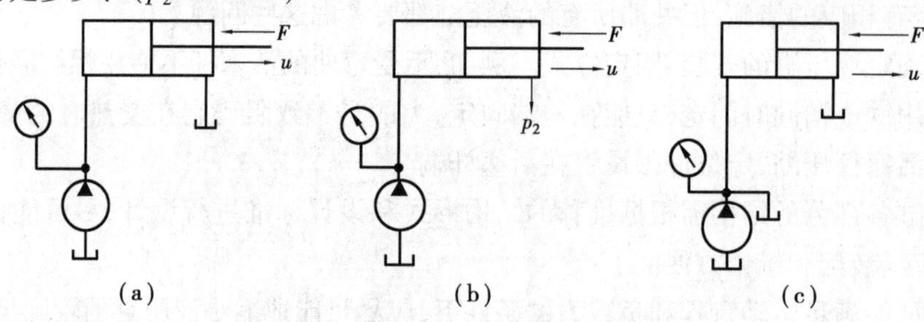

图 4.20　题 4 图

5. 如图 4.21 所示的串联油缸，A_1 和 A_2 为有效工作面积，F_1 和 F_2 是两活塞杆的外负载。在不计损失的情况下，试求泵出口 p，v_1 和 v_2。

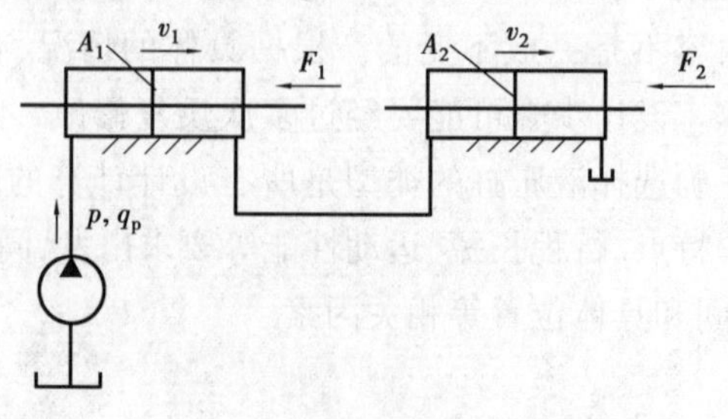

图 4.21　题 5 图

6. 并联油缸中，$A_1 = A_2$，$F_1 > F_2$。当油缸2的活塞运动时，试求 v_1，v_2 和液压泵的出口压力。

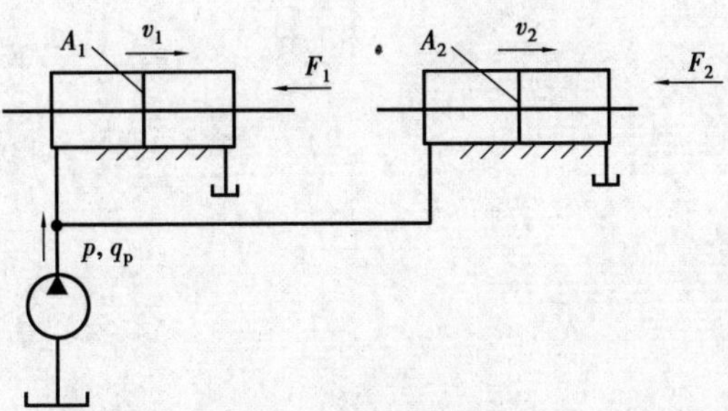

图4.22　题6图

第5章 液压控制阀

液压控制阀简称液压阀,在液压系统中的功用是通过控制调节液压系统中油液的流向、压力和流量,使执行器及其驱动的工作机构获得所需的运动方向、推力(转矩)及运动速度(转速)等。任何一个液压系统,不论其多么简单,都不能缺少液压阀;同一工艺目的的液压机械设备,通过液压阀的不同组合使用,可组成油路结构截然不同的多种液压系统方案。因此,液压阀是液压技术中品种与规格最多、应用最广泛、最活跃的元件;一个新设计或正在运转的液压系统,能否按既定要求正常可靠地运行,在很大程度上取决于其中所采用的各种液压阀的性能优劣及参数匹配是否合理。

5.1 液压控制阀的概述

5.1.1 液压控制阀的分类

液压控制阀种类繁多。常用的分类方式如下:

1)按用途分类

按工作用途液压阀,可分为方向控制阀(如单向阀和换向阀)、压力控制阀(如溢流阀、减压阀和顺序阀等)和流量控制阀(如节流阀和调速阀等)。这3类阀还可根据需要相互组合成为组合阀,如单向顺序阀、单向节流阀和电磁溢流阀等,使其结构紧凑,连接简单,提高效率。

2)按工作原理分类

按工作原理液压阀,可分为开关阀(或通断阀)、伺服阀、比例阀及逻辑阀。开关阀调定后只能在调定状态下工作,本章将重点介绍这一使用最为普遍的阀类。伺服阀和比例阀能根据输入信号连续地或按比例的控制系统的数据。逻辑阀则按预先编制的逻辑程序控制执行元件的动作。

3)按安装连接形式分类

按安装连接形式,液压阀可分为:

(1)螺丝式(管式)安装连接

阀的油口用螺丝管接头和管道及其他元件连接,并由此固定在管路上。这种方式适用于简单液压系统。

(2)螺旋式安装连接

阀的各油口均布置在同一安装面上,并用螺丝固定在与阀有对应油口的连接板上,再用管接头和管道与其他元件连接;或把这几个阀用螺钉固定在一个集成块的不同侧面上,在集成块上打孔,沟通各阀组成回路。由于拆卸阀时无须拆卸与之相连的其他元件,故这种安装连接方式应用较广。

(3)叠加式安装连接

阀的上下面为连接结合面,各油口分别在这两个面上,且同规格阀的油口连接尺寸相同。每个阀除其自身的功能外,还起油路通道的作用,阀相互叠装便成回路,无须管道连接,故结构紧凑,阻力损失很小。

(4)法兰式安装连接

与螺丝式连接相似,只是法兰式代替螺丝管接头。用于通径 $\phi32$ mm 以上的大流量系统。其强度高,连接可靠。

(5)插装式安装连接

这类阀无单独的阀体,由阀芯、阀套等组成的单元体插装在插装块的预制孔中,用连接螺钉或盖板固定,并通过块内通道把各插装式阀连接组成回路,插装块起到阀体和管路的作用。这是适应液压系统集成化而发展起来的一种新型安装连接方式。

5.1.2　液压控制阀的共同点

尽管液压阀存在着上述介绍的各种各样不同的类型,它们之间还是保持着一些基本共同之点的。

1)结构

在结构上,所有的阀都有阀体、阀芯(转阀或滑阀)和驱使阀芯动作的元、部件(如弹簧、电磁铁)组成。

2)工作原理

在工作原理上,所有阀的开口大小,阀进、出口间压差以及流过阀的流量之间的关系都符合孔口流量公式,仅是各种阀控制的参数各不相同而已。

下面通过几种常用液压控制阀的介绍,详细展示液压控制阀的工作原理和结构组成。

5.2　流量控制阀

流量控制阀是通过改变节流口通流面积或通流通道的长短来改变局部阻力的大小,从而实现对流量的控制。流量控制阀是节流调速系统中的基本调节元件。在定量泵供油的节流调速系统中,必须将流量控制阀与溢流阀配合使用,以便将多余的流量流回油箱。

流量控制阀包括节流阀、调速阀、溢流节流阀及分流集流阀等。

5.2.1 流量控制原理和节流口形式

液压系统在工作时,常需随工作状态的不同而以不同的速度工作,只要控制流量就控制了速度;无论哪一种流量控制阀,内部一定有节流阀的构造。下面重点介绍流量控制原理和节流口形式。

1)流量控制原理

节流阀节流口通常有3种基本形式:薄壁小孔、细长小孔和厚壁小孔。无论节流口采用何种形式,通过节流口的流量 Q 及其前后压力差 Δp 的关系均可表示为

$$Q = KA_{T}\Delta p^{m} \tag{5.1}$$

式中 K——流量系数,决定于节流口形状、油液流态和性质等,K 值可由实验求得;

A_{T}——节流口流通面积;

Δp——节流口前后(上下游)压力差(降);

m——由节流口形状决定的节流指数,$m=0.5\sim1.0$;薄壁小孔,$m=0.5$;层流细长孔 $m=1.0$。

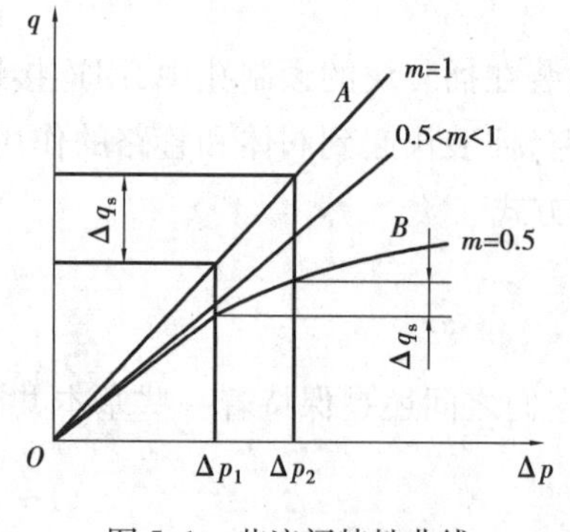

图5.1 节流阀特性曲线

由式(5.1)可知,节流阀的流量与节流口形状、压差、油液的性质有关。

3种常用节流口的流量特性曲线如图5.1所示。由图5.1可知:

(1)压差对流量的影响

节流阀两端压差 Δp 变化时,通过它的流量要发生变化。在3种结构形式的节流口中,通过薄壁小孔的流量受到压差改变的影响最小。

(2)温度对流量的影响

油温影响油液黏度。对细长小孔,油温变化时,流量也会随之改变;对薄壁小孔,黏度对流量几乎没有影响,故油温变化时,流量基本不变。

(3)节流口的堵塞

节流阀的节流口可能因油液中的杂质或油液氧化后析出的胶质、沥青等而局部堵塞,这就改变了原来节流口通流面积的大小,使流量发生变化,尤其是当开口较小时,这一影响更为突出,严重时会完全堵塞而出现断流现象。因此,节流口的抗堵塞性能也是影响流量稳定性的重要因素,尤其会影响流量阀的最小稳定流量。一般节流口通流面积越大,节流通道越短和水力直径越大,越不容易堵塞。当然,油液的清洁度也对堵塞产生影响。一般流量控制阀的最小稳定流量为0.05 L/min。

综上所述,为保证流量稳定,节流口的形式以薄壁小孔较为理想。

2)节流口形式

如图5.2所示为典型节流口的结构形式。如图5.2(a)所示为针阀式节流口,其通道长,湿周大,易堵塞,流量受油温影响较大,一般用于对性能要求不高的场合;如图5.2(b)所示为偏心槽式节流口,其性能与针阀式节流口相同,但容易制造,其缺点是阀芯上的径向力不平衡,旋转阀芯时较费力,一般用于压力较低、流量较大和流量稳定性要求不高的场合;如图5.2(c)所示为轴向三角槽式节流口,其结构简单,水力直径中等,可得到较小的稳定流量,且调节范围

较大,但节流通道有一定的长度,油温变化对流量有一定的影响,目前被广泛应用;如图5.2(d)所示为周向缝隙式节流口,沿阀芯周向开有一条宽度不等的狭槽,转动阀芯就可改变开口大小;阀口做成薄刃形,通道短,水力直径大,不易堵塞,油温变化对流量影响小,其性能接近于薄壁小孔,适用于低压小流量场合;如图5.2(e)所示为轴向缝隙式节流口,在阀孔的衬套上加工出图示的薄壁阀口,阀芯作轴向移动即可改变开口大小,其性能与如图5.2(d)所示的节流口相似。

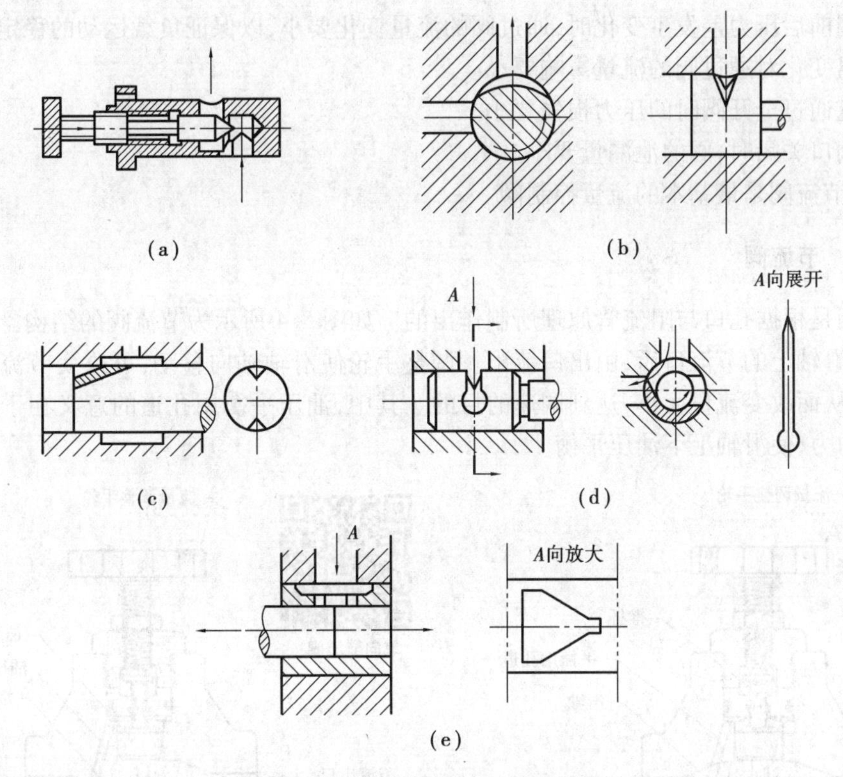

图5.2　典型节流口的结构形式

3)节流元件的作用

在液压传动系统中,节流元件与溢流阀并联于液泵的出口,构成恒压油源,使泵出口的压力恒定。

如图5.3(a)所示,此时节流阀和溢流阀相当于两个并联的液阻,液压泵输出流量 Q_s 不变,流经节流阀进入液压缸的流量 Q_L 和流经溢流阀的流量 ΔQ 的大小由节流阀和溢流阀液阻的相对大小来决定。若节流阀的液阻大于溢流阀的液阻,则 $Q_L < \Delta Q$;反之,则 $Q_L > \Delta Q$。节流阀是一种可在较大范围内以改变液阻来调节流量的元件。因此,可通过调节节流阀的液阻来改变进入液压缸的流量,从而调节液压缸的运动速度;但若在回路中仅有节流阀而没有与之并联的溢流阀(见图5.3(b)),则节流阀就起不到调节流量的作用。液压泵输出的液压油全部经节流阀进入液压缸。改

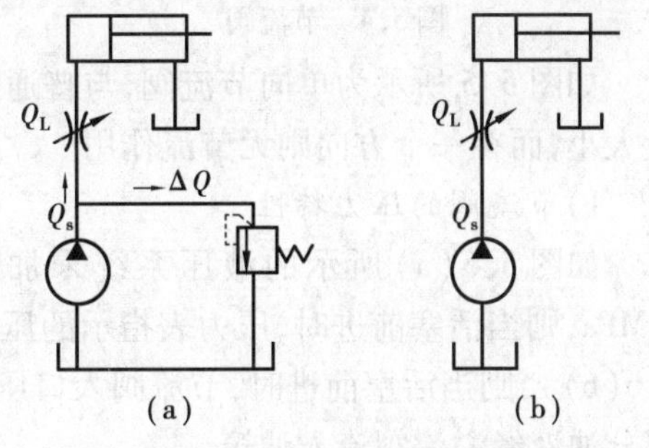

图5.3　节流元件的作用

变节流阀节流口的大小,只是改变液流流经节流阀的压力降。节流口小,流速快;节流口大,流速慢,而总的流量是不变的,故液压缸的运动速度不变。因此,节流元件用来调节流量是有条件的,即要求有一个接受节流元件压力信号的环节(与之并联的溢流阀或恒压变量泵)。通过这一环节来补偿节流元件的流量变化。

液压传动系统对流量控制阀的主要要求有:

①较大的流量调节范围,且流量调节要均匀。

②当阀前后压力差发生变化时,通过阀的流量变化要小,以保证负载运动的稳定。

③油温变化对通过阀的流量影响要小。

④液流通过全开阀时的压力损失要小。

⑤当阀口关闭时,阀的泄漏量要小。

可知,节流阀是最基本的流量控制阀。

5.2.2 节流阀

节流阀是根据孔口与阻流管原理所制作出的。如图5.4所示为节流阀的结构。油液由入口进入,经滑轴上的节流口后,由出口流出。调整手轮使滑轴轴向移动,可改变节流口节流面积的大小,从而改变流量大小,达到调速的目的。其中,油压平衡用孔道的意义在于减小作用于手轮上的力,使滑轴上下油压平衡。

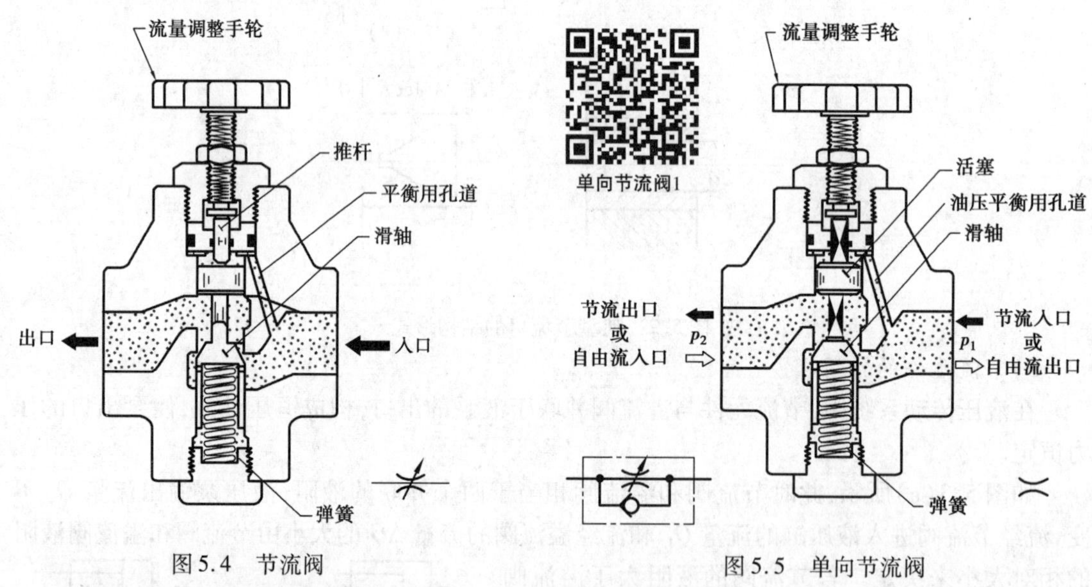

图5.4 节流阀

图5.5 单向节流阀

如图5.5所示为单向节流阀,与普通节流阀不同的是:单向节流阀只能控制一个方向的流量大小,而在一个方向则无节流作用。

1)节流阀的压力特性

如图5.6(a)所示的液压系统未加装节流阀,若推动活塞前进所需最低工作压力为1 MPa,则当活塞前进时,压力表指示的压力为1 MPa;当加装节流阀控制活塞前进速度(见图5.6(b)),则当活塞前进时,节流阀入口压力会上升到溢流阀所调定的压力,溢流阀被打开,一部分油液经溢流阀流入油箱。

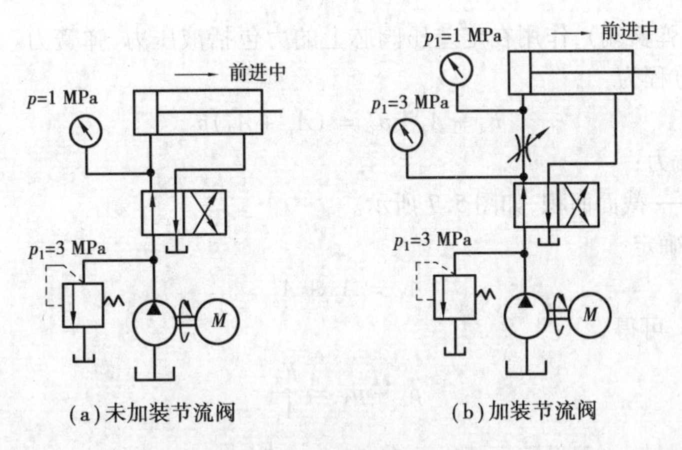

图5.6　节流阀压力特性

2)节流阀的刚性

节流阀在使用过程中,由于外负载的波动引起前后压差变化,引起流过节流阀的流量不稳定。因此,通常用节流阀的刚性来说明外负载变化时节流阀流量稳定的能力。刚性 T 定义为节流阀开口面积 A 一定时,节流阀前后压差的变化与流经阀的流量变化值的比值,即

$$T = \frac{\mathrm{d}\Delta p}{\mathrm{d}Q} \tag{5.2}$$

将式(5.1)代入式(5.2),得

$$T = \frac{\mathrm{d}\Delta p}{\mathrm{d}q} = \frac{\Delta p^{1-m}}{KA_{\mathrm{T}}m} \tag{5.3}$$

由式(5.3)可知,改变 m 值可改变节流阀的刚性。刚性越好,节流阀的性能越好。一般取 $\Delta p=(0.15\sim0.4)$ MPa。节流阀只适用于执行元件负载变化很小和速度稳定性要求不高的场合。

3)节流阀的应用

在实际应用过程中,节流阀主要有以下3个用途:

①起截流调速作用。

②起负载阻尼作用。

③起压力缓冲作用。

5.2.3　调速阀

调速阀是由定差减压阀与节流阀串联而成的组合阀。节流阀用来调节通过的流量,定差减压阀则自动补偿负载变化的影响,使节流阀前后的压差为定值,消除负载变化对流量的影响。节流阀前后的压力分别引至减压阀阀芯右左两端,当负载压力增大,作用在减压阀芯左端的液压力增大,阀芯右移,减压口加大,压降减小,从而使节流阀的压差保持不变;反之亦然。这样,就使调速阀的流量恒定不变(不受负载影响)。调速阀也可设计成先节流后减压的结构。

如图5.7所示为调速阀的结构。其动作原理说明如下:压力油 p_1 进入调速阀后,先经过定差减压阀的阀口 x(压力由 p_1 减至 p_2),然后经过节流阀阀口 y 流出,出口压力为 p_3。可知,节流阀进出口压力 p_2,p_3 经过阀体上的流道被引到定差减压阀阀芯的两端(p_3 引到阀芯弹簧

端，p_2 引到阀芯无弹簧端)，作用在定差压阀芯上的力包括液压力、弹簧力。调速阀工作时的定差压阀芯静态方程为

$$F_s + A_3 \cdot p_3 = (A_1 + A_2) p_2 \tag{5.4}$$

式中 F_s——弹簧力；

A_1, A_2, A_3——截面面积，如图5.7所示。

若在设计时，确定

$$A_3 = A_1 + A_2$$

根据式(5.4)，可得

$$p_2 - p_3 = \frac{F_3}{A_3} \tag{5.5}$$

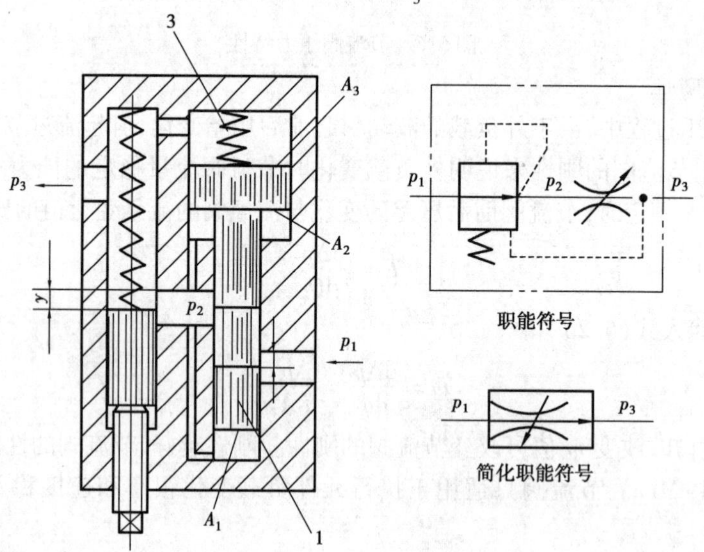

图5.7 调速阀的工作原理图

1—定差减压阀阀芯；2—节流阀阀芯；3—弹簧

由式(5.5)可知，只要将弹簧力固定，则在油温无什么变化时，节流口压力降基本稳定。另外，要使阀能在工作区正常动作，进口与出口之间的压力差要控制在0.5 MPa以上。

此处所述调速阀是压力补偿调速阀，即不管负载如何变化，通过调速阀内部具有一活塞和弹簧来使主节流口的前后压差保持固定，从而控制通过的流量维持不变。

调速阀的工作过程如下：当进油口或出油口的压力有变化时，节流阀前后的压差也变化，流量也将随之变化，减压阀芯在这一瞬间由于两端受力不平衡而开始移动。当节流阀出口压力升高时，出油腔压力升高，减压阀阀芯向右移动，使减压节流口开大，减压节流口压力损失减小，因而节流阀进口压力升高，直到使节流口 y 前后压力差达到原来的设定值，减压阀芯又处于一个新的平衡位置，流量也随之达到原来的值；反之，当节流阀出口压力下降时，出油腔压力下降，减压阀阀芯左移，使减压节流口关小，压力损失加大，从而节流阀进口压力也下降，使节流口 y 前后压差保持在原来的值。总之，不管负载如何变化，均可保持节流口前后压差相对不变，从而使流量保持不变。同理，当调速阀的进口压力发生变化时，也将与上述过程相似，自动调节节流阀两端的压力差，使其保持不变。

5.2.4　溢流节流阀

溢流节流阀也称旁通行调速阀，是一种压力补偿型节流阀。它由定差溢流阀、节流阀和安全阀构成。其结构如图5.8所示。

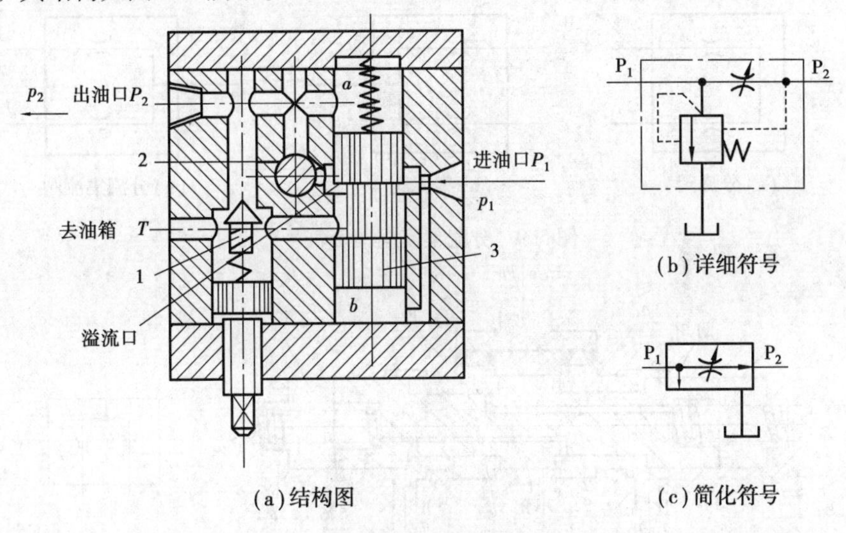

(a)结构图　(b)详细符号　(c)简化符号

图5.8　溢流节流阀

1—安全阀；2—节流阀；3—溢流阀

进口处的高压油 p_1，一部分经节流阀2至执行元件，压力降为 p_2，另一部分经溢流阀3的溢流口去油箱。溢流阀上下端分别与节流阀前后的压力油 p_1 和 p_2 相通。当出口压力 p_2 增大时，阀芯下移，关小溢流口，溢流阻力增大，进口压力 p_2 随之增加，因而节流阀前后的压差(p_1-p_2)基本保持不变；反之亦然。也就是说，通过阀的流量基本不受负载的影响。这种溢流节流阀上还附有安全阀1，其主要作用在于避免系统过载。

与调速阀不同，溢流节流阀必须接在执行元件的进油路上。这时，泵的出口(即溢流节流阀的进口)压力 p_1 随负载压力 p_2 的变化而变化，属变压系统，其功率利用较为合理，系统发热小。

5.2.5　分流集流阀

分流集流阀也称速度同步阀，是液压阀中分流阀、集流阀、单向分流阀、单向集流阀及比例分流阀的总称。它主要应用于双缸及多缸同步控制液压系统中。通常实现同步运动的方法很多。采用分流集流阀-同步阀的同步控制液压系统具有结构简单、成本低、制造容易、可靠性强等优点，在液压系统中得到广泛应用。分流集流阀的同步是速度同步，当两油缸或多个油缸分别承受不同的负载时，分流集流阀仍能保证其同步运动。分流集流阀的图形符号如图5.9所示。

1)分流阀

分流阀的作用是使液压系统中由同一个油源向两个以上执行元件供应相同的流量(等量分流)，或按一定比例向两个执行元件供应流量(比例分流)，以实现两个执行元件的速度保持同步或定比关系。

如图5.10所示为等量分流阀的结构原理图。它可看成由两个串联减压式流量控制阀结合为一体构成的。该阀采用“流量-压差-力”负反馈，用两个面积相等的固定节流孔 1，2 作为流量一次传感器，作用是将两路负载流量 Q_1，Q_2 分别转化为对应的压差值 Δp_1 和 Δp_2。代表两路负载流量 Q_1 和 Q_2 大小的压差值 Δp_1 和 Δp_2 同时反馈到公共的减压阀阀芯 6 上，相互比较后驱动减压阀芯来调节 Q_1 和 Q_2 的大小，使之趋于相等。

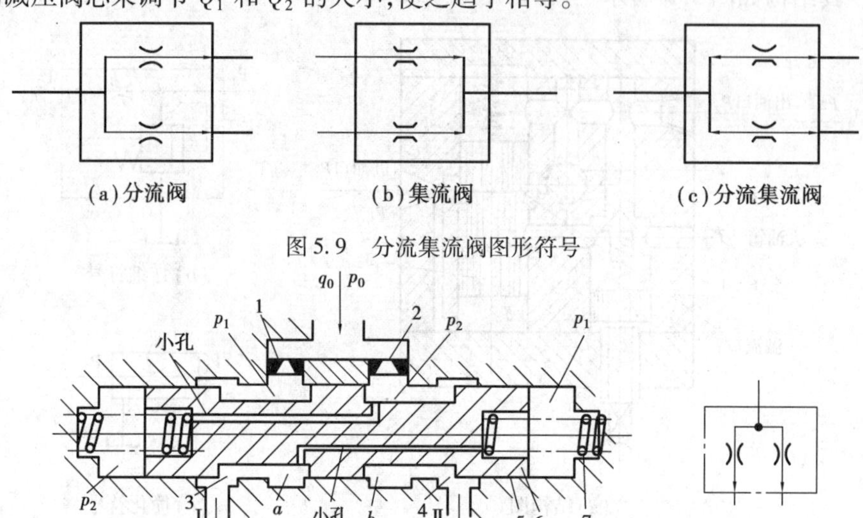

图 5.9　分流集流阀图形符号

图 5.10　分流阀的工作原理

1，2—固定节流孔；3，4—减压阀的可变节流口；5—阀体；6—减压阀阀芯；7—弹簧

工作时，设阀的进口油液压力为 p_0，流量为 Q_0，进入阀后分两路分别通过两个面积相等的固定节流孔 1，2，分别进入减压阀芯环形槽 a 和 b，然后由两减压阀口（可变节流口）3，4 经出油口Ⅰ和Ⅱ通往两个执行元件，两执行元件的负载流量分别为 Q_1，Q_2，负载压力分别为 p_3，p_4。如果两执行元件的负载相等，则分流阀的出口压力 $p_3 = p_4$，因为阀中两支流道的尺寸完全对称，所以输出流量也对称，$Q_1 = Q_2 = Q_0/2$，且 $p_1 = p_2$。当由于负载不对称而出现 $p_3 \neq p_4$，且设 $p_3 > p_4$ 时，Q_1 必定小于 Q_2，导致固定节流孔 1，2 的压差 $\Delta p_1 < \Delta p_2$，$p_1 > p_2$，此压差反馈至减压阀阀芯 6 的两端后使阀芯在不对称液压力的作用下左移，使可变节流口 3 增大，节流口 4 减小，从而使 Q_1 增大，Q_2 减小，直到 $Q_1 \approx Q_2$ 为止，阀芯才在一个新的平衡位置上稳定下来，即输往两个执行元件的流量相等，当两执行元件尺寸完全相同时，运动速度将同步。

2）集流阀

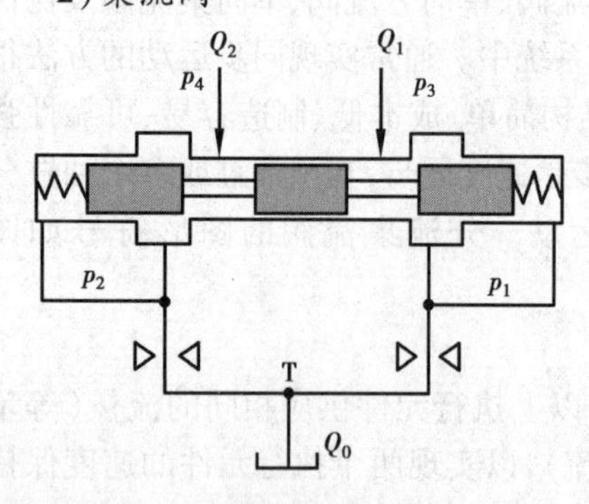

图 5.11　等量集流阀的工作原理

集流阀的作用是从两个执行元件收集等流量或按比例的回油量，以实现其间的速度同步或定比关系。分流集流阀则兼有分流阀和集流阀的功能。

如图 5.11 所示为等量集流阀的工作原理。它与分流阀的反馈方式基本相同，不同之处如下：

①集流阀装在两执行元件的回油路上，将两路负载的回油流量汇集在一起回油。

②分流阀的两流量传感器共进口压力 p_0，流量传感器的通过流量 Q_1（或 Q_2）越大，其出口压力 p_1（或

p_2)反而越低;集流阀的两流量传感器共出口,流量传感器的通过流量 Q_1(或 Q_2)越大,其进口压力 p_1(或 p_2)则越高。因此,集流阀的压力反馈方向正好与分流阀相反。

③集流阀只能保证执行元件回油时同步。

3)分流集流阀

分流集流阀又称同步阀,同时具有分流阀和集流阀两者的功能,能保证执行元件进油、回油时均能同步。

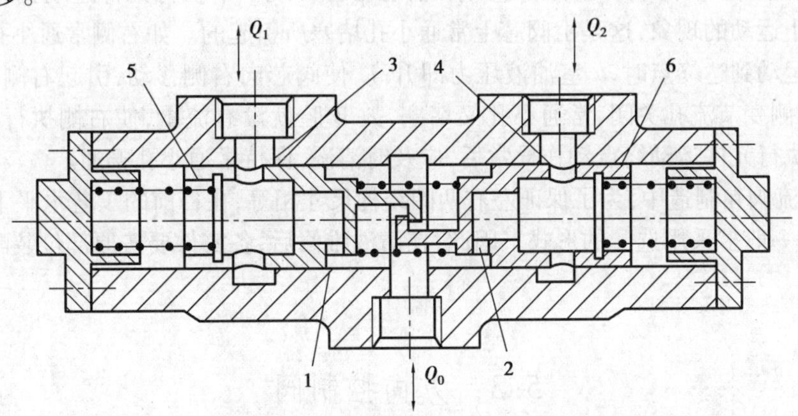

图 5.12　分流集流阀结构原理图

1,2—固定节流孔;3,4—可变节流口;5,6—阀芯

如图 5.12 所示为挂钩式分流集流阀的结构原理图。分流时,因 $p_0 > p_1$(或 $p_0 > p_2$),此压力差将两挂钩阀芯 1,2 推开,处于分流工况,此时的分流可变节流口是由挂钩阀芯 1,2 的内棱边和阀套 5,6 的外棱边组成;集流时,因 $p_0 < p_1$(或 $p_0 < p_2$),此压力差将挂钩阀芯 1,2 合拢,处于集流工况,此时的集流可变节流口是由挂钩阀芯 1,2 的外棱边和阀套 5,6 的内棱边组成。

4)使用中常见的故障及其排除

分流集流阀主要常见的故障是同步失灵,同步误差大,以及执行元件运动终点动作异常等。

(1)同步失灵

所谓同步失灵,是指几个执行元件不同时运动。产生同步失灵现象的主要原因是阀芯或换向活塞径向卡住。分流-集流阀为了减少泄漏量对速度同步精度的影响,一般阀芯和阀体及换向活塞和阀芯之间的配合间隙均较小,故在系统油液污染或油温过高时,阀芯或换向活塞容易发生径向卡住。因此,在使用时,应注意油液的清洁度和油液的温度。当发现阀芯或换向活塞径向卡住后,应及时清洗,以保证阀芯或换向活塞的动作灵活性。

(2)同步误差大

产生速度同步误差大的主要原因是阀芯轴向卡紧,使用流量过低和进出油腔压差过小等。

阀芯径向卡紧后运动阻力就增加,因而推动阀芯以达到自动补偿的 a,b 两室的油液压差就需大,从而左右两侧定节流孔前后油液压差的差值也就大。从小孔流量公式可知,流经 A,B 腔的流量差也就越大,故速度同步误差也就大。发生阀芯轴向卡紧的原因和排除方法与同步失灵的情况相同。

当通过分流-集流阀的流量过低,或进出油腔压差过低时,都会使两侧定节流孔的前后油液压差降低。从定节流孔前后油液压差对速度同步精度的影响来看,定节流孔前后油液压差小,同步精度就差,故通过分流-集流阀的流量过低,或进出油腔压差过低,都会引起速度同步误差增大的现象。分流-集流阀的使用流量,一般应不低于公称流量的25%,进出油腔压差应不低于8 kg/cm^2。

(3)执行元件运动终点动作异常

采用分流-集流阀作同步元件的同步系统,有时会发现一个执行元件运动到终点,而另一执行元件停止运动的现象,这是由阀芯上常通小孔堵塞所引起的。如右侧常通小孔堵塞,当左侧执行元件运动到达终点时,a 室油液压力即升高,使阀芯向右侧移动,引起右侧变节流孔关闭。此时,右侧变节流孔关闭,常通小孔又堵塞,故B腔就没有流量,使右侧执行元件停止运动。当发现执行元件运动终点动作异常后,应及时清洗,保持常通小孔畅通。

分流-集流阀在制造中,为了保证左右两圈结构尺寸相等,在目前的工艺水平下,左右两侧零件的装配,一般多采用选配的形式。因此,在清洗维修后,各零件要按原部位装配,否则将影响同步精度。

5.3 方向控制阀

用来改变液压系统中各油路之间液流通断关系的阀类,统称方向控制阀,简称方向阀。方向控制阀种类繁多。常见的分类方式如下:

①按流体在管道的流动方向,如果只允许流体向一个方向流动,这样的阀称为单向型控制阀,如单向阀、梭阀等;可改变流体流向的控制阀,称为换向阀,如常用的两位两通、两位三通、两位五通、三位五通等。

②按控制方式,可分为电磁换向阀、机械换向阀、液控换向阀、手动换向阀。其中,电磁换向阀又可分为单电控换向阀和双电控换向阀两种;机械换向阀可分为球头阀、滚轮阀等;液控换向阀可分为单液控和双液控换向阀;手动换向阀可分为手动阀和脚踏阀两种。

③按工作原理,可分为直动阀和先导阀。直动阀是靠人力或电磁力,气动力直接实现换向要求的阀;先导阀由先导头和阀主体2部分构成,由先导头活塞驱动阀主体里面的阀杆实现换向。

④根据换向阀杆的工作位置,可将阀分为二位阀、三位阀。

⑤根据阀上气孔的多少来进行划分,可分为二通阀、三通阀、四通阀、五通阀等。

5.3.1 单向阀

仅允许液体向一个方向流动而不能反向流动(即反向截止)的阀,称为单向阀。液压系统中,常见的单向阀有普通单向阀和液控单向阀两种。

1)普通单向阀

普通单向阀的作用是:正向流通,反向不通。

如图5.13(a)所示为一种管式普通单向阀的结构。压力油从阀体左端的通口 P_1 流入时,克服弹簧3作用在阀芯2上的力,使阀芯向右移动,打开阀口,并通过阀芯2上的径向孔a、轴向孔b从阀体右端的通口流出。但是,压力油从阀体右端的通口 P_2 流入时,它和弹簧力一起使阀芯锥面压紧在阀座上，使阀口关闭，油液无法通过。如图 5.1(b) 所示为单向阀的职能符号图。当反向供液时，压力油从左口进入单向阀内，作用在阀芯上的液压力使得阀口关闭，阀口的密封作用使液流不能通过，故单向阀不允许油液反向流动。

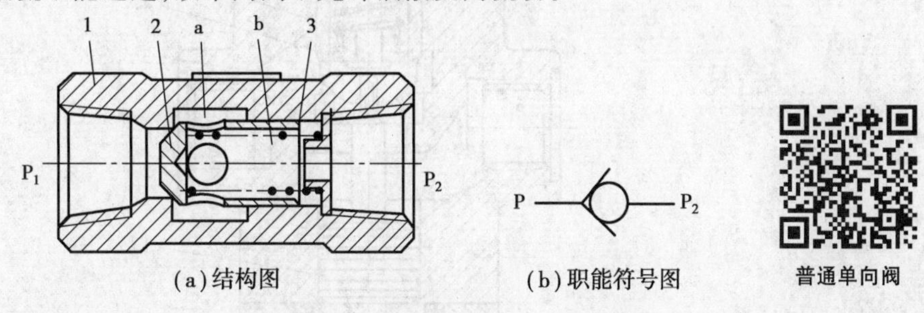

(a) 结构图　　(b) 职能符号图

图 5.13　单向阀

1—阀体；2—阀芯；3—弹簧

2) 液控单向阀

当控制口无压力油通入时，液控单向阀的工作机制和普通单向阀一样；压力油只能从通口 P_1 流向通口 P_2，不能反向倒流。当控制口 K 有控制压力油时，因控制活塞推动顶杆顶开阀芯，使通口 P_1 和 P_2 接通，油液就可在两个方向自由通流。

(1) 不带卸荷小阀芯的液控单向阀

如图 5.14(a) 所示为不带卸荷小阀芯的液控单向阀的结构。当控制口 K 处无压力油通入时，它的工作机制和普通单向阀一样；压力油只能从通口 P_1 流向通口 P_2，不能反向倒流。当控制口 K 有控制压力油时，因控制活塞 1 右侧 a 腔通泄油口，活塞 1 右移，推动顶杆 2 顶开阀芯 3，使通口 P_1 和 P_2 接通，油液就可在两个方向自由通流。如图 5.2(b) 所示为液控单向阀的职能符号。

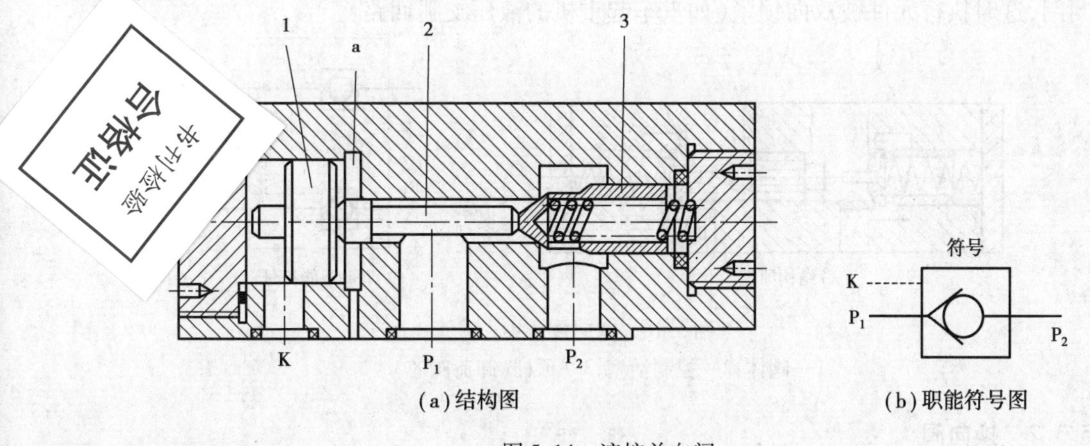

(a) 结构图　　(b) 职能符号图

图 5.14　液控单向阀

1—活塞；2—顶杆；3—阀芯

(2) 带卸荷小阀芯的液控单向阀

带卸荷小阀芯的液控单向阀适用于反向压力较高、流量较大的场合。此类液控单向阀利用卸荷小阀芯在反向开启前泄去系统压力，由此避免了液压冲击，并大大降低了开启主阀的压力。其结构如图 5.15 所示。

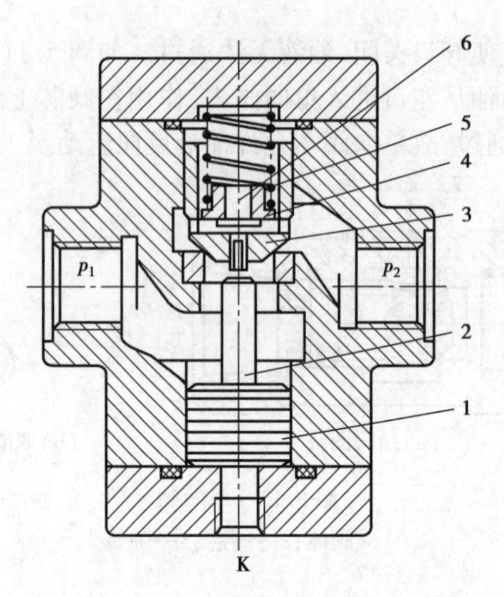

图 5.15　带卸荷小阀芯的液控单向阀结构

1—控制活塞;2—推杆;3—阀芯;4—弹簧座;5—弹簧;6—卸荷阀芯

3)双向液压锁

双向液压锁是将两个液控单向阀布置在同一个阀体内,称为双液控单向阀,也称液压锁。它在系统不供油时起保压作用。

双向液压锁的结构原理和职能符号如图 5.16 所示。当压力油液从 A 口流入时,液压力将左端阀芯打开,使得油液从 A 流向 A_1,同时压力油液通过控制活塞 2 将右端的阀芯打开,使得油液从 B_1 流向 B;反之,当压力油液从 B 口进时,B 与 B_1 接通,A 与 A_1 接通。当两油口 A,B 均无液压油供入时,A_1 和 B_1 腔的方向油液依靠顶杆 3(卸载阀芯)的锥面与阀座的严密接触而封闭,这时执行元件被双向锁紧(如汽车起重机的液压支腿回路)。

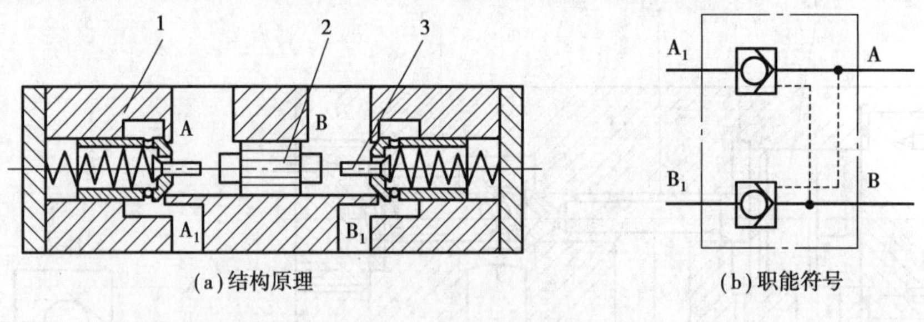

图 5.16　双向液压锁

1—阀体;2—控制活塞;3—顶杆(卸荷阀芯)

5.3.2　换向阀

换向阀是利用阀芯相对于阀体的相对运动,实现油路换接,或者是接通、关断,从而实现液压执行元件的启动、停止或改变运动方向。

对换向阀的基本要求是:液流通过阀的压力损失要小,泄漏要小,换向要求平稳可靠。

1)换向阀的种类

换向阀的种类很多。按阀芯的结构,可分为滑阀式、转阀式和球阀式 3 种。滑阀式换向阀使用得最多,其优点是:结构简单,换效能高,阀芯径向力均衡,操作力低,摩擦小,易于实现多种控制功能。按操作方式,可分为手动、机动、电动、液动及电液动等。按阀芯工作在阀体内所处的位置,可分为二位阀和三位阀。按换向阀的接口,可分为二通、三通、四通及五通4种。

在研究换向阀或分析液压系统工作原理时,通常要用到3个重要的术语:位数、通路数和中位机能。为改变液流方向或实现液流通断,阀芯相对阀体的工作位置数,称为位数。自然(零位,静止)位置也是一种工作位置(状态),在液压职能符号中位数是用方框表示的,方框数即阀的位数。换向阀的位数通常为二位或三位,见表5.1。通数或通路数,即阀体上与系统油路相连的油路数,符号“┴,┬”表示一条通路(油口),符号“↑,↓,╱╲”表示两条通路(油口)。位数和通路数通常是联合使用的,如几位几通换向阀。在正确的换向阀符号中,不同位置上的通路数必须是相等的,否则是错误的。

表5.1　滑阀式换向阀结构与图形符号

名　称	结构原理图	图形符号
二位二通阀	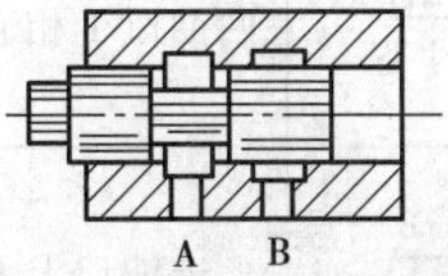 A　B	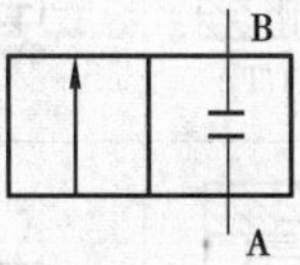 B A
二位三通阀	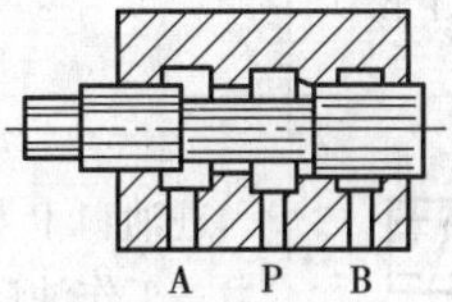 A　P　B	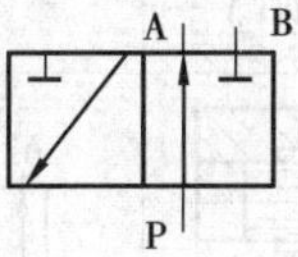 A　B P
二位四通阀	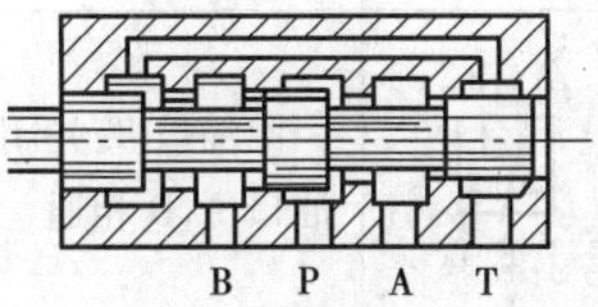 B　P　A　T	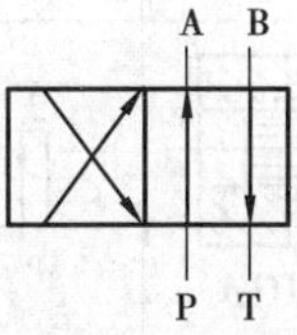 A　B P　T
三位四通	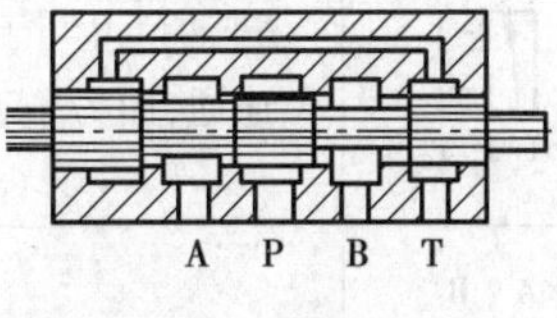 A　P　B　T	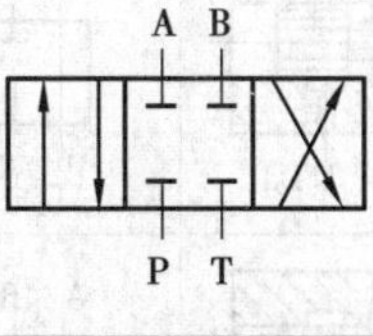 A　B P　T

二位四通电磁换向阀

2)换向阀的中位机能

三位换向阀的阀芯处于中间位置时(常态位置),其油口间的通路有几种不同的连接方式,以适应各种不同的工作要求。这种常态的内部通路形式,称为滑阀机能。

三位四通换向阀的滑阀机能有很多种,常见的见表5.2所列。中间方框表示其原始位置,左右方框表示两个换向位,其左位和右位各油口的连通方式均为直通或交叉相通,故只用一个字母来表示中位的形式。

表 5.2 滑阀的中位机能

中位机能	滑阀状态	中位图形符号		特 点
		四 通	五 通	
O	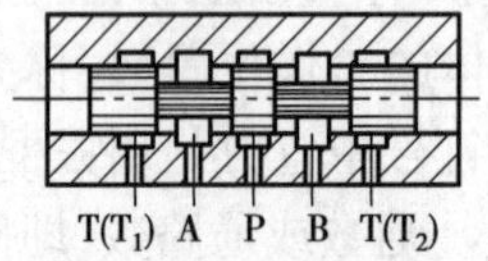 T(T_1) A P B T(T_2)	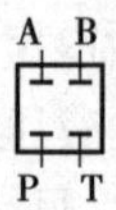 A B P T	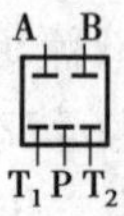 A B T_1 P T_2	各油口全封闭,油不流通
H	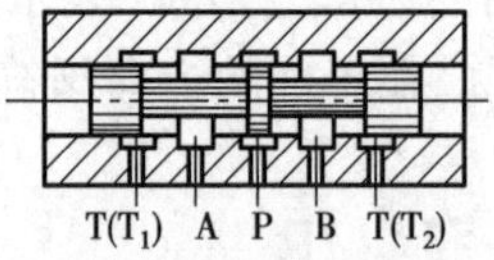 T(T_1) A P B T(T_2)	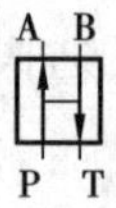 A B P T	 A B T_1 P T_2	各油口全开,系统没有油压
Y	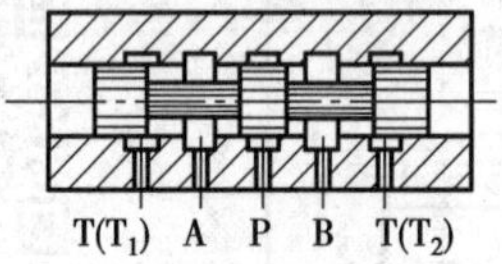 T(T_1) A P B T(T_2)	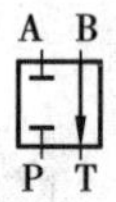 A B P T	 A B T_1 P T_2	进油口 P 关闭,工作油口 A,B 与回油口 T 相通
J	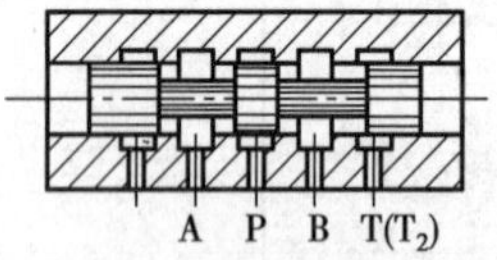 A P B T(T_2)	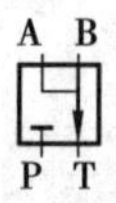 A B P T	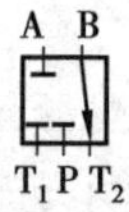 A B T_1 P T_2	进油口 P 和工作油口 A 封闭,另一工作油口 B 与回油口 T 相连
C	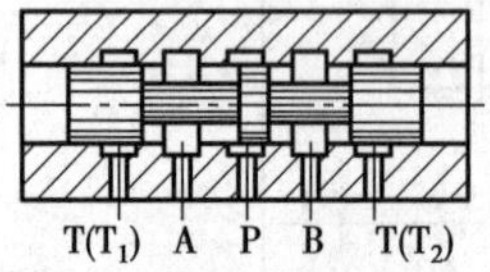 T(T_1) A P B T(T_2)	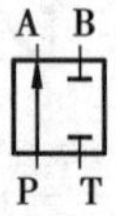 A B P T	 A B T_1 P T_2	进油口 P 与工作油口 A 连通,而另一工作油口 B 与回油口 T 封闭
P	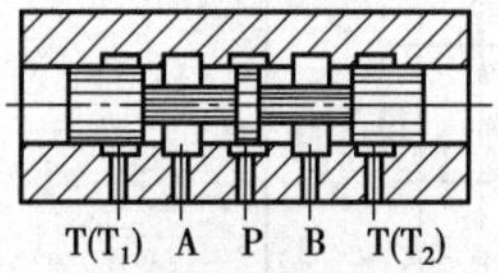 T(T_1) A P B T(T_2)	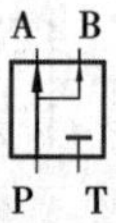 A B P T	 A B T_1 P T_2	回油口 T 关闭,进油口 P 与工作油口 A,B 相通
K	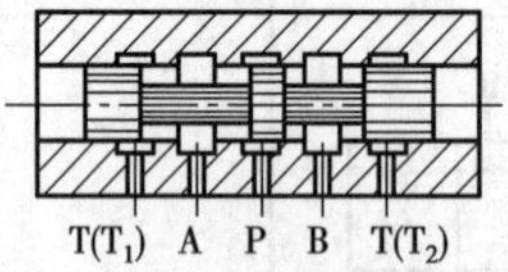 T(T_1) A P B T(T_2)	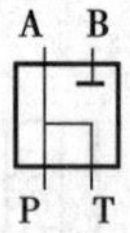 A B P T	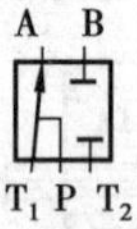 A B T_1 P T_2	进油口 P 与工作油口 A 与回油口 T 连通,而另一工作油口 B 封闭
X	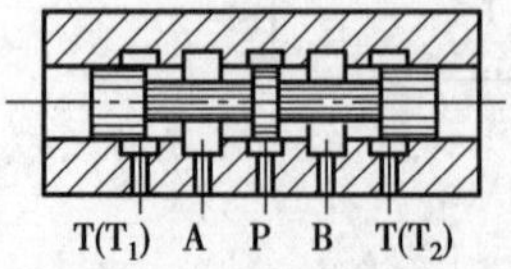 T(T_1) A P B T(T_2)	 A B P T	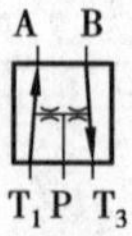 A B T_1 P T_3	A,B,P 油口都与 T 回油口相通
M	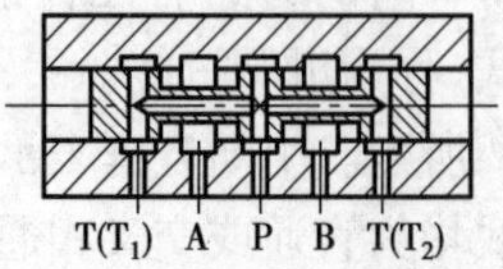 T(T_1) A P B T(T_2)	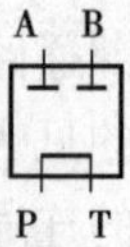 A B P T	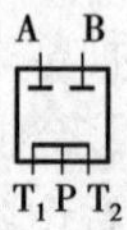 A B T_1 P T_2	工作油口 A,B 关闭,进油口 P、回油口 T 直接相连

续表

中位机能	滑阀状态	中位图形符号		特　点
		四　通	五　通	
U	T(T_1) A P B T(T_2)	A B / P T	A B / T_1 P T_2	A,B工作油口接通,进油口P、回油口T封闭
N	T(T_1) A P B T(T_2)	A B / P T	A B / T_1 P T_2	系统不卸载,缸一腔与回油箱联通,一腔封闭

滑阀的中位机能不但影响液压系统的工作状态,也影响执行元件换向时的工作性能。通常可根据液压系统的保压或卸荷要求、执行元件停止时的浮动或锁紧要求、执行元件换向时的平稳或准确性要求,选择滑阀的中位机能。滑阀中位机能选择的一般原则如下:

①当系统有卸荷要求时,应选用中位时油口P与T相互连通的形式,如H形、K形、M形。

②当系统有保压要求时,应选用中位油口P封闭的形式,如O形、Y形等。

③当对执行元件换向精度要求较高时,应选用中位时油口A与B封闭的形式,如O形、M形。

④当对执行元件换向平稳性要求较高时,应选用中位时油口A,B与T相互连通的形式,如H形、Y形、X形。

⑤当对执行元件启动平稳性要求较高时,应选用中位时油口A与B均不与T连通的形式,如O形、C形、P形。

3)换向阀的操纵方式

根据不同的需要,换向阀有多种控制方式,每种控制方式有对应的符号表示,如图5.17所示。

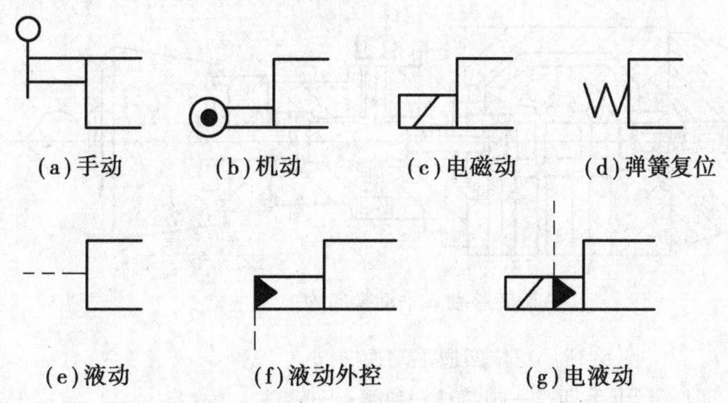

(a)手动　(b)机动　(c)电磁动　(d)弹簧复位

(e)液动　(f)液动外控　(g)电液动

图5.17　换向阀的操纵方式

5.3.3　换向阀的结构

在液压系统中,换向滑阀应用最为广泛,其种类繁多。下面介绍几种典型的换向阀结构。

1)手动换向阀

手动换向阀主要有弹簧复位和钢珠定位两种形式。如图5.18(a)所示为钢球定位式三位四通手动换向阀。用手操纵手柄推动阀芯相对阀体移动后,可通过钢球使阀芯稳定在3个不同的工作位置上。如图5.18(b)所示为弹簧自动复位式三位四通手动换向阀。通过手柄推动阀芯后,要想维持在极端位置,必须用手扳住手柄不放,一旦松开了手柄,阀芯会在弹簧力的作用下,自动弹回中位。

如图5.18(c)所示为旋转移动式手动换向阀,旋转手柄可通过螺杆推动阀芯改变工作位置。这种结构具有体积小、调节方便等优点。由于这种阀的手柄带有锁,不打开锁不能调节,因此使用安全。

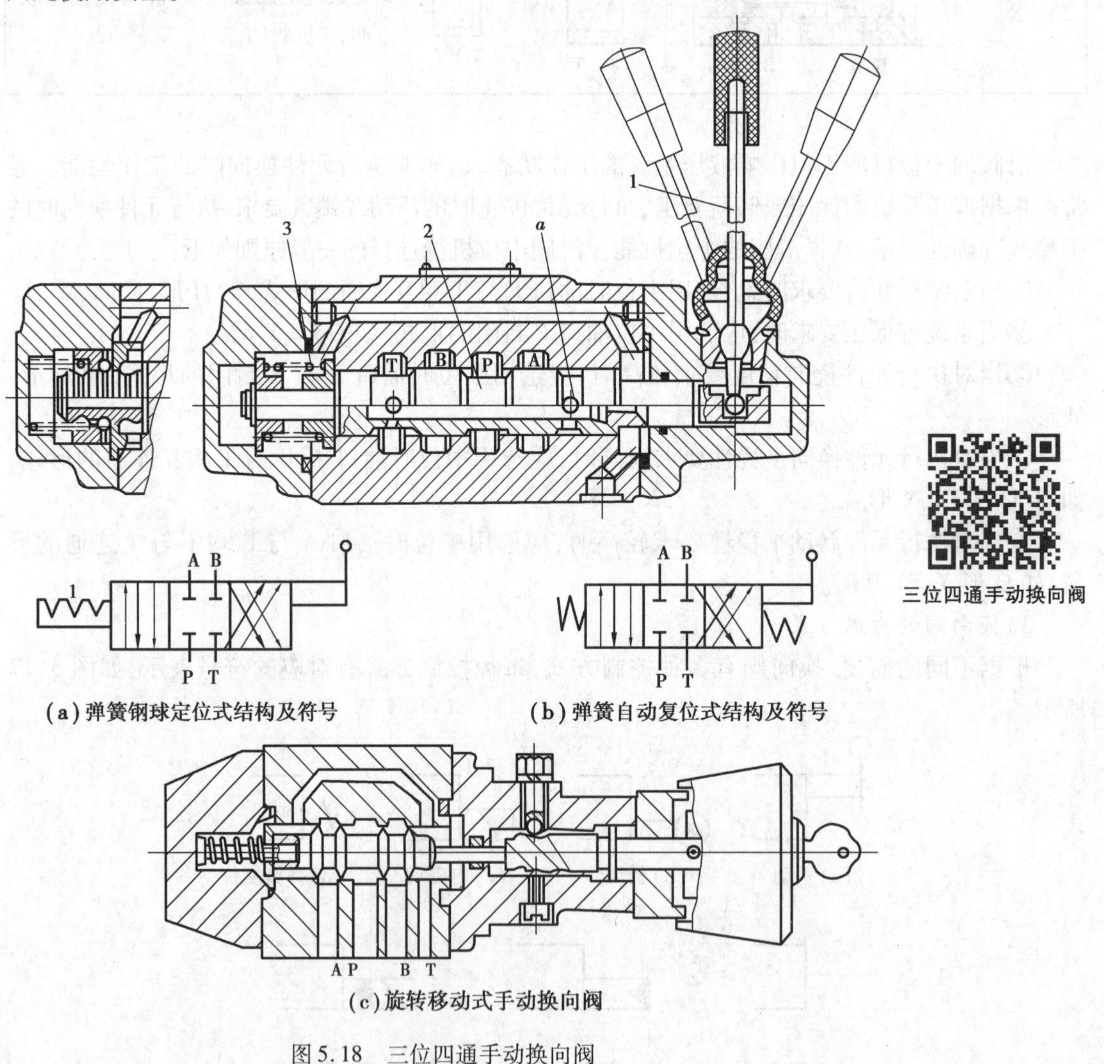

(a)弹簧钢球定位式结构及符号

(b)弹簧自动复位式结构及符号

(c)旋转移动式手动换向阀

图5.18　三位四通手动换向阀

1—操纵手柄;2—阀芯;3—弹簧;a—钢球

2)机动换向阀

机动换向阀又称行程换向阀,是用挡铁或凸轮推动阀芯实现换向的。机动换向阀多为如图5.19所示的二位二通阀。

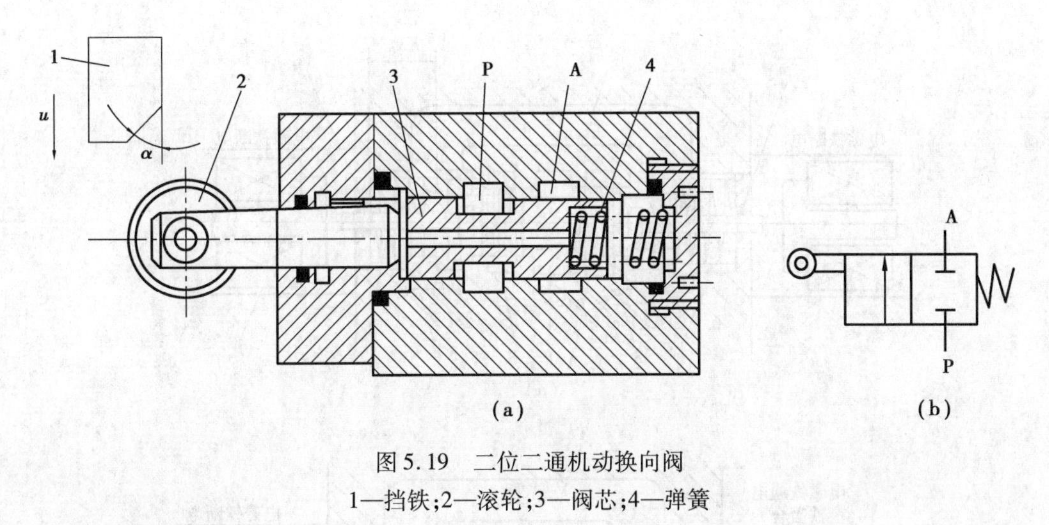

图5.19　二位二通机动换向阀

1—挡铁;2—滚轮;3—阀芯;4—弹簧

3)电磁换向阀

电磁换向阀是利用电磁铁吸力推动阀芯来改变阀的工作位置。由于它可借助于按钮开关、行程开关、限位开关、压力继电器等发出的信号进行控制,操作轻便,易于实现自动化,因此应用广泛。

(1)工作原理

电磁换向阀的品种规格很多,但其工作原理是基本相同的。现以如图5.20所示三位四通O型滑阀机能的电磁换向阀为例来说明。在图5.20中,阀体1内有3个环形沉割槽,中间为进油腔P,与其相邻的是工作油腔A和B。两端还有两个互相连通的回油腔T。阀芯两端分别装有弹簧座3、复位弹簧4和推杆5,阀体两端各装一个电磁铁。当两端电磁铁都断电时(见图5.20(a)),阀芯处于中间位置。此时,P,A,B,T各油腔互不相通;当左端电磁铁通电时(见图5.20(b)),该电磁铁吸合,并推动阀芯向右移动,使P和B连通,A和T连通。当其断电后,右端复位弹簧的作用力可使阀芯回到中间位置,恢复原来4个油腔相互封闭的状态;当右端电磁铁通电时(见图5.20(c)),其衔铁将通过推杆推动阀芯向左移动,P和A相通、B和T相通。电磁铁断电,阀芯则在左弹簧的作用下回到中间位置。

(2)直流电磁铁和交流电磁铁

阀用电磁铁根据所用电源的不同,有以下3种:

①交流电磁铁

阀用交流电磁铁的使用电压一般为交流220 V,电气线路配置简单。交流电磁铁启动力较大,换向时间短。但换向冲击大,工作时温升高(故其外壳设有散热筋);当阀芯卡住时,电磁铁因电流过大易烧坏,可靠性较差,故切换频率不许超过30次/min,寿命较短。

②直流电磁铁

直流电磁铁一般使用24 V直流电压,因此需要专用直流电源。其优点是不会因铁芯卡住而烧坏(故其圆筒形外壳上没有散热筋),体积小,工作可靠,允许切换频率为120次/min,换向冲击小,使用寿命较长。但启动力比交流电磁铁小。

③本整型电磁铁

本整型是指交流本机整流型。这种电磁铁本身带有半波整流器,可在直接使用交流电源的同时,具有直流电磁铁的结构和特性。

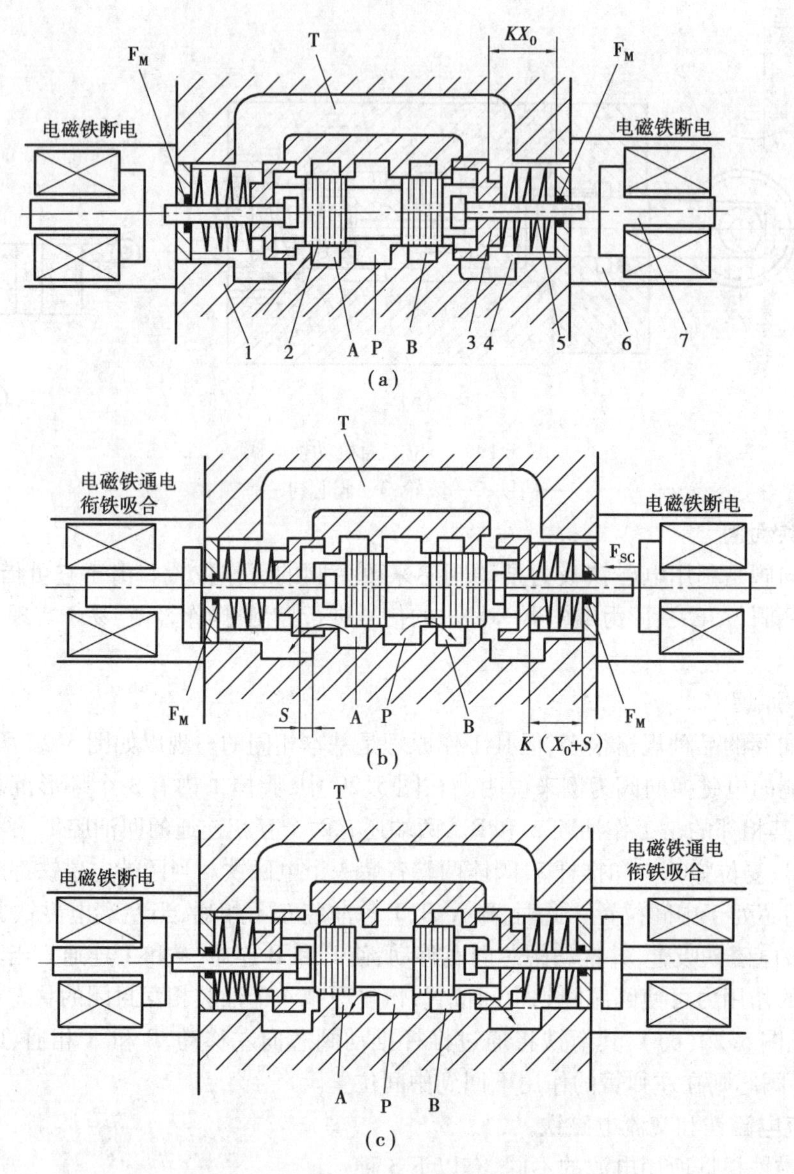

图 5.20　电磁换向阀的工作原理

1—阀体;2—阀芯;3—弹簧座;4—复位弹簧;5—推杆;6—铁芯;7—衔铁

(3)干式、油浸式、湿式电磁铁

不管是直流电磁铁还是交流电磁,都可做成干式的、油浸式的和湿式的。

①干式电磁铁

干式电磁铁的线圈、铁芯与扼铁处于空气中不和油接触,电磁铁与阀联结时,在推杆的外周有密封圈。由于回油有可能渗入对中弹簧腔中,因此,阀的回油压力不能太高。此类电磁铁附有手动推杆,一旦电磁铁发生故障时可使阀芯手动换位。此类电磁铁是简单液压系统常用的一种形式。

②油浸式电磁铁

油浸式电磁铁的线圈和铁芯都浸在无压油液中。推杆和衔铁端部都装有密封圈。油可帮助线圈散热,且可改善推杆的润滑条件,寿命远比干式电磁铁为长。因有多处密封,故此种电磁铁的灵敏性较差,造价较高。

③湿式电磁铁

湿式电磁铁也称耐压式电磁铁,它与油浸式电磁铁不同处是推杆处无密封圈。线圈和衔铁都浸在有压油液中,故散热好,摩擦小。还因油液的阻尼作用而减小了切换时的冲击和噪声。因此,湿式电磁铁具有吸着声小、寿命长、温升低等优点,是目前应用最广的一种电磁铁。也可将油浸式电磁铁和耐压式电磁铁统称湿式电磁铁。

(4)电磁换向阀的典型结构

如图5.21所示为交流式二位三通电磁换向阀。当电磁铁断电时,阀芯2被弹簧7推向左端,P和A接通;当电磁铁通电时,铁芯通过推杆3将阀芯2推向右端,使P和B接通。

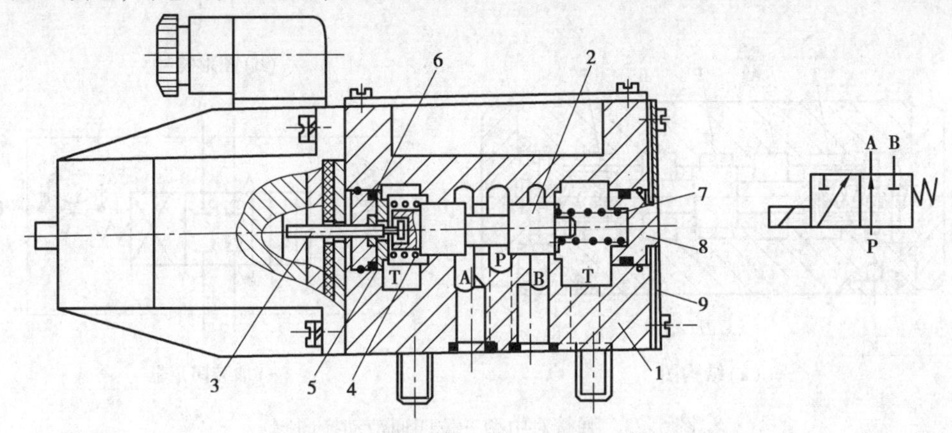

图5.21　交流式二位三通电磁换向阀

1—阀体;2—阀芯;3—推杆;4,7—弹簧;5,8—弹簧座;6—O形圈;9—后盖

如图5.22所示为直流湿式三位四通电磁换向阀。当两边电磁铁都不通电时,阀芯2在两边对中弹簧4的作用下处于中位,P,T,A,B口互不相通;当右边电磁铁通电时,推杆6将阀芯2推向左端,P与A通,B与T通,当左边电磁铁通电时,P与B通,A与T通。

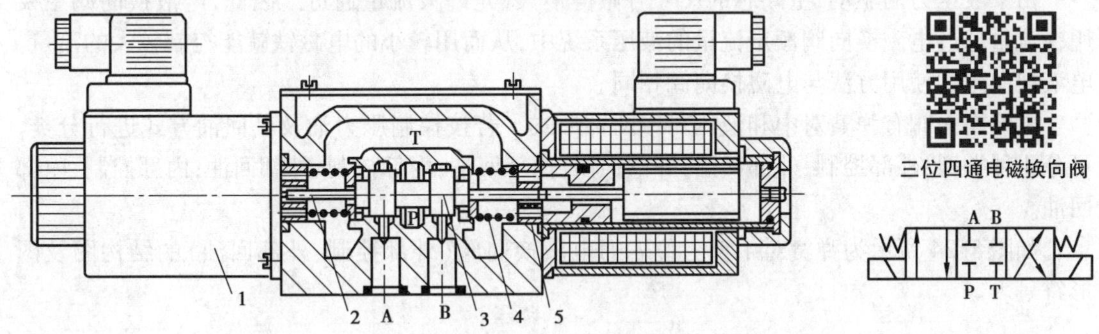

图5.22　直流湿式三位四通电磁换向阀

1—电磁铁;2—推杆;3—阀芯;4—弹簧;5—挡圈

必须指出,由于电磁铁的吸力有限(120 N),因此,电磁换向阀只适用于流量不太大的场合。当流量较大时,需采用液动或电液动控制。

4)液动换向阀

液动换向阀是利用控制压力油来改变阀芯位置的换向阀。对于三位阀而言,按阀芯的对中形式，可分为弹簧对中型和液压对中型两种。如图 5.23(a)所示为弹簧对中型三位四通液动换向阀。阀芯两端分别接通控制油口 K_1 和 K_2。当 K_1 通压力油时，阀芯右移，P 与 A 通，B 与 T 通；当 K_2 通压力油时，阀芯左移，P 与 B 通，A 与 T 通；当 K_1 和 K_2 都不通压力油时，阀芯在两端对中弹簧的作用下处于中位。当对液动滑阀换向平稳性要求较高时，还应在滑阀两端 K_1，K_2 控制油路中加装阻尼调节(见图 5.23(c))。阻尼调节器由一个单向阀和一个节流阀并联组成，单向阀用来保证滑阀端面进油畅通，而节流阀用于滑阀端面回油的节流，调节节流阀开口大小，即可调整阀芯的动作时间。

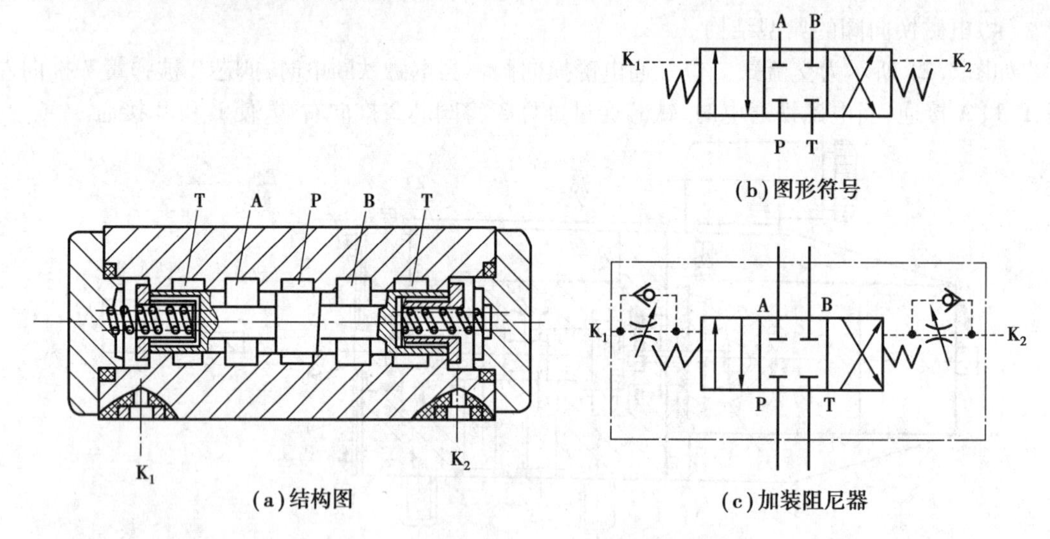

图 5.23　弹簧对中型三位四通液动换向阀

5)电液换向阀

电液换向阀是电磁换向阀和液动换向阀的组合。其中，电磁换向阀起先导作用，控制液动换向阀的动作，改变液动换向阀的工作位置；液动换向阀作为主阀，用于控制液压系统中的执行元件。

由于液压力的驱动，主阀芯的尺寸可做得很大，允许大流量通过。因此，电液换向阀主要用在流量超过电磁换向阀额定流量的液压系统中，从而用较小的电磁铁就能控制较大的流量。电液换向阀的使用方法与电磁换向阀相同。

电液换向阀有弹簧对中和液压对中两种形式。若按控制压力油及其回油方式进行分类，可分 4 种类型：外部控制、外部回油；外部控制、内部回油；内部控制、外部回油；内部控制、内部回油。

如图 5.24 所示为弹簧对中型三位四通电液换向阀(外部控制、外部回油)的结构图及图形符号。

5.3.4　换向阀阀芯上的液动力和卡紧现象

1)滑阀的液动力

由液流的动量定律可知，油液通过换向阀时作用在阀芯上的液动力有稳态液动力和瞬态液动力两种。

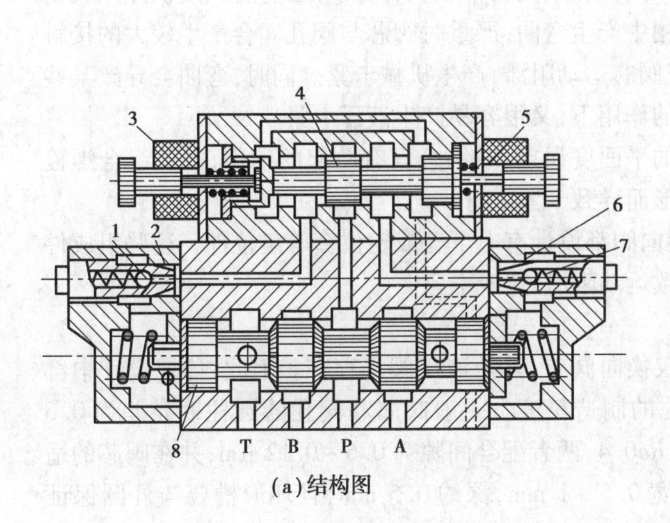

(a)结构图

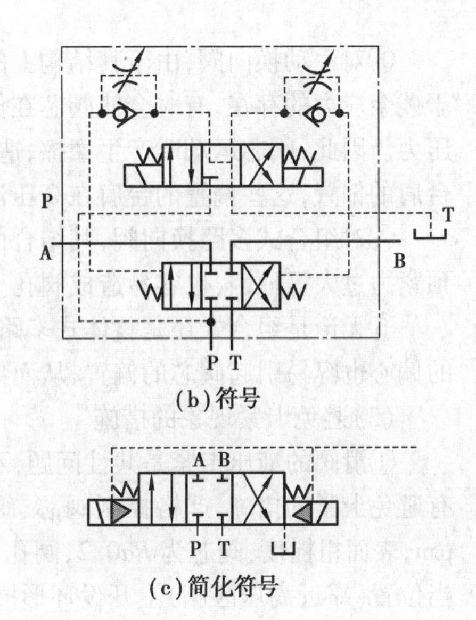

(b)符号

(c)简化符号

图5.24　外部控制、外部回油的弹簧对中电液换向阀

(1)稳态液动力

阀芯移动完毕,开口固定后,液流流过阀口时因动量变化而作用在阀芯上有使阀口关小的趋势的力,与阀的流量有关。

(2)瞬态液动力

滑阀在移动过程中,阀腔液流因加速或减速而作用在阀芯上的力,与移动速度有关。

2)液压卡紧现象

(1)液压卡紧

来自滑阀副几何形状误差和同轴度误差所引起的径向不平衡压力,即液体在高压下通过偏心环状锥形间隙,并且沿液体流动方向缝隙是逐渐扩大的,这时就会产生通常所说的液压卡紧现象。

①阀芯因加工误差而带有倒锥(锥体大端朝向高压腔),在阀芯与阀孔中心线平行且不重合时,阀芯受到径向不平衡力的作用。使阀芯和阀孔的偏心矩越来越大,直到两者表面接触而发生卡紧现象。此时,径向不平衡力达到最大值。

②阀芯无几何形状误差,但因装配误差使阀芯在阀孔中歪斜放置,或颗粒状污染物凝聚楔入阀孔与阀芯的间隙,使阀芯在孔中偏斜放置,产生很大的径向不平衡力及转矩。

③在加工或工序间转移过程中,将阀芯碰伤,有局部凸起及残留毛刺。这时,凸起部分背后的液压流将造成较大的压降,产生一个使凸起部分压向阀孔的力矩。这也是液压卡紧的一种成因。

④设计时,为防止径向不平衡力的产生,杜绝液压卡紧,在阀芯上开若干个环形槽,以均衡阀芯受到的径向压力,一般称为平衡槽。但在加工中,有时环形槽与阀芯不同心;或因淬火变形,造成磨削后环形槽深浅不一,这样也会产生径向不平衡力导致液压卡紧。

(2)机械卡紧

换向阀在使用中除发生液压卡紧外,有时还会发生机械卡紧。机械卡紧一般有下列原因:

①液压油中的污染物(如砂粒、铁屑、漆皮)楔入阀芯与阀孔间隙使之卡紧。

②阀芯与阀孔配合间隙过小造成卡紧。

③对手动换向阀，由于其结构上的原因，阀芯、阀孔都较长，因此存在着直线度误差。又由于残余应力的存在，有时会使阀芯在使用中产生弯曲，严重时阀芯与阀孔间会产生较大的接触压力。因此，阀芯运动时产生摩擦，造成阀芯运动阻滞，产生机械卡紧。同时，弯曲会导致某些台肩的偏置，这些偏置的台肩在高压油的作用下，又很容易产生液压卡紧。

④对组合式多路换向阀，其结合面的平面度误差，或结合面有凸起的磕伤，以及组合螺栓预紧力过大等原因，也容易造成阀孔变形而导致卡紧。

⑤无论是组合式还是整体式多路换向阀都设计有上下盖或定位套等定位件。这些组成件的偏心也容易引起阀芯的偏置，从而导致运动阻滞，造成卡紧。

(3)避免卡紧现象的措施

①滑阀的液压卡紧是共性问题，不仅换向阀有，其他液压阀也存在。因此，传统设计中都有避免卡紧的措施，严格控制阀芯、阀孔的制造精度。一般阀芯和阀孔的圆柱度允差为0.3 μm，表面粗糙度：阀芯为*Ra*0.2，阀孔为*Ra*0.4，两者配合间隙为0.6～0.12 μm，并在阀芯的适当位置(靠近高压区侧)上开设环形槽，宽0.5～1 mm，深约0.5 mm，且环形槽要与外圆保证同心。

②阀芯的精度允许时，可磨顺锥(即小端朝向高压区)，在结构允许的情况下，可采用锥形台肩，台肩小端朝向高压区，有利于阀杆径向对中。

③仔细清除芯上各台肩及阀孔沉割槽边上的毛刺；仔细清除热处理件的氧化皮，并在转序时利用工位器具防止零件磕碰。

④装配过程中，要防止零件磕碰，注意清洁，各螺栓的预紧力要适当，以防阀孔变形。

⑤要保证液压系统的清洁度，防止油液被污染。

⑥提高阀体的铸造质量，减少阀芯的热处理残余应力，防止弯曲变形。

⑦对组合式换向阀，为消除阀片间结合面平面度对卡紧的影响，可使其中一个面的中间部分低1～2 μm。这样既可减少阀孔的变形，又不影响结合面的密封，如图5.25所示。

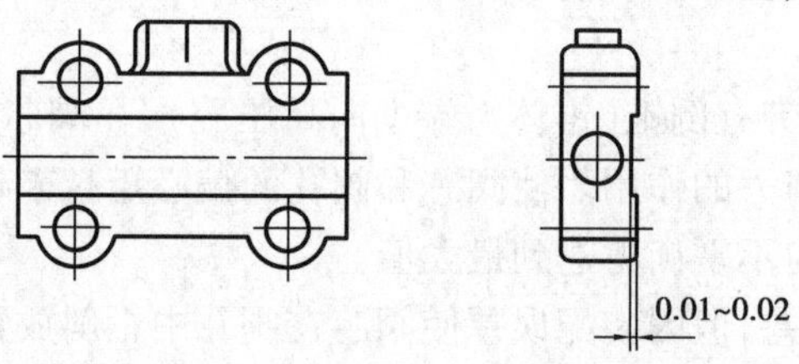

图5.25　消除结合面平面度对卡紧影响的示意图

5.4　压力控制阀

在液压传动系统中，控制油液压力高低的液压阀，称为压力控制阀，简称压力阀。这类阀的共同点是利用作用在阀芯上的液压力和弹簧力相平衡的原理工作的。

在具体的液压系统中，根据工作需要的不同，对压力控制的要求是各不相同的：有的需要限制液压系统的最高压力，如安全阀；有的需要稳定液压系统中某处的压力值(或者压力差，压力比等)，如溢流阀、减压阀等定压阀；还有的是利用液压力作为信号控制其动作，如顺序阀、压力继电器等。

5.4.1　溢流阀

1)溢流阀的作用和性能要求

溢流阀的主要作用是对液压系统定压或进行安全保护。几乎在所有的液压系统中都需要用到它。其性能好坏对整个液压系统的正常工作有很大影响。

(1)溢流阀的作用

①维持定压。在液压系统中维持定压是溢流阀的主要用途。它常用于节流调速系统中,和流量控制阀配合使用,调节进入系统的流量,并保持系统的压力基本恒定。如图5.26(a)所示,溢流阀2并联于系统中,进入液压缸4的流量由节流阀3调节。由于定量泵1的流量大于液压缸4所需的流量,油压升高,将溢流阀2打开,多余的油液经溢流阀2流回油箱。因此,其溢流阀的作用就是在不断的溢流过程中保持系统压力基本不变。

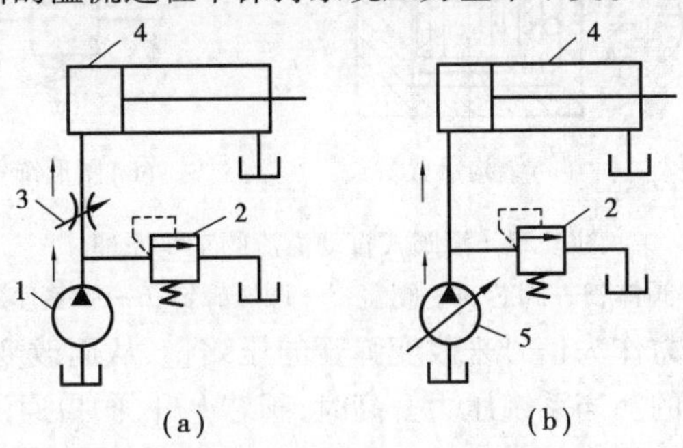

图5.26　溢流阀的作用

1—定量泵;2—溢流阀;3—节流阀;4—液压缸;5—变量

②过载保护用于过载保护的溢流阀,一般称为安全阀。如图5.26(b)所示为变量泵调速系统。在正常工作时,溢流阀2关闭,不溢流,只有在系统发生故障,压力升至安全阀的调整值时,阀口才打开,使变量泵排出的油液经溢流阀2流回油箱,以保证液压系统的安全。

(2)液压系统对溢流阀的性能要求

①定压精度高。当流过溢流阀的流量发生变化时,系统中的压力变化要小,即静态压力超调要小。

②灵敏度要高。如图5.26(a)所示,当液压缸4突然停止运动时,溢流阀2要迅速开大;否则,定量泵1输出的油液将因不能及时排出而使系统压力突然升高,并超过溢流阀的调定压力,称为动态压力超调,使系统中各元件及辅助受力增加,影响其寿命。溢流阀的灵敏度越高,则动态压力超调越小。

③工作要平稳,且无振动和噪声。

④当阀关闭时,密封要好,泄漏要小。

对经常开启的溢流阀,主要要求前3项性能;对安全阀,则主要要求②和④两项性能。其实,溢流阀和安全阀都是同一结构的阀,只不过是在不同要求时有不同的作用而已。

2)直动式溢流阀

直动式溢流阀是依靠系统中的压力油直接作用在阀芯上与弹簧力等相平衡,以控制阀芯的启闭动作。如图5.27(a)所示为一种低压直动式溢流阀。P是进油口,T是回油口,进口压力油经阀芯3中间的阻尼孔1作用在阀芯的底部端面上,当进油压力较小时,阀芯在调压弹簧

7 的作用下处于下端位置，将 P 和 T 两油口隔开。当油压力升高，在阀芯下端所产生的作用力超过弹簧的压紧力 F。此时，阀芯上升，阀口被打开，将多余的油液排回油箱，阀芯上的阻尼孔 1 用来对阀芯的动作产生阻尼，以提高阀的工作平衡性，调整螺钉 5 可改变弹簧的压紧力，这样也就调整了溢流阀进口处的油液压力 p。

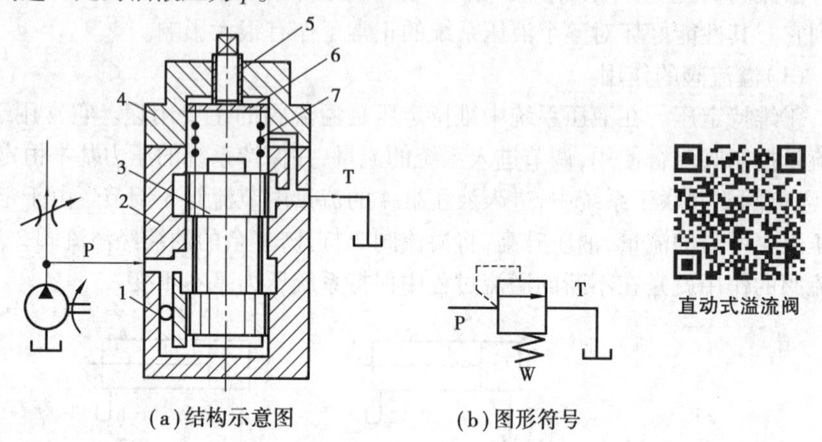

(a)结构示意图　　(b)图形符号

图 5.27　滑阀式直动溢流阀工作原理

1—阻尼孔；2—阀体；3—阀芯；4—阀盖；5—调压螺钉；6—弹簧座；7—调压弹簧

溢流阀是利用被控压力作为信号来改变弹簧的压缩量，从而改变阀口的通流面积和系统的溢流量来达到定压目的的。当系统压力升高时，阀芯上升，阀口通流面积增加，溢流量增大，进而使系统压力下降。溢流阀内部通过阀芯的平衡和运动构成的这种负反馈作用是其定压作用的基本原理，也是所有定压阀的基本工作原理。根据控制原理可知，弹簧力的大小与控制压力成正比。因此，如果提高被控压力，一方面可用减小阀芯的面积来达到，另一方面则需增大弹簧力，因受结构限制，需采用大刚度的弹簧。这样，在阀芯相同位移的情况下，弹簧力变化较大，因而该阀的定压精度就低。因此，这种低压直动式溢流阀一般用于压力小于 2.5 MPa 的小流量场合。如图 5.27(b)所示为直动式溢流阀的图形符号。由图 5.27(a)还可知，在常位状态下，溢流阀进、出油口之间是不相通的，而且作用在阀芯上的液压力是由进口油液压力产生的，经溢流阀芯的泄漏油液经内泄漏通道进入回油口 T。

直动式溢流阀采取适当的措施也可用于高压大流量。例如，德国 Rexroth 公司开发的通径为 6 ~ 20 mm 的压力为 40 ~ 63 MPa、通径为 25 ~ 30 mm、压力为 31.5 MPa 的直动式溢流阀，最大流量可达到 330 L/min。其中，较为典型的锥阀式结构如图 5.28 所示。图 5.28 为锥阀式

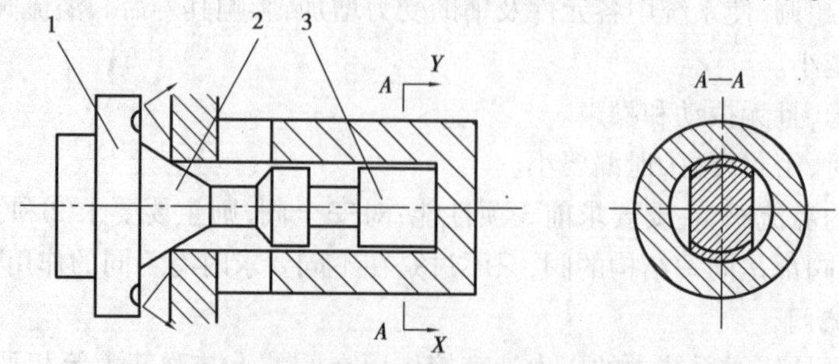

图 5.28　直动式锥型溢流阀

1—偏流盘；2—锥阀；3—活塞

结构的局部放大图，在锥阀的下部有一阻尼活塞3，活塞的侧面铣扁，以便将压力油引到活塞底部。该活塞除了能增加运动阻尼以提高阀的工作稳定性外，还可使锥阀导向而在开启后不会倾斜。此外，锥阀上部有一个偏流盘1，盘上的环形槽用来改变液流方向，一方面可补偿锥阀2的液动力；另一方面因液流方向的改变，产生一个与弹簧力相反方向的射流力，当通过溢流阀的流量增加时，虽然因锥阀阀口增大引起弹簧力增加，但与弹簧力方向相反的射流力同时增加，结果抵消了弹簧力的增量，有利于提高阀的通流流量和工作压力。

3）先导式溢流阀

如图5.29所示为先导式溢流阀的结构示意图。压力油从P口进入，通过阻尼孔3后作用在导阀阀芯4上，当进油口压力较低，导阀上的液压作用力不足以克服导阀弹簧5的作用力时，导阀关闭，没有油液流过阻尼孔，故主阀芯2两端压力相等，在较软的主阀弹簧1作用下主阀芯2处于最下端位置，溢流阀阀口P和T隔断，没有溢流。当进油口压力升高到作用在导阀上的液压力大于导阀弹簧作用力时，导阀打开，压力油就可通过阻尼孔、经导阀流回油箱，由于阻尼孔的作用，使主阀芯上端的液压力 p_2 小于下端压力 p_1，当这个压力差作用在面积为AB的主阀芯上的力等于或超过主阀弹簧力 F_s，轴向稳态液动力 F_{bs}、摩擦力 F_f 和主阀芯自重 G 时，主阀芯开启，油液从P口流入，经主阀阀口由T流回油箱，实现溢流，即

$$\Delta p = p_1 - p_2 \geqslant \frac{F_s + F_{bs} + G \pm F_f}{A_B} \tag{5.6}$$

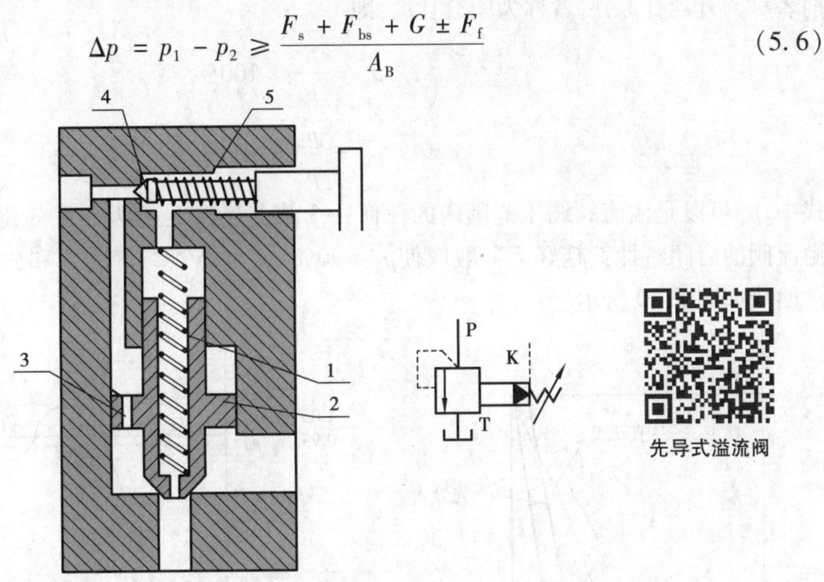

图5.29 先导式溢流阀

1—主阀弹簧；2—主阀芯；3—阻尼孔；4—导阀阀芯；5—导阀弹簧

由式(5.6)可知，由于油液通过阻尼孔而产生的 p_1 与 p_2 之间的压差值不太大，因此，主阀芯只需一个小刚度的软弹簧即可；而作用在导阀4上的液压力 p_2 与其导阀阀芯面积的乘积，即导阀弹簧5的调压弹簧力，由于导阀阀芯一般为锥阀，受压面积较小，因此，用一个刚度不太大的弹簧即可调整较高的开启压力 p_2，用螺钉调节导阀弹簧的预紧力，就可调节溢流阀的溢流压力。

先导式溢流阀有一个远程控制口K，如果将K口用油管接到另一个远程调压阀（远程调压阀的结构和溢流阀的先导控制部分一样），调节远程调压阀的弹簧力，即可调节溢流阀主阀芯上端的液压力，从而对溢流阀的溢流压力实现远程调压。但是，远程调压阀所能调节的最高压力不得超过溢流阀本身导阀的调整压力。当远程控制口K通过二位二通阀接通油箱时，主

阀芯上端的压力接近于零，主阀芯上移到最高位置，阀口开得很大。由于主阀弹簧较软，这时溢流阀P口处压力很低，系统的油液在低压下通过溢流阀流回油箱，实现卸荷。

4）溢流阀的性能

溢流阀的性能包括溢流阀的静态性能和动态性能。在此作一简单的介绍。

(1)静态性能

①压力调节范围

压力调节范围是指调压弹簧在规定的范围内调节时，系统压力能平稳地上升或下降，且压力无突跳及迟滞现象时的最大和最小调定压力。溢流阀的最大允许流量为其额定流量，在额定流量下工作时，溢流阀应无噪声、溢流阀的最小稳定流量取决于它的压力平稳性要求，一般规定为额定流量的15%。

②启闭特性

启闭特性是指溢流阀在稳态情况下从开启到闭合的过程中，被控压力与通过溢流阀的溢流量之间的关系。它是衡量溢流阀定压精度的一个重要指标，一般用溢流阀处于额定流量、调定压力 p_s 时，开始溢流的开启压力 p_k 及停止溢流的闭合压力 p_B 分别与 p_1 的百分比来衡量，前者称为开启比$\overline{p_k}$，后者称为闭合比$\overline{p_b}$，即

$$\overline{p_k} = \frac{p_k}{p_s} \times 100\% \tag{5.7}$$

$$\overline{p_b} = \frac{p_b}{p_s} \times 100\% \tag{5.8}$$

式中，p_s 可以是溢流阀调压范围内的任何一个值。显然上述两个百分比越大，则两者越接近，溢流阀的启闭特性就越好。一般应使$\overline{p_k} \geqslant 90\%$，$\overline{p_b} \geqslant 85\%$。直动式和先导式溢流阀的启闭特性曲线如图5.30所示。

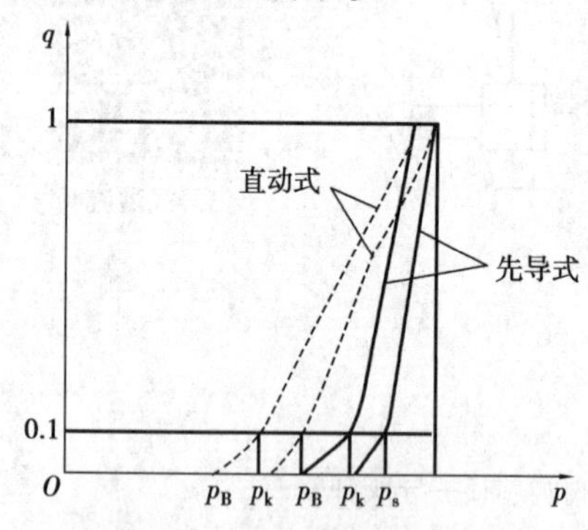

图5.30 溢流阀的启闭特性曲线

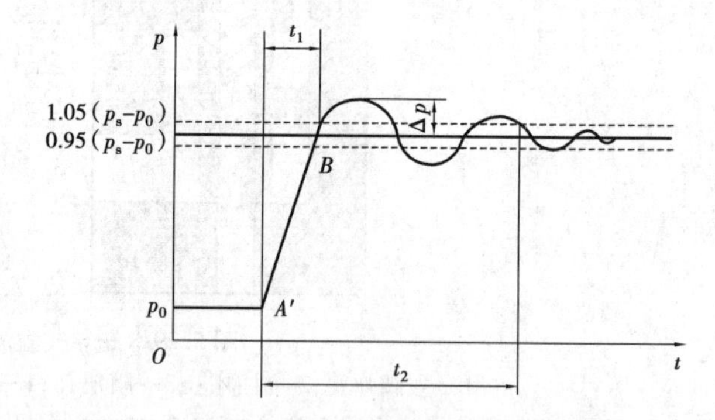

图5.31 阶跃变化时溢流阀的响应曲线

③卸荷压力

当溢流阀的远程控制口K与油箱相连时，额定流量下的压力损失，称为卸荷压力。

(2)动态性能

当溢流阀在溢流量发生由零至额定流量的阶跃变化时，它的进口压力，也就是它所控制的系统压力，将迅速升高(见图5.31)，并超过额定压力的调定值，然后逐步衰减到最终稳定压力，从而完成其动态过渡过程。

定义最高瞬时压力峰值与额定压力调定值 p_s 的差值为压力超调量 Δp，则压力超调率为

$$\overline{\Delta p}=\frac{\Delta p}{p_s}\times 100\% \tag{5.9}$$

它是衡量溢流阀动态定压误差的一个性能指标。一个性能良好的溢流阀，其$\overline{\Delta p}\leqslant 10\%\sim 30\%$。如图5.31所示，$t_1$称为响应时间；$t_2$称为过渡过程时间。显然，$t_1$越小，溢流阀的响应越快；$t_2$越小，溢流阀的动态过渡过程时间越短。

5.4.2 减压阀

减压阀是使出口压力(二次压力)低于进口压力(一次压力)的一种压力控制阀。其作用是用低液压系统中某一回路的油液压力，使用一个油源能同时提供两个或几个不同压力的输出。减压阀在各种液压设备的夹紧系统、润滑系统和控制系统中应用较多。此外，当油液压力不稳定时，在回路中串入一减压阀可得到一个稳定的较低的压力。根据减压阀所控制的压力不同，可分为定值输出减压阀、定差减压阀和定比减压阀。

1)定值输出减压阀

(1)工作原理

如图5.32所示为直动式减压阀的结构示意图和图形符号。P_1口是进油口，P_2口是出油口，阀不工作时，阀芯在弹簧作用下处于最下端位置，阀的进油口、出油口是相通的，即阀是常开的。若出口压力增大，使作用在阀芯下端的压力大于弹簧力时，阀芯上移，关小阀口，这时阀处于工作状态。若忽略其他阻力，仅考虑作用在阀芯上的液压力和弹簧力相平衡的条件，则可认为出口压力基本上维持在某一定值——调定值上。这时，如出口压力减小，阀芯就下移，开大阀口，阀口处阻力减小，压降减小，使出口压力回升到调定值；反之，若出口压力增大，则阀芯上移，关小阀口，阀口处阻力加大，压降增大，使出口压力下降到调定值。

如图5.33所示为先导式减压阀的结构图和图形符号。可仿前述先导式溢流阀来推演，这里不再赘述。

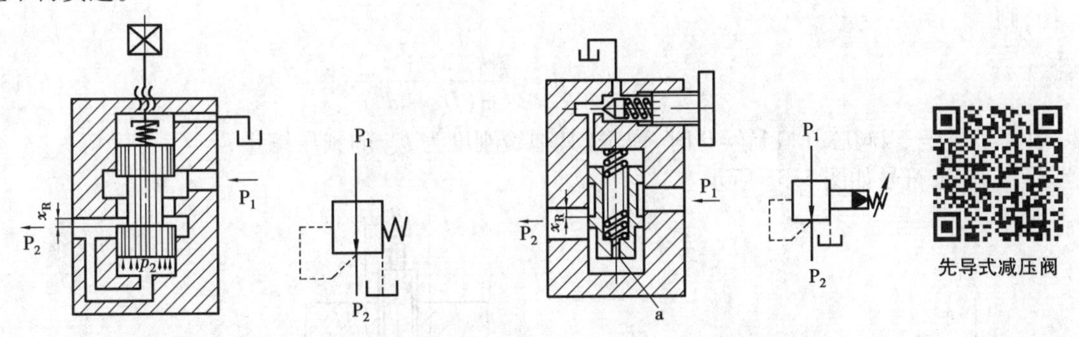

图5.32 直动式减压阀　　图5.33 先导式减压阀

将先导式减压阀和先导式溢流阀进行比较，它们之间有以下不同之处：

①减压阀保持出口压力基本不变，而溢流阀保持进口处压力基本不变。

②在不工作时，减压阀进、出油口互通，而溢流阀进出油口不通。

③为保证减压阀出口压力调定值恒定，它的导阀弹簧腔需通过泄油口单独外接油箱；而溢流阀的出油口是通油箱的，故它的导阀的弹簧腔和泄漏油可通过阀体上的通道和出油口相通，不必单独外接油箱。

(2)工作特性

理想的减压阀在进口压力、流量发生变化或出口负载增加,其出口压力 p_2 总是恒定不变。但实际上,p_2 是随 p_1,q 的变化,或负载的增大而有所变化。由图 5.32 可知,当忽略阀芯的自重和摩擦力,当稳态液动力为 F_{bs} 时,阀芯上的力平衡方程为

$$p_c A_R + F_{bs} = K_s(x_c + x_R) \tag{5.10}$$

式中 K_s——弹簧刚度;

x_c——当阀芯开口 $x_R = 0$ 时,弹簧的预压缩量;

其余符号如图 5.32 所示。

因此,有

$$p_2 = K_s(x_c + x_R) - \frac{F_{bs}}{A_R} \tag{5.11}$$

若忽略液动力 F_{bs},且 $x_R \leqslant x_c$ 时,则

$$p_2 \approx \frac{k_s x_c}{A_c} = 常数 \tag{5.12}$$

这就是减压阀出口压力可基本上保持定值的原因。

减压阀的 p_2-q 特性曲线如图 5.34 所示。当减压阀进油口压力 p_1 基本恒定时,若通过的流量 q 增加,则阀口缝隙 x_R 加大,出口压力 p_2 略微下降。在如图 5.33 所示的先导式减压阀中,出油口压力的压力调整值越低,它受流量变化的影响就越大。当减压阀的出油口不输出油液时,它的出口压力基本上仍能保持恒定,此时有少量的油液通过减压阀阀口经先导阀和泄油口流回油箱,保持该阀处于工作状态,如图 5.34 所示。

2)定差减压阀

定差减压阀是使进油口、出油口之间的压力差等于或近似于不变的减压阀。其工作原理如图 5.35 所示。高压油 p_1 经节流口 x_R 减压后以低压 p_2 流出。同时,低压油经阀芯中心孔将压力传至阀芯上腔,则其进油、出油液压力在阀芯有效作用面积上的压力差与弹簧力相平衡,则

$$\Delta p = p_1 - p_2 = \frac{4k_s(x_c - x_R)}{\pi(D^2 - d^2)} \tag{5.13}$$

式中 x_c——当阀芯开口 $x_R = 0$ 时,弹簧(其弹簧刚度为 k_s)的预压缩量;

其余符号如图 5.35 所示。

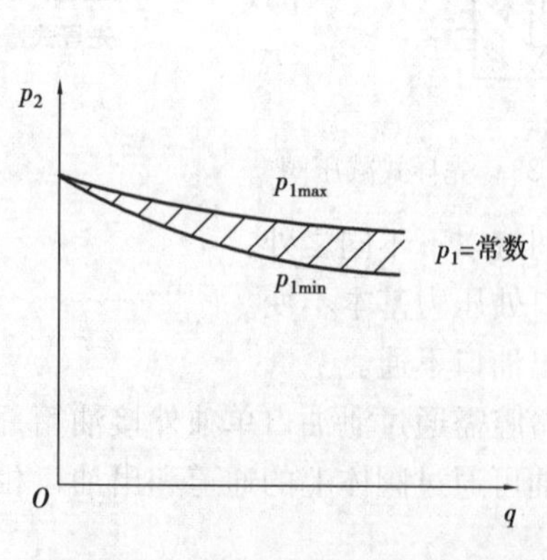

图 5.34 减压阀的特性曲线

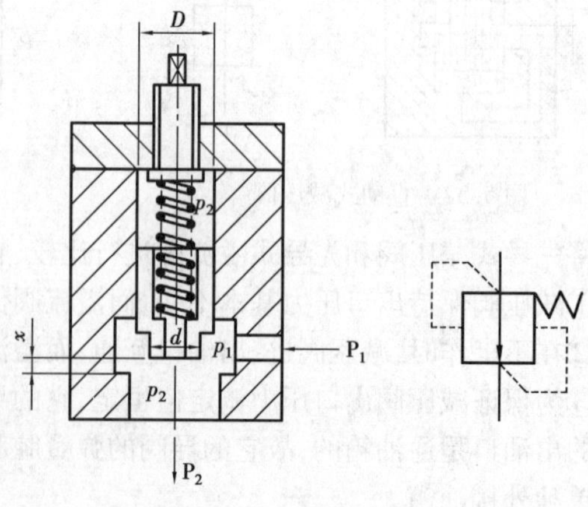

图 5.35 定差减压阀

由式(5.13)可知,只要尽量减小弹簧刚度 k_s 和阀口开度 x_R,就可使压力差 Δp 近似地保持为定值。

3)定比减压阀

定比减压阀能使进油口、出油口压力的比值维持恒定。如图5.36所示为其工作原理。阀芯在稳态时,忽略稳态液动力、阀芯的自重和摩擦力,可得到力平衡方程为

$$p_1A_1 + k_s(x_c + x_R) = p_2A_2 \tag{5.14}$$

式中　k_s——阀芯下端弹簧刚度;

x_c——阀口开度为 $x_R = 0$ 时,弹簧的预压缩量;

其他符号如图5.36所示。

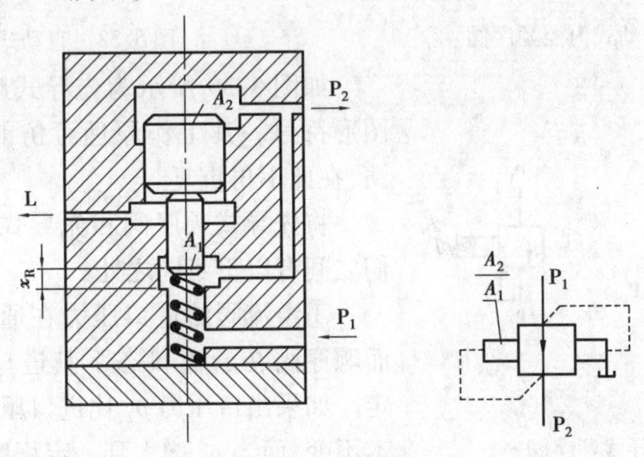

图5.36　定比减压阀

若忽略弹簧力(刚度较小),则(减压比)

$$\frac{p_2}{p_1} = \frac{A_1}{A_2} \tag{5.15}$$

由式(5.15)可知,选择阀芯的作用面积 A_1 和 A_2,便可得到所要求的压力比,且比值近似恒定。

5.4.3　顺序阀

顺序阀是用来控制液压系统中各执行元件动作的先后顺序。顺序阀按控制压力,可分为内控式和外控式两种。前者用阀的进口压力控制阀芯的启闭,后者用外来的控制压力油控制阀芯的启闭(即液控顺序阀)。顺序阀也有直动式和先导式两种。前者一般用于低压系统,后者用于中高压系统。

如图5.37所示为直动式内控顺序阀的工作原理图和图形符号。当进油口压力 p_1 较低时,阀芯在弹簧作用下处下端位置,进油口和出油口不相通。当作用在阀芯下端的油液的液压力大于弹簧的预紧力时,阀芯向上移动,阀口打开,油液便经阀口从出油口流出,从而操纵另一执行元件或其他元件动作。可见,顺序阀和溢流阀的结构基本相似,不同的只是顺序阀的出油口通向系统的另一压力油路,而溢流阀的出油口通油箱。此外,由于顺序阀的进油口、出油口均为压力油,因此,它的泄油口L必须单独外接油箱。

直动式外控顺序阀的工作原理图和图形符号如图5.38所示。与上述顺序阀的差别仅仅在于其下部有一控制油口K,阀芯的启闭是利用通入控制油口K的外部控制油来控制。

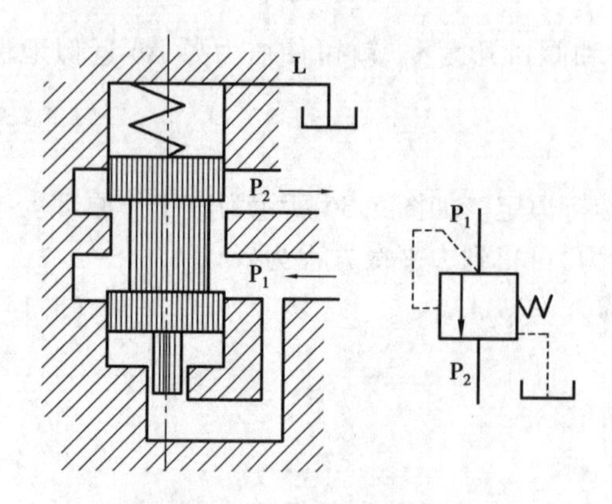

图 5.37　直动式内控顺序阀

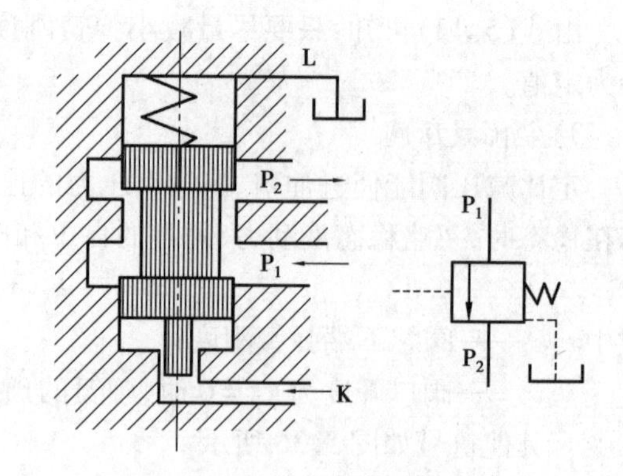

图 5.38　直动式外控顺序阀

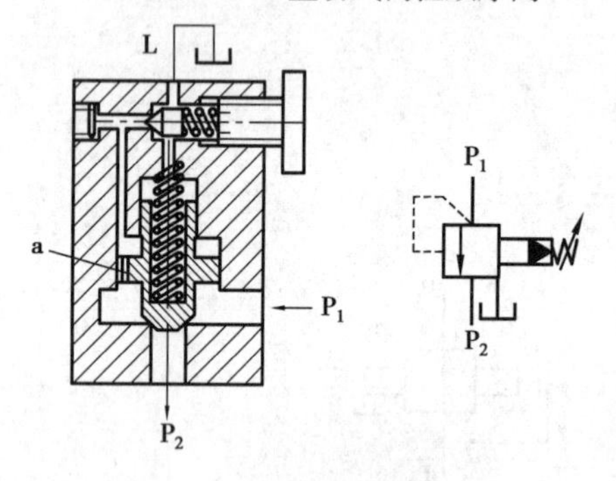

图 5.39　先导式顺序阀

如图 5.39 所示为先导式顺序阀的工作原理和图形符号。其工作原理可仿前述先导式溢流阀推演,在此不再重复。

将先导式顺序阀和先导式溢流阀进行比较,它们之间有以下不同之处:

①溢流阀的进口压力在通流状态下基本不变。而顺序阀在通流状态下其进口压力由出口压力而定。如果出口压力 p_2 比进口压力 p_1 低得多时,p_1 基本不变,而当 p_2 增大到一定程度,p_1 也随之增加,则

$$p_1 = p_2 + \Delta p$$

式中　Δp——顺序阀上的损失压力。

②溢流阀为内泄漏,而顺序阀需单独引出泄漏通道,为外泄漏。

③溢流阀的出口必须回油箱,顺序阀出口可接负载。

5.4.4　压力继电器

压力继电器是一种将油液的压力信号转换成电信号的电液控制元件。当油液压力达到压力继电器的调定压力时,即发出电信号,以控制电磁铁、电磁离合器、继电器等元件动作,使油路卸压、换向、执行元件实现顺序动作,或关闭电动机,使系统停止工作,起安全保护作用等。如图 5.40 所示为常用柱塞式压力继电器的结构示意图和职能符号。当从压力继电器下端进油口通入的油液压力达到调定压力值时,推动柱塞 1 上移,此位移通过杠杆 2 放大后推动开关 4 动作。改变弹簧 3 的压缩量,即可调节压力继电器的动作压力。

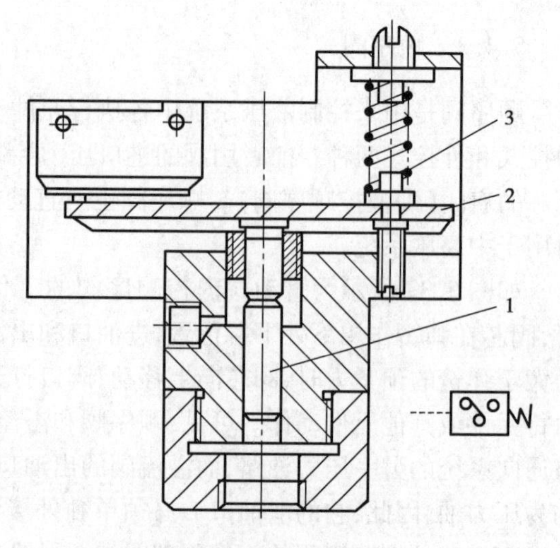

图 5.40　压力继电器

1—柱塞;2—杠杆;3—弹簧;4—开关

5.5　电液数字控制阀

随着机电一体化技术的发展,用计算机对电液传动系统进行控制已成为一种趋势。计算机能直接处理的信号是数字信号,但电液比例阀或伺服阀能接收的信号却是模拟信号(电流或电压)。因此,在利用计算机对电液比例阀或伺服阀进行控制时,需要增加数模转换环节,使设备复杂,成本提高,可靠性降低。

20世纪80年代电液数字控制阀(简称数字阀)的出现解决了上述问题,使计算机数字控制技术在电液传动系统中得到了长足的发展。

5.5.1　数字阀的优缺点及国内外情况介绍

数字阀是各国正在进行开发的新型液压控制阀,它将计算机技术紧密结合,更发挥了液压控制技术的优越性能,使之具有灵活性、可靠性、价格低廉、抗污染性强、重复性好等优点,已在塑料注射机、压铸机、运输线、机床、飞行控制系统等方面得到了运用,有广阔的应用前景。

数字阀中使用步进电机驱动的阀虽然较成熟,但这种结构和步进电动机直接组成的数控液压马达与液压缸(电液步进马达和电液步进缸都属于增量式数字控制的电液伺服机构。一般是通过步进电机和控制阀接受数字控制电路发出的脉冲序列信号,进行信号的转换与功率放大,驱动液压马达和液压缸,输出功率信号)之间还各有所长。脉宽调制式数字阀控制的流量不宜太大,适合较小的流量或作为先导级使用。

增量式数字阀的研究、开发,国外以日本较为领先,美国、德国、英国、加拿大也进行了研究和应用。脉宽调制式数字阀则以日本和德国研究较多。

国内一些单位也在进行数字阀的研究与开发,就水平而言,与国外相当。

5.5.2　电液数字控制阀的工作原理

用数字信息直接控制的阀,称为电液数字控制阀,简称是数字阀。在微机实时控制的电液系统中,它部分取代了比例阀或伺服阀工作,为计算机在液压领域的应用开拓了一种新的方向。根据控制方式的不同,电液数字阀可分为增量式数字阀和脉宽调制(PWM)式数字阀两大类。前者已形成部分产品,后者则处于研发阶段。

1)增量式数字阀

采用步进电机作D/A转换器,是在脉数(PNM)信号的基础上,使每个采样周期的步数在前一步数的基础上增加或减少一些,从而达到需要的幅值,如图5.41所示。

如图5.42所示为增量式数字阀的控制框图。由计算机发出需要的脉冲序列,经驱动电源放大后使步进电机得到一个脉冲时,它便沿着控制信号给定的方向转一步。每个脉冲将使电机转动一个固定的步距角。步进电机转动时,带动凸轮或螺纹等机构旋转角度$\Delta\theta$转换成位移量Δx,从而带动液压阀的阀芯(或挡板等)移动一定的位移。因此,根据步进电机原有的位置和实际走的步数,可得到数字阀的开度。计算机可按此要求控制液压缸(或马达)。

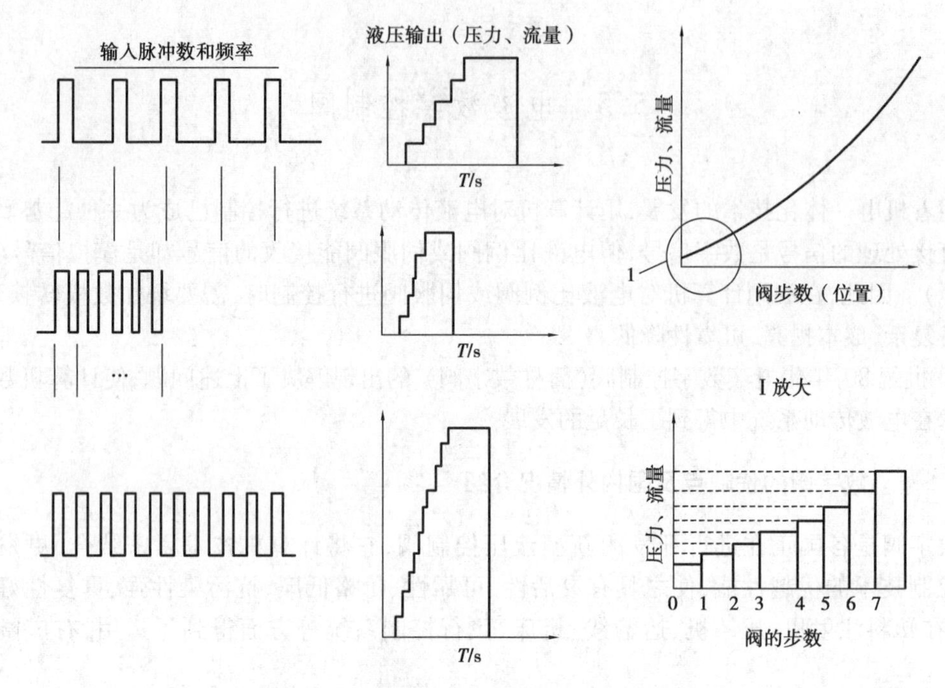

图 5.41　增量式数字阀的输入输出信号波形

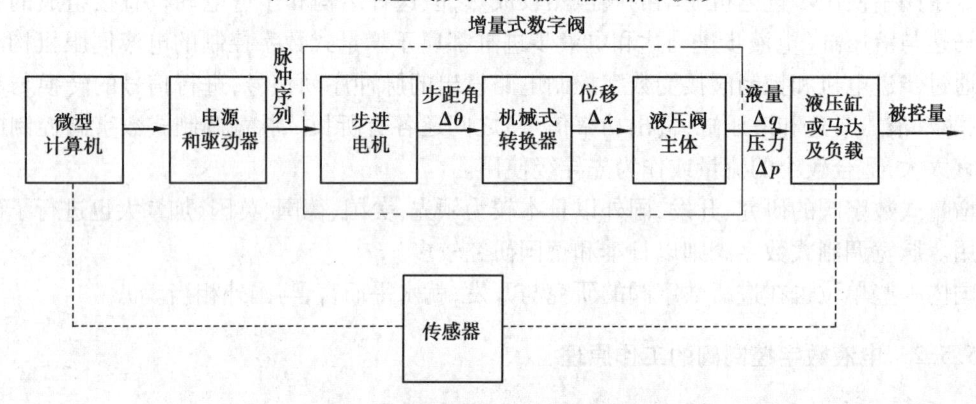

图 5.42　增量式数字阀的控制框图

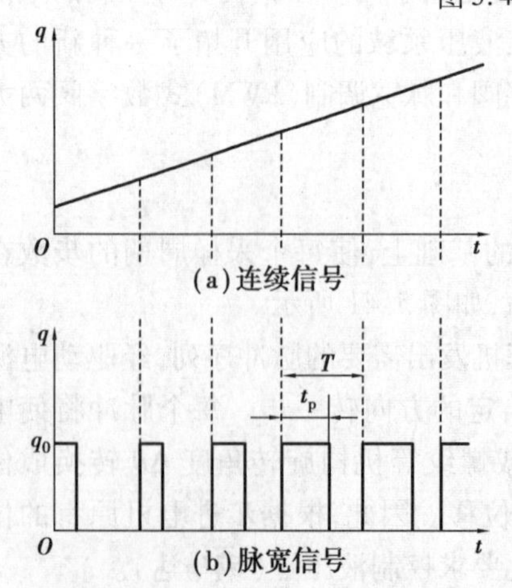

图 5.43　信号的脉宽调制

2）脉宽调制（PWM）式数字阀

脉宽调制信号是具有恒频率、不同开启时间比率的信号，如图 5.43 所示。脉宽时间 t_p 对采样周期 T 的比值 t_p/T，称为脉宽占空比，用它来表征该采样周期的幅值。用脉宽信号对连续信号进行调制，可将图 5.43 中的连续信号（见图 5.43（a））调制成脉宽信号（见图 5.43（b））。若调制的量是流量，则每个采样周期的平均流量与连续信号处的流量相对应。在需要作两个方向运动的系统中，要用两个数字阀分别控制不同方向的运动。其控制框图如图 5.44 所示。

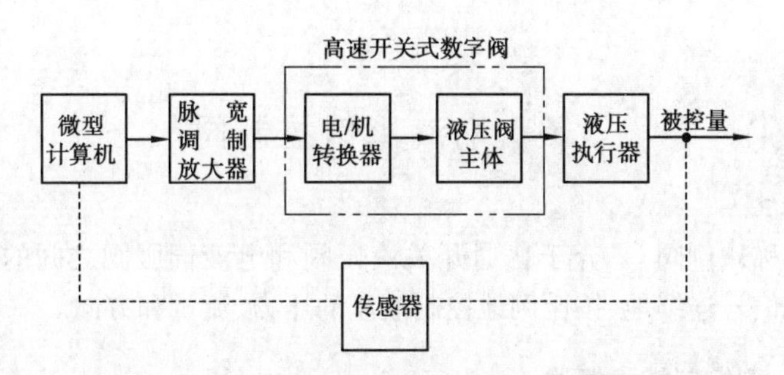

图5.44　脉宽调制(PWM)式数字阀的控制框图

5.5.3　电液数字控制阀的实例

1)增量式数字阀

如图5.45所示为步进电机直接驱动的数字节流阀。当计算机给出信号后,步进电机1转动,通过滚珠丝杠2使旋转角度转化为轴向位移,带动节流阀阀芯3移动,阀口开启。步进电机转动一定步数,相当于阀芯一定开度。这种结构可控制相当大的流量,可达3 600 L/min。

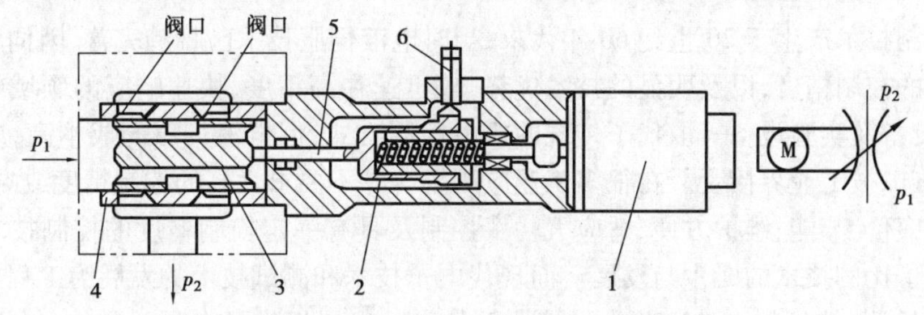

图5.45　直动式增量数字节流阀

1—步进电机;2—滚珠丝杠;3—节流阀阀芯;4—阀套;5—连杆;6—零位移传感器

2)脉宽调制(PWM)式数字阀

用脉宽调制原理控制的高速开关型数字阀由于只有“开”“关”两种工作状态,因此具有结构简单紧凑、价格低廉、抗污染能力强等优点。

用脉宽调制原理进行控制时,采样周期恒定,输出流量正比于脉宽占空比 t_p/T,计算机程序编制比较方便,控制精度较高。由于阀的动态性能的限制,即阀的开启和关闭需要时间。因此,在起始阶段有死区,在终了阶段有饱和,可控部分只限于一定范围。

这种阀已有几种结构形式,也有一些应用,但尚未形成产品。现有的结构形式有：

①盘式电磁铁-锥阀组合的高速开关型数字阀。

②螺管电磁铁和阀组合的高速开关型数字阀。

③球式高速开关型数字阀。

④压电晶体和滑阀组合的高速开关型数字阀。

脉宽调制式数字阀切换时间都在毫秒以内。流量也比较小,可用以控制较小的流量,也可用作先导级控制大流量的阀。

5.6 电液比例控制阀

电液比例阀简称比例阀,是介于普通开关液压阀和电液伺服阀之间的一种液压控制阀。它可按给定的输入信号连续地、按比例地控制液流的压力、流量和方向。

5.6.1 电液比例控制技术概述

电液比例阀是以传统的工业用液压控制阀为基础,采用模拟式电气-机械转换装置将电信号转换为位移信号,连续地控制液压系统中工作介质的压力、方向或流量的一种液压组件。电液比例阀工作时,阀内电气-机械转换装置根据输入的电压信号产生相应动作,使工作阀阀芯产生位移,阀口尺寸发生改变并以此完成与输入电压成比例的压力、流量输出。阀芯位移可以以机械、液压或电的形式进行反馈。当前,电液比例阀在工业生产中获得了广泛的应用。

1)电液比例控制技术的产生和发展

比例控制技术产生于20世纪60年代末,当时电液伺服技术已日趋完善,因伺服阀的快速响应及较高的控制精度,以及明显的技术优势,故迅速在高精度、快速响应的领域中,如航天、航空、轧钢设备及实验设备等取代了传统的机电控制方式,但电液伺服阀成本高,应用和维护条件苛刻,难以被工业界接受。在很多工业应用场合并不要求太高的控制精度或响应性,而要求发展一种廉价、节能、维护方便、适应大功率控制及具有一定控制精度的控制技术。这种需求背景导致了比例技术的诞生与发展。而现代电子技术和测试技术的发展为工程界提供了可靠而廉价的检测、校正技术。这些为电液比例技术的发展提供了有利的条件。电液比例控制技术从形成至今,大致上可为4个阶段:

①从1967年瑞士Beringer公司生产KL比例复合阀,到20世纪70年代初日本油研公司申请压力和流量两项比例阀专利,标志着比例技术的诞生时期。这一阶段的比例阀仅仅是将新型电-机械转换器(比例电磁铁)用于工业液压阀,以代替开关电磁铁或调节手柄,阀的结构原理和设计方法几乎没变,阀内不含受控参数的反馈闭环。

②从1975—1980年,比例技术的发展进入第二阶段。采用各种内部反馈原理的比例组件相继问世,耐高压比例电磁铁和比例放大器在技术上已经成熟。到20世纪70年代后期,比例变量泵和比例执行器相继出现,为大功率系统的节能奠定了技术基础,应用领域扩大到闭环控制。

③到20世纪80年代,比例技术发展进入第三阶段。比例组件的设计原理进一步完善,采用了压力、流量、位移内反馈、动压反馈及电校正等手段,使阀的稳态精度、动态响应和稳定性都有了进一步的提高,频宽达到3~50 Hz,滞环在1%~3%。除了因制造成本所限,比例阀在中位仍保留死区外,它的稳态和动态特性均已和工业伺服阀无异。另一项重大进展是,比例技术开始和插装阀相结合,已开发出各种不同功能和规格的二通、三通型比例插装阀,形成了电液比例插装技术。同时,由于传感器和电子器件的小型化,还出现了电液一体化的比例组件,电液比例技术逐步形成了80年代的集成化趋势。第三个值得指出的进展是电液比例容积组件,各类比例控制泵和执行组件相继出现,为大功率工程控制系统的节能提供了技术基础,而且计算机技术同液压比例技术相结合已成为必然趋势。

④近年来比例阀出现了复合化趋势，极大地提高了比例阀（电反馈）的工作频宽。在基础阀的基础上，发展出先导式电反馈比例方向阀系列，它与定差减压阀或溢流阀的压力补偿功能块组合，构成电反馈比例方向流量复合阀，可进一步取得与负载协调和节能效果。

今天，随着微电子技术和数学理论的发展，比例阀技术已达到较完善的程度，已形成完整的产品品种、规格系列，并对已成熟的产品，为进一步扩大应用，在保持原基本性能与技术指标的前提下，向着简化结构、提高可靠性、降低制造成本及“四化”（通用化、模块化、组合化、集成化）的方向发展，以实现规模经济生产，降低制造成本。

2）电液比例控制系统的基本特点

电液比例控制系统是联系微电子技术和工程功率系统的接口。就其本质而言，乃是电子-液压-机械（E/H/M）放大转换系统，介于电液伺服系统与开关控制系统之间。从控制特性看，更接近于伺服系统，特别是使用伺服比例阀的系统；从抗污染性、可靠性和经济性看，更接近于开关系统。系统本身可以是开环的，也可以是闭环的。因此，比例控制系统的设计与开关控制液压系统有所差别，但也不能完全按伺服系统进行，应根据具体要求有所侧重。从工程应用的角度来看，电液比例控制系统的特点如下：

①简化液压系统，实现复杂程控。

②便于实现远距离控制或遥控。

③利用反馈提高控制精度或实现特定的控制目标。

④自动化程度高，容易实现编程控制。

⑤系统的节能效果好。

3）电液比例控制系统的前景展望

随着电液比例组件、电子和计算机的发展，电液比例控制的应用将改变传统的液压传动控制方式。但国内，在电液比例控制上与国外发达国家相比还有一定的差距，特别是电液比例组件方面。目前，国产比例阀和比例泵基本上还处于空白或起步阶段，国内电液比例控制的液压机产出量还不足5%，且大多数处于低级或单一的控制阶段。随着国内市场对高性能液压机需求的不断扩大，低端市场不断缩小，估计在5年内，电液比例控制高性能的液压机的产出数量将占到总产量的40%以上。电液比例控制技术是一门起步较晚，但发展极为迅速、应用已相当广泛的机电液一体化综合技术。今天，电液比例控制技术以其一系列优点在工业中应用已经相当普遍，在新系统设计和旧设备改造中正成为用户的重要选择方案，对提高企业的技术专装备水平和设备的自动化程度，发挥了极为重要的作用。电液比例控制技术一个发展趋势是与电液伺服技术的密切结合，产生所谓的电液比例伺服技术。当今工业界的一个极为重要的发展趋势是机、电、液一体化，相应的机电液一体化技术将体现到一个国家的综合国力水平，甚至关系国防实力。

5.6.2　电液比例控制阀的工作原理

比例电磁阀的种类很多，但其组成部分和主要作用元件的原理基本相同。

1）电液比例控制阀的组成

与电液伺服阀类似，电液比例阀通常也是由电气-机械转换器、液压放大器（先导级阀和功率级主阀）和反馈机构3个部分组成，如图5.46所示。若是单级阀，则无先导级阀。

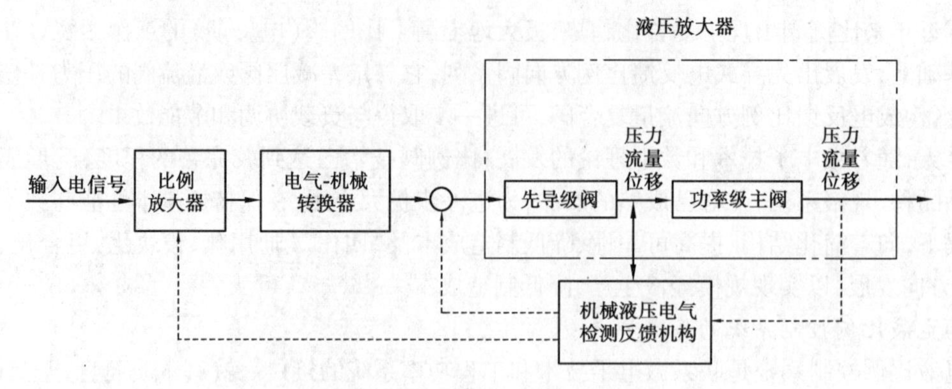

图 5.46　电液比例控制阀的组成

2)比例电磁铁

比例电磁铁作为电液比例控制元件的电气-机械转换器件,其功能是将比例控制放大器输给的电流信号转换成力或位移。比例电磁铁推力大、结构简单,对油质要求不高,维护方便,成本低廉,衔铁腔可做成耐高压结构,是电液比例控制技术中应用最广泛的电气-机械转换器。比例电磁铁的特性及工作可靠性,对电液比例控制系统和元件具有十分重要的影响,是电液比例控制技术关键部件之一。

(1)比例电磁铁应满足的要求

①具有水平吸力特性,即输出的机械力与电信号大小成比例,与衔铁位移无关,能把电气信号按比例地、连续地转换成机械力输出给液压阀。

②有足够的输出力和行程,结构紧凑,体积小。

③线性好,死区小,灵敏度高。

④动态性能好,响应速度快。

⑤比例阀在长期工作中,其温升不得超过要求。在允许温升下能稳定工作。

⑥能承受液压系统的高压,抗干扰性好。

对以上这些要求,很多情况下难以同时得到满足,这时应根据具体应用场合加以考虑。对某些应用场合,可能输出的有效作用力及行程最为重要。

(2)比例电磁铁的分类

比例电磁铁的分类根据使用情况和调节参数的不同,可分为力控制型、行程控制型和位置调节型 3 种基本应用类型。

力控制型比例电磁铁直接输出力,它的工作行程较短,一般用在比例阀的先导控制级上,在工作区内,具有水平的位移-力特性,即其输出力只与输入电流成比例,而与位移无关。

行程控制型的比例电磁铁是由力控制型比例电磁铁和负载弹簧共同工作而形成的。力控制型电磁铁的输出力,通过弹簧转换成为输出位移,即行程控制型比例电磁铁实现了电流-力-位移的线性转换。这种类型的比例电磁铁,输出量是与电流成比例的位移,其工作行程较大,多用在直接控制型的比例阀上。行程控制型比例电磁铁与力控制型比例电电磁铁结构完全相通,只有使用条件的区别。因此,它们的控制特性曲线是一致的,都具有水平的位移-力特性和线性的电流-力特性。

上述比例电磁铁的衔铁位置如果通过位移传感器检测,构成位置电反馈闭环,就形成了位置调节型比例电磁铁。位置调节型比例电磁铁的衔铁位置由其推动的阀芯位置,通过一闭环调节回路进行调节。只要电磁铁运行在允许的工作区域内,其衔铁就保持与输入电信号相对应位置不变,而与所受反力无关,即它的负载刚度很大。这类位置调节型比例电磁铁多用于控制精度要求较高的直接控制式比例阀上。在结构上,除了衔铁的一端接上位移传感器(位移传感器的动杆与衔铁固接)外,其余与力控制型,行程控制型比例电磁铁是相同的。

3)比例电磁铁的结构和特性曲线

虽然目前国内外市场中比例电磁铁的品种繁多,但其基本的结构和原理大体相同。如图5.47所示为一典型的耐高压比例电磁铁的基本结构。

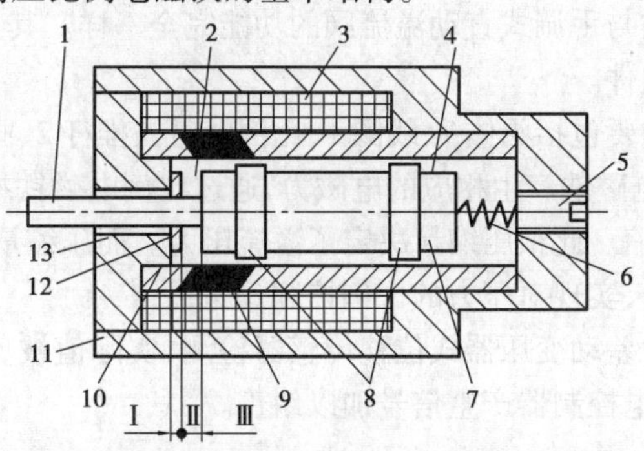

图5.47　比例电磁铁的结构

1—推杆;2—工作气隙;3—线圈;4—排工作气隙;5—调零螺钉;7—衔铁;8—轴承环;9—隔磁环;10—导向套;11—壳体;12—隔磁片;13—轭铁

由图5.47可知,典型的耐高压比例电磁铁主要由导套、衔铁、外壳、极靴、线圈及推杆等组成。导套前后两段为导磁材料,中间则用一段非导磁材料(隔磁环)焊接。导套具有足够的耐压强度(约可承受35 MPa的静压力)。导套前段和极靴组合,形成带锥型端部的盆形极靴,其相对尺寸决定了比例电磁铁稳态特性曲线的形状。导套和壳体之间配置同心螺线管式控制线圈。衔铁的前端装有推杆,用以输出力或位移;后端装有弹簧和调节螺钉组成的调零机构,可在一定范围内对比例电磁铁特性曲线进行调整。

比例电磁铁一般为湿式直流控制,与普通直流电磁铁相比,由于结构上的特殊设计,使之形成特殊的磁路,从而使它获得基本的吸力特性,即水平的位移-力特性,与普通直流电磁铁的吸力特性有着本质区别。这是因为普通电磁换向阀所用电磁铁只要求有吸合和断开两个位置,并且为了增加电磁吸引力,磁路中几乎没有气隙,而比例电磁铁根据电磁原理,在结构上进行特殊设计,使之形成特殊的磁路(这种磁路在衔铁的工作位置上磁路中必须保证一定的气隙),以获得基本的吸力特性,即水平的位移-力特性,能使其产生的机械量(力或力矩和位移)与衔铁的位移无关,而与输入电信号(电流)的大小成比例。这个水平力再连续地控制液压阀阀芯的位置,进而实现连续地控制液压系统的压力、方向和流量。由于比例电磁铁可在不同的电流下得到不同的力(或行程),因此,可无级地改变压力、流量。比例电磁铁的位移-力特性曲线如图5.48所示。

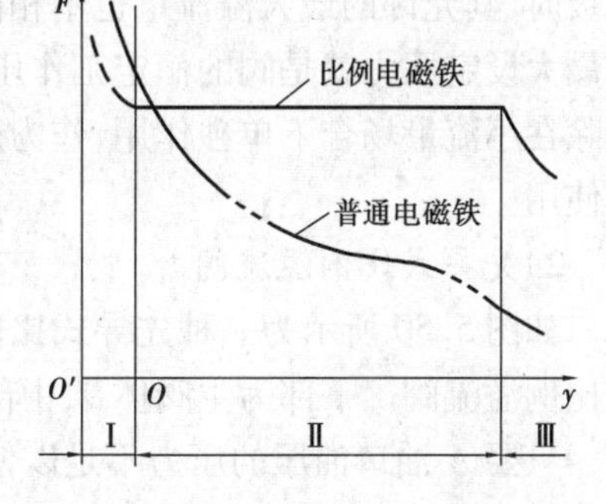

图5.48　位移-力特性曲线

5.6.3 电液比例控制阀的典型结构

按用途不同,电液比例控制阀有电液比例压力阀、流量阀和方向阀。这些阀均有直动式和先导式之分,还有普通型(不带位移反馈)和位移反馈型两种结构形式。下面简要介绍两种典型的结构。

1)直动式比例溢流阀

直动式比例溢流阀的工作原理及结构如图 5.49 所示。这是一种带位置电反馈的双弹簧结构的直动式溢流阀。它与手调式直动溢流阀的功能完全一样。其主要区别是用比例电磁铁取代了手动弹簧力调节组件。

如图 5.49 所示,它主要包括阀体 7、线圈 1、比例电磁铁推杆 2、阀座 6、阀芯 4 及调压弹簧 3 等。当电信号输入时,电磁铁产生相应的电磁力,通过比例电磁铁推杆 2 加在调压弹簧 3 和阀芯 4 上,并对弹簧预压缩。此预压缩量决定了溢流压力。而压缩量正比输入电信号,故溢流压力也正比于输入电信号,实现对压力的比例控制。

弹簧座的实际位置由差动变压器式位移传感器检测,实际值被反馈到输入端与输入值进行比较,当出现误差就由电控制器产生信号加以纠正。

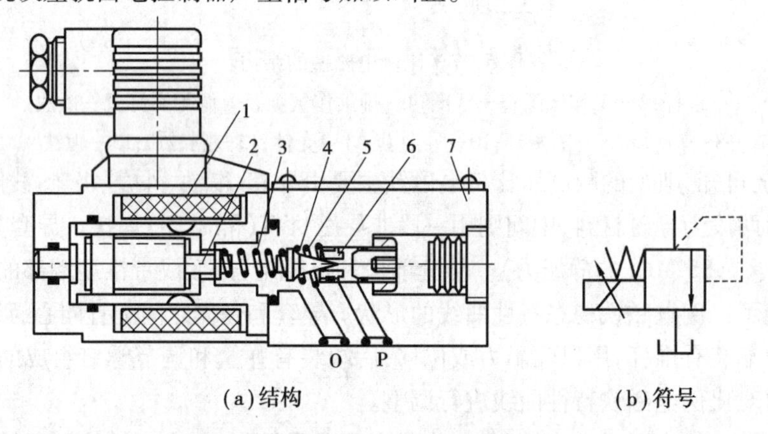

(a)结构　　　　(b)符号

图 5.49　直动式比例溢流阀

1—线圈;2—比例电磁铁推杆;3—调压弹簧;4—阀芯;5—防振弹簧;6—阀座;7—阀体

普通溢流阀可以靠不同刚度的调压弹簧来改变压力等级,而比例溢流阀却不能。由于比例电磁铁的推力是一定的,因此,不同的等级要靠改变阀座的孔径来获得。这就使得不同压力等级时,其允许的最大溢流量也不相同。根据压力等级不同,最大过流量为 2 ~ 10 L/min。阀的最大设定压力就是阀的额定工作压力,而设定最低压力与溢流量有关。这种直动式的溢流阀除在小流量场合下单独作用;作为调节元件外,更多的是作为先导式溢流阀或减压阀的先导阀使用。

2)先导式比例溢流阀

如图 5.50 所示为一种先导式比例溢流阀的结构图。它的上部为先导阀体 5,是一个直动式比例溢流阀。下部为主阀体 9,中部带有一个手动安全阀 12,用于防止系统过载。

只要 A 油口油压的压力不足以使导阀打开,主阀芯的上下腔的压力就保持相等,从而主阀芯保持关闭状态。这是因主阀芯上下有效面积相等,而上面有一个软弹簧向下施加一个力,使阀芯关闭。

当主阀芯是锥阀,它既小又轻,要求的行程也很小。因此这种阀的响应很快。阀套上有3个径向分布的油孔,当阀开启时使油流分散流走,大大减少噪声。节流孔启动态压力平衡作用,提高阀芯的稳定性。

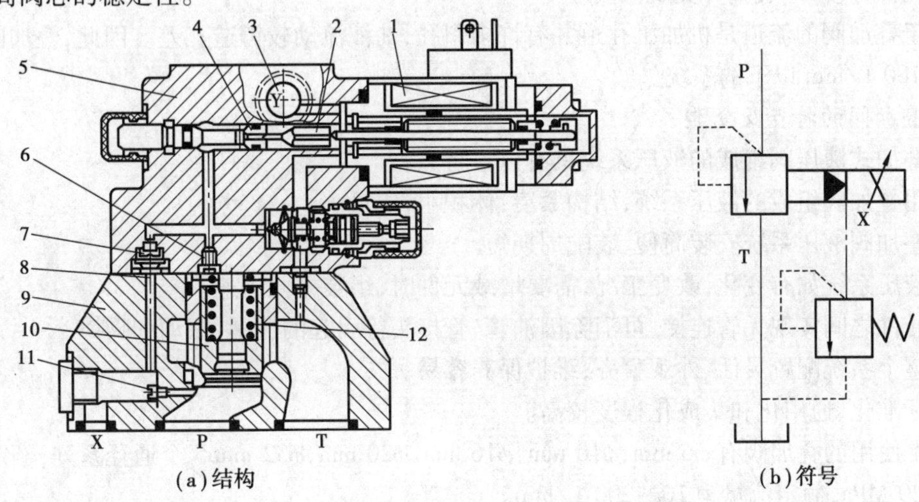

(a)结构　　(b)符号

图5.50　先导式比例溢流阀

1—线圈;2—锥阀;3—卸油口;4—先导阀座;5—先导阀体;6—控制腔阻尼孔;7—固定节流孔;8—控制通道;9—主阀体;10—主阀芯;11—主阀芯复位弹簧;12—手动安全阀

与传统的先导式溢流阀不同,比例溢流阀的压力等级的获得是靠改变先导阀的阀座孔径来实现的。这点与比例直动式溢流阀完全相同。较大的阀座孔径对应着较低的压力等级。小阀座孔径可获得较高的额定值。阀座的孔径通常由制造厂根据阀座的压力等级在制造时已经确定。

5.7　插装阀和叠加阀

方向控制阀、流量控制阀和压力控制阀都是各自独立的单体式结构,如果由这些阀组合成液压回路,则必须用管道(管接式阀)或连成块(板接式阀)将它们连接起来。这样,就会增加系统的压力损失(沿程压力损失和局部压力损失),而且会延长系统的设计制造周期。

近年来出现的叠加阀和插装阀就是控制阀集成化的典型。它们不仅仅解决了上述的两大缺点,且使系统结构更为紧凑,工作更为可靠,因而获得日益广泛的使用。

叠加阀和插装阀的出现和应用给高压大流量液压系统提供了较好的通用化和标准化设计,使系统体积减小。

5.7.1　叠加阀

叠加阀是在板式阀的基础上发展起来的一种控制元件。各类叠加阀的功能与普通液压阀相同。它最大的特点是阀体本身容纳阀芯外,还具有连接和通道作用,每个叠加阀的阀体均有上下两个安装平面及4~5个公共流道,每个叠加阀的进出油口与公共流道串联。同一通径的叠加阀上下安装面的尺寸与标准的板式换向阀的安装尺寸相同。

每一组叠加阀可构成一个独立的液压回路或支路来控制执行元件。

叠加阀组成的液压系统结构紧凑,体积小,系统设计制造周期短,系统配置灵活,系统更改时增减元件方便,外观整齐美观。

由于叠加阀的流道是机加工孔道并有许多斜孔,油液流动较铸造孔差。因此,叠加阀适用于流量 100 L/min 以下的系统。

1)叠加阀的特点及分类

用叠加式液压阀组成的液压系统具有以下特点:

①用叠加阀组成的液压系统,结构紧凑,体积小,质量小。

②叠加阀液压系统安装简便,装配周期短。

③液压系统如有变化,改变工况,需要增减元件时,组装方便迅速。

④元件之间实现无管连接,可消除因油管、管接头等引起的泄漏、振动和噪声。

⑤整个系统配置灵活、外观整齐,维护保养容易。

⑥标准化、通用化和集成化程度较高。

通常使用的叠加阀有 $\phi6$ mm,$\phi10$ mm,$\phi16$ mm,$\phi20$ mm,$\phi32$ mm 5 个通径系列,额定工作压力为 20 MPa,额定流量为 10 ~ 200 L/min。

叠加阀的分类与一般液压阀相同,同样可分为压力控制阀、流量控制阀和方向控制阀三大类。其中,方向控制阀仅有单向阀类,没有换向功能。

2)叠加阀的工作原理与典型结构

现对两种常用的叠加阀作一简单的介绍。

(1)叠加式溢流阀

先导型叠加式溢流阀由主阀和导阀两部分组成,如图 5.51 所示。主阀芯 6 为单向阀二级同心结构,先导阀即锥阀式结构。如图 5.51(a)所示为 Y_1-F10D-P/T 型溢流阀的结构原理。其中,Y 表示溢流阀,F 表示压力等级($p=20$ MPa),10 表示为 $\phi10$ mm 通径系列,D 表示叠加阀,P/T 表示该元件进油口为 P,出油口为 T。如图 5.51(b)所示为其图形符号。根据使用情况不同,还有 P_1/T 型,其图形符号如图 5.51(c)所示。这种阀主要用于双泵供油系统的高压泵的调压和溢流。

叠加式溢流阀的工作原理同一般的先导式溢流阀。它是利用主阀芯两端的压力差来移动主阀芯,以改变阀口的开度,油腔 e 和进油口 P 相通,C 和回油口 T 相通,压力油作用于主阀芯 6 的右端,同时经阻尼小孔 d 流入阀芯左端,并经小孔 a 作用于锥阀 3 上,当系统压力低于溢流阀的调定压力时,锥阀 3 关闭,阻尼孔 d 没有液流流过,主阀芯两端液压力相等,阀芯 6 在弹簧 5 作用下处于关闭位置;当系统压力升高并达到溢流阀的调定值时,锥阀 3 在液压力作用下压缩导阀弹簧 2 并使阀口打开。于是,6 腔的油液经锥阀阀口和孔 c 流入 T 口,当油液通过主阀芯上的阻尼孔 d 时,便产生压差,使主阀芯两端产生压力差。在这个压力差的作用下,主阀芯克服弹簧力和摩擦力向左移动,使阀口打开,溢流阀便实现在一定压力下溢流。调节弹簧 2 的预压缩量便可改变该叠加式溢流阀的调整压力。

(2)叠加式调速阀

如图 5.52(a)所示为 QA-F6/10D-BU 型单向调速阀的结构原理图。QA 表示流量阀,F 表示压力等级(20 MPa),6/10 表示该阀阀芯通径为 $\phi6$ mm,而其接口尺寸属于 $\phi10$ mm 系列的叠加式液压阀,BU 表示该阀适用于出口节流(回油路)调速的液压缸 B 腔油路上,其工作原理与一般调速阀基本相同。当压力为 p 的油液经 B 口进入阀体后；经小孔 f 流至单向阀 1 左侧的弹簧腔，液压力使锥阀式单向阀关闭，压力油经另一孔道进入减压阀 5(分离式阀芯)，油液经控制口后，压力降为 p_1，压力 p_1 的油液经阀芯中心小孔 a 流入阀芯左侧弹簧腔，同时作用于大阀芯左侧的环形面积上，当油液经节流阀 3 的阀口流入 e 腔并经出油口 B′引出的同时，油液又经油槽 d 进入油腔 c，再经孔道 b 进入减压阀大阀芯右侧的弹簧腔。这时，通过节流阀的油液压力为 p_2，减压阀阀芯上受到 p_1，p_2 的压力和弹簧力的作用而处于平衡，从而保证了节流阀两端压力差(p_1-p_2)为常数，也就保证了通过节流阀的流量基本不变。如图 5.52(b)所示为其图形符号。

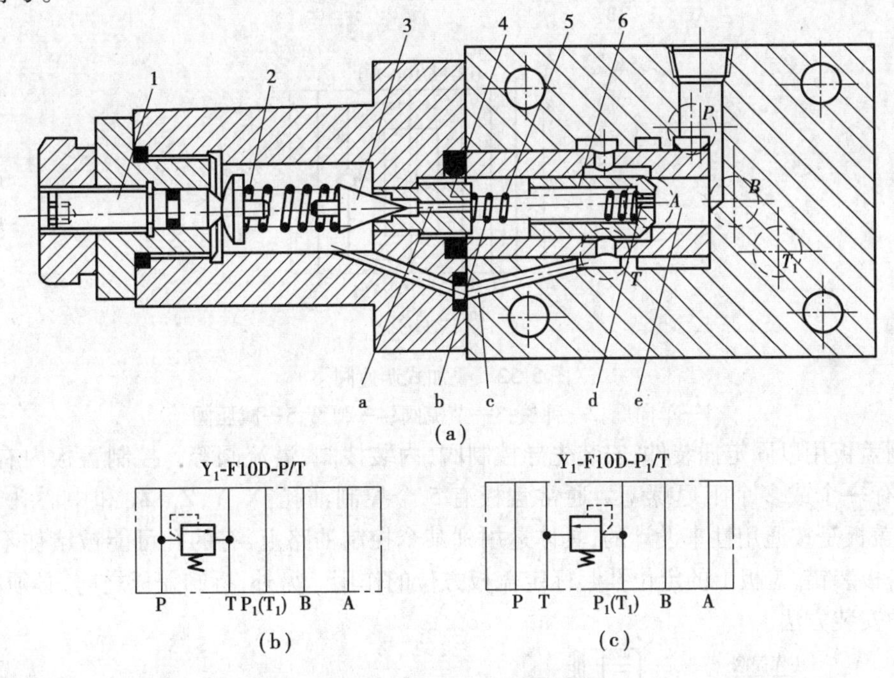

图 5.51　叠加式溢流阀

1—推杆;2—弹簧;3—锥阀;4—阀座;5—弹簧;6—主阀芯

5.7.2　插装阀

二通插装阀是插装阀基本组件(阀芯、阀套、弹簧及密封圈)插入特别设计加工的阀体内，配以盖板、先导阀组成的一种多功能的复合阀。因每个插装阀基本组件有且只有两个油口，故称二通插装阀，早期又称逻辑阀。

1)二通插装阀的特点

二通插装阀具有下列特点：流通能力大，压力损失小，适用于大流量液压系统；主阀芯行程短，动作灵敏，响应快，冲击小；抗油污能力强，对油液过滤精度无严格要求；结构简单，维修方便，故障少，寿命长；插件具有一阀多能的特性，便于组成各种液压回路，工作稳定可靠；插件是通用化、标准化、系列化程度很高的零件，可组成集成化系统。

2)二通插装阀的组成

二通插装阀由插装元件、控制盖板、先导控制元件及插装块体 4 个部分组成。如图 5.53 所示为二通插装阀的典型结构。

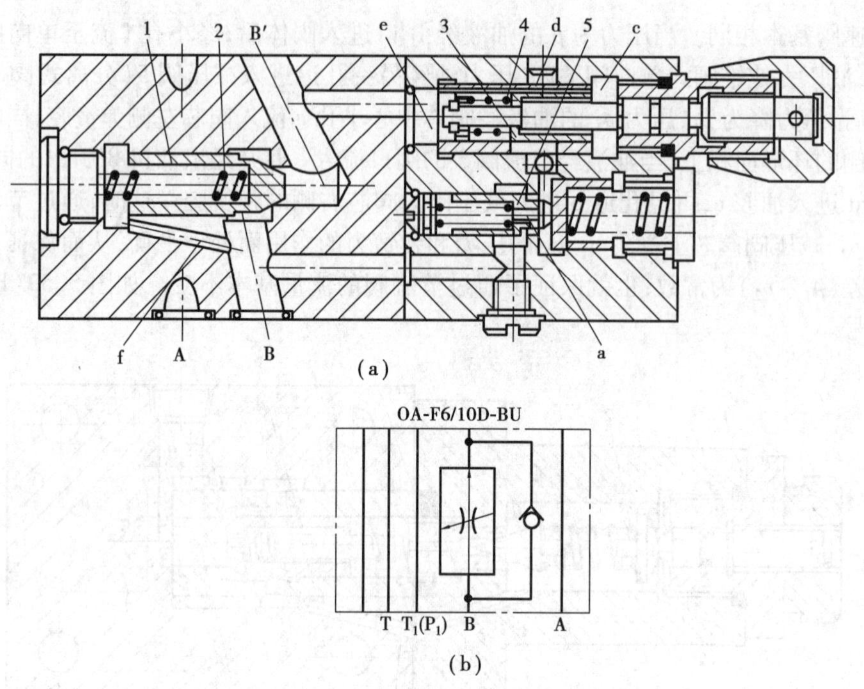

图 5.52　叠加式调速阀

1—单向阀;2—弹簧;3—节流阀;4—弹簧;5—减压阀

控制盖板用以固定插装件,安装先导控制阀,内装梭阀、溢流阀等。控制盖板内有控制油通道,配有一个或多个阻尼螺塞。通常盖板有 5 个控制油孔:X,Y,Z_1,Z_2 和中心孔 a(见图 5.54)。盖板是按通用性来设计的,具体运用到某个控制油路上,有的孔可能被堵住不用。为防止将盖板装错,盖板上的定位孔起标定盖板方位的作用。另外,拆卸盖板之前,必须看清、记牢盖板的安装方法。

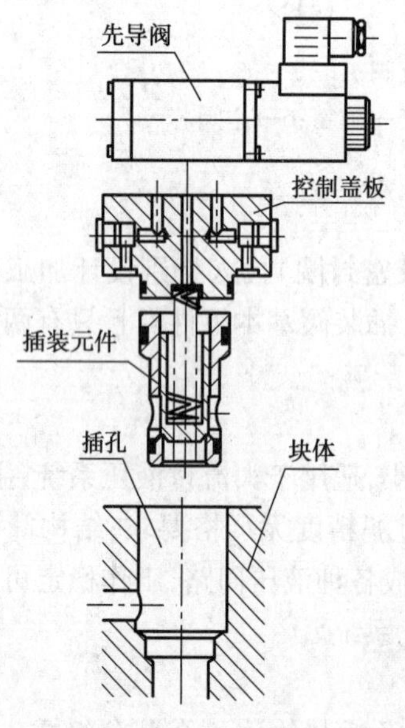

图 5.53　二通插装阀的典型结构

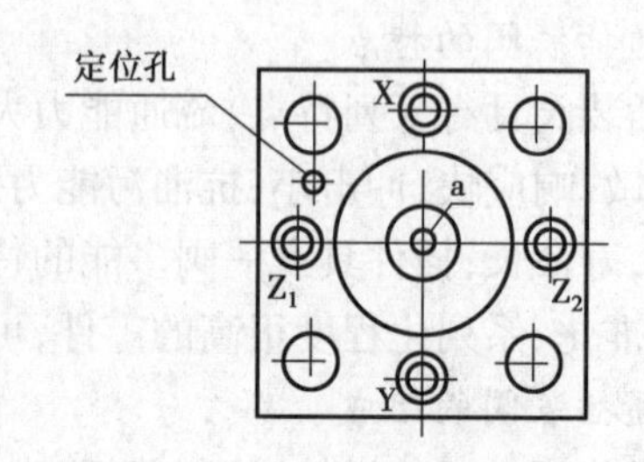

图 5.54　盖板控制油孔

先导控制元件称为先导阀，是小通径的电磁换向阀。块体是嵌入插装元件，安装控制盖板和其他控制阀、沟通主油路与控制油路的基础阀体。

插装单元由阀芯、阀套、弹簧及密封件组成，如图5.55所示。每只插件有两个连接主油路的通口，阀芯的正面称为A口；阀芯环侧面的称为B口。阀芯开启，A口和B口沟通；阀芯闭合，A口和B口之间中断。因此，插装阀的功能等同于二位二通阀。故称二通插装阀，简称插装阀。

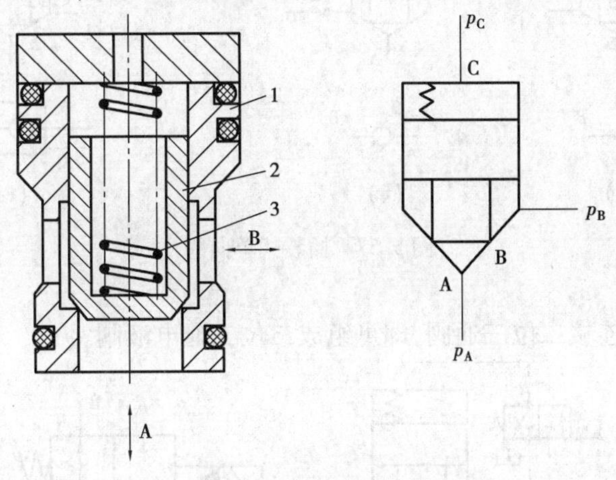

图5.55　插装单元

根据用途不同，可分为方向阀组件、压力阀组件和流量阀组件。同一通径的3种组件安装尺寸相同，但阀芯的结构形式和阀套座直径不同。3种组件均有两个主油口A和B、一个控制口x，如图5.56所示。

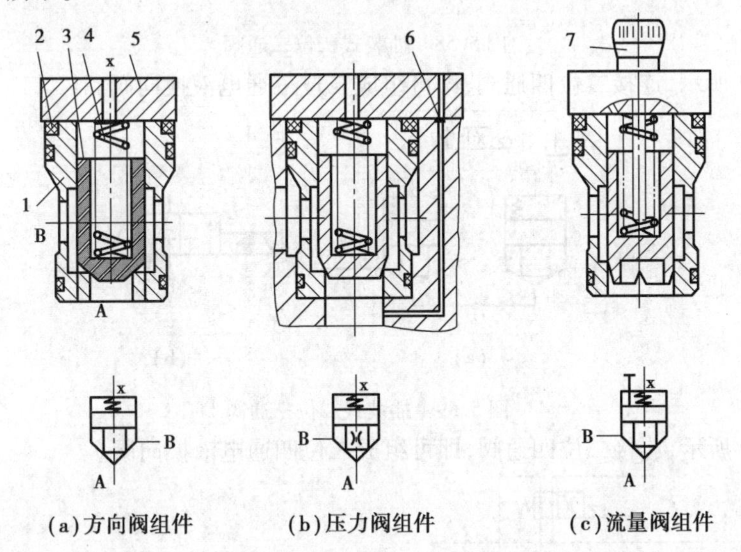

图5.56　插装阀基本组件

1—阀套；2—密封件；3—阀芯；4—弹簧；5—盖板；6—阻尼孔；7—阀芯行程调节杆

3)插装阀的主要组合与功能

(1)插装阀可以组合成各式方向控制阀

①作单向阀

如图5.57(a)和(b)所示，将x腔和A或B腔连通，即可组成单向阀。连接方法不同，其导通方式也不同。若在控制盖板上如图 5.57(c)所示连接一个二位三通液动换向阀,即可组成液控单向阀。

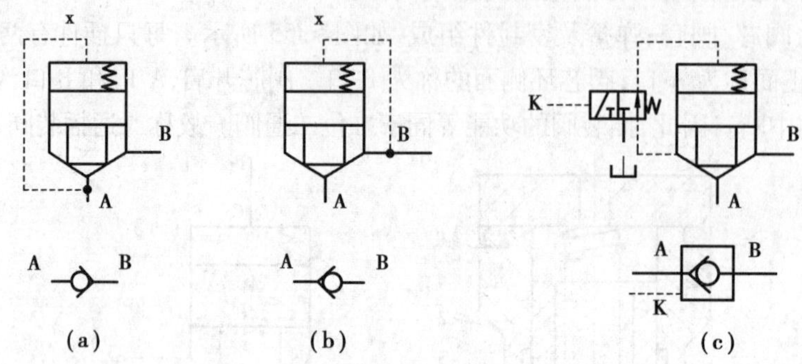

图 5.57　插装式单向阀

②作换向阀

如图 5.58 所示,连接二位三通阀,即可组成二位二通电液阀。

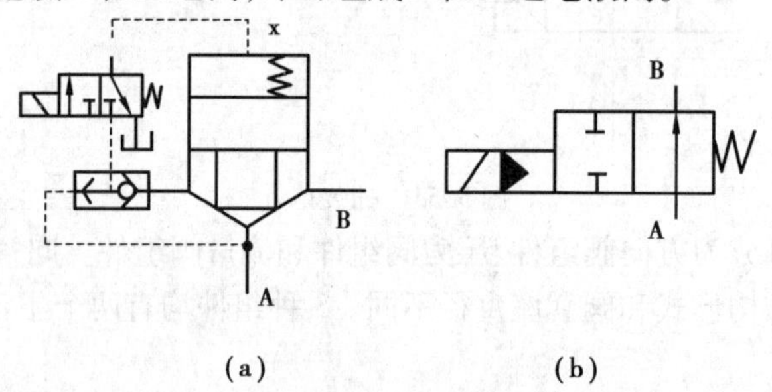

图 5.58　插装式二位二通阀

如图 5.59 所示,连接二位四通阀,即可组成二位三通电液换向阀。

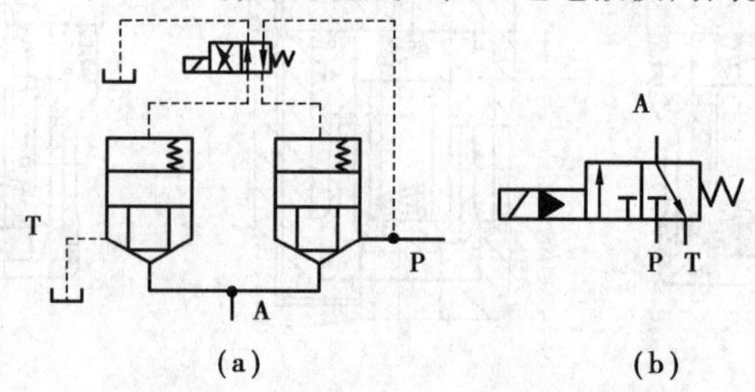

图 5.59　插装式二位三通阀

如图 5.60 所示,连接二位四通阀,即可组成二位四通电液换向阀。

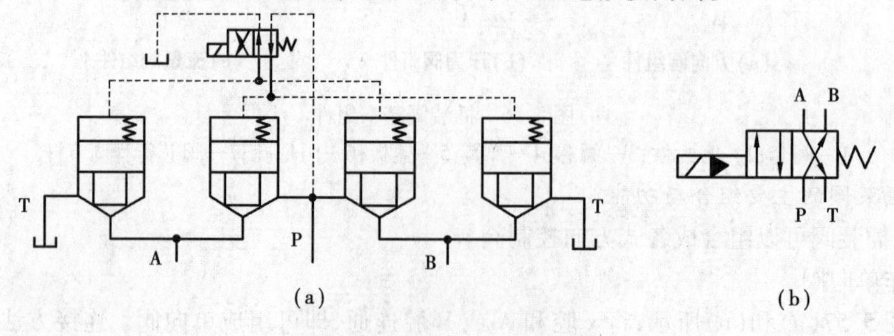

图 5.60　插装式二位四通阀

③作多机能四通阀

如图5.61所示连接换向阀，利用对电磁换向阀的控制实现多机能功能。先导阀控制状态下的机能见表5.3。电磁铁的带电状态用符号“+”表示；断电状态用“−”表示。

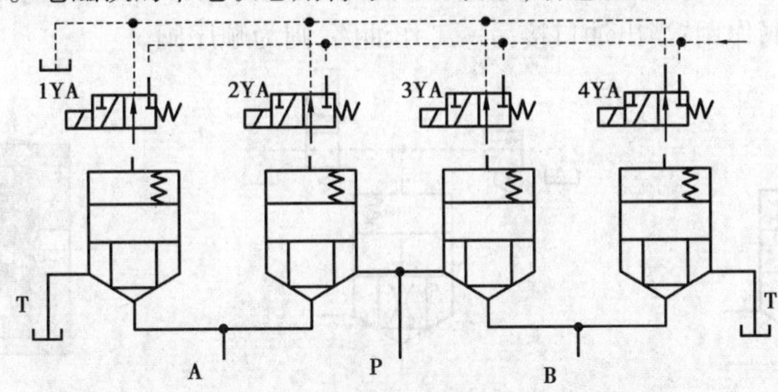

图5.61　插装式多功能三位四通阀

表5.3　先导阀控制的滑阀机能

1YA	2YA	3YA	4YA	中位机能	1YA	2YA	3YA	4YA	中位机能
+	+	+	+		+	−	+	−	
+	+	+	−		+	−	−	+	
+	+	−	+		−	+	+	+	
+	+	−	−		−	+	+	−	
+	−	+	+		−	+	−	+	
−	−	+	+		−	−	+	−	
+	−	−	−		−	−	−	+	
−	+	−	−		−	−	−	−	

④作多机能四通阀

如图5.62所示连接换向阀，利用对电磁换向阀的控制实现多机能功能。

(2)插装压力控制阀

①作溢流阀或顺序阀

如图 5.62 所示,在压力型插装阀芯的控制盖板上连接先导调压阀(溢流阀),当出油口接油箱,此阀起溢流阀作用;当出油口接另一工作油路,则为顺序阀。

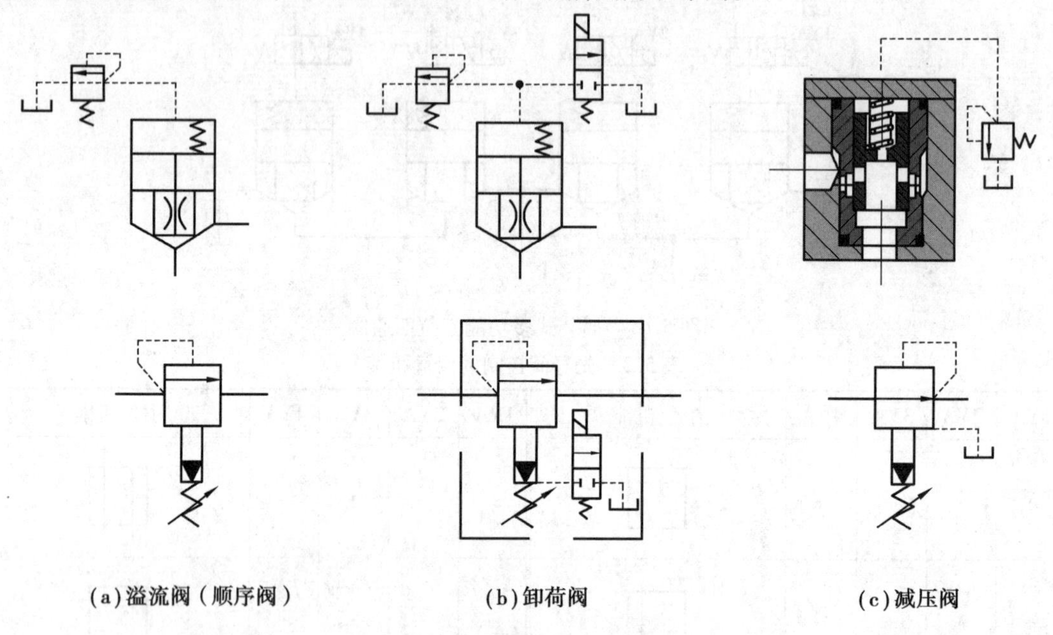

图 5.62 插装式压力控制阀

如图 5.62(b)所示为连接二位二通换向阀。当电磁铁通电时,出口接油箱,则构成卸荷阀。

②作减压阀

采用插装阀芯和溢流阀(见图 5.62(c))连接,则构成减压阀。液压油从 P_1 流入 P_2 流出,出口油液通过阀芯上的中心阻尼孔、盖板和先导阀接通。当减压阀出口的压力较小而不足以顶开先导阀芯时,主阀芯上的阻尼孔只起通油作用,使主阀芯上下两腔的液压力相等,而上腔又有一个小弹簧作用,必使主阀芯处在下端极限位置,减压阀芯大开,不起减压作用;当压力增大到先导阀的开启压力时,先导阀打开,泄漏油液单独流回油箱,实行外泄。减压阀在调定压力下正常工作时,由于出口压力与先导阀溢流压力和主阀芯弹簧力的平衡作用,维持节流降压口为某定值。当出口压力增大,由于阻尼孔液流阻力的作用产生压力降,主阀芯所受的力不平衡,使阀芯上移,减小节流降压口,使节流降压作用增强;反之,出口的压力减小时,阀芯下移,增大节流降压口,使节流降压作用减弱,控制出口的压力维持在调定值。

(3)插装流量控制阀

插装流量阀同样有节流阀和调速阀等形式。

①作节流阀

在方向控制插装阀的盖板上安装阀芯行程调节器,调节阀芯和阀体间节流口的开度便可控制阀口的通流面积,起节流阀的作用,如图 5.63(a)所示。实际应用时,起节流阀作用的插装阀芯一般采用滑阀结构,并在阀芯上开节流沟槽。

②作调速阀

插装式节流阀同样具有随负载变化流量不稳定的问题。如果采取措施保证节流阀的进口、出口压力差恒定,则可实现调速阀功能。如图5.63(b)所示连接的减压阀和节流阀就起到这样的作用。

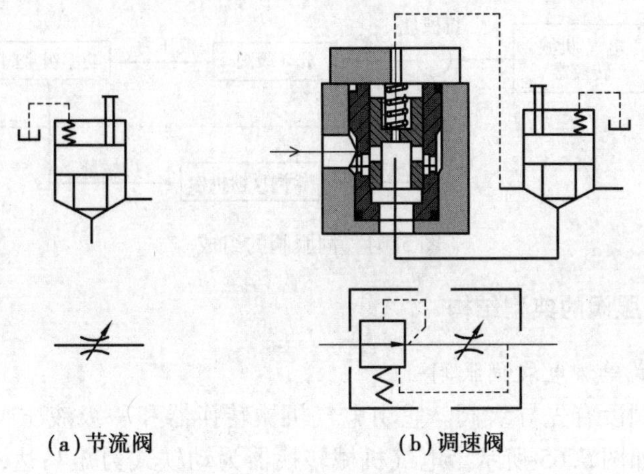

图5.63　插装式压力控制阀

5.8　伺服阀

电液伺服阀是电液转换元件。它能把微小的电气信号转换成大功率的液压输出。其性能的优劣对电液调节系统的影响很大。因此,它是电液调节系统的核心和关键。

5.8.1　伺服阀的工作原理

为了能正确使用电液调节系统,必须了解电液伺服阀的分类及工作原理。

1)电液伺服阀的分类

①按液压放大级数,可分为单级电液伺服阀、两级电液伺服阀和三级电液伺服阀。

②按液压前置级的结构形式,可分为单喷嘴挡板式、双喷嘴挡板式、滑阀式、射流管式及偏转板射流式。

③按反馈形式,可分为位置反馈式、负载压力反馈式、负载流量反馈式及电反馈式。

④按电机械转换装置,可分为动铁式和动圈式。

⑤按输出量形式,可分为流量伺服阀和压力控制伺服阀。

2)伺服阀的组成和工作原理

电液伺服阀具有不同的结构形式。一般而言,它由电气-机械转换器、液压放大器(先导级阀和功率主阀)和检测反馈机构组成,如图5.64所示。

电气-机械转换器将输入电信号转换为力或力矩,再经弹性元件转换为驱动先导级阀运动的位移或转角;先导级阀又称前置级放大器(如滑阀、锥阀、喷嘴挡板阀或插装阀),用于接受小功率的电气-机械转换器输入的位移或转角信号,将机械量转换为液压力驱动主阀;功率级主阀又称功率级放大器(如滑阀或插装阀),将先导级阀的液压力转换为流量或者压力输出;

检测反馈机构(如机械、电气或液压反馈等)将先导阀或主阀控制口的压力、流量或阀芯的位移反馈到先导级阀的输入端或比例放大器的输入端,实现输入和输出的比较,从而提高阀的控制性能。

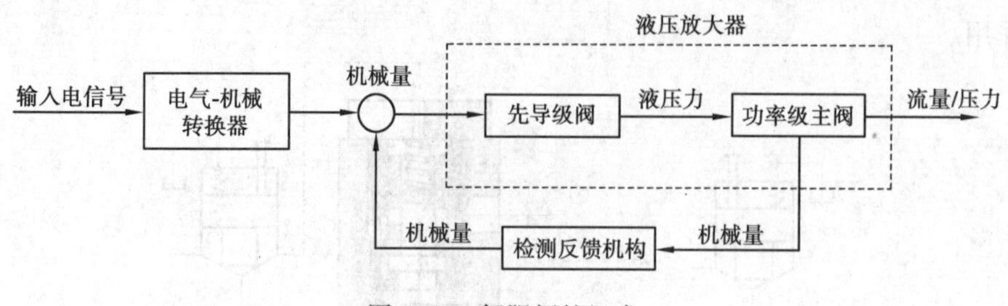

图 5.64　伺服阀的组成

5.8.2　电液伺服阀的典型结构

1)双喷嘴挡板式单级电液伺服阀

单级电液伺服阀没有先导级阀。它由电气机械转换器和一级液压阀构成。其结构较简单。阀的基本结构如图 5.65 所示。电气机械转换器为动铁式力矩马达,由水久磁铁 1、导磁体 2、弹簧管 3、衔铁 4 及控制线圈 5 组成。双喷嘴挡板阀由喷嘴 6、挡板 7 及固定节流孔 8 组成。当输入信号电流通过控制线圈时,为使衔铁产生的力矩和弹簧管的反力矩平衡,必然使衔铁偏转,使之带动挡板移动相应的位移,则阀输出相应流量。该阀具有灵敏度高、频带宽(500 Hz)、零漂小、抗污染能力强、长期工作可靠等优点。由于力矩马达的功率一般较小,因此,只适用于小流量的场合。

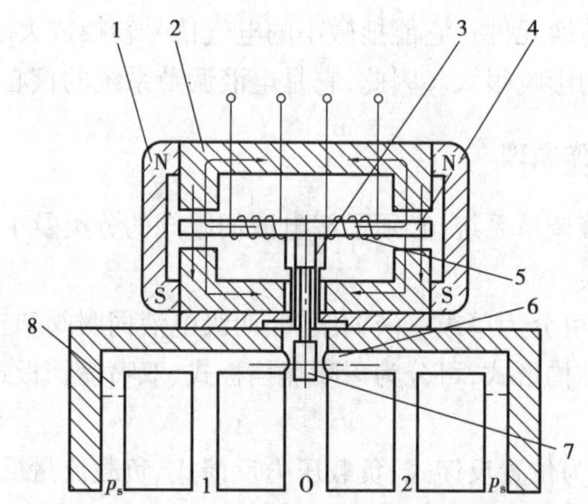

图 5.65　双喷嘴挡板式单级电液伺服阀

1—永久磁铁;2—导磁体;3—弹簧管;4—衔铁;5—控制线圈;

6—喷嘴;7—挡板;8—固定节流孔

2)动圈式力马达型单级电液伺服阀

如图 5.66 所示为动圈式力马达型单级电液伺服阀结构。它包含力马达和带液动力补偿机构的级滑阀两个部分。永久磁铁 1 产生一固定磁场,可动线圈 2 通电后在磁场内受电磁力的作用,驱动滑阀阀芯 4 运动,并由右端弹簧 8 产生反力和电磁力平衡,则阀芯移动相应位移,从而使阀输出相应流量。阀左端的位移传感器 5 提供控制所需的补偿信号。因滑阀行程较动铁式的大,且阀芯带有液动力补偿机构,故控制流量较大,响应快。额定流量为 90 ~ 100 L/min

的阀在±40%输入幅值条件下，对应相位滞后90°时，频率响应为200 Hz。它常用于冶金机械的高速大流量控制。

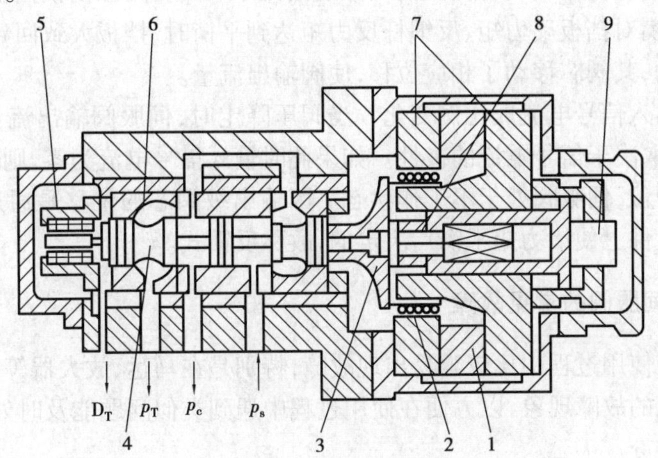

图5.66　动圈式力马达型单级电液伺服阀结构

1—永久磁铁；2—可动线圈；3—线圈架；4—阀芯；5—位移传感器；6—阀套；7—导磁体；8—弹簧；9—零位调节螺钉

3）双喷嘴挡板力反馈式电液伺服阀

该阀为两级电液伺服阀，多用于控制流量较大的场合。如图5.67所示，双喷嘴挡板力反馈式电液伺服阀的电气机械转换器是永磁式力矩马达；液压放大器的先导级阀是双喷嘴挡板阀，而功率级阀是四通四边滑阀；检测反馈机构是反馈弹簧杆2，其上端和挡板连接，而其下端是球头，球头嵌放在主阀芯9的凹槽内，主阀芯位移通过反馈弹簧杆转化为弹性变形力作用在挡板上与电磁力矩相平衡（即力矩比较）。反馈杆、挡板、弹簧管及衔铁等构成了衔铁挡板组件。

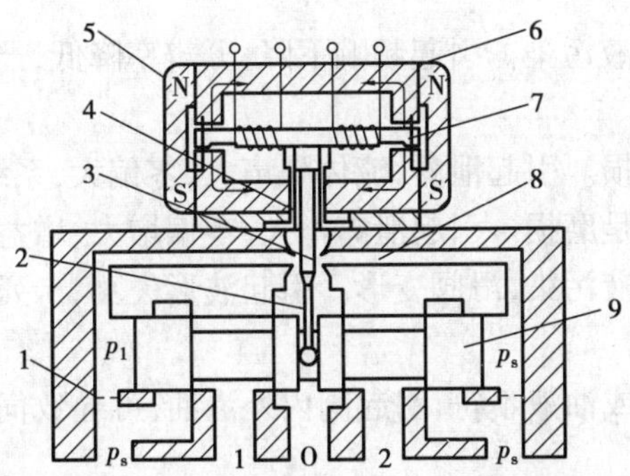

图5.67　双喷嘴挡板力反馈式两级电液伺服阀

1—固定节流孔；2—反馈弹簧杆；3—挡板；4—弹簧管；5—永久磁铁；6—导磁体；7—衔铁；8—喷嘴；9—主阀芯

当控制线圈中没有电流通过时，力矩马达无力矩输出，挡板3处于两喷嘴中间位置。当线圈通入电流后，衔铁7因受到电磁力矩的作用偏转角度θ，由于衔铁7固定在弹簧管4上，这时与弹簧管4连接的挡板也偏转相应的θ角，于是挡板与两喷嘴的间隙发生改变。如果衔铁逆时针方向偏转，则带动挡板离开中位向右偏移，造成喷嘴挡板的左面间隙增大，右面间隙减小，左喷嘴腔内压力p_1降低，右腔压力p_2升高，主阀芯9在此压差作用下左移。在阀芯带动反馈杆一起移动的同时,反馈杆产生弹性变形对衔铁挡板组件施加一个顺时针反力矩,并带动上部的挡板一起向左移动,使左喷嘴与挡板的间隙逐渐减小。当作用在衔铁挡板组件上电磁力矩、弹簧管反力矩、喷嘴对挡板反力矩、反馈杆反力矩达到平衡时,挡板大致回到两喷嘴的中位,滑阀阀芯便停止运动,其阀芯移动了相应位移,使阀输出流量。

阀芯位移与输入信号电流成比例变化。当阀压降定时,伺服阀输出流量与输入信号电流成比例,流量方向取决于信号电流的极性。如果此时输入信号电流为零,则阀芯在反馈杆反力矩的作用下回到中位,伺服阀处于不工作状态。因输出级阀芯的位移是通过反馈杆的变形力反馈到衔铁挡板组件上使诸力矩平衡后决定的,故称反馈式。

5.8.3 电液伺服阀的常见故障

电液伺服阀在使用过程中比较容易出现故障,特别是在马达、放大器等关键工作部件。下面介绍各部件常见的故障现象,以方便在使用过程中遇到类似问题能及时处理。

1)力矩马达部分

①线圈断线:引起阀不动,无电流。

②衔铁卡住或受到限位:原因是工作气隙内有杂物。引起阀门不动作。

③球头磨损或脱落:原因是磨损。引起伺服阀性能下降,不稳定,频繁调整。

④紧固件松动:原因是振动,固定螺钉松动等。引起零偏增大。

⑤弹簧管疲劳:原因是疲劳。引起系统迅速失效,伺服阀逐渐产生振动,系统震荡,严重时管路也振动。

⑥反馈杆弯曲:疲劳或人为损坏,引起阀不能正常工作,零偏大,控制电流可能到最大。

2)喷嘴挡板部分

①喷嘴或节流孔局部或全部堵塞:原因是油液污染。引起频响下降,分辨降率低,严重时引起系统不稳定。

②滤芯堵塞:原因是油液污染。引起频响下降,分辨率降低,严重时引起系统摆动。

3)滑阀放大器部分

①刃边磨损:原因是磨损。引起泄露,流体噪声大,零偏大,系统不稳定。

②径向滤芯磨损:原因是磨损。引起泄露增大,零偏增大,增益下降。

③滑阀卡滞:原因是油液污染,滑阀变形。引起波形失真,卡死。

4)其他部分

密封件老化:寿命已到或油液不符,引起阀内外渗油,可导致伺服阀堵塞。

思考与练习

简答题

1.控制阀在液压系统中起什么作用?通常它分为哪几大类?它们有哪些共同点?应具备哪些基本要求?

2.方向控制阀在液压系统中起什么作用?常见的类型有哪些?

3. 何谓三位换向阀的中位机能？常用的中位机能有哪些？其特点和应用怎样？

4. 试举例说明先导式溢流阀的工作原理。溢流阀在液压系统中有何应用？

5. 试举例说明先导式减压阀的工作原理。减压阀在液压系统中有何应用？

6. 如何计算通过节流阀的流量？哪些因素影响流量的稳定性？

7. 压力补偿调速阀为什么能保证通过它的流量稳定？

8. 溢流阀的基本功能是什么？它有哪些用途？

9. 绘制直动式和先导式溢流阀结构原理图，进一步说明其工作原理。

10. 说明先导式溢流阀作遥控溢流阀或卸载阀时的工作原理；遥控溢流阀的调节压力与主阀的调节压力有何关系？其原因是什么？

11. 减压阀有哪些类型？定值减压阀的基本功能是什么？它有哪些主要用途？

12. 绘制先导定值减压阀结构原理图，进一步说明它是如何工作的。

13. 顺序阀的基本功能是什么？它有哪些类型？其主要用途是什么？

14. 根据溢流阀、减压阀、顺序阀的职能符号，比较3种阀的结构特点。对结构和外现相似的3种压力阀，如何简便地进行区分（不需拆开）？

15. 对流量控制阀的基本要求是什么？为何通常选择薄壁小孔形作为流量阀的节流口？

16. 节流阀为何通常要与溢流阀联合使用？如果定量泵的出口没有溢流阀而仅装有节流口，可否调节阀口的输出流量？其原因是什么？

第 6 章 液压辅助元件

蓄能器、管件、密封元件、冷却器、加热器、滤油器及油箱是液压系统的辅助元件,但它们是液压系统不可或缺的组成部分,它们对保证液压系统有效传递力和运动起着重要的作用,影响液压系统的工作性能、寿命、噪声及温升,必须给予足够的重视。在各类辅助元件中,油箱属于非标准件,需要根据液压系统的要求自行设计,其余的元件都是标准件,在设计液压系统时选用即可。

6.1 蓄能器

6.1.1 蓄能器的功用

蓄能器属于液压系统的辅助元件。它在液压系统中存储液压系统的压力能,并可在短时间内为系统提供压力能。蓄能器在液压系统中主要功用如下:

1)作应急动力源

为了提高液压系统的可靠性,预防液压系统在液压泵发生故障或停电时压力急剧下降,液压系统可安装适当功率的蓄能器。如果液压泵突然停止提供压力油,蓄能器释放储存的压力油,系统可在一定的时间内维持压力油,以防止事故发生。

2)作辅助动力源

蓄能器最主要的用途就是作液压系统的辅助动力源。液压系统用一个小流量的液压泵和一个蓄能器提供动力,当液压系统需要的流量小于泵提供的流量时,泵多余的流量进入蓄能器,此时由蓄能器存储能量。当需要提供大流量液压油时,液压泵和蓄能器同时供油。这样的系统具有功率小、效率高、成本低以及容易控制温升等特点。

3)补偿泄漏,稳定压力

某些液压系统在一个周期内需要维持一定的压力,此时液压泵卸载,利用蓄能器稳定压力,并补充泄漏。

4)吸收压力脉动和液压冲击

在液压系统中的液压阀突然换向或液压阀突然关闭时,系统会产生液压冲击,此时利用安装在液压系统中的蓄能器来吸收压力能,减少压力冲击产生的危害。如果将蓄能器安装在液压泵的出口处,还可降低液压泵的压力脉动。

6.1.2　蓄能器的类型和结构

蓄能器按结构形式的差异,主要有充气式蓄能器、重锤式蓄能器和弹簧式蓄能器3种类型。其中,充气式蓄能器最为常见。它利用密封气体的膨胀和压缩实现能量的释放和存储。蓄能器所充气体一般为惰性气体或氮气。充气式蓄能器分为活塞式、气囊式和隔膜式3种。下面介绍活塞式蓄能器、气囊式蓄能器、隔膜式蓄能器、重力式蓄能器及弹簧式蓄能器。

1)活塞式蓄能器

活塞式蓄能器的结构如图6.1所示。它利用活塞分隔油和气体,压力油从 a 口进入,推动活塞向上移,压缩活塞上腔的气体而储存能量。当系统压力需要蓄能器提供压力油时,气体推动活塞向下移动,排出压力油,满足系统需要。这种蓄能器具有结构简单、寿命长、维修方便等特点。但是,由于活塞与缸体之间存在滑动摩擦,并且活塞具有一定的惯性,因此,活塞式蓄能器适合于低于20 MPa的系统。

2)气囊式蓄能器

气囊式蓄能器的结构如图6.2所示。气囊式蓄能器的壳体内安装一个用耐油橡胶制成的气囊,气囊充入预定压力的氮气或惰性气体,利用液压泵向蓄能器内充入压力油,装有气体的皮囊被压缩,储存能量。在释放能量阶段,气囊膨胀,输出压力油,蓄能器释放能量。气囊式蓄能器利用皮囊将油、气完全隔开,具有气囊惯性小、反应灵敏、安装维修方便等特点,适用于压力低于32 MPa的系统中。目前,应用非常广泛。

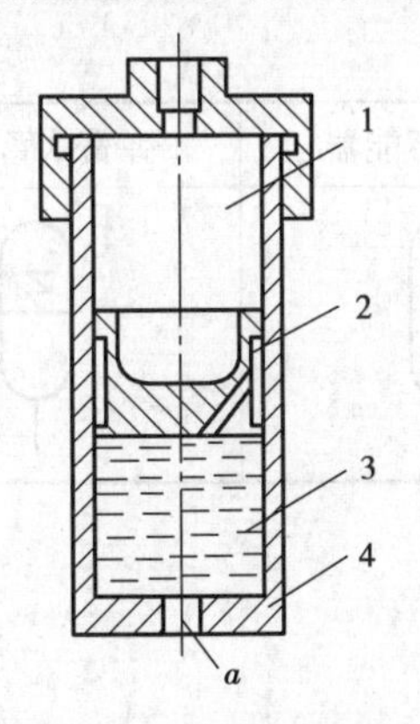

图6.1　活塞式蓄能器

1—气体;2—活塞;3—油液;4—缸筒;a—进油口

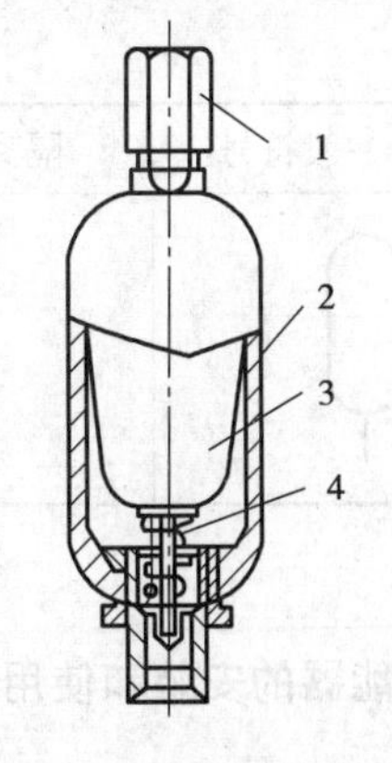

图6.2　气囊式蓄能器

1—充气阀;2—壳体;3—气囊;4—限位阀

3)隔膜式蓄能器

隔膜式蓄能器采用耐油橡胶将油和气隔离,如图6.3所示。其壳体通常为球形,容量较小,一般在0.95~11.4 L使用。

4)重力式蓄能器

重力式蓄能器是利用重锤的自重,通过柱塞作用在液压油面上产生压力,如图6.4所示。存储能量时,压力油进入蓄能器,提升重物,压力能转变为重力势能并存储;释放能量时,重物下降,重力势能转变为压力能,油液被挤出来。重力式蓄能器结构简单,压力稳定,但易产生泄漏,反应迟钝,体积大。目前通常用于储能。

5)弹簧式蓄能器

弹簧式蓄能器利用弹簧的伸缩来储存油液和释放油液,如图 6.5 所示。其工作压力取决于弹簧的刚度、预压缩量和活塞的有效面积。由于活塞运动时其压力是变化的。因此,这种蓄能器结构简单,但承压较低,容量较小,多用于低压、小容量的系统。

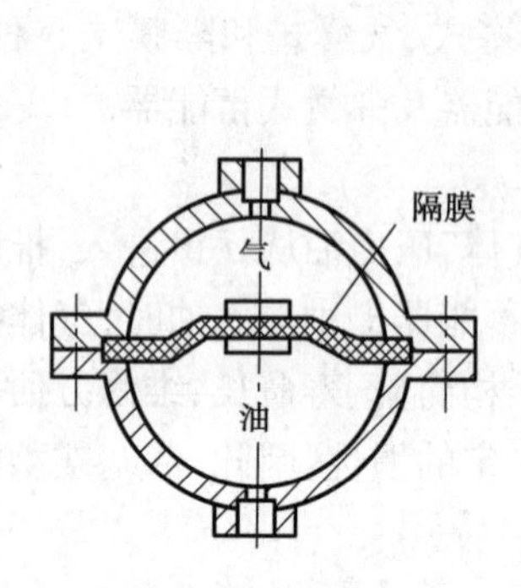

图 6.3　隔膜式蓄能器

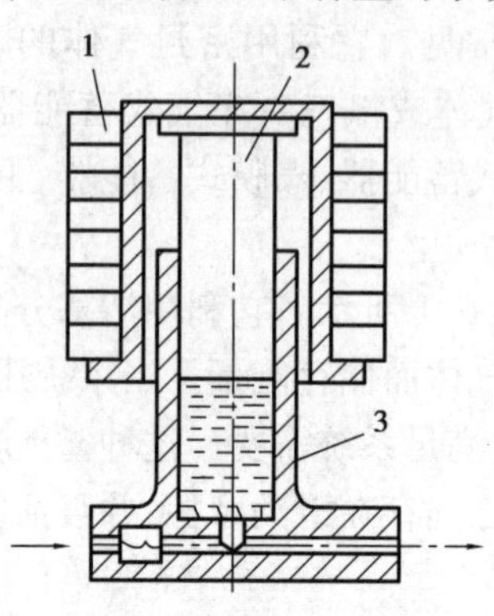

图 6.4　重锤式蓄能器

1—重锤;2—活塞;3—缸体

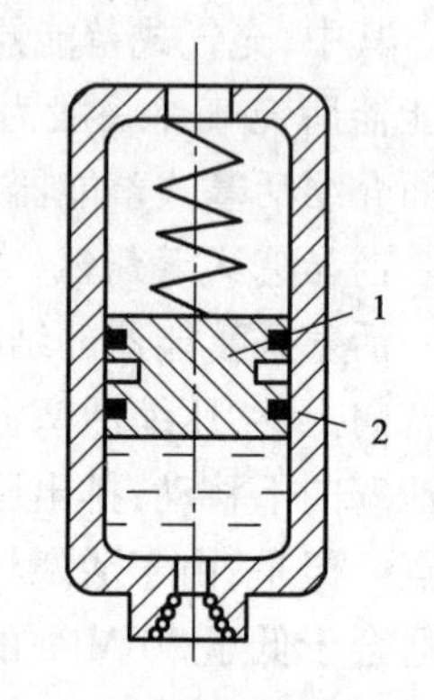

图 6.5　弹簧式蓄能器

1—活塞;2—缸体

6.1.3　蓄能器的职能符号

蓄能器的职能符号见表 6.1。

表 6.1　蓄能器职能符号

蓄能器一般符号	隔离式蓄能器	重力式蓄能器	弹簧式蓄能器

6.1.4　蓄能器的安装和使用

在液压系统中,蓄能器的安装应遵循以下的规则:

①垂直安装蓄能器,即油口朝下,充气口朝上。

②用于降低液压系统噪声和压力脉动、吸收液压冲击的蓄能器,应尽量安装在振源附近。

③蓄能器的安装位置应远离热源。

④蓄能器与液压泵之间应安装单向阀,以防止液压泵停车时,蓄能器的压力油倒流而使液压泵反转。

⑤蓄能器与系统管路之间应安装截止阀,以备充气和检查维修使用。

⑥蓄能器安装在管路中必须增加支架或用挡板固定,以承受因蓄能器储能或释放能量时所产生的反作用力。

6.2 管　件

管件也称液压系统的连接元件,其功能为输送压力油。管件应保证有足够的强度和刚度,密封性能好,在传输液压油的过程中压力损失小,无泄漏。管件包括油管和管接头。

6.2.1 油管

1)油管的类型

油管的类型按材质的不同,可分为钢管、铜管、尼龙管、塑料管及橡胶管等。在选用油管时,要充分考虑液压元件的安装位置、液压系统压力、工作环境等因素。表6.2详细列出了液压系统中常见油管的类型、特点和应用场合。

表6.2　常见油管的类型、特点和应用场合

类型		特点和应用场合
软管	塑料管	塑料管耐油、价格低廉、安装方便,但承压能力低,易老化,只宜用于压力低于0.5 MPa的回油路、泄油路使用
	尼龙管	尼龙管为乳白色半透明的新型管材,可观察液流的流动状况,加热后可随意弯曲和扩口,冷却后容易定型。尼龙管的承压能力为2.5~8 MPa,价格低廉,寿命较短
	橡胶管	橡胶管的价格偏高,适用于有相对运动的液压件的连接,常见于中高压液压系统中。橡胶管有高压和低压两类。高压管由夹有钢丝编织层的耐油橡胶制成,钢丝层越多,油管耐压能力越高。低压管的编织层为帆布或棉线
硬管	铜管	铜管价格高,由于铜易弯曲变形,因此强度低、承压能力一般不超过0.5~10 MPa,但具有装配方便,通常用于液压装置内部不易装配的地方。铜管分为黄铜管和紫铜管两类。紫铜管应用较多
	钢管	钢管是目前应用最广泛的管件。钢管具有价格低廉、抗腐蚀、耐油、刚度高、承压能力强等优点。但是,弯曲较困难,装配较为不便。钢管有无缝钢管和焊接钢管两类。前者适用于高压系统,后者适用于中低压系统

2)油管的计算

油管的计算包含油管内径和管壁厚度两个方面。一般由下面公式计算,再查阅有关的标准选定。

(1)油管内径的计算

油管内径的计算公式为

$$d \geqslant 4.16\sqrt{\frac{q}{v}} \tag{6.1}$$

式中　d——油管的内径,mm;

q——油管内油液的流量,L/min;

v——油液的推荐速度,m/s,具体数据查看相关的技术手册。

(2)油管壁厚的计算

油管壁厚的计算公式为

$$\delta \geqslant \frac{pd}{2[\sigma]} \tag{6.2}$$

式中 δ——油管壁厚,mm;

p——工作压力,MPa;

$[\sigma]$——油管材料的许用强度,对钢管取$[\sigma]=\sigma_b/n$,σ_b为抗拉强度,n为安全系数,对铜管取$[\sigma]\leqslant 25$ MPa。

6.2.2 管接头

管接头是连接油管与液压元件或油管与油管的可拆卸连接部件。它应满足连接牢固、方便拆装、密封可靠、通流能力强、压力损失小、工艺性好等要求。常用的管接头种类很多。按油管与接头的连接方式,可分为扩口式、焊接式、卡套式、扣压式及快换式等;按阀板或阀体和接头的连接方式,可分为螺纹式和法兰式等;按管接头的通路,可分为直通式管接头、角通式管接头、三通式管接头及四通式管接头。具体规格和尺寸可查阅相关手册。表6.3介绍了液压系统中常见管接头的种类、特点和应用场合。

表6.3 常见管接头的种类、特点和应用场合

名 称	结构简图	特点和应用场合
焊接式管接头	焊接 接管 螺母 O形密封圈 接头体	焊接式管接头优点:结构简单、耐压性强,其缺点:焊接工艺较复杂,适用于高压厚壁钢管的连接
扩口式管接头	油管 导套 螺母 接头体	扩口式管接头利用油管管端的扩口在导套的压力下进行密封,其结构简单,适用于塑料管、尼龙管、铜管、薄壁钢管的连接
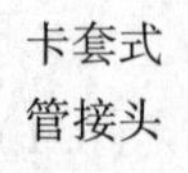 卡套式管接头	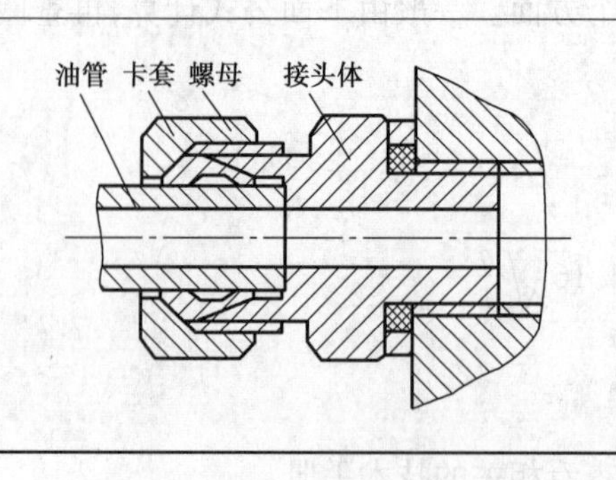	卡套式管接头利用卡套的弹性卡住油管实现密封。具有结构简单、安装方便、抗振防松效果好、耐高压等优点,特别适合连接高压冷拔无缝钢管

续表

名　称	结构简图	特点和应用场合
扣压式管接头	软管 外套 接头体 螺母	扣压式管接头主要由接头外套、接头体和螺母等组成,适用于软管连接
快换式管接头	单向阀 接头体 钢球 滑套 接头体 单向阀	快换式管接头主要由接头体、滑套、单向阀、钢球等构成,适用于需要经常拆卸的软管连接的场合。其结构简单,两个单向阀同时打开油路接通,具有不泄露油等优点

6.3　密封元件

液压传动与控制是以加压的液体为传动介质,实现力和速度的传递。密封元件是防止油液的泄漏以及灰尘和杂质的侵入。密封元件的性能直接影响液压系统的工作性能和效率。它是评价液压系统性能的一个重要指标。

6.3.1　密封元件的分类及特点

密封按接触面间是否有相对运动,可分为静密封和动密封两种类型。静密封是指没有相对运动的结合面之间的密封。常见的静密封有O形密封圈密封、各种垫片密封、密封带密封及密封胶密封等。动密封是指结合面间有相对运动的密封。常用的动密封有间隙密封、O形密封圈密封、唇形密封圈密封、同轴密封圈密封、异形密封圈密封、填料密封等。

1)间隙密封

间隙密封是利用相对运动之间微小的间隙δ起密封作用。它是目前最为简单的一种密封形式,常见于阀、活塞、柱塞的圆柱副配合。间隙密封具有结构简单、摩擦力小等优点,但是也有磨损后不能自动补偿,容易出现液压卡紧现象。

2)O形密封圈密封

O形密封圈简称O形圈,采用合成橡胶制成的一种密封圈。其横截面为圆形的圆环形密封元件。它利用O形密封圈的预压缩消除间隙实现密封,具有体积小、结构简单、密封性能好等优点,可应用于动密封,也可应用于静密封。它是目前液压系统中应用最广泛的密封件。O形密封圈的结构如图6.6所示。O形密封圈在静压力$p>32$ MPa或动密封$p>10$ MPa时,可能被压力挤到缝隙里面而损坏,这时需要在低压的一侧安装聚四氟乙烯的挡圈。如果两边都有高压,需要在两边添加挡圈。

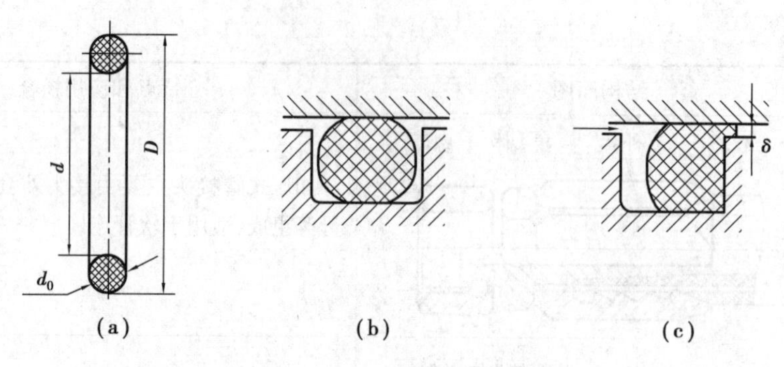

图6.6　O形密封圈的密封原理

O形密封圈的沟槽有矩形槽、V形槽、燕尾形槽、半圆形槽及三角形槽等。目前,应用最多的是矩形沟槽,它适用于动静密封。

3)唇形密封圈密封

唇形密封圈按截面的形状,可分为V形、Y形、U形及L形等。它是利用唇边部分在受压力时,唇边与被密封面紧密接触,达到密封的目的。液压系统的压力越高,唇形密封圈的接触压力越大,密封圈被压得越紧,密封性越好;当压力降低时,唇边的接触压力也减少,从而减少摩擦阻力和功率消耗。唇形密封圈的尺寸大小、安装沟槽形状及挡圈等都已标准化、系列化,在选用时参考相关国家标准即可。如图6.7所示为Y形密封圈的结构示意图。它的横截面呈Y形,是典型的唇形密封圈。Y形密封圈有等高唇Y形密封圈(见图6.8(a))和不等高唇Y形密封圈(见图6.8(b))。

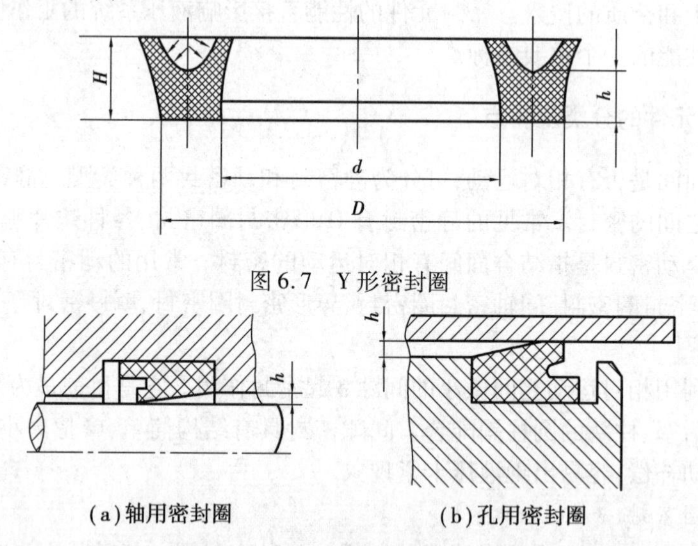

图6.7　Y形密封圈

(a)轴用密封圈　　(b)孔用密封圈

图6.8　Y形密封圈的工作原理

当液压系统的工作压力高于16 MPa时,为防止Y形密封圈变形,应在密封圈的根部安装挡圈。在安装唇形密封圈时,唇口一定要面对高压的一侧。

4)同轴密封圈密封

同轴密封又称橡塑组合密封,是组合密封的一种,如图6.9所示。组合密封是由两个以上元件组成的密封装置。最常见的是耐油橡胶和钢压胶成的组合密封垫圈。随着液压技术的进步和发展以及液压设备性能的提高,液压系统对密封装置提出了高速、高压、高温及低摩擦系数的要求。因此,出现了同轴密封圈(俗称滑环式组合密封圈)。同轴密封圈是由加了填充材料的改性聚四氟乙烯滑环和充当弹性体的橡胶环组合而成的。它利用橡胶环的预压缩量所产生的预变形,使滑环紧贴在密封面上。同轴密封圈密封具有摩擦阻力小、良好的密封作用等特点,广泛应用于中高压液压缸的往复运动中。

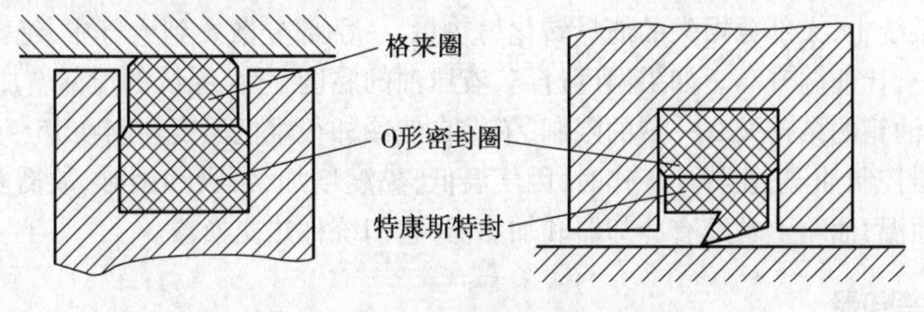

图6.9　同轴密封圈

6.3.2　常用密封件材料

密封件材料应具有良好的化学稳定性、复原性好、材料密实、温度适应性好、弹性好及密封性好等特点。表6.4为常见密封材料的品种及特点。

表6.4　常见密封材料的品种及特点

品　种	主要特点	使用温度	主要应用场合
天然橡胶(NR,WR)	弹性最好,耐磨耗,耐寒性好,不适用于矿物油的密封,在空气中易老化	-50~120	多用于乙醇和水的密封
苯乙烯橡胶(SBR)	耐油、耐热、耐磨耗,性价比高,不能用于矿物油的密封	-20~120	可以用于水和乙醇的密封及汽车刹车油密封
丁腈胶(NBR)	耐油、耐磨、抗老化、性能优良	-30~100	用于矿物系液压油、气压、水压传动
丁基橡胶(ⅡR)	耐腐蚀性好、耐热、耐寒、耐老化	-30~100	用于磷酸酯液压油中,不用于矿物油
氯丁橡胶(CR)	耐臭氧、耐老化、耐磨	-40~100	适合于气动系统,不适用于低苯胺点的矿物油
聚氨酯橡胶(AU,EU)	耐热性差,不耐酸、碱、水,但是耐油、耐磨、耐撕裂、耐臭氧、耐老化	-30~80	常见于液压油和气动密封
聚四氟乙烯及加充填物聚四氟乙烯(PTEE)	耐磨性特别好,耐热耐寒性极好,能耐几乎全部化学药品、溶剂、油,但是弹性差,热胀系数大	-200~260	适用于制作各种挡圈、支承环、压环等

6.4 冷却器与加热器

在液压系统中,大部分损失的能量转化为热量,一小部分散发到大气中,绝大部分热量存储在液压油中,让油温升高。如果温度过高,液压油的黏度下降,系统的泄漏增加,油液容易发生氧化,然而油箱的结构又有一定的限制,依靠自然冷却很难把温度控制在 15 ~ 65 ℃,这时需要安装冷却器控制油温;在野外工作时,因气温低,黏度增加,泵吸油困难,故需要安装加热装置。为控制油温,油箱上常配有冷却器和加热器,它们统称热交换器。

6.4.1 冷却器

液压系统对冷却器的基本要求有散热效率高、散热面积大和压力损失小 3 个方面。冷却器按冷却介质不同,可分为水冷式冷却器、风冷式冷却器和氨冷式冷却器等。在液压系统中,水冷式冷却器和风冷式冷却器是常见的形式。

1)水冷式冷却器

水冷式冷却器适用于一般的液压系统。它有蛇形管式、多管式和翅片式等。如图 6.10(a)所示为蛇形管式水冷却器。它具有结构简单、成本低的优点。由于直接安装在油箱内,冷却水从蛇形管管内流过,带走热量。因此,热交换效率低,耗水量大。

如图 6.10(b)所示为强制对流式多管冷却器。这种冷却器热交换效率高,应用较广泛。其结构由壳体 1、隔板 2、铜管 3 及壳体隔箱等组成。工作时,冷却水从上部进水口流入,流过内部铜管带走高温油液多余的热量,从下部出水口流出。强制对流式多管冷却器体积大、质量小,价格偏高。

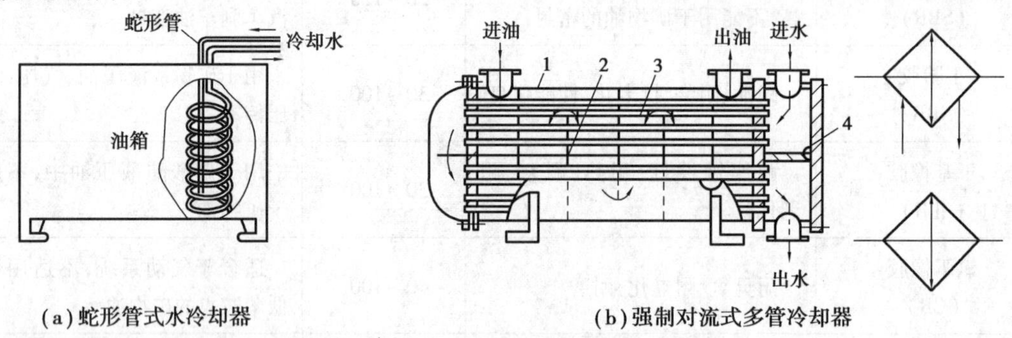

(a)蛇形管式水冷却器　　(b)强制对流式多管冷却器

图 6.10　冷却器及职能符号

1—壳体;2—隔板;3—铜管;4—壳体隔箱

为了提高冷却器的散热效率,设计了一种翅片管式冷却器。其结构如图 6.11 所示。每根管子都有内外两层结构,外层通油,内层通水,外层上还布置有呈波浪形的翘片,散热面积提高了 8 ~ 10 倍,散热效率大大提高。翘片管式冷却器具有冷却效果好、体积小、结构紧凑、质量小等优点。

2)风冷式冷却器

风冷式冷却器是通过空气流动散热。其散热效率低于水冷式。它由许多带散热片的管子和风扇组成。高温油在管内流动。风冷式冷却器的安装位置应根据液压系统的工作情况来确定。如图6.12所示为风冷式冷却器在液压系统中的安装位置。

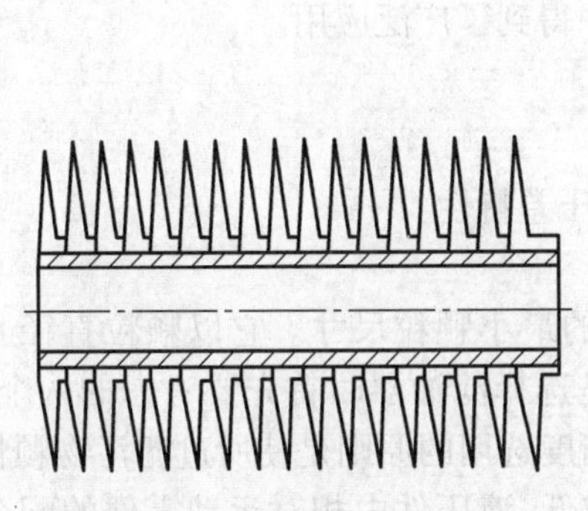

图6.11　翅片管式冷却器

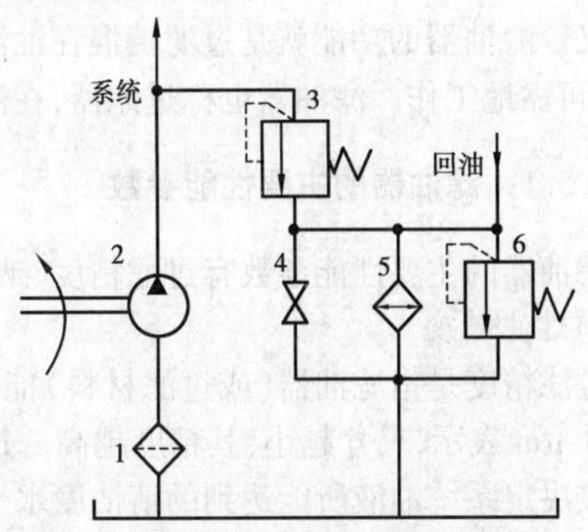

图6.12　冷却器的安装位置
1—滤油器;2—液压泵;3—溢流阀;
4—截止阀;5—冷却器;6—安全阀

冷却器一般安装在液压系统的回油管路上,对主系统已发热的回油进行冷却。溢流阀并联在液压泵的出口,溢流的油液带有大量的热量,通过溢流阀的液压油经过冷却器冷却。冷却器也可安装在执行元件的入口,散发油液的热量,保证进入执行元件的油液油温在规定的范围内,安全阀6用来保护冷却器。当打开截止阀4时,油液不经过冷却器冷却,直接流回油箱。

6.4.2　加热器

对需要保持油温恒定的液压系统,不但需要冷却器,也需要配备加热器。液压系统中所使用的加热器通常有热水加热、蒸汽加热和电加热3种方式。最常见的是电加热器。电加热器结构简单,使用方便,可根据需要设定温度。

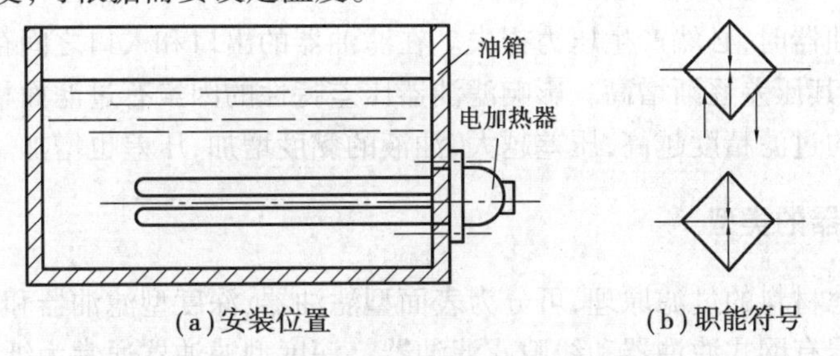

(a)安装位置　(b)职能符号

图6.13　电加热器的安装位置及职能符号

如图6.13所示为油箱中电加热器的安装位置及职能符号。加热器安装在箱体壁上,通常为法兰联接。由于液压油与电加热器的加热管直接接触,电加热器的功率密度过高,容易造成油液变质。因此,必须限制功率密度,同时应搅拌液压油,让油液受热均匀。

6.5　滤油器

液压油被污染后,液压系统容易出现液压卡紧现象。油液混入颗粒状的杂质后,液压系统的磨损加剧,密封件被划伤,失去密封作用。有统计数据表明,液压系统中的70%~80%的故障都是由液压油被污染引起的。因此，保证液压油洁净，对液压系统的正常工作起着非常重要的意义。滤油器的功能就是过滤掉混在油液中的杂质，让油液干净、清洁，从而保证液压系统稳定、可靠地工作。滤油器也称过滤器，在液压系统中得到了广泛应用。

6.5.1 滤油器的主要性能参数

滤油器的主要性能参数有过滤精度、纳垢容量和压差特性。

1）过滤精度

过滤精度是指滤油器（或过滤材料）能有效滤除的最小颗粒尺寸。它以颗粒直径 d 的公称尺寸 μm 表示，尺寸越小，其精度越高。过滤精度是选择滤油器时首先要考虑的一个指标。它直接决定系统油液所能达到的清洁度水平。过滤精度选用的原则是使所过滤污物颗粒的尺寸要低于液压元件密封间隙尺寸的1/2。系统压力越低，液压件内相对运动零件的配合间隙越大，需要的滤油器过滤精度也就越低。常见液压系统的过滤精度的要求见表6.5。

表6.5 常见液压系统滤油器过滤精度表

系统类型	润滑系统	传动系统			伺服系统
工作压力 p/MPa	0～2.5	<14	$14<p<21$	>21	≤21
过滤精度 d/μm	≤100	25～50	≤25	≤10	≤5

2）纳垢容量

油液中的颗粒污染物被滤油器截留，污物逐渐增多，压差逐渐增大。当压差增大到规定值时，必须立即更换滤芯。滤芯能容纳的颗粒污染物总质量单位（g），即纳垢容量。滤油器的寿命越长，滤油器需要的纳垢容量越大。

3）压差特性

油液流经滤油器时，必然产生压力损失。在滤油器的出口和入口之间存在一定的压差，污染物在滤芯积累，其压差逐渐增高。影响滤油器压差特性的因素有过滤面积、过滤精度和油液黏度等。滤油器的过滤精度越高，压差越大，油液的黏度增加，压差也增加。

6.5.2 滤油器的类型

滤油器按过滤材料的过滤原理，可分为表面型滤油器、深度型滤油器和磁性滤油器3种类型。表面型滤油器有网式滤油器和线隙式滤油器。深度型滤油器通常为纸芯式滤油器。下面介绍常见的滤油器。

1）网式滤油器（滤油网）

网式滤油器是在骨架上包裹一层或两层铜丝网作为过滤材料，去除杂质颗粒 $d>0.08$～0.188 mm，其精度较低，压力损失小。压力损失通常不超过0.01 MPa。网式滤油器通常安装在液压泵的吸油口处，保护液压泵不受大颗粒杂质的损坏。网式滤油器需要经常清洗，安装时要注意拆装。网式滤油器的结构如图6.14所示。

2）线隙式滤油器

如图6.15所示为线隙式滤油器。它由铜线或铝线缠绕在滤芯架外端构成滤芯。工作时，油液从孔 a 进入滤油器内腔，经金属线间的间隙和骨架上的孔眼进入滤芯内部，然后由孔 b 流出。线隙式滤油器的过滤精度取决于金属丝螺旋间的间隙的大小，线隙式滤油器滤除的杂质

颗粒 $d>0.03\sim0.1$ mm，压力损失为 0.07 ~ 0.35 MPa，可以用在液压泵的吸油口处或回油压力低于 2.5 MPa 的低压管路中，其结构简单，但是滤芯的强度不高，不容易清理。

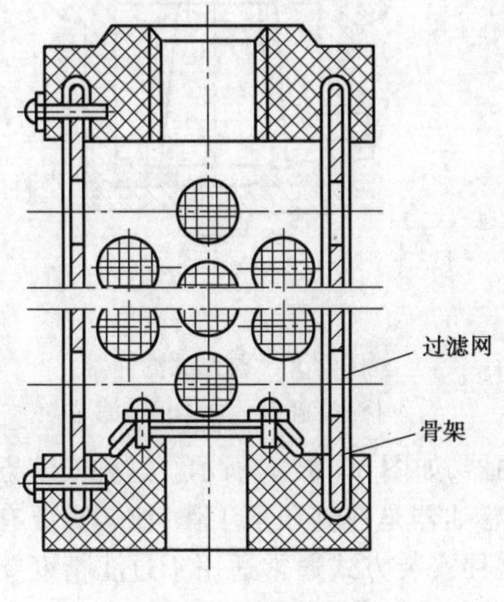

图 6.14　网式滤油器

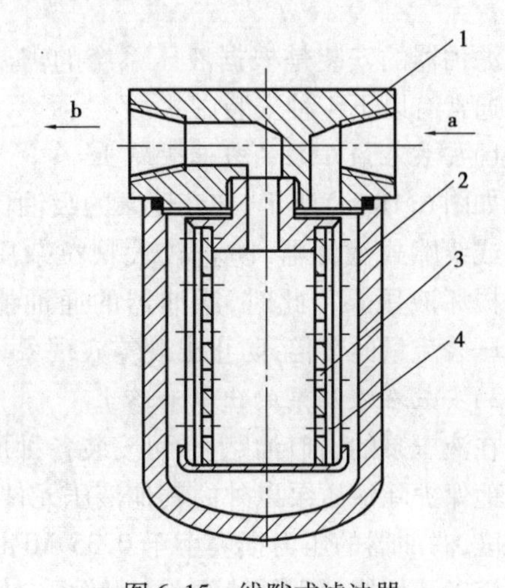

图 6.15　线隙式滤油器

1—端盖；2—壳体；3—骨架；4—金属绕线

3）纸芯式滤油器

纸芯式滤油器一般适用于精过滤系统。其滤芯材料为酚醛树脂或开有微孔的木浆纸。纸芯一般都做成 V 形折叠式，其厚度为 0.35 ~ 0.7 mm。纸芯安装在骨架上，油液从滤芯外面经滤纸进入滤芯内部，然后从孔道流出，杂质由纸芯过滤掉。纸芯式滤油器的优点是过滤精度高，通油能力好；其缺点是强度较低，滤芯堵塞后无法清洗，必须定期更换，为一次性产品。纸芯式滤油器的结构如图 6.16 所示。

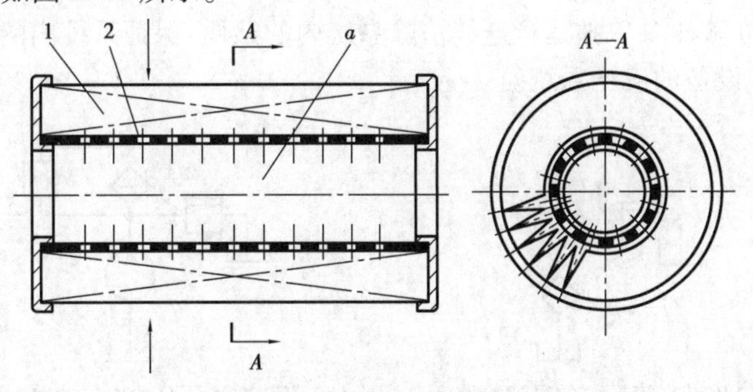

图 6.16　纸芯式滤油器

1—滤纸；2—骨架

纸芯式滤油器的滤芯承受压力较小，为防止纸芯压差增加而压破纸芯，保证滤油器能正常工作，通常在纸芯式滤油器上都装有检测滤芯是否堵塞的装置。

4）烧结式滤油器

如图 6.17 所示为烧结式滤油器的结构图。其滤芯是由青铜粉末烧结而成，利用烧结体颗粒间的缝隙进行过滤。工作时，压力油从孔 a 进入，经铜颗粒之间的小孔进入滤芯内部，从孔 b 流出。烧结式滤芯的优点是过滤精度高、强度大、抗腐蚀性强、制造简单，并能在较高温度下工作；其缺点是难以清洗，金属颗粒易脱落，而且一旦脱落就是系统新的污染物。烧结式滤油器一般应用于需要精过滤的场合。

6.5.3　滤油器在液压系统中的安装

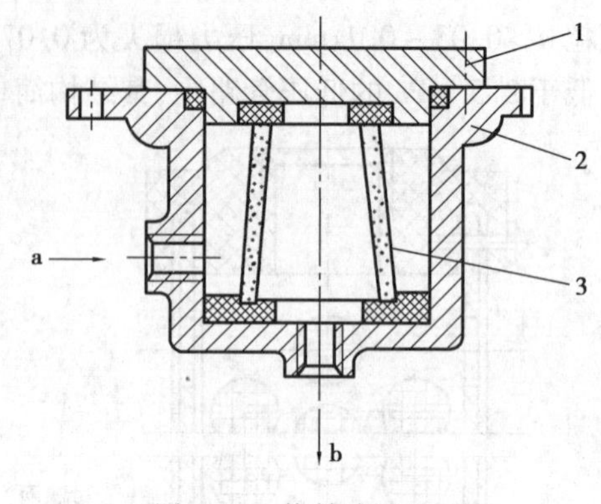

图 6.17　烧结式滤油器

1—端盖;2—壳体;3—滤芯

滤油器的安装是根据液压系统的需要而确定的。通常有以下 4 种安装方式:

1)安装在液压泵的吸油管路上

如图 6.18(a)所示,在液压泵的吸油口处安装网状或线隙式滤油器,防止较大颗粒杂质进入液压泵损坏液压泵。此时,滤油器的通油能力应大于液压泵流量的 2 倍,防止出现空穴现象。

2)安装在液压泵的出口油路上

在液压泵的出口油路上,可安装各种形式的滤油器,如图 6.18(b)所示。这种安装方式可有效地保护除液压泵以外的其他液压元件。但由于滤油器是在高压下工作,滤芯需要有较高的强度,滤油器的压力损失小于 0.35 MPa。因此,这种安装方式通常适用于过滤精度要求高的系统以及伺服阀和调速阀前,以确保它们正常工作。

3)安装在回油路上

如图 6.18(c)所示,滤油器安装在回油管路上。这样,可过滤掉油液流入油箱以前的污染物,即滤掉液压元件磨损所产生的颗粒物或管壁氧化层的脱落物,保证液压油的清洁。由于回油压力较低,因此,可采用滤芯强度低的滤油器。为了防止污物堵塞油路,通常可安装堵塞检测装置。

4)单独过滤

如图 6.18(d)所示,用一个专用滤油器和单独的一个液压泵组成一个独立于液压系统之外的过滤回路,独立液压泵单独运行连续清除系统内的杂质,保证系统内的清洁。这种安装方式适用于大型机械设备的液压系统。

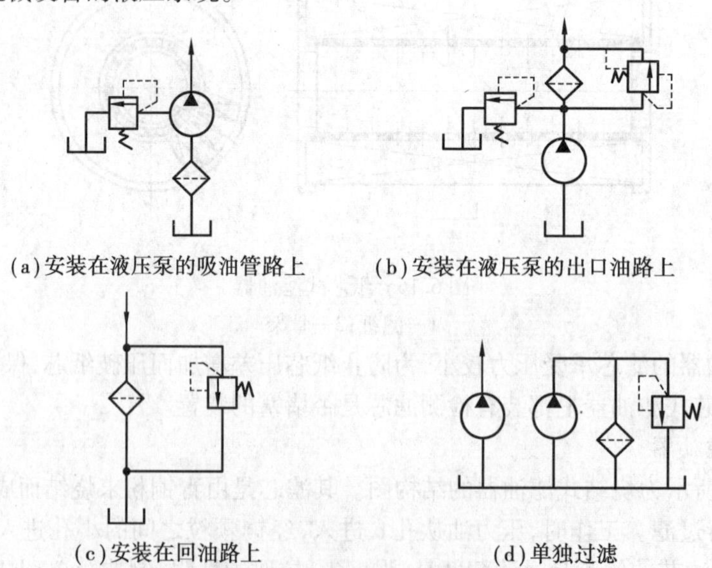

(a)安装在液压泵的吸油管路上　　(b)安装在液压泵的出口油路上

(c)安装在回油路上　　(d)单独过滤

图 6.18　滤油器的安装位置

6.6　油　箱

油箱在液压系统中主要用来储存液压系统所需的足够油液，散发液压系统在工作过程中产生的一部分热量，析出油液中的空气以及沉淀物。通常将液压泵和一些元件安装在油箱顶部，使液压系统结构紧凑。

6.6.1　油箱的分类

油箱按液压油的液面是否与大气相通，可分为开式油箱和闭式油箱两种。

1)开式油箱

开式油箱中的油液与大气直接相通，是目前应用最广泛的油箱。开式油箱分为整体式油箱和分离式油箱两种。整体式油箱是利用主机的底座作为油箱，具有结构紧凑、占用空间小、设备外观美观以及容易回收液压元件的泄漏等特点。但是，整体散热性能差，维修不便，油温的升高和降低都可能导致机件变性，影响主机的加工精度和性能。分离式油箱占用空间大，由于单独建立了一个供油泵站，油箱与主机分离，但油箱的散热性、可维修性均优于整体式油箱。因此，目前液压设备基本上都采用分离式油箱。油箱的结构如图6.19所示。

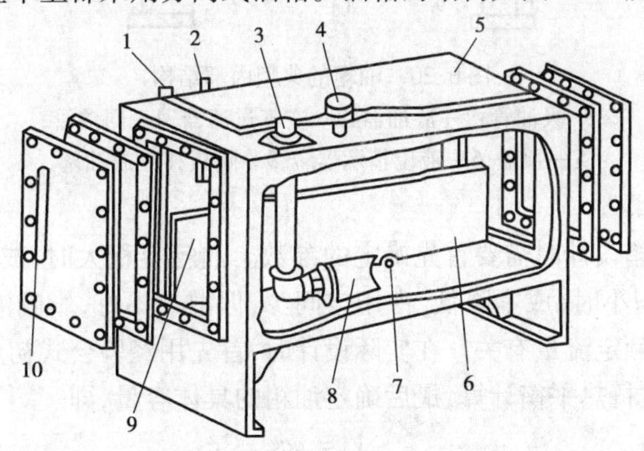

图6.19　油箱结构示意图

1—回油管；2—泄油管；3—吸油管；4—空气滤清器；5—安装板；
6—隔板；7—放油口；8—滤油器；9—清洗窗；10—液位计

2)闭式油箱

闭式油箱中的油液与大气不相通。闭式油箱适用于粉尘污染较严重的场合。它有隔离式和充气式两种。隔离式油箱利用折叠器或挠性隔离器，保证液面上的压力为大气压，同时有效避免空气中的粉层混入油液中。充气式油箱也称压力油箱，油箱被完全封闭，通入压缩空气，使箱内压力高于外界压力。闭式油箱多用于车辆及行走设备。

6.6.2　油箱的典型结构

如图6.19所示为分离式开式油箱的结构图。箱体通常采用厚度为2.5～4 mm的钢板焊接而成。油箱顶部需要安装电动机、液压泵、集成块等。为了增加承载能力，钢板需要加厚。

隔板 6 将油箱内部的液压泵的吸油管 3 与回油管 1 隔离开，防止回油路上回到油箱的沉淀杂物以及泡沫重新进入液压回路。油箱侧面装有液位指示器用以标示油量；油箱底部装有放油塞用以换油时排油和排污。

6.6.3 油箱的设计

油箱属于非标准件。液压系统通常需要根据具体情况设计油箱。油箱的设计通常涉及油箱的容量、结构、散热等问题。油箱的典型内部结构如图 6.20 所示。

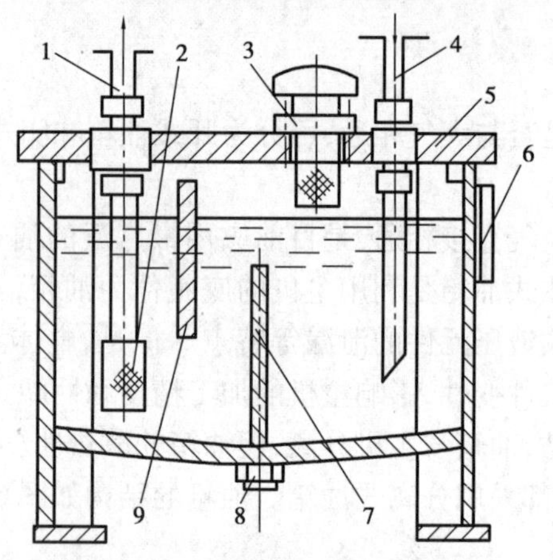

图 6.20 油箱的典型内部结构

1—吸油管；2—滤油器；3—空气过滤器；4—回油管；
5—顶盖；6—液位指示器；7，9—隔板；8—放油塞

1）油箱容量的估算

油箱的容量是油箱设计时需要首先确定的参数。油箱容积大时，成本增加，占用空间大，散热效果好；油箱容积小时，成本降低，占用空间少，但散热不好，影响液压系统的正常工作。油箱的容量与液压泵额定流量有关。在实际设计时，首先用经验公式初步确定油箱的容量，并考虑散热问题，然后进行热平衡计算，最后确定油箱的具体容量，即

$$V = cq \tag{6.3}$$

式中 V——油箱的容积，L；

q——液压系统的总额定流量，L/min；

c——系数，min，高压系统 $c = 6 \sim 12$ min，中压系统 $c = 5 \sim 7$ min，低压系统 $c = 2 \sim 4$ min。

2）油箱设计时的注意事项

确定油箱容积后，可进行油箱的结构设计。设计时，需要注意以下 7 点：

①在泵的吸油管路上，应安装滤油器，并采取容易取出滤油器的安装方式；需要有足够的通流能力，滤油器与箱底之间要有一定的距离（应不小于 20 mm），以防止液压泵吸入底部的沉淀；滤油器不允许露出油面，以防止液压泵卷吸空气，产生噪声。

②油箱底部应有倾斜度，箱底最低处要设置放油塞。为了清洗方便，大油箱应在侧面设计清洗窗孔。

③新油箱内壁表面做喷丸、酸洗和表面清洗处理后，可涂一层塑料薄膜或耐油清漆。

④如果油箱是用不锈钢加工而成，可不必涂层。

⑤必须用隔板隔开油箱吸油区与回油区，增加油液循环的距离，让油液具有足够的时间分离气泡、沉淀杂质。隔板高度通常取油面高度的3/4。

⑥系统的泄油管应尽量单独接入油箱，其中各控制阀的泄油管应在液面之上，避免产生背压。

⑦大中型油箱可设置起吊钩或起吊孔。具体尺寸参见相关资料及设计手册。

思考与练习

简答题

1. 常用的密封装置有哪些？它们各具备哪些特点？它们主要用于液压元件哪些部位的密封？

2. 蓄能器的种类有哪些？安装使用时，应注意哪些问题？

3. 在什么情况下需设置加热器和冷却器？

4. 滤油器有哪几种类型？它们各有什么特点？

5. 油管和管接头有哪些类型？它们适用于什么场合？接头处是如何密封的？油管安装时，应注意哪些问题？

第7章 液压基本回路

任何一个液压系统都是由液压基本回路组成的。所谓液压基本回路,是能实现某种特定功能的液压元件的组合。按液压回路在液压系统中的作用和功能,液压基本回路可分为4种类型:方向控制回路,控制执行元件的运动方向的变换和锁停;压力控制回路,控制整个系统或局部油路的工作压力;速度控制回路,控制和调节执行元件的速度;多执行元件控制回路,控制几个执行元件相互间的工作循环。

本章主要介绍液压系统中最常见的液压基本回路。熟悉和掌握它们的组成、功能、性能及应用是分析、设计和使用各种液压系统的基础。

7.1 方向控制回路

通过控制进入执行元件液流的断开、接通或改变方向实现执行元件的停止、启动或换向的回路,称为方向控制回路。常见的方向控制回路有换向回路、锁紧回路和制动回路。

7.1.1 换向回路

1)简单换向回路

(1)采用二位换向阀的简单换向回路

活塞杆依靠弹簧或重力返回的单作用液压缸,可采用二位三通换向阀进行换向。当电磁铁得电,二位三通电磁换向阀右位接入,液压油进入左缸,活塞杆快速伸出;当电磁铁失电,换向阀左位接入,液压泵输入的液压油通过溢流阀流回油箱,活塞杆在弹簧的作用下向左运动,如图7.1所示。

(2)采用三位换向阀的换向回路

自动化程度要求较高的液压系统普遍采用行程开关控制配合三位换向阀构成的换向回路。如图7.2所示,当1YA通电,2YA失电时,电磁阀左位工作,液压油进入左腔,活塞杆向右移;当活塞杆上的挡块触动行程开关2ST时,1YA失电,2YA通电,电磁阀右位工作,液压油进入液压缸右腔,活塞杆向左移动;当活塞杆上的挡块触碰行程开关1ST时,1YA通电,2YA断电,系统进入下一次循环。当1YA和2YA都断电,三位换向阀处在中位,活塞杆停止运动。

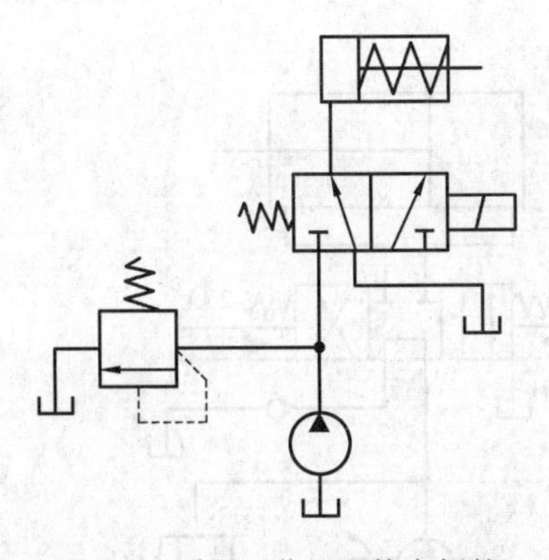

图 7.1　采用二位三通换向阀的简单换向回路

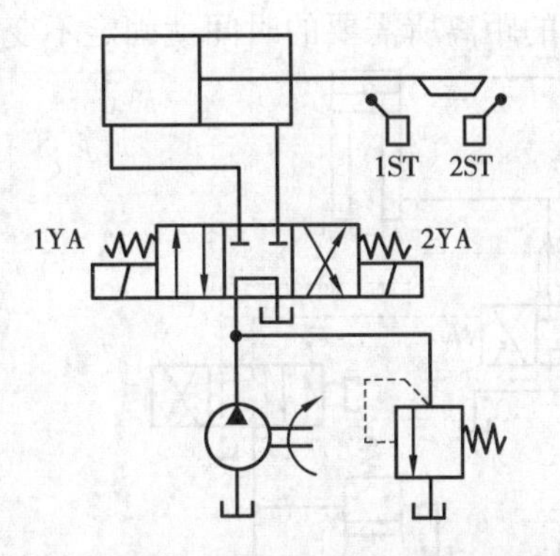

图 7.2　利用三位阀控制的换向回路

液压基本换向回路

(3)采用先导阀控制液动换向阀的换向回路

对换向平稳性要求较高和流量较大的场合,采用电磁换向阀的换向回路已不能满足上述要求,可采用手动换向阀或机动换向阀作先导阀,主阀是大流量液动换向阀构成的换向回路。如图 7.3 所示,回路中泵 1 为主泵,泵 2 为提供低压控制油的辅助泵,通过手动式先导阀 3(三位四通阀)来控制液动换向阀 4 的阀芯移动,实现主油路的换向。当阀 3 工作在右位时,控制油进入阀 4 的左端,右端的油液回油箱,使阀 4 左位接入回路,主泵 1 提供压力油推动活塞下移。当阀 3 在左位工作时,辅助泵 2 输出液压油达到阀 4 右端推动阀 4 的阀芯向左移动,右位接入系统,泵 1 输出的液压油推动活塞向上退回。当阀 3 处在中位时,阀 4 两端的控制油通油箱,在弹簧力的作用下阀芯回复到常位,主泵 1 通过 M 型的中位机能卸荷。这种换向回路通常用于大型压力机。

在工业现场,也有采用电液动换向阀的换向回路。其原理图如图 7.4 所示。电液动电磁换向阀的结构也由先导阀和主阀构成,先导阀是电磁阀,主阀是液动阀,当电磁铁 1YA 通电、2YA 断电时,三位四通电磁阀左位工作,控制油路的压力油推动液动换向阀的阀芯右移,主阀即液动换向阀也处于左位工作,液压泵输出的液压油经液动换向阀的左位进入液压缸左腔,推动活塞右移;当 1YA 断电、ZYA 通电时,三位四通电磁阀右位工作,控制油路的压力油推动液动换向阀的阀芯左移,液动换向阀右位接入回路,液压泵输出的液压油经换向阀的右位进入液压缸右腔,推动活塞杆向左移动;当 1YA 和 2YA 都失电时,三位四通电磁先导阀在弹簧的作用下恢复到中位工作,主阀也在弹簧的作用下恢复到常位工作,液压油通过 M 型中位机能回到油箱,活塞杆停止运动。电液动换向阀的先导阀的控制油可取主油路的油,也可单独供油。

2)复杂换向回路

(1)时间控制制动式换向回路

时间控制制动式换向回路是回路接收到控制信号到执行,其时间是可精确控制的一种回路,具有换向快但精度不高、液压冲击较大的特点。时间控制制动式换向回路的典型应用是在平面磨床的液压控制系统中。时间控制制动式换向回路如图 7.5 所示。在图示位置,液压缸的左腔进油,右腔回油经过节流阀 1 流回油箱。当先导阀 2 的阀芯位于左端时,控制油路中的液压油经过单向阀 I_2 作用于阀 3 的右端,阀 3 左端的液压油经过节流阀 J_1 流回油箱,阀 3 的阀芯向左运动,阀芯右侧的锥面逐渐关小回油通路,活塞的运动速度逐渐减小,在阀 3 的阀芯移过距离 l 后将回油通道关闭,使活塞停止运动。在节流阀 J_1 和 J_2 的开口大小固定后,换向

阀阀芯移动长度为 l 的距离所需要的时间就固定不变。

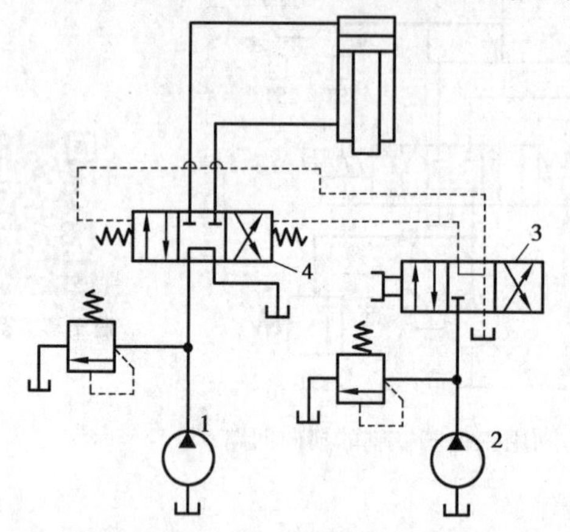

图 7.3 先导阀控制液动换向阀的换向回路

1—主泵;2—辅助泵;3—手动式先导阀;4—液动换向阀

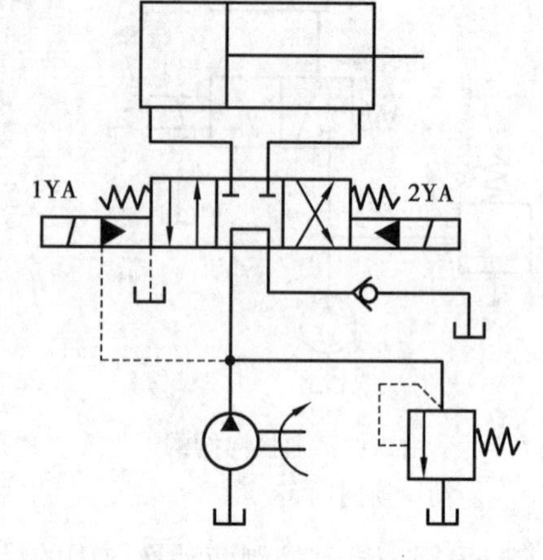

图 7.4 采用电液动换向阀的换向回路

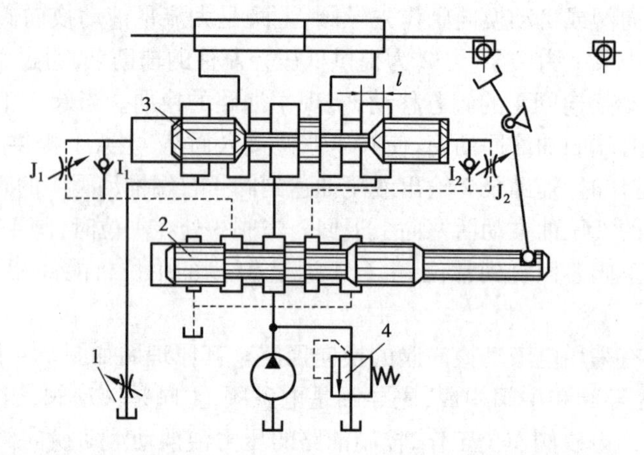

图 7.5 时间控制制动式换向回路

1—节流阀;2—先导阀;3—换向阀;4—溢流阀

(2)行程控制制动式换向回路

行程控制制动式换向回路如图 7.6 所示。在图示位置,液压油通过换向阀 3 进入液压缸左缸,液压缸右缸的液压油通过换向阀 3、先导阀 2、节流阀 4 流回油箱,此时活塞杆推向右运动。当活塞杆运动到最右端的极限位置时,活塞杆碰到挡块,通过杠杆的作用,先导阀的阀芯向左运动,通过长度为 l 的封油长度以后,液压泵的出口压力油通过先导阀 2 右边,达到换向阀 3 的右腔推动主阀芯向左运动,液压缸的左缸通过换向阀 3 的左边经过先导阀 2 在通过节流阀 4 回油到油箱。这种回路的换向冲击小,精度较高,但由于先导阀的制动行程恒定不变,制动时间的长短受执行件运动速度快慢的影响。因此,该回路适合于系统主机运动速度不高但换向精度要求较高的场合,如外圆磨床的液压系统中。

3)双向变量泵组成的换向回路

双向变量泵组成的换向回路如图 7.7 所示。单杆活塞液压缸 4 是执行元件,当活塞杆向左运动时,由于排油量大于进油量,双向变量泵 1 进油口多余的油液通过二位二通阀 5 和溢流阀 3 流回油箱;改变双向变量泵 1 的供油方向时活塞向右运动,其进油量大于排油量,双向变量泵1进油口油液不足,此时由辅助泵2通过单向阀7来补充。溢流阀3和8既可保证活塞运动平稳,又可让活塞向右或向左运动时泵吸油侧有一定的吸入压力,溢流阀6是整个系统的安全阀。双向变量泵组成的换向回路利用双向变量泵输油方向改变实现液压缸或液压马达的换向。这种换向回路较平稳,多用于门刨床液压系统、拉床液压系统等大功率的液压系统。

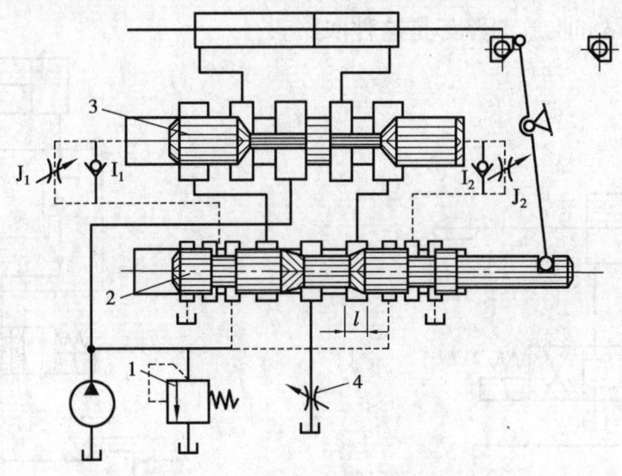

图7.6　行程控制制动式换向回路

1—溢流阀;2—先导阀;3—换向阀;4—节流阀

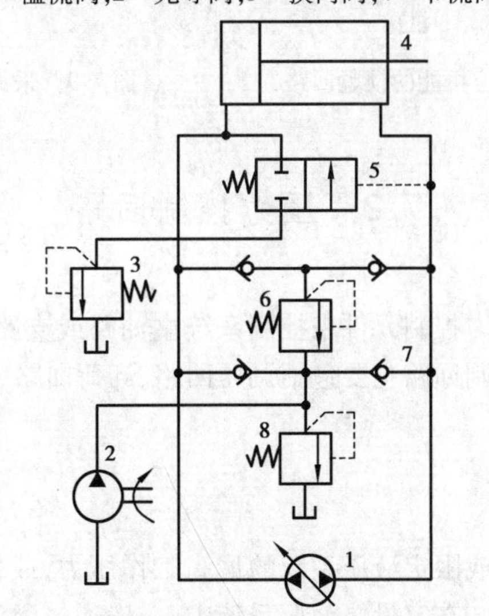

图7.7　双向变量泵构成的换向回路

1—双向变量泵;2—辅助泵;3,6,8—溢流阀;4—液压缸;5—二位二通阀;7—单向阀

7.1.2　锁紧回路

锁紧回路的功能是通过切断执行元件的进出油通道,让执行元件停留在任意位置,防止在受力的情况下发生移动。为了使工作部件能在任意位置上停留,通常采用O型或M型机能的三位换向阀。

如图7.8所示为利用三位换向阀的中位机能的锁紧回路。该锁紧回路结构简单,不需要其他装置即可实现液压缸的锁紧。但是,由于换向阀的阀芯为滑阀结构存在泄漏,锁紧精度较差。因此,该回路适用于锁紧精度要求不高、停留时间不长的液压系统中。

如图 7.9 所示为采用液控单向阀的锁紧回路。在液压缸的进回油路中都串接液控单向阀,由于单向阀为线密封,活塞可在行程的任意位置长期锁紧。因此,其锁紧精度只受液压缸的泄漏和油液的压缩性能的影响。这种锁紧回路的换向阀的中位机能通常采用 H 型或 Y 型。飞机起落架的支腿回路和收放油路都是这种回路。

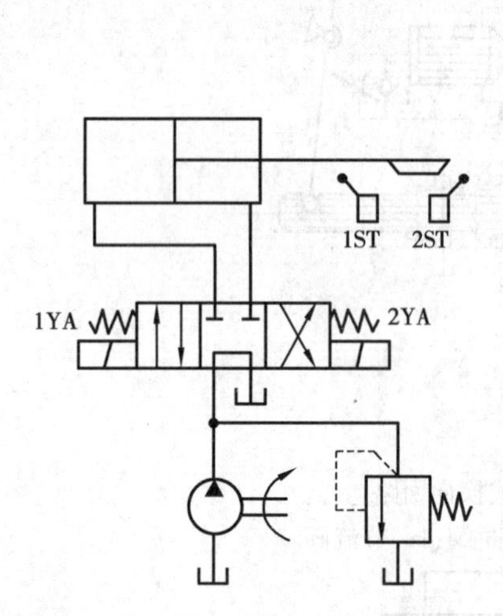

图 7.8　利用三位换向阀中位机能的锁紧回路

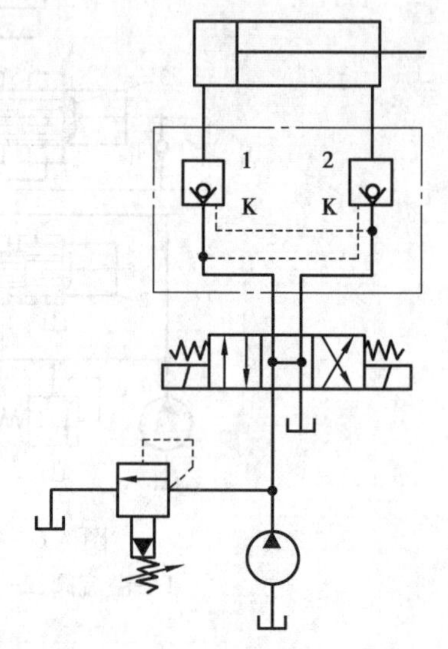

图 7.9　采用液控单向阀的锁紧回路

7.2　压力控制回路

压力控制回路是利用压力控制元件来控制系统主油路或支路的油液压力,使执行元件获得所需的力或转矩。压力控制回路主要包括调压回路、卸荷回路、减压回路、增压回路、平衡回路及保压回路。

7.2.1　调压回路

调压回路的功能是调定或限定液压系统的最高工作压力,或使执行元件在工作过程中的不同阶段实现多级压力变换。在定量泵液压系统中,一般通过溢流阀来调节和限定液压泵的工作压力。在变量泵系统中,用安全阀来限制系统的最高安全压力。若系统在不同的工作阶段内需要有不同的工作压力,则可采用二级或多级调压回路。

1)单级调压回路

如图 7.10(a)所示,溢流阀 2 旁接在定量液压泵 1 的出口构成单级调压回路。通过调节溢流阀 2 的调定压力,就可调整泵 1 的工作压力。当溢流阀的调定压力确定后,定量泵的最高工作压力就限定在溢流阀的工作压力,从而实现对液压系统进行调压和稳压控制。如果泵 1 更换为变量泵,此时溢流阀将作为安全阀来使用。当液压泵的工作压力低于溢流阀的调定压力时,溢流阀不工作;当系统出现故障时,液压泵的工作压力一旦上升到溢流阀的调定压力,溢流阀开启,将液压泵的工作压力限制在溢流阀的调定压力附近,保护液压系统不会因压力过载而受到破坏。

2)二级调压回路

二级调压回路是可实现两种最高工作压力的控制回路。它通常由液压泵、先导式溢流阀、二位二通电磁换向阀、直动式溢流阀等组成,如图7.10(b)所示。当二位二通电磁换向阀3的电磁铁失电时,系统压力由溢流阀2调定;当换向阀3电磁铁通电时,直动式溢流阀4接入回路,如果直动式溢流阀4的调定压力低于溢流阀2的调定压力,系统压力由溢流阀4调定,如果直动式溢流阀4的调定压力高于溢流阀2的调定压力,系统压力由溢流阀2调定。

3)多级调压回路

如图7.10(c)所示为三级调压回路,系统的三级压力分别由溢流阀1,2,3调定。当电磁铁1YA,2YA均断电时,系统压力由先导式主溢流阀1调定。当1YA通电、2YA断电时,溢流阀2调定系统压力。当1YA断电、2YA通电时,溢流阀3接入回路,系统压力由阀3调定。在多级调压回路中,溢流阀2和溢流阀3的调定压力要低于主溢流阀1的调定压力,而阀2的调定压力与阀3的调定压力之间没有确定的关系,阀2的调定压力可高于阀3,也可低于阀3。

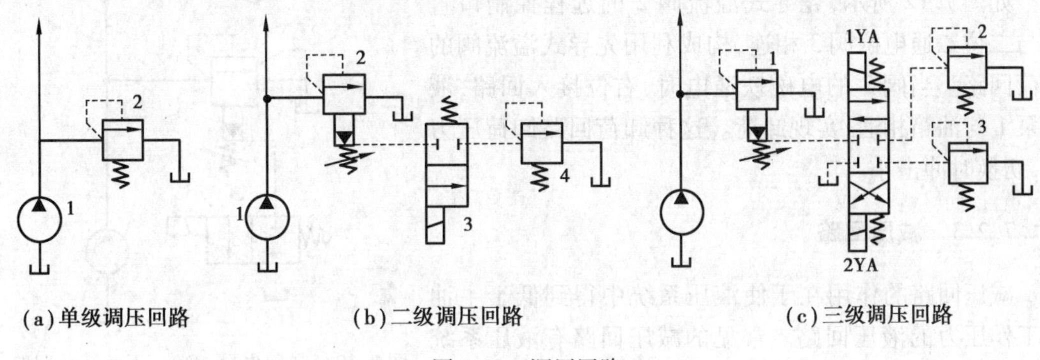

图7.10　调压回路

7.2.2　卸荷回路

卸荷回路是执行元件短时间不工作时,不关闭液压泵的原动机,使液压泵在输出功率为零或接近于零的状态下工作的一种回路。液压泵的输出功率等于压力和流量的乘积。因此,卸载的方法有两种:一是让液压泵的出口直接接回油箱,液压泵在接近于零压或零压下工作,也称压力卸载;二是让液压泵的输出流量为零或接近于零,称为流量卸载。流量卸载适合于变量泵。常见的压力卸荷方式有以下3种:

1)用换向阀中位机能实现卸荷回路

利用中位机能为M型、H型或K型的三位四通换向阀,当左右电磁铁失电时,液压泵输出的液压油经换向阀的进油口P直接到回油口T而卸荷。如图7.11(a)所示为利用M型三位换向阀中位机能的卸荷回路。这种回路在切换时压力冲击小,但回路中必须设置背压阀,以使系统能保持0.3 MPa左右的压力,供操纵控制油路用。

2)利用两位两通换向阀的卸荷回路

如图7.11(b)所示,当液压泵出油口左侧的两位两通换向阀电磁铁断电,左位工作时,液压泵与油箱直接连通,实现压力卸荷。

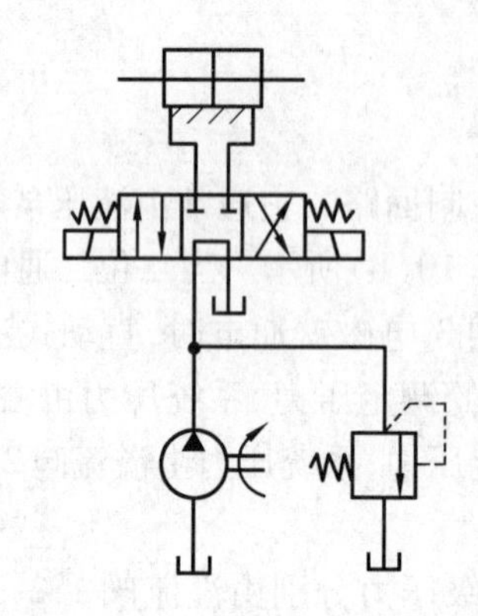

(a)利用M型三位换向阀中位机能的卸荷回路

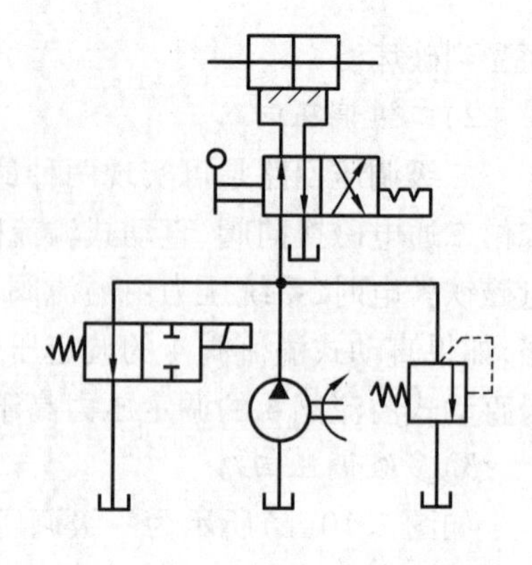

(b)利用两位两通换向阀的卸荷回路

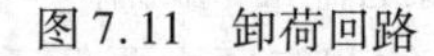

图 7.11　卸荷回路

3)利用先导式溢流阀的卸荷回路

如图 7.12 所示,先导式溢流阀 2 的远程控制口直接与二位二通电磁阀 3 相连,构成利用先导式溢流阀的卸荷回路。当阀 3 的电磁铁通电时,右位接入回路,液压泵 1 与油箱相通,实现卸荷。这种卸荷回路卸荷压力小,切换时冲击小。

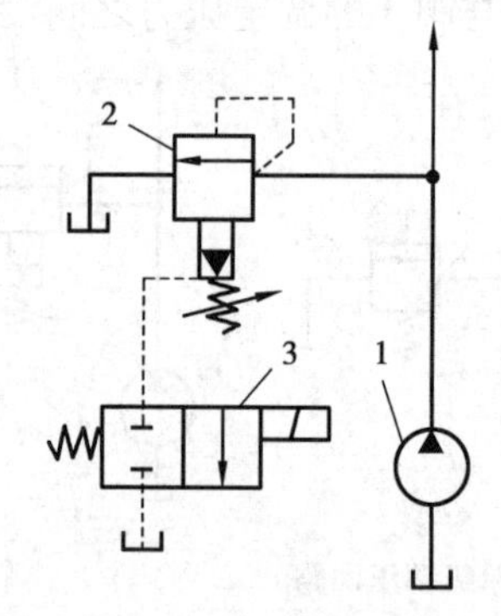

图 7.12　利用先导式溢流阀的卸荷回路
1—液压泵;2—先导式溢流阀;
3—二位二通电磁阀

7.2.3　减压回路

减压回路的作用在于使液压系统中得到低于主油路工作压力的液压回路。常见的减压回路有液压系统的控制回路、导轨润滑、机床的工件夹紧装置等。最简单的减压回路是在所需的低压回路上串联一个定值减压阀,如图 7.13(a)所示。回路中的单向阀的作用是在负载降低(低于减压阀调整压力)时,防止油液倒流,起短时保压作用。这种回路也称单级减压回路。

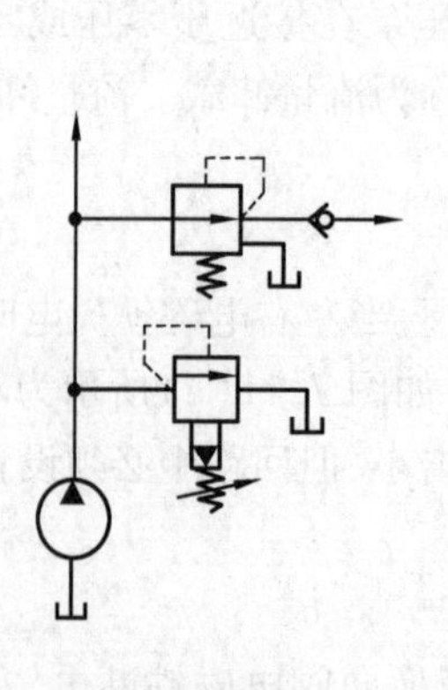

(a)单级减压回路

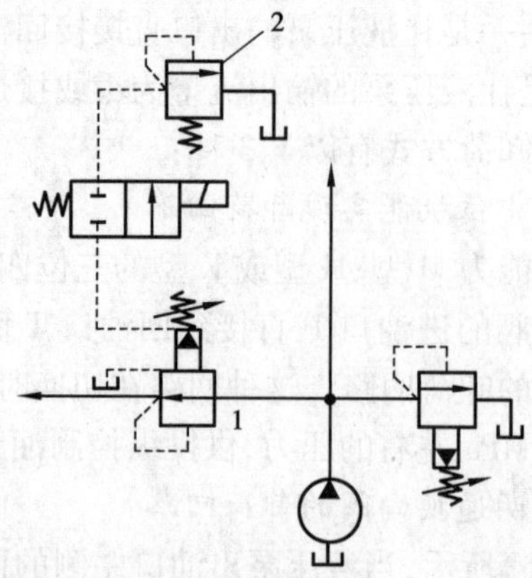

(b)二级减压回路

图 7.13　减压回路
1—先导式减压阀;2—远程调压阀

在工业现场中,两级或多级减压回路液压应用得非常广泛。如图7.13(b)所示为用于工件夹紧的二级减压回路。回路中利用先导式减压阀1的远程控制口接一个远程调压阀2,二位二通电磁换向阀断电时,系统减压支路的工作压力由减压阀限定,当二位二通电磁换向阀得电时,电磁换向阀右位接入回路,减压阀的工作压力由溢流阀2控制。为了使减压回路正常稳定工作,减压阀的最低调整压力必须大于0.5 MPa,最高调整压力至少应比系统工作压力低0.5 MPa。当减压回路中的执行元件需要调速时,调速元件应放在减压阀的后面,以防止减压阀泄漏对执行元件的速度产生影响。

7.2.4　增压回路

增压回路是使液压系统得到比主油路压力更高的二次压力的一种回路。在液压系统中,可利用压力较低的液压泵或压缩空气得到较高的二次压力,实现压力增高的主要元件是增压器或增压缸。

1)单作用增压缸的增压回路

单作用增压缸的增压回路如图7.14(a)所示。单作用增压缸的结构有大小两个活塞,并由一根活塞杆连接在一起。它适用于单向作用力大、行程小、作用时间短的场合,如离合器、制动器等。当换向阀处在右位时,增压缸输出的压力为 $P_b = P_a A_a / A_b$ 的压力油进入工字缸B;当换向阀处在左位时,工作缸B依靠工作缸6的弹簧回程,高位油箱通过单向阀5向增压缸补油。

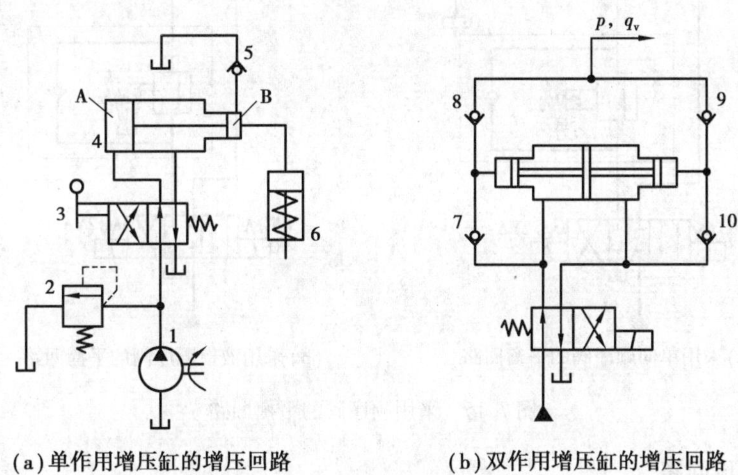

(a)单作用增压缸的增压回路　　(b)双作用增压缸的增压回路

图7.14　增压回路

1—液压泵;2—溢流阀;3—手动换向阀;4—增压缸;

5,7,8,9,10—单向阀;6—工作缸

2)双作用增压缸的增压回路

如图7.14(b)所示为双作用增压缸的增压回路。它能连续输出高压油,适用于增压行程较长的场合。当活塞处在图示位置时,电磁换向阀左位工作,液压泵输出的压力油通过换向阀左位进入增压缸左端的大小油腔,推动活塞右移,在右腔产生高压,高压油通过单向阀9向油路提供高压油,此时单向阀8,10被封闭;当二位二通电磁换向阀电磁铁得电时,右位接入回路,液压油进入增压缸的右端,推动活塞向左运动,油液经单向阀8输出,此时单向阀7,9被封闭。

7.2.5 平衡回路

平衡回路的作用在于使执行元件的回油路上保持一定的背压值,以平衡活塞杆或工作台的重力,使之不会因为自重而自行滑落或在下行运动中超速而使运动不平稳。

1)采用单向顺序阀的平衡回路

采用单向顺序阀的平衡回路如图7.15(a)所示。当电磁铁1YA得电、2YA失电后活塞下行时,油液通过单向顺序阀回到油箱,回油路上就存在一定的背压;背压的大小能支承住活塞和与之相连的工作部件的自重即可,此时活塞即可平稳地下落。当换向阀处于中位时,活塞停止运动。这种回路在顺序阀的调整压力调定后,如果工作负载减小,系统的功率损失增加,其次因顺序阀的阀芯为滑阀结构,存在泄漏,活塞无法长时间停留在任意位置,这种回路适用于工作负载为定值且活塞锁住时定位要求不高的场合。

2)采用液控顺序阀的平衡回路

采用液控顺序阀的平衡回路如图7.15(b)所示。液控平衡阀也称远控平衡阀或限速锁。这种回路具有良好的密封性,能长时间闭锁定位,而且阀口可自动适应不同载荷对背压的要求,这样活塞下降的速度稳定性不受载荷变化的影响。

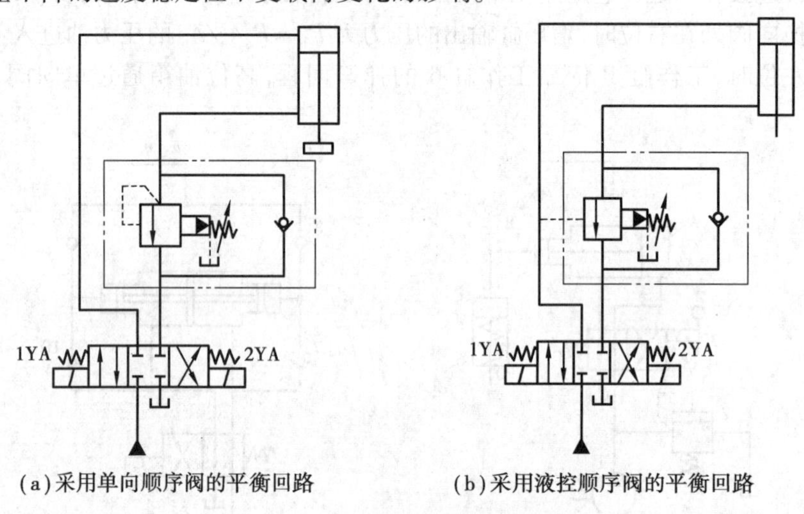

(a)采用单向顺序阀的平衡回路　　(b)采用液控顺序阀的平衡回路

图7.15 采用顺序阀的平衡回路

7.2.6 保压回路

保压回路的功能在于使系统在液压缸不动或在微小位移的工况下保持稳定的压力。保压性能的主要指标是压力稳定性和保压时间。

1)利用液压泵的保压回路

在液压系统需要保压时,可由液压泵直接提供压力。此时,如果采用定量泵则压力油几乎全经溢流阀流回油箱,系统功率损失较大,易发热,故只在小功率的系统且保压时间较短的场合下才使用定量泵保压;如果采用变量泵保压,此时变量泵的压力较高,但输出流量接近于零,因而液压系统的功率损失小。采用变量泵的保压回路能随泄漏量的变化而自动调整输出流量。因此,其效率也较高。

2)采用蓄能器的保压回路

换向阀的左右电磁铁都失电,阀芯在弹簧的作用下恢复到常位,主换向阀在左位工作时,液压缸向右前进并压紧工件,进油路压力升高并达到压力继电器的调定值时,压力继电器发出信号,使电磁阀通电,泵即卸荷,单向阀自动关闭,液压缸则由蓄能器保压。当液压缸压力不足时,压力继电器复位,使泵重新工作。保压时间取决于蓄能器的容量,调节压力继电器的通断调节区间即可调节液压缸压力的最大值和最小值。多缸系统的保压回路如图7.16(b)所示。这种回路在主油路压力降低时,单向阀3关闭,支路由蓄能器4保压,并补偿泄漏。压力继电器5的作用是当支路中的压力达低于预定值时发出信号,使主油路开始供油。

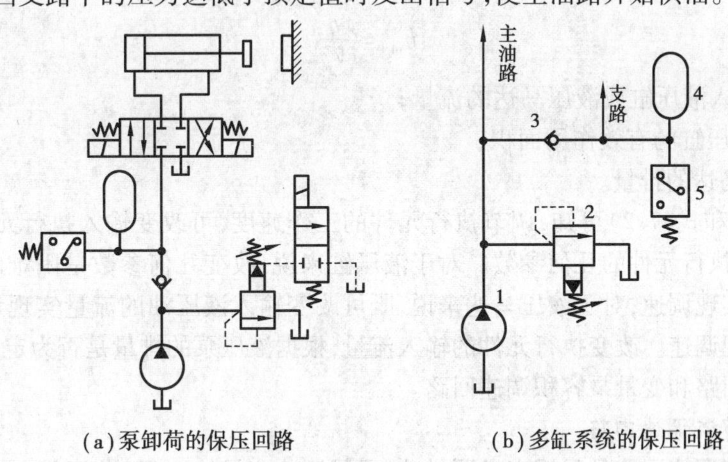

(a)泵卸荷的保压回路　　(b)多缸系统的保压回路

图7.16　利用蓄能器的保压回路

1—液压泵;2—溢流阀;3—单向阀;4—蓄能器;5—压力继电器

3)采用电接触式压力表控制的保压回路

采用电接触式压力表和液控单向阀的自动补油式保压回路如图7.17所示。其工作原理为:当三位四通电磁换向阀的1YA得电、2YA失电时,换向阀右位接入回路,液压泵向系统供油。当压力值上升至电接触式压力表的上限值时,系统发出信号,电磁铁IYA失电,三位四通电磁换向阀阀芯恢复到中位,液压泵卸荷,液压缸由液控单向阀保压。由于液控单向阀的阀芯是线密封,因此,密封效果好。当液压缸上腔压力下降到预定值时,电接触式压力表发出信号,使1YA得电,液压泵再次向系统供油,使压力上升。因此,这种回路能自动使液压缸补充压力油,使其压力能长期保持在一定范围内。

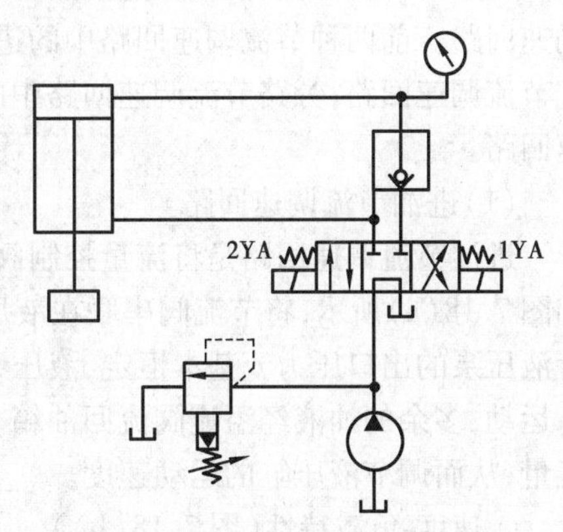

图7.17　自动补油式保压回路

7.3　速度控制回路

速度控制回路是用于控制、调节液压执行元件运动速度的一种液压基本回路。常用的速度控制回路有调速回路、快速运动回路和速度换接回路。

7.3.1 调速回路

在液压系统中,执行元件主要是液压缸和液压马达。执行元件的工作速度与输入的液压油的流量和执行元件的几何参数有关。在不考虑油液压缩性和泄漏的情况下,液压缸的运动速度为

$$v = \frac{q}{A} \tag{7.1}$$

马达的运动转速为

$$n_m = \frac{q}{V_m} \tag{7.2}$$

式中 q——输入液压缸或液压马达的流量;

A——液压缸的有效作用面积;

V_m——马达的排量。

由式(7.1)和式(7.2)可知,调节执行元件的工作速度,可改变输入执行元件的液压油的流量,也可改变执行元件的几何参数。对于液压缸来说,改变几何参数是困难的,最简单的方式是改变流量实现调速;对于液压马达来说,既可改变输入液压油的流量实现调速,也可改变马达的排量实现调速。改变执行元件的输入流量,根据液压泵的排量是否为定量泵,可分为定量泵节流调速回路和变量泵容积调速回路。

1)定量泵节流调速回路

定量泵节流调速回路是采用定量泵供油,通过调节流量控制阀(节流阀和调速阀)的通流截面积大小来改变进入或流出执行元件的流量,以调节其运动速度的回路。根据流量控制阀在回路中的位置不同,节流调速回路可分为进油节流调速回路、回油节流调速回路和旁路节流调速回路。前两种节流调速回路中的进油压力由溢流阀调定而基本不随负载变化,又称定压式节流调速回路;旁路节流调速回路中的进油压力会随负载的变化而变化,又称变压式节流调速回路。

(1)进油节流调速回路

进油节流调速回路是将流量控制阀串联在液压执行元件的进油路上来实现调速的回路。如图7.18(a)所示,将节流阀串联在液压缸的进油路上,溢流阀经常处于溢流状态,因而可保持液压泵的出口压力 p 基本恒定,液压泵输出的油液大部分经节流阀进入液压缸左腔推动活塞运动,多余的油液经溢流阀流回油箱。只要调节节流阀的通流面积,就可调节通过节流阀的流量,从而调节液压缸的运动速度。

①速度-负载特性(图7.18(b))

液压缸在稳定工作时的压力平衡方程为

$$p_1A_1 = p_2A_2 + F \tag{7.3}$$

式中 p_1, A_1——液压缸左腔的压力和有效作用面积;

p_2, A_2——液压缸右腔的压力和有效作用面积;

F——液压缸的负载。

由于液压缸回油腔直通油箱,因此,可认为 $p_2 = 0$ MPa,故进油腔的压力为

$$p_1 = \frac{F}{A_1}$$

经过节流阀的流量为

$$q_1 = KA_T\Delta p^{\frac{1}{2}} = kA_T\left(p_p - \frac{F}{A_1}\right)^{\frac{1}{2}} \tag{7.4}$$

式中 A_T——节流阀的通流面积;

K——节流系数;

Δp——节流阀的前后压差,$\Delta p = P_P - P_1$。

液压缸的运动速度为

$$v = \frac{q_1}{A_1} = \frac{KA_T(p_p - F)^{\frac{1}{2}}}{A_1^{\frac{3}{2}}} \tag{7.5}$$

式(7.3)称为进油节流调速回路的速度-负载特性方程。由式(7.3)可知,液压缸的运动速度 v 与节流阀的通流面积 A_T 成正比。调节 A_T 即可实现无级变速。这种回路的调速范围较大,在 A_T 调定后,速度随负载 F 的增大而减小。根据式(7.3),选用不同的 A_T 值,再绘制二坐标曲线图,可得一组曲线,即进油节流调速回路的速度-负载特性曲线,如图7.18(b)所示。该曲线表示液压缸运动速度随负载变化的规律。

速度随负载变化而变化的程度,表现速度-负载特性曲线的斜率不同,常用速度刚性 k_v 来评定,即

$$k_v = -\frac{\partial F}{\partial v} = -\frac{1}{\tan\theta} \tag{7.6}$$

它表示负载变化时回路阻抗速度变化的能力。由式(7.6)可得

$$k_v = -\frac{\partial F}{\partial v} = \frac{2(p_pA_1 - F)}{v} \tag{7.7}$$

可知,当 A_T 一定时,负载越小,速度刚性越大;当负载一定时,活塞速度越低,速度刚性越大。因此,这种回路只适用于低速、轻载的场合。

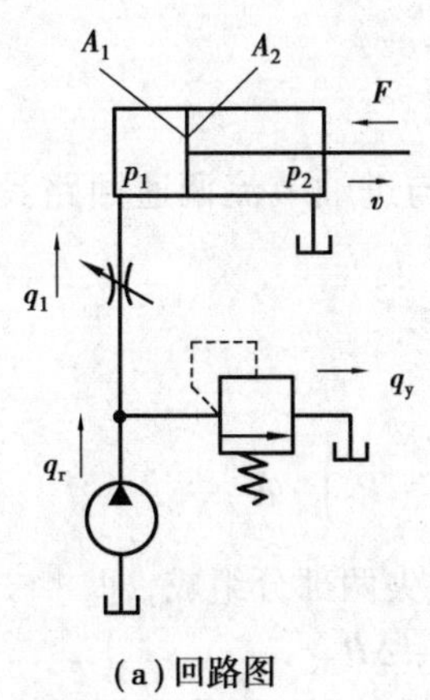

(a)回路图

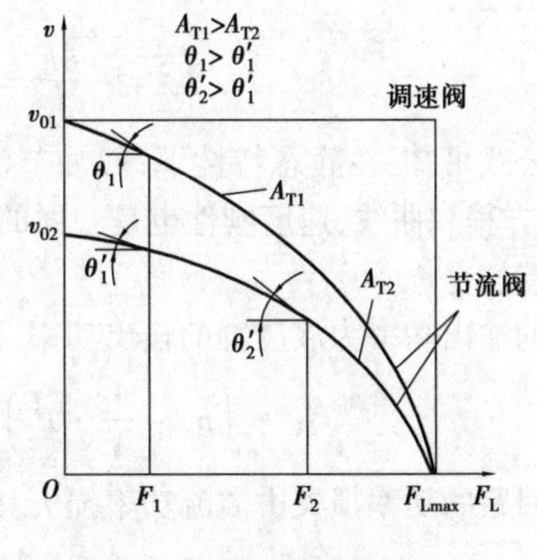

(b)速度-负载特性曲线

图7.18 进油节流调速回路

②功率特性

液压泵的输出功率基本为一定值,即

$$P_p = p_p q_p = \text{常量}$$

液压缸的输出功率为

$$p_1 = Fv = F\frac{q_1}{A_1}$$

系统的功率损失为

$$\Delta p = P_p - P_1 = p_p q_p - p_1 q_1 \tag{7.8}$$

这种调速回路的功率损失由溢流损失和节流损失两个部分组成。

(2)回油节流调速回路

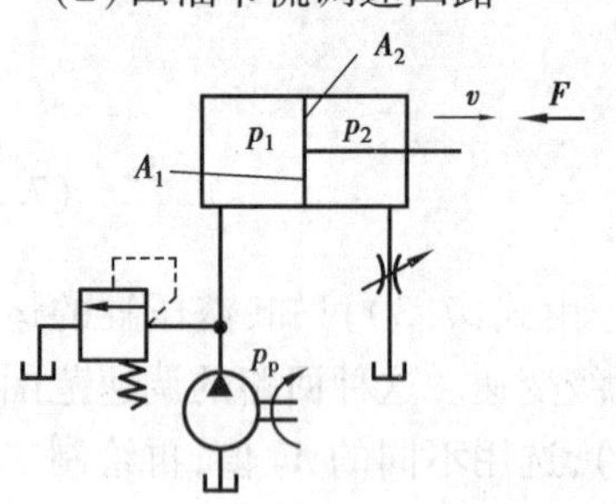

图 7.19　回油节流调速回路

回油节流调速回路是将流量控制阀串联在液压执行元件的回油路上,如图 7.19 所示。将节流阀串联在液压缸的回油路上,通过调节它的通流面积来控制从液压缸回油腔流出的流量,从而实现对液压缸的运动速度的控制。

①速度-负载特性

液压缸在稳定工作时的压力平衡方程为

$$p_1 A_1 = p_2 A_2 + F \tag{7.9}$$

式中　p_1, A_1——液压缸进油腔的压力和有效作用面积;

p_2, A_2——液压缸回油腔的压力和有效作用面积;

F——液压缸的负载。

液压泵的输出流量为 q,Δq 为通过溢流阀的溢流量,液压缸的运动速度为

$$v = \frac{q_2}{A_2} = \frac{KA_T p_2^{\frac{1}{2}}}{A_2} = \frac{KA_T(p_p A_1 - F)^{\frac{1}{2}}}{A_2^{\frac{3}{2}}} \tag{7.10}$$

式中　A_T——节流阀的通流面积;

K——节流系数;

Δp_T——节流阀两端的压力差。

其速度刚性为

$$k_v = -\frac{\partial F}{\partial v} = \frac{2(p_p A_1 - F)}{v} \tag{7.11}$$

由上述公式可知,在静态特性下,回油节流调速回路与进油节流调速回路具有相同的速度-负载特性方程和曲线,速度刚性也是一样的。

②功率特性

液压泵的输出功率为液压缸的输出功率,即

$$P_1 = \left(p_p - \frac{A_2}{A_1}\cdot P_2\right)q_1 = \left(p_p\frac{A_1}{A_2} - P_2\right)\cdot q_2 \tag{7.12}$$

该调速回路的功率损失由溢流功率损失和节流功率损失两部分组成,即

$$\Delta P = p_p\Delta q + \Delta p_T q_2 = \Delta P_1 + \Delta P_2 \tag{7.13}$$

(3)进油节流调速回路和回油节流调速回路的性能比较

①回油节流调速回路可承受一定的负方向载荷(超越负载)

所谓负值负载,就是作用力的方向和执行元件的方向一致的负载。回油节流调试回路的节流阀在液压缸的回油腔形成一定的背压,在负值负载的情况下可保证工作部件不向前冲。如果让进油节流调速回路承受负值负载,就需要在回油路上添加背压阀,这样会增加额外的功率消耗,即

$$\eta = \frac{P_1}{P_p} = \frac{\left(p_p - \frac{A_2}{A_1}\Delta p_T\right)\cdot q_1}{p_p q_p} = \frac{\left(p_p \frac{A_1}{A_2} - \Delta p_T\right)\cdot q_2}{p_p q_p} \tag{7.14}$$

②运动平稳性

回油节流调速回路由于回路上始终存在背压,可有效防止空气从回油路吸入。因此,在低速运行时稳定,高速运动时不易颤抖,即平稳性能好。进油节流调速回路没有背压阀时不具备这个特性。

③进油节流调速回路容易实现压力控制

工作部件在行程终点碰到挡块后,缸的进油腔油压会上升到等于泵的压力,利用这个压力变化,作为控制信号,而在回油节流调速时当活塞杆碰到最右端的挡铁后右缸的压力降低到0 MPa,取0 MPa作为控制信号。因此,为了提高回路的综合性能,一般常采用进油节流调速,并在回路上加上背压阀,使其兼具二者优点;但会增加一定的功率消耗,增大油液的发热量。

④油液发热对泄露的影响

进油节流调速回路中,经过节流阀发热了的油液直接进入液压缸,工作油路的油液发热,泄露增加;回油节流调速回路经过节流阀的油液回到油箱冷却,对系统的影响较小。

⑤启动性能

回油节流调速回路中,如果停车时间较长,回油腔的油液泄露回油箱,开机后背压不能立即建立,活塞杆会有瞬间的前冲现象,对进油节流调速回路开机后关小节流阀即可避免活塞杆前冲。

综上所述,进油节流调速回路和回油节流调速回路结构简单,价格低廉,但是效率低,只适用于负载变化小、速度慢、功率小的场合,如机床进给系统。

(4)旁路节流调速回路

旁路节流调速回路是将流量控制阀安装在液压缸并联的之路上,如图7.20(a)所示。液压泵输出的流量分为两部分:一部分进入液压缸;另一部分通过节流阀流回油箱。回路正常工作时,溢流阀关闭,当供油压力超过正常工作压力时,溢流阀才打开,以防过载,溢流阀起安全阀作用。其调定压力为最大工作压力的1.1~1.2倍。液压泵输出的压力取决于负载,液压泵工作压力随负载变化而变化。因此,该回路也称变压式节流调速回路。泵的输出流量应计入泵的泄漏量随压力的变化量Δq_p,由连续性方程、节流阀的压力流量方程和活塞的受力平衡方程,可得旁路节流调速回路的速度公式为

$$v = \frac{q}{A} = \frac{q_{pt} - \Delta q_p - \Delta q}{A} = \frac{q_{pt} - K_1\left(\frac{F}{A}\right) - KA_T\left(\frac{F}{A}\right)^{\frac{1}{2}}}{A} \tag{7.15}$$

式中　q_{pt}——液压泵的理论流量,m^3/s;

Δq_p——随压力变化的液压泵的泄漏量,m^3/s;

K_1——液压泵的泄漏系数。

速度-负载特性见式(7.15)。

其速度刚性为

$$k_v = -\frac{\partial F}{\partial v} = \frac{2A_1 F}{K_1\left(\frac{F}{A_1}\right) + q_{pt} - A_1 v} \tag{7.16}$$

根据式(7.16)选用不同的 A_T 值可绘制出一组曲线,即旁路节流调速回路的速度-负载特性曲线,如图7.20(b)所示。由速度-负载特性曲线可知,当节流阀通流面积一定而负载增大时,执行元件运动速度显著下降,特性很软。但当节流阀通流面积一定时,负载越大,速度刚性越大;当负载一定时,节流阀通流面积越小,速度刚度越大。因此,该回路适用于高速、重载的场合。

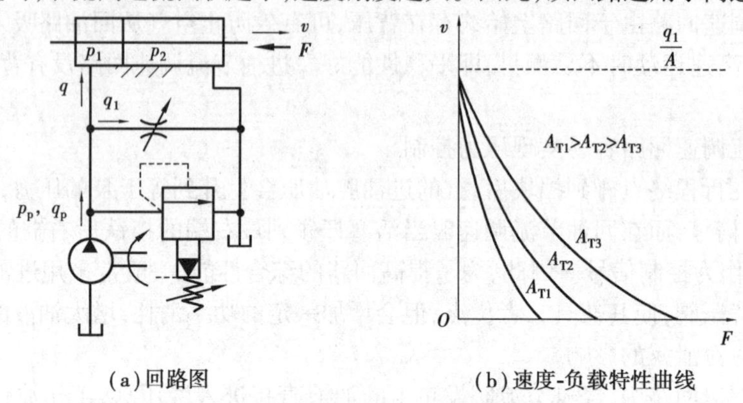

(a)回路图　　(b)速度-负载特性曲线

图7.20　旁路节流调速回路

液压泵的输出功率为

$$P_p = p_p q_p$$

$$P_1 = Fv = F\frac{q_1}{A_1} = p_p q_1$$

$$\Delta P = P_p - P_1 = p_p q_p - p_p q_1 = p_p \Delta q \tag{7.17}$$

$$\Delta q = q_p - q_1$$

$$\eta = \frac{P_1}{P_2} = \frac{Fv}{p_p q_p} = \frac{p_p q_1}{p_p q_p} = \frac{q_1}{q_p} \tag{7.18}$$

旁路节流调速回路只有节流损失而无溢流损失,因此,功率损失比前两种调速回路小,效率高。这种调速回路一般适用于功率较大且速度稳定性要求不高的场合。

2)变量泵容积调速回路

变量泵容积调速回路是通过改变液压泵或液压马达的排量(流量)变量调节执行元件运动速度来实现转速的回路。其主要优点是没有溢流损失和节流损失,效率高、发热少,适用于高速、大功率系统。其缺点是变量马达和变量泵的结构复杂,成本高。按油液循环方式,容积调速回路可分为开式回路和闭式回路两种形式。在开式回路中:液压泵从油箱吸油后输入执行元件,执行元件排出的油液直接返回油箱,故油液的冷却性较好,但油箱的结构尺寸偏大,空气和脏物容易进入回路造成污染。在闭式回路中,液压泵的吸油口和执行元件的出油口相连,回路的结构紧凑,减少了污染的可能性,采用双向液压泵或双向液压马达时,还可方便地变换执行元件的运动方向,但散热条件较差,需要设置补油泵以补偿回路中的泄漏。容积调速回路通常有3种基本形式,即变量泵和定量液压执行元件构成的容积调速回路、定量泵和变量马达的容积调速回路、变量泵和变量马达的容积调速回路。如图7.12所示为变量泵与液压缸或变量泵与定量液压马达组成的容积调速回路。

(1)变量泵和定量液压执行元件构成的调速回路

如图7.21(a)所示为变量泵与液压缸组成的开式容积调速回路,回路中液压缸5的活塞的运动速度由变量泵1调节。如图7.21(b)所示为变量泵与定量液压马达组成的闭式容积调速回路，回路中通过调节变量泵1的排量来调节定量液压马达10的转速，低压定量泵7为补油泵，用于补偿系统的泄漏，其补油压力由低压溢流阀9来调节和设定，溢流阀2用于防止系统过载。在这种回路中，液压泵的转速 n_p 和液压马达的排量 V_m 视为常量，改变泵的排量可使马达的转速 n_m 和输出功率 P_m 成比例改变，马达的输出转矩 T_M 和回路的工作压力 Δp 取决于负载转矩，不受转速的影响。因此，输出的转矩为恒定值。需要注意的是，这种回路的泄露量与工作负载有一定的关系，负载转矩增加，泵和马达的泄漏量都会增加，实际输出转矩略微减小。这种回路的调速范围 $R_c<40$。

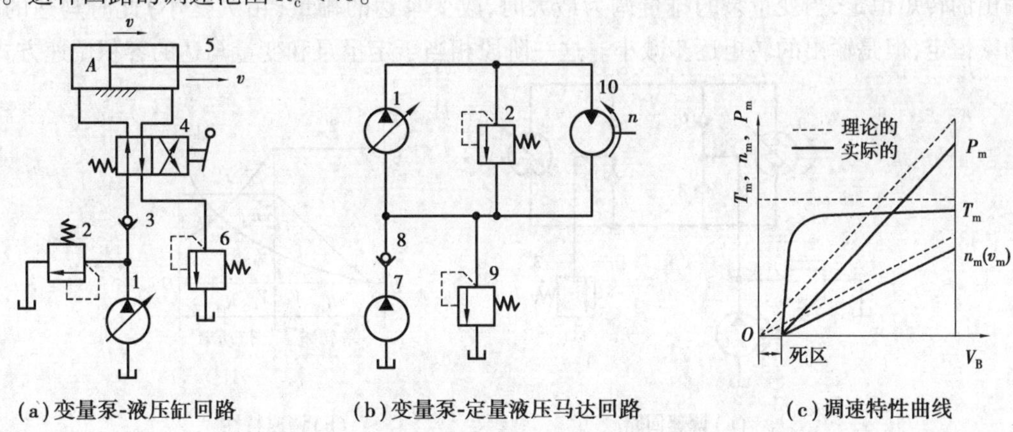

(a)变量泵-液压缸回路　　(b)变量泵-定量液压马达回路　　(c)调速特性曲线

图7.21　变量泵和定量液压执行元件构成的容积调速回路

1—变量泵；2—安全阀；3,8—单向阀；4—换向阀；5—液压缸；6—背压阀；7—低压定量泵；9—溢流阀；10—定量液压马达

(2)定量泵和变量马达的容积调速回路

定量泵和变量马达的容积调速回路如图7.22所示。图7.22(a)为开式回路，由定量泵、变量马达、安全阀及换向阀等部件组成；图7.22(b)为闭式回路，由定量泵、安全阀、变量马达、低压溢流阀及补油泵组成。这种容积调速回路是通过改变变量马达的排量来改变变量马达的输出转速的。回路中，定量泵的输出转矩恒定。变量马达的转速 n_m 与其排量 V_m 成反比，变量马达的输出转矩 T_m 与其排量 V_m 成正比；当负载转矩恒定不变时，回路的工作压力和变量马达的输出功率都不因调速而发生变化，故这种回路的输出功率恒定。由于存在泄露其输出的实际转矩和实际输出功率小于理论值。其特性曲线如图7.22(c)所示的虚线、实线。

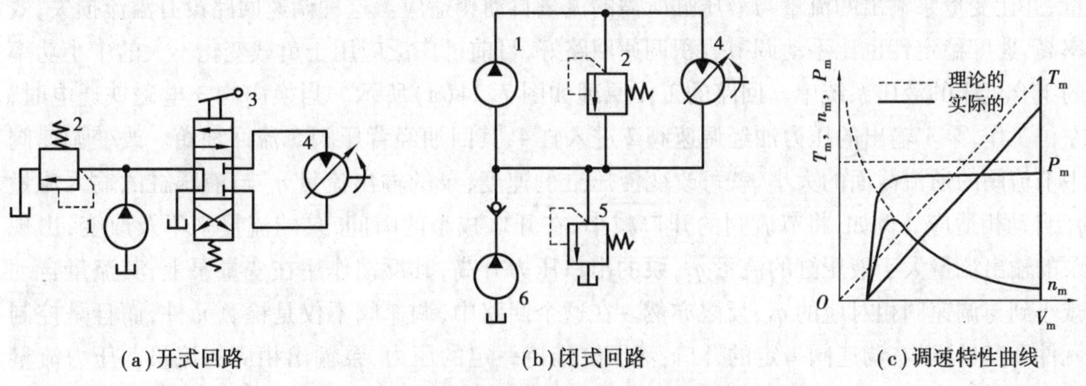

(a)开式回路　　(b)闭式回路　　(c)调速特性曲线

图7.22　定量泵和变量马达的容积调速回路

1—定量泵；2—安全阀；3—换向阀；4—变量马达；5—低压溢流阀；6—补油泵

(3)变量泵和变量马达的容积调速回路

如图 7.23 所示为由双向变量泵 1 和双向变量马达 2 等组成的闭式容积调速回路。改变双向变量泵 1 的供油方向,即可改变双向变量马达 2 的转向。单向阀 6 和 8 用于辅助泵 4 双向补充油液,单向阀 7 和 9 提供安全阀 3 在双向变量马达 2 正反转动时都能起到过载保护作用。双向变量马达转速的调节可分成低速和高速两段进行。其调速特性如图 7.23(b)所示。在低速阶段,将双向变量马达的排量调为最大,调节变量泵的排量调节了马达的输出功率,但是输出的转矩恒定,当变量泵的排量调为最大时,改变马达的排量(由大变小)此时马达的输出功率恒定,但是输出的转矩逐步减小。这一阶段相当于定量泵和变量马达的容积调速方式。

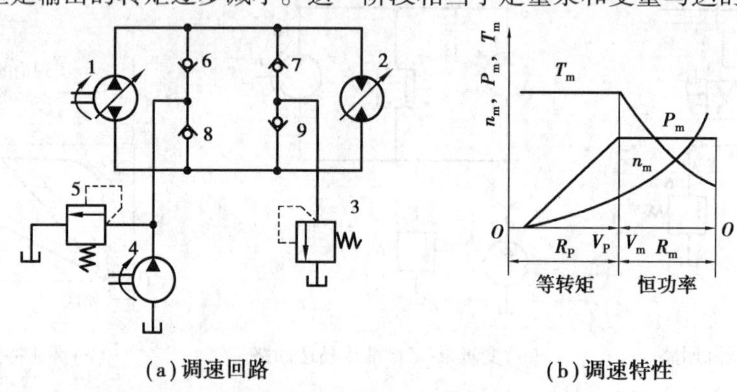

(a)调速回路　　(b)调速特性

图 7.23　变量泵和变量马达的容积调速回路

1—双向变量泵;2—双向变量马达;3—安全阀;

4—补油泵;5—溢流阀;6,7,8,9—单向阀

3)容积节流调速回路

容积节流调速回路是由变量泵和流量控制阀配合进行调速的一种回路。它采用变量泵供油,用流量控制阀调节进入或流出液压缸的流量来控制其运动速度,并使变量泵的输出流量自动与液压缸所需负载流量相适应。常见的容积节流调速回路有限压式变量泵与调速阀等元件组成的容积节流调速回路和差压式变量泵与普通节流阀等元件组成的容积调速回路。

(1)限压式变量泵与调速阀组成的容积节流调速回路

这种调速回路采用限压式变量泵供油,采用调速阀调定进入液压缸或自液压缸流出的流量,并让变量泵输出的流量与液压缸所需的流量自动相适应。这种调速回路没有溢流损失,效率高,速度稳定性也比手动调节容积调速回路好,目前已广泛应用于负载变化不大的中小功率的组合机床的液压系统中。回路的工作原理如图 7.24(a)所示。当换向阀 3 电磁铁通电时,左位工作,泵 1 输出的压力油经调速阀 2 进入缸 4,其回油经背压阀 5 流回油箱。改变调速阀中节流阀的通流截面的大小,就可改变液压缸的速度,泵的输出流量 q_p 与液压缸的输入流量 q_1 自动相适应。例如,将节流阀的开口减小,在开口减小的瞬间,泵的流量来不及改变,出现泵的输出流量大于液压缸的流量 q_1,泵的出口压力升高,其反馈作用在变量泵上,其流量自动减小到与调速阀相对应的 q_1;反之亦然。在这个回路中,调速阀不仅是检测元件,而且是控制元件和变量机构,调速阀一定的开口,液压缸维持一定的压力,泵输出相应的流量。压力流量特性曲线如图 7.24(b)所示。

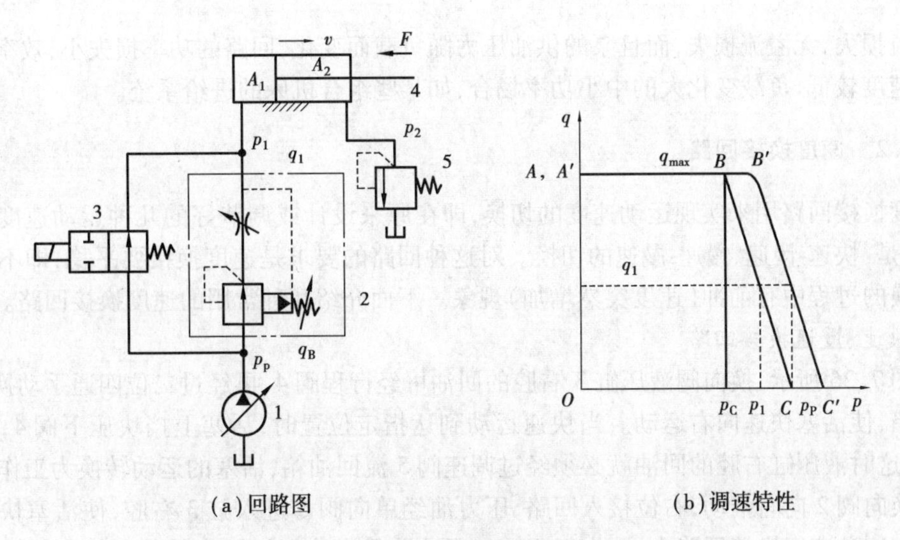

(a)回路图　　　　　　　　　　　　　　(b)调速特性

图7.24　限压式变量泵和调速阀组成的容积节流调速回路

1—限压式变量泵;2—调速阀;3—换向阀;4—液压缸;5—背压阀

(2)差压式变量泵和节流阀组成的容积节流调速回路

差压式变量泵和节流阀组成的容积节流调速回路如图7.25所示。这种回路通过改变阀9的通流面积来控制进入液压缸10的流量,并使变量泵8输出的流量自动地与流入缸10工作腔的流量自动适应。

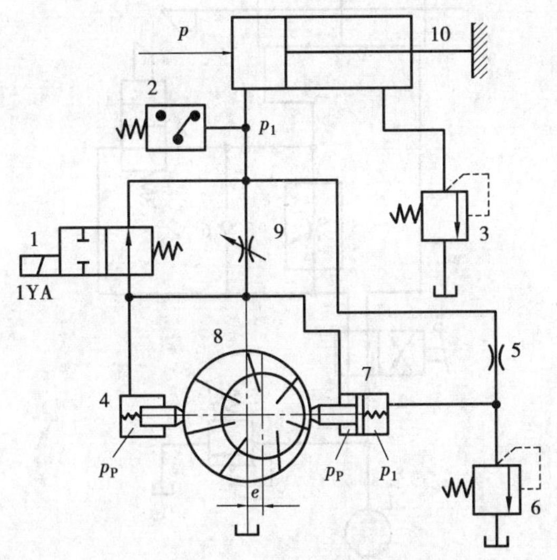

图7.25　差压式变量泵和节流阀组成的容积节流调速回路

1—二位二通电磁阀;2—压力继电器;3—背压阀;4,7—控制缸;

5—不可调节流阀;6—溢流阀;8—变量泵;9—节流阀;10—液压缸

在图示位置,变量泵8排出的液压油经过二位二通电磁阀1进入液压缸10的左腔,变量泵8的定子仅受弹簧力的作用,因而偏心距为最大,变量泵8的输出流量最大,液压缸10实现快进;快进结束时,电磁铁1YA通电,二位二通电磁阀1左位接入,变量泵8输出的液压油经过节流阀9进入液压缸10,故$p_p > p_1$,定子右移,使定子与转子间的偏心距减小,变量泵8的输出流量就自动减小至与节流阀9调定的开度相适应为止,液压缸10实现慢速工进。这种回路只有节流损失,无溢流损失,而且泵的供油压力随负载而变化,回路的功率损失小,效率高。它适用于速度较低、负载变化大的中小功率场合,如某些组合机床的进给系统。

7.3.2 速度换接回路

速度换接回路用来实现运动速度的切换,即在原来设计或调节好的几种运动速度之间切换,可以是:快速-慢速、慢速-慢速的切换。对这种回路的要求是速度换接要平稳,即不允许在速度切换的过程中有前冲(速度突然增加)现象。下面介绍几种常用的速度换接回路。

1)快速、慢速换接回路

如图7.26所示,换向阀液压缸3右腔的回油可经行程阀4,再经过二位四通手动换向阀2流回油箱,使活塞快速向右运动。当快速运动到达指定位置时,活塞上挡块压下阀4,将其通路关闭,这时液压缸右腔的回油就必须经过调速阀5流回油箱,活塞的运动转换为工作进给运动。把换向阀2向右推动,右位接入回路,压力油经单向阀6进入缸3右腔,使活塞快速向左运动。在这种速度换接回路中,因为行程阀的通油路是由液压缸活塞的行程控制阀芯移动而逐渐关闭的,所以换接时的位置精度高,运动速度的变换也较平稳。其缺点是行程阀的安装位置受限制,管路连接稍复杂一些。在实际工程中,行程阀也可用电磁换向阀替代,这时电磁阀的安装位置不受限制(挡块只需要压下行程开关),但其换接精度及速度变换的平稳性下降。这种回路在机床液压系统中应用较为常见。

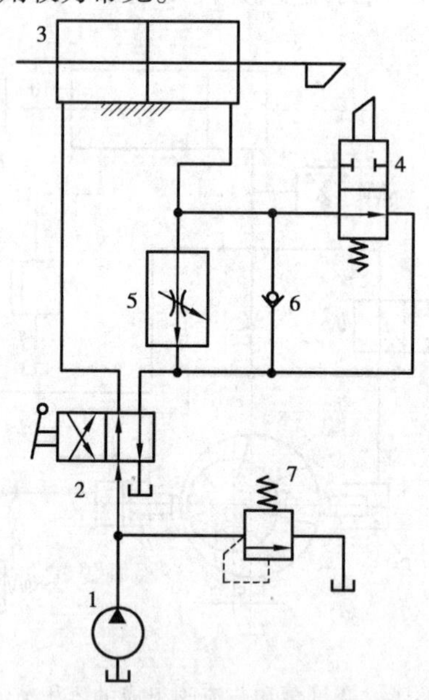

图7.26 采用行程阀来实现快速、慢速换接的回路

1—液压泵;2—二位四通手动换向阀;3—换向阀液压缸;

4—行程阀;5—调速阀;6—单向阀;7—溢流阀

如图7.27所示为利用液压缸自身结构来实现快速、慢速换接的回路。在图示位置时,活塞快速向右运动,液压缸右腔的回油经换向阀2流回油箱。在活塞运动到将a点封闭后,液压缸右腔的回油须经调速阀4流回油箱,活塞则由快速运动变换为工作进给运动。这种速度换接回路结构简单,换接较为可靠,但速度换接的位置固定,工作行程较短,活塞不能过宽,故仅适用于工作情况固定的场合。这种回路也可作为活塞运动到达端部时的缓冲制动回路。

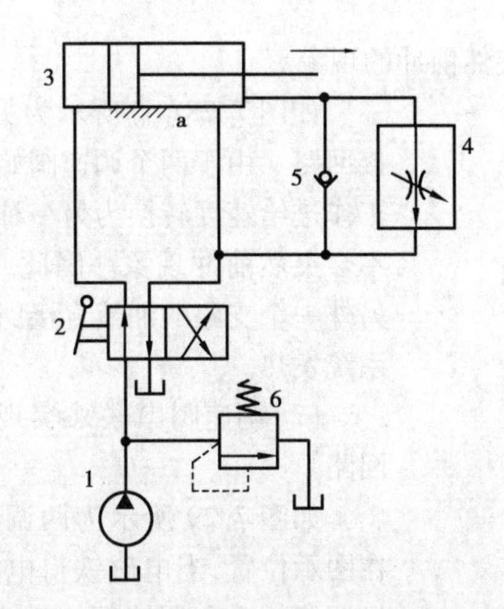

图7.27　利用液压缸自身结构来实现快速、慢速换接的回路

1—液压泵;2—换向阀;3—液压缸;

4—调速阀;5—单向阀;6—溢流阀

2)两种慢速的换接回路

两种慢速的换接回路是在工作循环中需要变换两种或两种以上的工作进给速度的一种回路,如自动机床、注塑机等。

(1)采用两个调速阀并联来实现两种慢速工进速度换接的回路

如图7.28所示为两调速阀并联的速度换接回路。

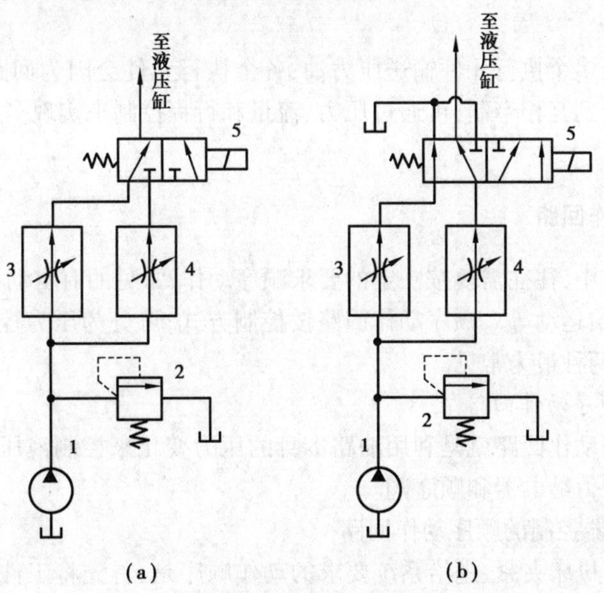

图7.28　两调速阀并联的速度换接回路

1—液压泵;2—溢流阀;3,4—调速阀;5—电磁阀

如图7.28(a)所示,液压泵1输出的压力油经调速阀3进入液压缸。当需要另一种工作进给速度时,电磁阀5通电,压力油经调速阀4进入液压缸。这种回路中两个调速阀的节流口可独立调节,互不影响,即第一种工作进给速度和第二种工作进给速度相互间没有什么限制。但一个调速阀工作时,另一个调速阀中没有油液流过,溢流阀处于完全打开的位置,在速度换

接开始的瞬间容易出现部件突然前冲的现象。

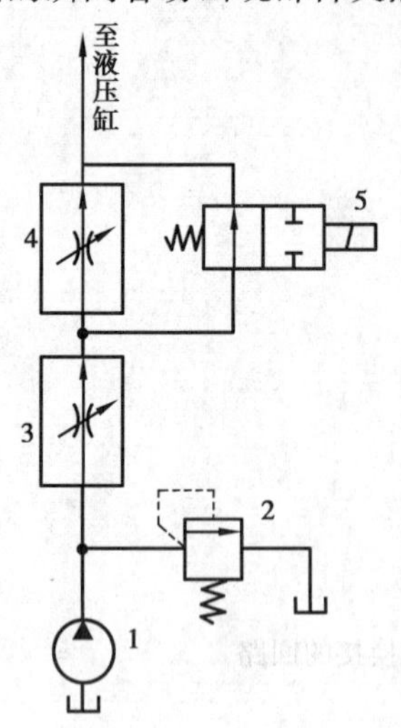

图7.29 两调速阀串联的速度换接回路
1—液压泵;2—溢流阀;3,4—调速阀;
5—电磁阀

如图7.28(b)所示为另一种调速阀并联的速度换接回路。由于两个调速阀始终处于工作状态,在由一种工作进给速度转换为另一种工作进给速度时,工作部件不会突然前冲现象。因此,工作可靠。但是,液压系统另外一个支路的油液直接回到了油箱造成能量损失,使系统发热。

(2)调速阀串联来实现两种慢速工进速度换接的回路

如图7.29所示为两调速阀串联的速度换接回路。在图示位置,当电磁铁得电时,液压泵1输出的压力油经调速阀3和调速阀4进入液压缸,得到第一种速度。在阀4工作时,油液需经两个调速阀,故能量损失较大,系统发热也较大。当电磁铁失电时液压泵1输出的压力油经调速阀3和电磁阀5进入液压缸,使液压缸以第二种速度工作进给。

7.4 多执行元件控制回路

如果一个油源给多个执行元件输送压力油,各个执行元件会因为回路中压力和流量的彼此影响而在动作上受到互相牵制,可通过压力、流量和行程控制来实现多执行元件预定动作的要求。

7.4.1 顺序动作回路

在多缸液压系统中,往往需要按一定的要求顺序动作,常见的有自动机床中夹紧机构的定位和夹紧、刀架的进给运动等。顺序动作回路按控制方式,可分为压力控制、行程控制和时间控制3类。其中,前两种最为常见。

1)压力控制的顺序动作回路

压力控制的顺序动作回路就是利用油路本身的压力变化来控制液压缸的先后动作顺序。它主要控制元件是压力继电器和顺序阀。

(1)用压力继电器控制的顺序动作回路

如图7.30所示,机床夹紧、进给系统要求的动作顺序是:首先将工件夹紧,然后动力滑台进给运动,进行切削加工。动作循环开始时,二位四通电磁阀处于图示位置,压力油进入夹紧缸的右腔,左腔液压油回到油箱,活塞向左移动,夹紧工件后,液压缸右腔的压力升高,当油压达到压力继电器的调定值时,压力继电器发出控制信号,指令电磁阀的电磁铁2DT,4DT得电,进给缸向左运动。控制回路严格保证了先夹紧后进给。若工件没有夹紧则不能进给,这一严格的顺序是依靠压力继电器来保证的。压力继电器的调整压力应比减压阀的调整压力低$(3\sim5)\times10^5$ Pa。

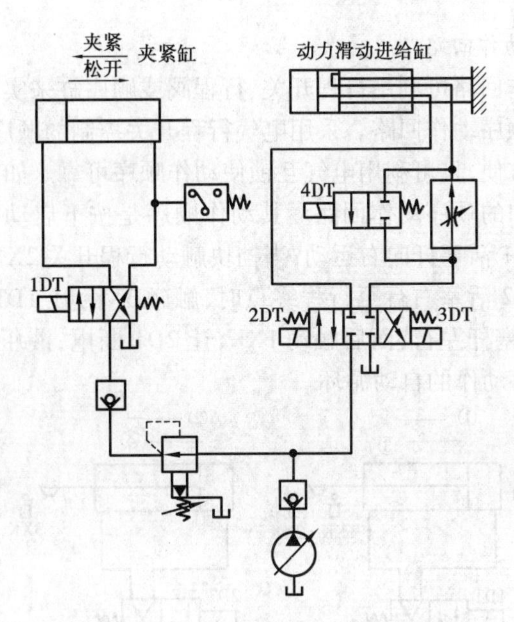

图7.30　压力继电器控制的顺序动作回路

(2)用顺序阀控制的顺序动作回路

如图7.31所示为采用两个单向顺序阀的压力控制顺序回路。单向顺序阀4控制两液压缸向右运动时的先后顺序,单向顺序阀3控制两液压缸活塞杆向左运动时的先后顺序。当电磁换向阀1DT得电、2DT失电时,压力油进入液压缸1的左腔,右腔经阀3中的单向阀回到油箱,此时压力较低,顺序阀4关闭,缸2不运动。当液压缸1的活塞杆向右运动至终点,油压升高,达到阀4的调定压力,顺序阀4开启,压力油进入液压缸2的左腔,右腔回油到油箱,缸2的活塞杆向右移动,在缸2的活塞杆右移达到终点后,电磁换向阀1DT失电,2DT得电,此时压力油进入缸2的右腔,左腔经阀4中的单向阀回到油箱,使缸2的活塞杆向左返回,到达终点时,压力时油油升高,打开顺序阀3再使缸1的活塞杆向左返回。这种回路的可靠性在很大程度上取决于顺序阀的性能及其压力调整值。顺序阀的调整压力应比先动作的液压缸的工作压力高$(8\sim10)\times10^{-5}$ Pa,以免在压力波动时发生误动作。

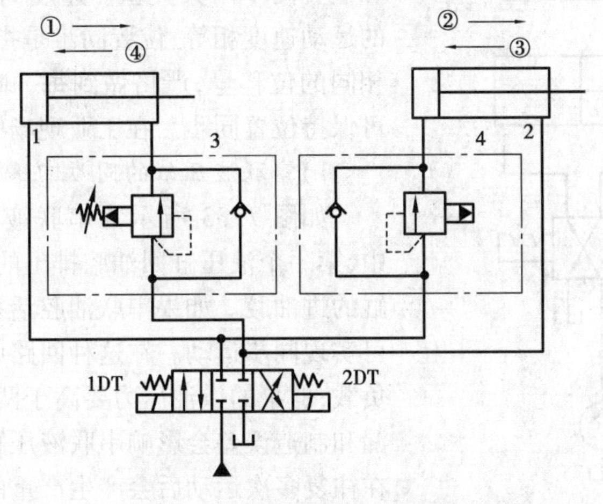

图7.31　采用两个单向顺序阀的压力控制顺序动作回路

2)行程控制的顺序动作回路

行程控制的顺序动作回路可利用行程开关、行程阀或顺序缸来实现。在实际工作中,多采用电器行程开关控制的顺序动作回路。采用电气行程开关控制的顺序动作回路其调整行程大小和改变动作顺序均甚方便,且可利用电气互锁使动作顺序可靠。如图 7.32 所示为利用行程开关控制电磁阀先后换向的顺序动作回路。其动作顺序是按下启动按钮,电磁铁 1DT 通电,电磁铁左位接入回路,缸 1 活塞杆向右运动;当挡块触动行程开关 2XK 时,2DT 通电,液压缸 2 的活塞杆向右右行;当缸 2 活塞右行至行程终点时,触碰 3XK,让 1DT 断电,在弹簧的作用下恢复常位,液压缸 1 的活塞杆左行;而后触动 1XK,让 2DT 断电,液压缸 2 的活塞杆左行。这是液压缸 1,2 的全部顺序动作的自动循环。

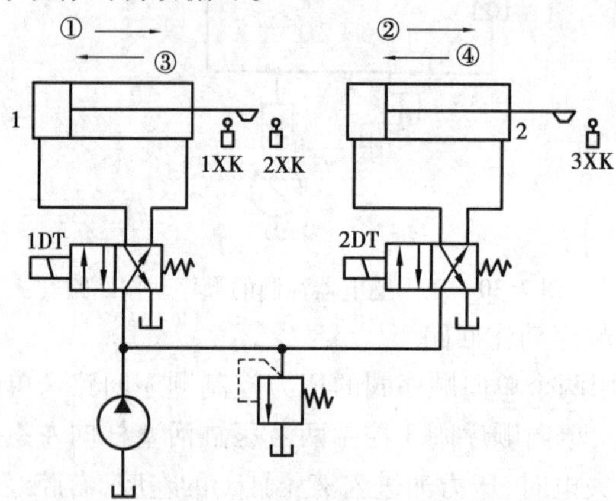

图 7.32　利用电气行程开关控制电磁阀先后换向的顺序动作回路

7.4.2　同步回路

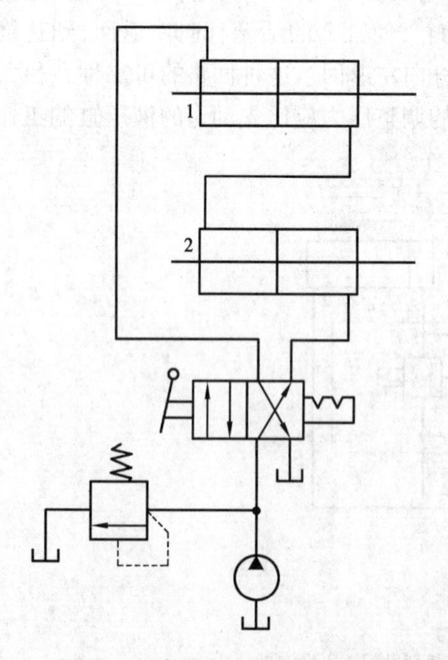

图 7.33　串联液压缸的同步回路

同步回路的功能是使系统中多个执行元件克服负载、液压泄露、摩擦阻力、制造质量及结构形态上的差异,保证在运动上的同步。同步回路分为速度同步和位置同步两大类型。速度同步是指各个执行元件的运动速度相等;位置同步是指各个执行元件都保持相同的位移量,严格做到每一瞬间速度同步,同时也可保持位置同步。在工业现场中,多采用速度同步。

1)串联液压缸的同步回路

如图 7.33 所示为串联液压缸的同步回路。其中,第一个液压缸回油腔排出的油液进入第二个液压缸的进油腔。如果串联油腔活塞的有效面积相同,即可实现同步运动。在这种回路中,两缸能承受不同的负载,但泵的供油压力要高于两缸工作压力之和。泄漏和制造误差会影响串联液压缸的同步精度,活塞杆在往复多次运动后会产生严重的失调现象。因此,必须要采取补偿措施。

如图7.34所示为采取补偿措施的串联液压缸同步回路。为了实现同步运动,液压缸1有杆腔A的有效面积应与液压缸2无杆腔B的有效面积相等。在活塞下行的过程中,如果缸1的活塞先运动到底,就触动行程开关1XK发出信号,给电磁铁1DT通电,此时压力油便经过电磁阀5、液控单向阀3,向液压缸2的上腔补油,推动液压缸2的活塞杆继续向下运动。如果缸2的活塞杆先运动到底,就触动行程开关2XK,使电磁铁2DT通电,此时压力油便经二位三通电磁阀4进入液控单向阀的控制油口,阀3反向导通,使液压缸1能通过阀3和阀5回油,使缸1的活塞继续运动到底,对失调现象进行补偿。

2)流量控制式同步回路

(1)用调速阀控制的同步回路

如图7.35所示为两个并联的液压缸分别用调速阀控制实现同步的同步回路。两个调速阀分别调节两缸活塞的运动速度,这种回路可实现两个液压缸的横截面积不同,也可实现同步运动。用调速阀控制的同步回路结构简单,并且可灵活调速。但是,由于受到油温变化及调速阀性能差异等影响,因此,同步精度较低。

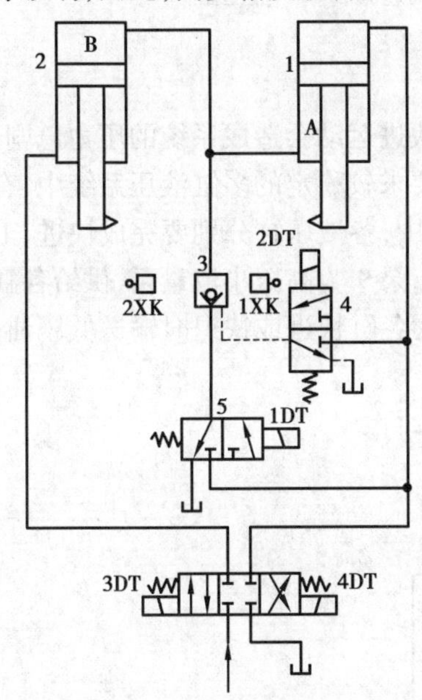

图7.34　采取补偿措施的串联液压缸同步回路

1,2—液压缸;3—液控单向阀;4,5—二位三通电磁阀

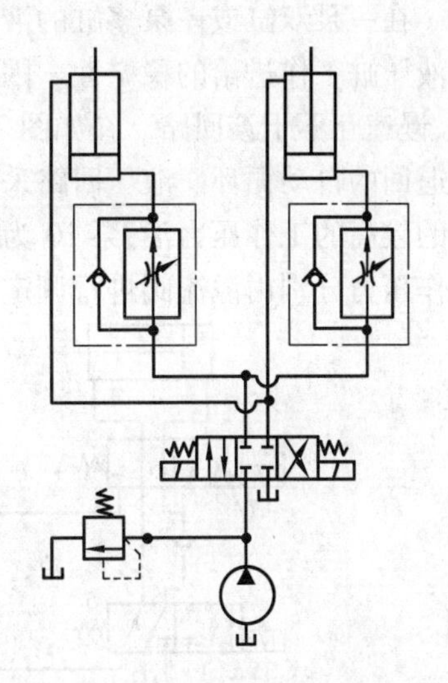

图7.35　用调速阀控制的调速回路

(2)用电液比例调速阀控制的同步回路

如图7.36所示为用电液比例调速阀控制的同步回路。液压缸4的控制中使用了普通调速阀1,液压缸3使用比例调速阀2,调速阀1和2安装在由多个单向阀组成的桥式回路中。当检测装置检测出两个活塞出现位置误差时,发出控制信号,调节比例调速阀的开度,使液压缸4的活塞杆跟上液压缸3的活塞杆的运动而实现同步。这种回路的同步精度较高,位置精度在0.5 mm以上,已能满足大多数工作部件所要求的同步精度。电液比例调速阀的性能虽比不上伺服阀,但费用低,环境适应性强,因此应用较为广泛。

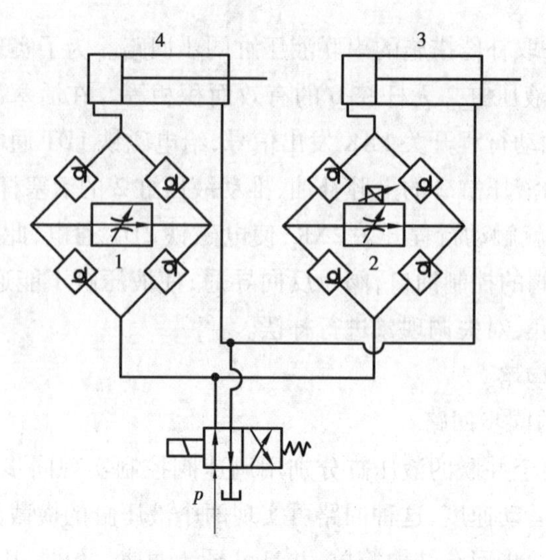

图 7.36　用电液比例调速阀控制的同步回路
1—普通调速阀;2—比例调速阀;3,4—液压缸

7.4.3　互不干涉回路

在一泵双缸或一泵多缸的液压系统中,由于快进运动会造成系统的压力急剧下降,影响其他液压缸工作进给的稳定性。因此,在工作进给要求较稳定的多缸液压系统中,有必要采用快速、慢速互不干涉回路。在如图 7.37 所示的回路中,各液压缸分别要完成快进、工作进给和快速退回的自动循环。液压回路采用双泵供油系统,泵 9 为高压小流量泵,供给各缸工作进给所需的较高的工作压力油;泵 10 为低压大流量泵,为各缸快进或快退时输送低压油,它们的最高工作压力分别由溢流阀进行调定。

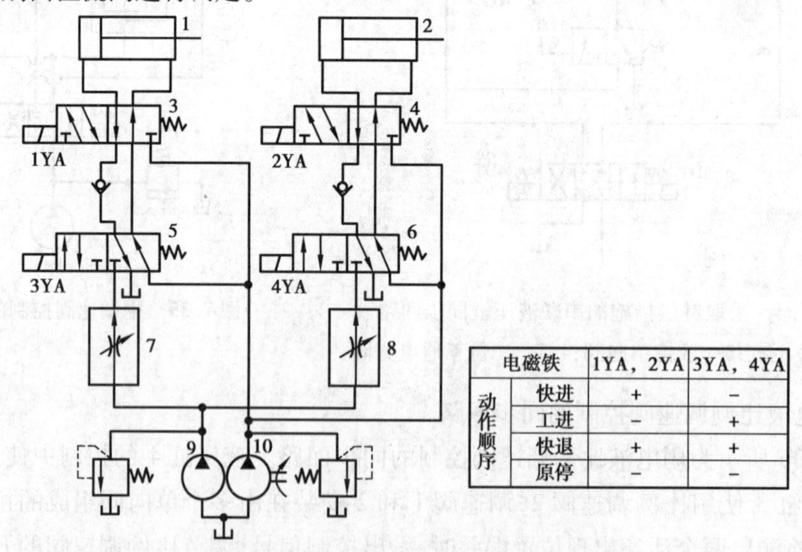

电磁铁		1YA，2YA	3YA，4YA
动作顺序	快进	+	−
	工进	−	+
	快退	+	+
	原停	−	−

图 7.37　多缸快速、慢速互不干涉回路

当开始工作时,电磁阀 1YA 和 2YA 得电,3YA 和 4YA 失电,液压缸 1 和液压缸 2 都构成差动连接,液压泵 10 提供大流量液压油,活塞杆快速前进。如果缸 2 先完成快进动作,则挡块和行程开关发出信号使电磁铁 4YA 得电,2YA 失电,泵 10 的供油路被切断,将由泵 9 提供高

压油,调节调速阀8获得慢速工进。如果液压缸1和2都转为工进,都由高压泵9供油,若缸2先完成了工进,则挡块和行程开关使电磁铁2YA和4YA都得电,缸2改为由泵10供油,使活塞快速返回,这时缸1仍可由泵9供油并继续完成工进,而不受缸1的影响。当电磁铁都失电时,两缸都停止运动。此种回路采用快速、慢速运动由大小流量泵分别供油,并由相应的电磁阀进行控制的方案,来保证两缸快速、慢速运动互不干扰。

思考与练习

一、简答题

1. 什么是液压基本回路?常见的液压基本回路有哪几类?它们各自起到什么作用?

2. 在多缸液压系统中,如果要求以相同的位移或相同的速度运动,应采用什么回路?这种回路通常有哪几种控制方法?哪种方法的同步精度最高?

3. 在液压系统中,为什么要设置快速运动回路?实现执行元件快速运动的方法有哪些?

4. 什么是液压爬行?为什么会出现液压爬行现象?

5. 溢流阀在压力控制回路中有哪些作用?

6. 什么是卸荷?卸荷回路的方式有哪些?

7. 如何实现液压缸的锁紧?

8. 解释一下变量泵—变量马达回路的调速方法。

9. 如何实现单杆液压缸的快速运动?

二、计算题

在变量泵和定量马达组成的容积调速回路中,已知变量泵排量可在0~50 mL/r变化,泵的转速为1 000 r/min,马达的排量为50 mL/r,安全阀的调定压力为10 MPa。当系统压力为9.5 MPa时,泵和马达的机械效率为85%,泄漏量均为1 L/min,求此调速回路在该工作压力时:

(1)液压马达的最高和最低输出转速;

(2)液压马达的最大输出转矩。

三、分析题

1. 如图7.38所示为大吨位液压机常用的一种卸压回路。其特点为液压缸下腔油路上装一个由上腔压力控制的顺序阀(卸荷阀)。活塞向下工作行程结束时,换向阀可直接切换到右位使活塞回程,这样就不必使换向阀在中间位置卸压后再切换。分析该回路工作原理后并说明:

(1)换向阀1中位的作用。

(2)液控单向阀(充液阀)4的作用。

(3)开启液控单向阀的控制压力 p_k 是否一定比顺序阀调定压力 p_x 大。

2. 在如图7.39所示的夹紧系统中,已知定位压力要求为 10×10^5 Pa,夹紧力要求为3×

10^4 N,夹紧缸无杆腔面积 $A_1=100$ cm^2,问:

(1)A,B,C,D 各件的名称、作用及其调整压力。

(2)系统的工作过程。

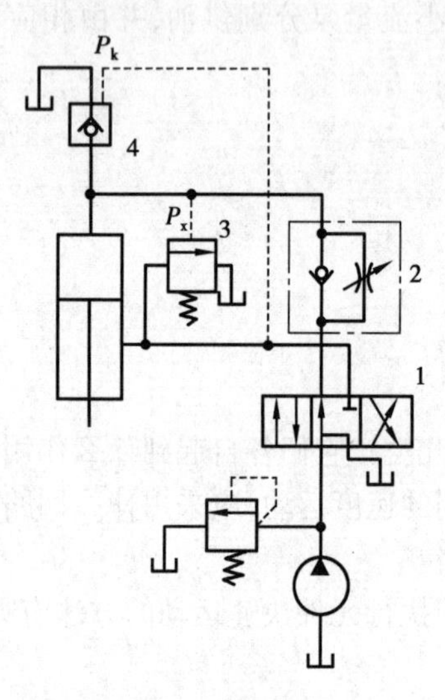

图 7.38　题 1 图

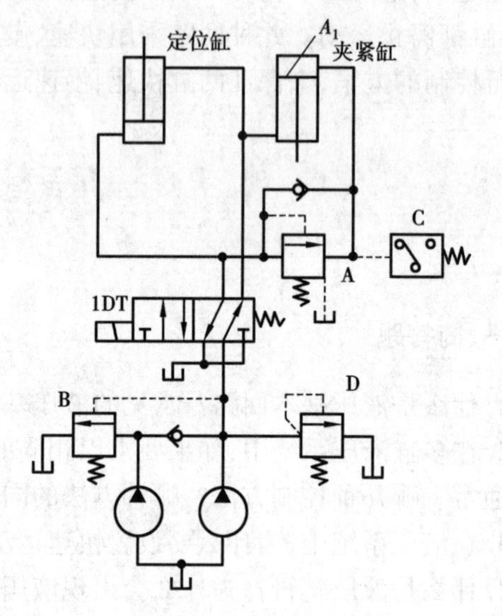

图 7.39　题 2 图

第8章 典型液压控制回路

液压传动技术已广泛应用于工程机械、起重运输机械、机械制造业、冶金机械、矿山机械、建筑机械、农业机械、轻工机械及航空航天等领域。由于液压系统所服务的主机的工作循环、动作特点等各不相同,因此,相应的各液压系统的组成、作用和特点也不尽相同。本章通过对4个典型液压系统的分析,进一步熟悉各液压元件在系统中的作用和各种基本回路的组成,掌握分析液压系统的方法和步骤。

8.1 组合机床动力滑台液压系统

组合机床是由通用部件和某些专用部件所组成的高效率和自动化程度较高的专用机床。它能完成钻、镗、铣、刮端面、倒角、攻螺纹等加工,以及工件的转位、定位、夹紧、输送等动作。

动力滑台是组合机床的一种通用部件。在滑台上,可配置各种工艺用途的切削头,如安装动力箱和主轴箱、钻削头、铣削头、镗削头、镗孔、车端面等。根据组合机床的工作特点,动力滑台上的液压系统必须具备以下性能:

①能在变负载或断续负载的条件下工作,保证动力滑台的进给速度,特别是最小进给速度稳定。

②能承受规定的最大负载,并具有较大的工进调速范围,以适应不同工序的工艺需要。例如,钻孔时轴向进给力和进给量都较大,而精镗时进给力和进给量都很小。为此,像YT4543型那样的液压滑台的最大进给力规定为45 000 N,而进给范围则要求为0.6～660 mm/min。

③能实现快速引进和快速退回(YT4543型液压动力滑台的快速运动速度为6.5 m/min)。

④合理利用能量,提高系统效率,减少发热,合理解决工进速度与快动速度差值之间的矛盾。

8.1.1 组合机床液压动力滑台工作原理

YT4543型组合机床液压动力滑台可实现多种不同的工作循环。一种较典型的工作循环是:快进→一工进→二工进→死挡铁停留→快退→停止。完成这一动作循环的YT4543型组合机床动力滑台液压系统工作原理如图8.1所示。系统采用限压式变量叶片泵供油,使液压缸差动连接,以实现快速运动。由电液换向阀换向,用行程阀、液控顺序阀实现快进与工进的转换,用二位二通电磁换向阀实现一工进和二工进之间的速度换接。为保证进给的尺寸精度,采用死挡铁停留来限位。实现工作循环的工作原理如下:

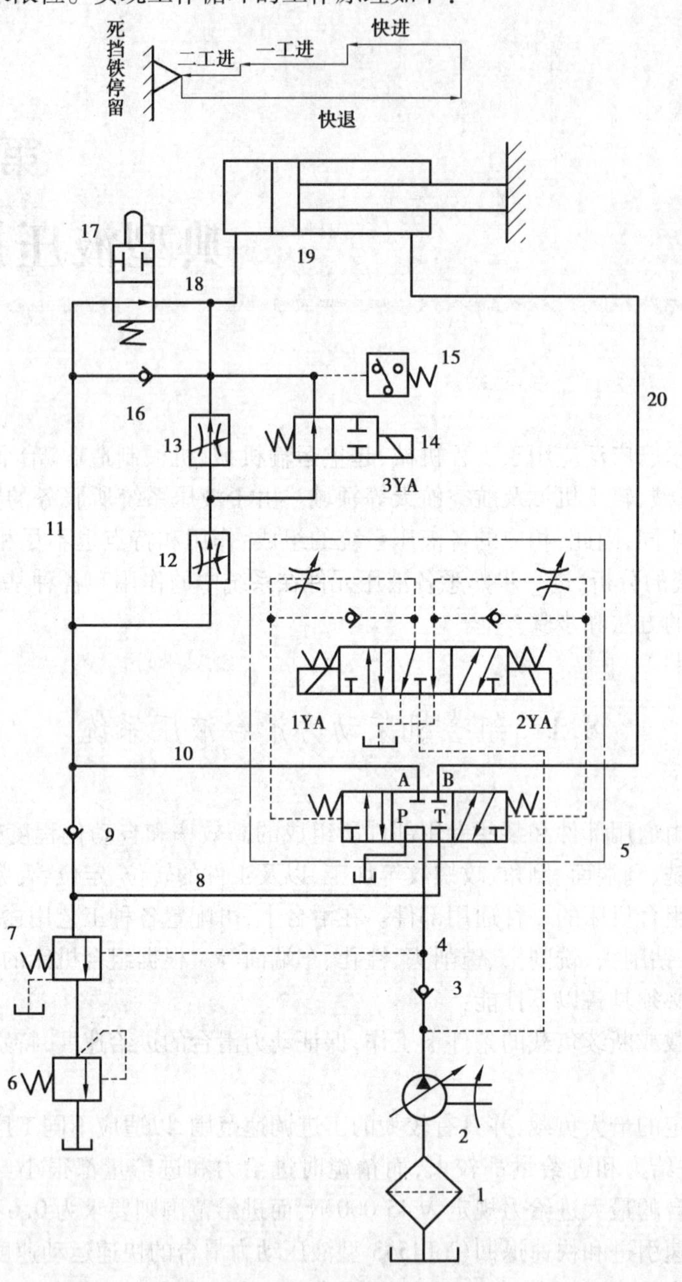

图 8.1　YT4543 型组合机床动力滑台液压系统工作原理

1—滤油器;2—变量泵;3,9,16—单向阀;4,8,10,11,18,20—管路;

5—电液动换向阀;6—背压阀;7—顺序阀;12,13—调速阀;

14—电磁阀;15—压力继电器;17—行程阀;19—液压缸

1) 快进

按下启动按钮,三位五通电液动换向阀 5 的先导电磁换向阀 1YA 得电,使之阀芯右移,左位进入工作状态。这时,主油路是:

进油路:滤油器 1→变量泵 2→单向阀 3→管路 4→电液换向阀 5 的 P 口到 A 口→管路 10,11→行程阀 17→管路 18→液压缸 19 左腔。

回油路:缸 19 右腔→管路 2→电液换向阀 5 的 B 口到 T 口→油路 8→单向阀 9→油路 11→行程阀 17→管路 18→缸 19 左腔。

这时,形成差动连接回路。因为快进时,滑台的载荷较小,同时进油可经行程阀 17 直通油缸左腔,系统中压力较低,所以变量泵 2 输出流量大,动力滑台快速前进,实现快进。

2)第一次工进

在快进行程结束,滑台上的挡铁压下行程阀 17,行程阀上位工作,使油路 11 和 18 断开。电磁铁 1YA 继续通电,电液动换向阀 5 左位仍在工作,电磁换向阀 14 的电磁铁处于断电状态。进油路必须经调速阀 12 进入液压缸左腔。与此同时,系统压力升高,将液控顺序阀 7 打开,并关闭单向阀 9,使液压缸实现差动连接的油路切断。回油经顺序阀 7 和背压阀 6 回到油箱。这时,主油路是:

进油路:滤油器 1→变量泵 2→单向阀 3→电液换向阀 5 的 P 口到 A 口→油路 10→调速阀 12→二位二通电磁换向阀 14→油路 18→液压缸 19 左腔。

回油路:缸 19 右腔→油路 20→电液换向阀 5 的 B 口到 T2 口→管路 8→顺序阀 7→背压阀 6→油箱。

因为工作进给时油压升高,所以变量泵 2 的流量自动减小,动力滑台向前作第一次工作进给,进给量的大小可用调速阀 12 调节。

3)第二次工作进给

在第一次工作进给结束时,滑台上的挡铁压下行程开关,使电磁阀 14 的电磁铁 3YA 得电,阀 14 右位接入工作,切断了该阀所在的油路,经调速阀 12 的油液必须经过调速阀 13 进入液压缸的右腔,其他油路不变。由于调速阀 13 的开口量小于阀 12,进给速度降低,进给量的大小可由调速阀 13 来调节。

4)死挡铁停留

当动力滑台第二次工作进给终了碰上死挡铁后,液压缸停止不动,系统的压力进一步升高,达到压力继电器 15 的调定值时,经过时间继电器的延时,再发出电信号,使滑台退回。在时间继电器延时动作前,滑台停留在死挡块限定的位置上。

5)快退

时间继电器发出电信号后,2YA 得电,1YA 失电,3YA 断电,电液换向阀 5 右位工作。这时,主油路是:

进油路:滤油器 1→变量泵 2→单向阀 3→油路 4→换向阀 5 的 P 口到 B 口→油路 20→缸 19 的右腔。

回油路:缸 19 的左腔→油路 18→单向阀 16→油路 11→电液换向阀 5 的 A 口到 T 口→油箱。

这时,系统的压力较低,变量泵 2 输出流量大,动力滑台快速退回。由于活塞杆的面积大约为活塞的 1/2,因此,动力滑台快进、快退的速度大致相等。

6)原位停止

当动力滑台退回到原始位置时,挡块压下行程开关。这时,电磁铁 1Y,2Y,3Y 都失电,电液换向阀 5 处于中位,动力滑台停止运动,变量泵 2 输出油液的压力升高,使泵的流量自动减至最小。

表8.1是这个液压系统的电磁铁和行程阀的动作表。

表8.1 YT14543型组合机床动力滑台液压系统电磁铁和行程阀的动作表

	1YA	2YA	3YA	17
快进	+	−	−	−
一工进	+	−	−	+
二工进	+	−	+	+
死挡铁停留	−	−	−	−
快退	−	+	−	−
原位停止	−	−	−	−

8.1.2 YT4543型动力滑台液压系统基本回路

通过上述分析可知,为实现自动工作循环,该液压系统应用了下列基本回路:

1)调速回路

采用了由限压式变量泵和调速阀的调速回路,调速阀放在进油路上,回油经过背压阀。

2)快速运动回路

利用限压式变量泵在低压时输出的流量大的特点,采用差动连接来实现快速前进。

3)换向回路

利用电液动换向阀实现换向,工作平稳、可靠,由压力继电器与时间继电器发出的电信号控制换向信号。

4)快速运动与工作进给的换接回路

采用行程换向阀实现速度的换接,换接的性能较好。同时,换向后,系统中的压力升高,使液控顺序阀接通,系统由快速运动的差动连接转换为使回油排回油箱。

5)两种工作进给的换接回路

采用了两个调速阀串联的回路结构。

8.1.3 YT4543型动力滑台液压系统特点

YT4543型液压动力滑台的液压系统性能主要是由上述基本回路决定的。其具体特点如下:

①“限压式变量泵—调速阀—背压阀”式调速回路能保证稳定的低速运动、较好的速度刚性和较大的调速范围。

YT4543型液压动力滑台的最小进给速度较低(6.6 m/min),最大进给速度为660 m/min,单纯容积调速回路存在泄漏,低速运动时稳定性较差,而且普通变量泵调速范围也不够;调速阀式节流调速回路虽然速度刚性较好,调速范围也能满足要求,但有溢流损失,功率损耗很大(低速进给和死挡块停留时尤其严重),发热也大。由此可见,这里采用“限压式变量泵—调速阀”式容积节流调速回路是比较合理的。为了改善运动平稳性,并能承受反向负载,在这个调速回路中增加一个背压阀也是十分必要的。

此外,滑台液压系统采用进口节流式的调速还有以下优点:

a. 启动时、快进转工进时前冲量都较小。

b. 死挡块停留时,便于利用压力继电器发出信号。

c. 在液压缸中不致出现过大的压力(在出口节流系统中,当油腔面积比 $A_1/A_2=2$,且负载和速度同向时,液压缸回油腔中压力会比泵的供油压力大 1~2 倍)。

②限压式变量泵加上差动连接式快动回路使能量利用经济合理。

YT4543 型液压动力滑台快速运动速度约为最大工进速度的 10 倍,这里如只采用差动连接式快动回路,或流量能自动匹配的变量泵式供油回路,问题不能得到解决。限压式变量泵供油回路在快动时能输出最大流量,工进时只输出与液压缸需要相适应的流量,在死挡块停留时只输出补偿系统泄漏所需的流量,没有溢流损失,故能量损耗小。

这个系统在滑动停止时由于变量泵要输出一些流量来补偿泄漏,仍须损耗一部分功率。因此,采用了换向阀式低压卸荷回路来减少这种损耗。

③采用行程阀与顺序阀实现快进转工进的换接,不仅能简化机床电路,而且动作可靠,转换精度也比电气控制式的高。至于一次工作进给与二次工作进给之间的转换,则因工进速度都较低,通过调速阀的流量很小,故在转换过程中调速阀动作滞后和滑台惯性等的影响都很小,采用电磁阀式换接完全能保证所需的转换精度。

8.2　液压机液压系统

液压机是用于调直、压装、冷冲压、冷挤压及弯曲等工艺的压力加工机械。它是最早应用液压传动的机械之一。液压机液压系统用于机器的主传动,以压力控制为主,系统压力高、流量大、功率大,应特别注意如何提高系统效率和防止液压冲击。

液压机的典型工作循环如图 8.2 所示。一般主缸的工作循环要求有“快进→减速接近工件及加压→保压延时→泄压→快速回程及保持活塞停留在行程的任意位置”等基本动作。当有辅助缸时,如需顶料,顶料缸的动作循环一般是“活塞上升→停止→向下退回”;薄板拉伸,则要求有“液压垫上升→停止→压力回程”等动作。有时,还需要压边缸将料压紧。

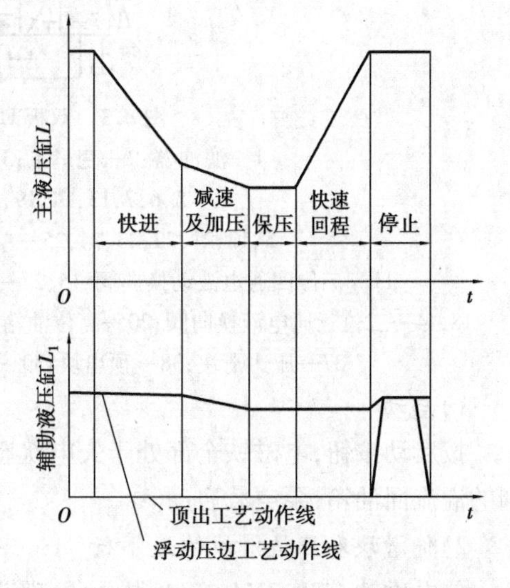

图 8.2　液压机的典型工艺循环图

如图 8.3 所示为双动薄板冲压机液压机液压系统原理图。本机最大工作压力为 450 kN,用于薄板的拉伸成形等冲压工艺。

系统采用恒功率变量柱塞泵供油,以满足低压快速行程和高压慢速行程的要求。最高工作压力由电磁溢流阀 4 的远程调压阀 3 调定。其工作原理如下:

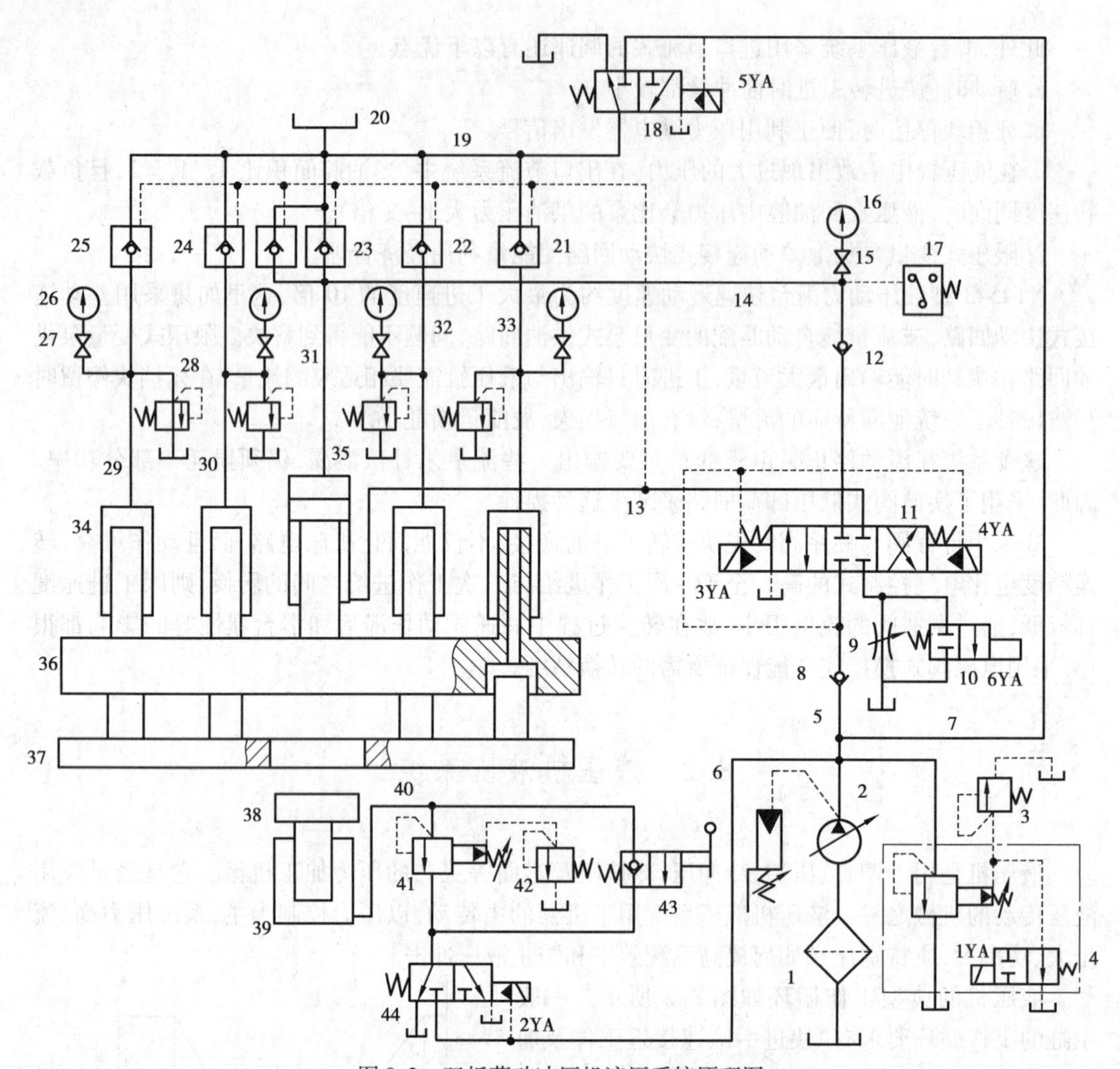

图 8.3　双板薄动冲压机液压系统原理图

1—滤油器；2—变量泵；3,42—远程调压阀；4—电磁溢流阀；
5,6,7,13,14,19,29,30,31,32,33,40—管路；
8,12,21,22,23,24,25—单向阀；9—节流阀；10—电磁换向阀；
11—三位四通电液动换向阀；15,27—压力表开关；16,26—压力表；17—压力继电器；
18,44—二位三通电液换向阀；20—高位油箱；28—安全阀；34—压边缸；35—拉伸缸；36—拉伸滑块；
37—压边滑块；38—顶出块；39—顶出缸；41—先导溢流阀；43—手动换向阀

1)*启动*

按启动按钮，电磁铁全部处于失电状态，恒功率变量泵输出的油以很低的压力经电磁溢流阀的溢流回油箱，泵空载启动。

2)*伸滑块和压边滑块快速下行*

使电磁铁 1YA,3YA,6YA 得电，电磁溢流阀 4 的二位二通电磁铁右位工作，切断泵的卸荷通路。同时，三位四通电液动换向阀 11 的左位接入工作，泵向拉伸滑块拉伸缸 35 上腔供油。因电磁换向阀 10 的电磁铁 6YA 得电，其右位接入工作，故回油经阀 11 和阀 10 回油箱，使其

快速下行。同时,带动压边缸34快速下行,压边缸从高位油箱20补油。这时,主油路是:

进油路:滤油器1→变量泵2→管路5→单向阀8→三位四通电液换向阀11的P口到A口→单向阀12→管路14→管路31→缸35上腔。

回油路:缸35下腔→管路13→电液换向阀11的B口到T口→换向阀10→油箱。

拉伸滑块液压缸快速下行时泵始终处于最大流量状态,但仍不能满足其需要。因此,其上腔形成负压,高位油箱20中的油液经单向阀23向主缸上腔充液。

3)减速、加压

在拉伸滑块和压边滑块与板料接触之前,首先碰到一个行程开关(图中未画出)发出一个电信号,使阀10的电磁铁6YA失电,左位工作,主缸回油须经节流阀9回油箱,实现慢进。当压边滑块接触工件后,又一个行程开关(图中未画出)发信号,使5YA得电,阀18右位接入工作,泵2打出的油经阀18向压边缸34加压。

4)拉伸、压紧

当拉伸滑块接触工件后,主缸35中的压力由于负载阻力的增加而增加,单向阀23关闭,泵输出的流量也自动减小。主缸继续下行,完成拉延工艺。在拉延过程中,泵2输出的最高压力由远程调压阀3调定,主缸进油路同上。回油路为:缸35下腔→管路13→电液换向阀11的B口到T口→节流阀9→油箱。

5)保压

当主缸35上腔压力达到预定值时,压力继电器17发出信号,使电磁铁1YA,3YA,5YA均失电,阀11回到中位,主缸上下腔以及压力缸上腔均封闭,主缸上腔短时保压,此时泵2经电磁溢流阀4卸荷。保压时间由压力继电器17控制的时间继电器调整。

6)快速回程

使电磁铁1YA,4YA得电,阀11右位工作,泵打出的油进入主缸下腔,同时控制油路打开液控单向阀21,22,23,24,主缸上腔的油经阀23回到高位油箱20,主缸35回程的同时,带动压边缸快速回程。这时,主缸的油路是:

进油路:滤油器1→泵2→管路5→单向阀8→阀11右位的P口到B口→管路13→主缸35下腔。

回油路:主缸35上腔→阀23→高位油箱20。

7)原位停止

当主缸滑块上升到触动行程开关1S时(图中未画出),电磁铁4YA失电,阀11中位工作,使主缸35下腔封闭,主缸停止不动。

8)顶出缸上升

在行程开关1S发出信号使4YA失电的同时也使2YA得电,使阀44右位接入工作,泵2打出的油经管路6→阀44→手动换向阀43左位→管路40,进入顶出缸39,顶出缸上行完成顶出工作。顶出压力由远程调压阀42设定。

9)顶出缸下降

在顶出缸顶出工件后,行程开关4S(图中未画出)发出信号,使1YA,2YA均失电,泵2卸荷,阀44右位工作。阀43左位工作,顶出缸在自重作用下下降,回油经阀43,44回油箱。

该系统采用高压大流量恒功率变量泵供油和利用拉延滑块自动充油的快速运动回路，既符合工艺要求，又节省了能量。

表 8.2 列出了双动薄板冲压机液压系统电磁铁动作顺序表。

表 8.2　双动薄板冲压机液压系统电磁铁动作顺序表

拉伸滑块	压边滑块	顶出缸	电磁铁						手动换向阀
			1Y	2Y	3Y	4Y	5Y	6Y	
快速下降	快速下降		+	−	+	−	−	+	
减速	减速		+	−	+	−	+	−	
拉伸	压紧工件		+	−	+	−	+	+	
快退返回	快退返回		+	−	−	+	−	−	
		上升	+	+	−	−	−	−	左位
		下降	+	−	−	−	−	−	右位
液压泵卸荷			−	−	−	−	−	−	

8.3　汽车起重机液压系统

汽车起重机是将起重机安装在汽车底盘上的一种起重运输设备。它主要由起升、回转、变幅、伸缩及支腿等工作机构组成。这些动作的完成由液压系统来实现。对汽车起重机的液压系统，一般要求输出力大，动作平稳，耐冲击，操作灵活、方便、可靠、安全。

如图 8.4 所示为 Q2-8 型汽车起重机外形简图。如图 8.5 所示为 Q2-8 型汽车起重机液压系统原理图。下面对其完成各个动作的回路进行叙述。

1）支腿回路

汽车轮胎的承载能力是有限的。在起吊重物时，必须由支腿液压缸来承受负载，而使轮胎架空，这样可防止起吊时整机的前倾或颠覆。

支腿动作的顺序是：缸 9 锁紧后桥板簧，同时缸 8 放下后支腿到所需位置，再由缸 10 放下前支腿。作业结束后，先收前支腿，再收后支腿。当手动换向阀 6 右位接入工作时，后支腿放下，其油路为：

泵 1→滤油器 2→阀 3 左位→阀 5 中位→阀 6 右位→锁紧缸下腔锁紧板簧→液压锁 7→缸 8 下腔。

回油路为：

缸 8 上腔→双向液压锁 7→阀 6 右位→油箱。

缸 9 上腔→阀 6 右位→油箱。

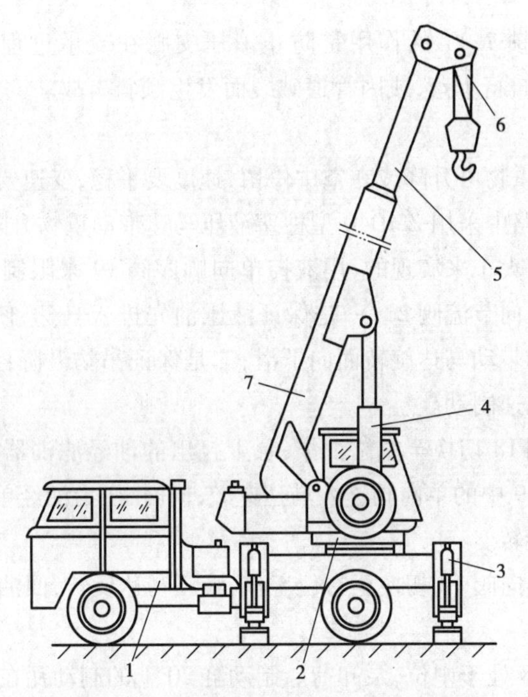

图8.4　Q2-8型汽车起重机外形简图

1—载重汽车;2—回转机构;3—支腿;4—吊臂变幅缸;

5—吊臂伸缩缸;6—起升机构;7—基本臂

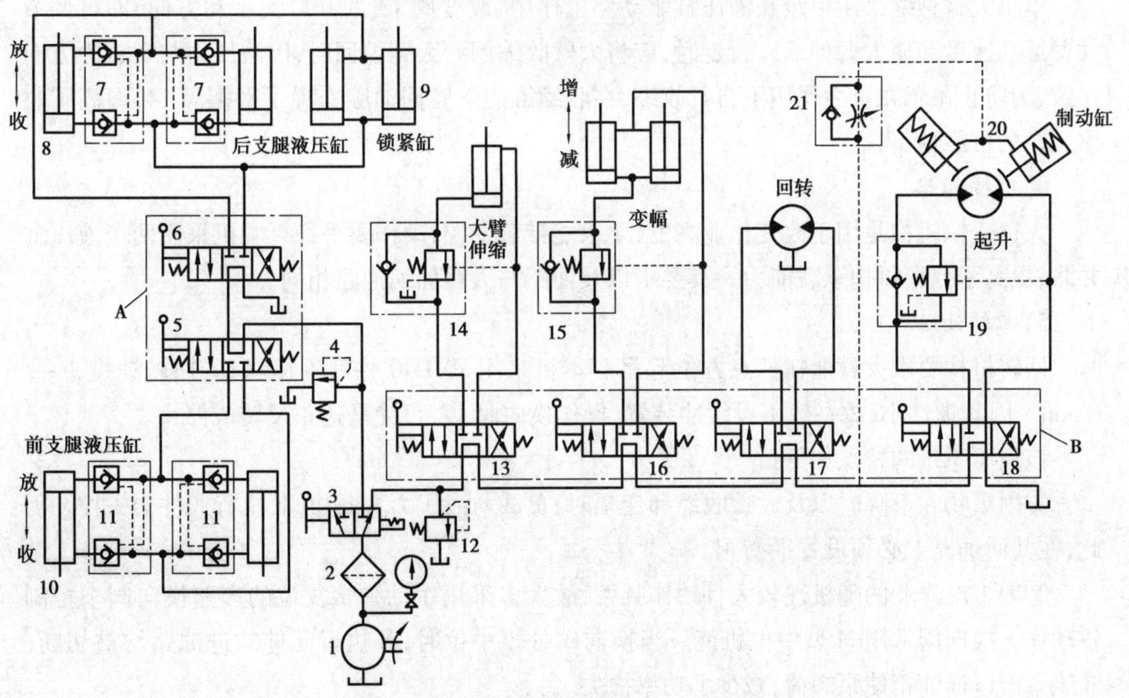

图8.5　Q2-8型汽车起重机液压系统原理图

1—液压泵;2—滤油器;3—二位三通手动换向阀;4,12—溢流阀;

5,6,13,16,17,18—三位三通手动换向阀;7,11—液压锁;8—后支腿缸;

9—锁紧缸;10—前支腿缸;14,15,19—平衡阀;20—制动缸;21—单向节流阀

回路中的双向液压锁 7,11 的作用是防止液压支腿在支承过程中因泄漏出现“软腿现象”,或行走过程中支腿自行下落,或因管道破裂而发生倾斜事故。

2)起升回路

起升机构要求所吊重物可升降或在空中停留,速度要平稳,变速要方便,冲击要小,启动转矩和制动力要大。本回路中采用 ZMD40 型柱塞液压马达带动重物升降,变速和换向是通过改变手动换向阀 18 的开口大小来实现的,用液控单向顺序阀 19 来限制重物超速下降。单作用液压缸 20 是制动缸。单向节流阀 21:一是保证液压油先进入马达,使马达产生一定的转矩,再解除制动,以防止重物带动马达旋转而向下滑;二是保证吊物升降停止时,制动缸中的油马上与油箱相通,使马达迅速制动。

起升重物时,手动阀 18 切换至左位工作,泵 1 打出的油经滤油器 2,阀 3 右位,阀 13,16,17 中位,阀 18 左位,阀 19 中的单向阀进入马达左腔;同时,压力油经单向节流阀到制动缸 20,从而解除制动,使马达旋转。

重物下降时,手动换向阀 18 切换至右位工作,液压马达反转,回油经阀 19 的液控顺序阀,阀 18 右位回油箱。

当停止作业时,阀 18 处于中位,泵卸荷。制动缸 20 上的制动瓦在弹簧作用下使液压马达制动。

3)大臂伸缩回路

本机大臂伸缩采用单级长液压缸驱动。工作中,改变阀 13 的开口大小和方向,即可调节大臂运动速度和使大臂伸缩。行走时,应将大臂收缩回。大臂缩回时,因液压力与负载力方向一致,为防止吊臂在重力作用下自行收缩,在收缩缸的下腔回油腔安置了平衡阀 14,提高了收缩运动的可靠性。

4)变幅回路

大臂变幅机构是用于改变作业高度,要求能带载变幅,动作要平稳。本机采用两个液压缸并联,提高了变幅机构承载能力。其要求以及油路与大臂伸缩油路相同。

5)回转油路

回转机构要求大臂能在任意方位起吊。本机采用 ZMD40 柱塞液压马达,回转速度 1 ~ 3 r/min。因其惯性小,故一般不设缓冲装置,操作换向阀 17,可使马达正反转或停止。

该液压系统的特点如下:

①因重物在下降时以及大臂收缩和变幅时,负载与液压力方向相同,执行元件会失控。因此,在其回油路上必须设置平衡阀。

②因工况作业的随机性较大且动作频繁,故大多采用手动弹簧复位的多路换向阀来控制各动作。换向阀常用 M 型中位机能。当换向阀处于中位时,各执行元件的进油路均被切断,液压泵出口通油箱使泵卸荷,减少了功率损失。

8.4　电弧炼钢炉液压传动系统

电弧炼钢炉的结构形式很多。这里以20 t电弧炼钢炉为例，对其液压传动系统进行分析。

20 t电弧炼钢炉由炉体和炉盖构成，如图8.6所示。炉体前有炉门，后有出钢槽，以废钢为主要原料。装炉料时，必须将炉盖移走。炉料从炉身上方装入炉内，然后盖上炉盖，插入电极，即可开始熔炼。在熔炼过程中，铁合金等原料从炉门加入。出渣时，将炉体向炉门方向倾斜约12°，使炉渣从炉门溢出，流到炉体下的渣罐中。当炉内的钢水成分和温度合格后，即可打开出钢口，将炉体向出钢口方向倾斜约45°，使钢水自出钢槽流入钢水包。为满足工艺要求，电弧炼钢炉的液压传动机构由电极升降、炉门升降、炉体旋转、炉盖顶起、炉盖旋转及倾炉6个部分组成。

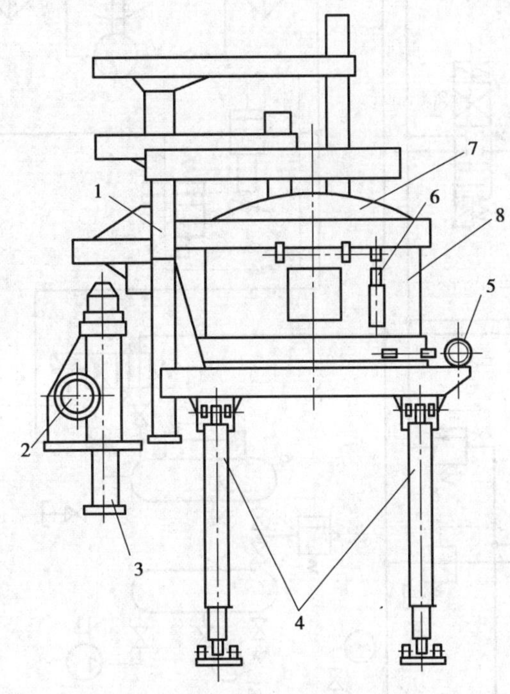

图8.6　20 t电弧炼钢炉结构

1—电极升降装置；2—炉盖旋转机构；3—炉盖顶起装置；4—倾炉装置；

5—炉体旋转机构；6—炉门升降机构；7—炉盖；8—炉体

如图8.7所示为电炉液压传动系统原理图。它属于多缸工作回路。现分析如下：系统采用乳化液作为工作介质，价格低廉，不易发生火灾。两台液压泵2，一台工作，另一台备用，并用蓄能器6来辅助供油，主油路压力取决于电磁溢流阀4。二位四通电液阀5（作为二位二通用）为常开式，如果系统出现事故，如高压软管破裂等，系统压力突然下降，则换向阀5立即关闭，防止工作介质大量流失。控制油路所用的工作介质为矿物油。

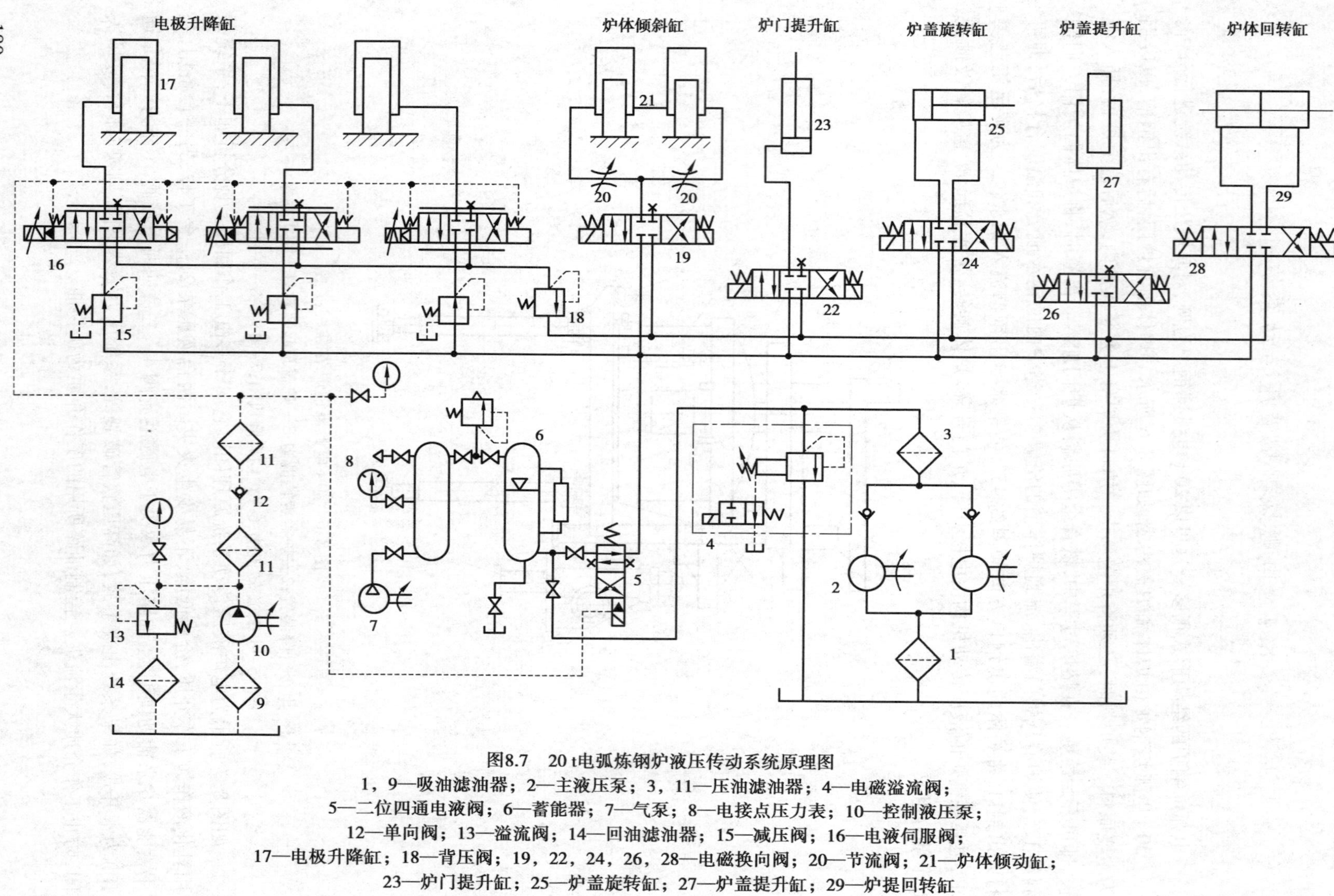

图8.7　20 t电弧炼钢炉液压传动系统原理图

1，9—吸油滤油器；2—主液压泵；3，11—压油滤油器；4—电磁溢流阀；
5—二位四通电液阀；6—蓄能器；7—气泵；8—电接点压力表；10—控制液压泵；
12—单向阀；13—溢流阀；14—回油滤油器；15—减压阀；16—电液伺服阀；
17—电极升降缸；18—背压阀；19，22，24，26，28—电磁换向阀；20—节流阀；21—炉体倾动缸；
23—炉门提升缸；25—炉盖旋转缸；27—炉盖提升缸；29—炉提回转缸

1)换向回路

炉盖提升缸27,炉盖旋转缸25,炉体回转缸29及炉门提升缸23均采用三位四通O形中位机能的电磁换向阀的换向操作回路,没有其他特别要求,也不同时操作。

2)炉体同步倾动回路

炉体倾动缸21有两个,要求同步操作。由于炉体倾斜缸均固定在炉体上,炉体质量很大,实际上是刚性同步。因此,采用换向阀19和两个节流阀20即可。在安装后,对两个节流阀20作适当调节,使流量基本相同即可。

3)电极升降位置伺服控制与减压回路

电极升降缸17共有3个,各自有相同的独立回路,均使用电液伺服阀16进行操作。一般是从电极电流取出信号(感应电压)与给定值进行比较,其差值使电液伺服阀动作。当电极电流大于给定值时,电液伺服阀使电极升降缸进油,电极提升;反之,则排油,使电极下降。当电极升降缸下降排油时,要求动作稳定,故在电液伺服阀的回油上设有背压阀18,使回油具有一定的背压,油缸下降稳定。伺服阀的控制回路所用的油由专门的控制油泵10来提供。减压阀15用于调节和稳定伺服阀的进口压力。

4)电液伺服阀的控制油路

电液伺服阀控制油路所用油泵10为叶片泵,经过吸油出滤油器9和两级排油精滤油器11以及单向阀12将低压油送到电液伺服阀的控制级。控制油压由溢流阀13调定。

8.5　M1432A型万能外圆磨床液压系统

8.5.1　机床液压系统的功能

M1432A型万能外圆磨床主要用于磨削IT7~IT5精度的圆柱形或圆锥形外圆和内孔,表面粗糙度为$Ra1.25 \sim 0.08$。该机床的液压系统具有以下功能:

①能实现工作台的自动往复运动,并能在0.05~4 m/min无级调速,工作台换向平稳,启动、制动迅速,换向精度高。

②在装卸工件和测量工件时,为缩短辅助时间,砂轮架具有快速进退动作,为避免惯性冲击,控制砂轮架快速进退的液压缸设置有缓冲装置。

③为方便装卸工件,尾架顶尖的伸缩采用液压传动。

④工作台可作微量抖动:切入磨削或加工工件略大于砂轮宽度时,为了提高生产率和改善表面粗糙度,工作台可作短距离(1~3 mm)、频繁往复运动(100~150次/min)。

⑤传动系统具有必要的联锁动作:

a.工作台的液动与手动联锁,以免液动时带动手轮旋转引起工伤事故。

b.砂轮架快速前进时,可保证尾架顶尖不后退,以免加工时工件脱落。

c.磨内孔时,为使砂轮不后退,传动系统中设有与砂轮架快速后退联锁的机构,以免撞坏工件或砂轮。

d.砂轮架快进时,头架带动工件转动,冷却泵启动;砂轮架快速后退时,头架与冷却泵电机停转。

8.5.2 液压系统的工作原理

如图 8.8 所示为 M1432 型外圆磨床液压系统原理图。其工作原理如下：

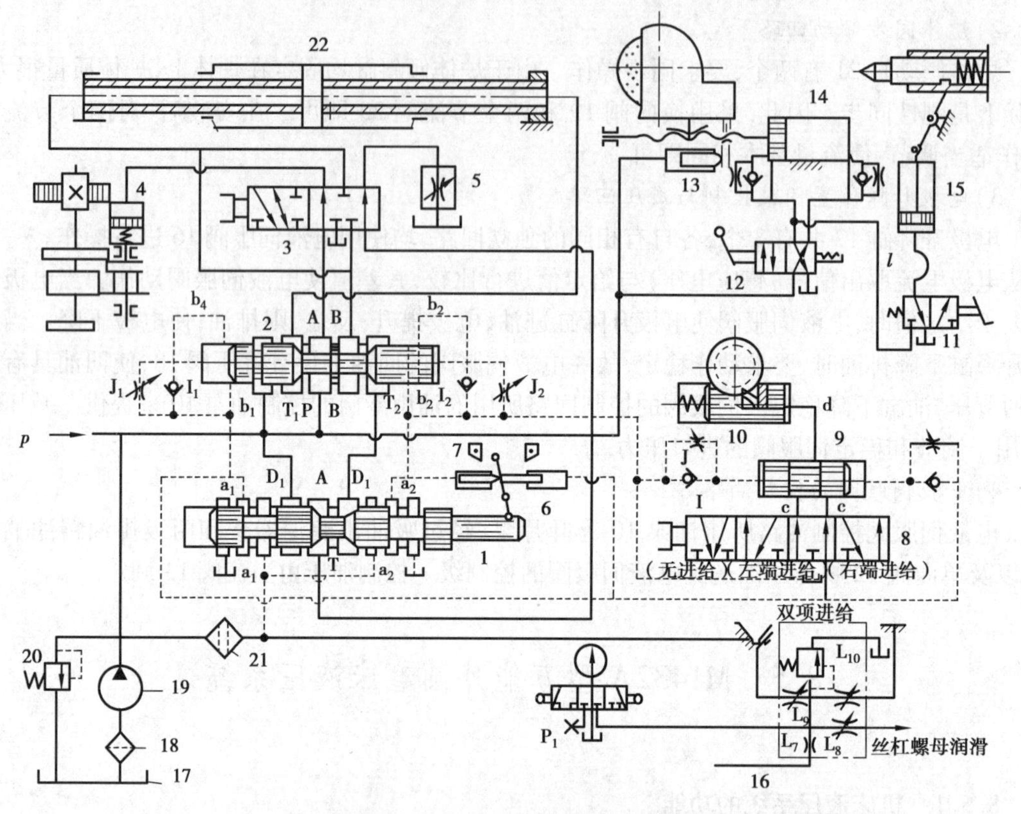

图 8.8 M1432A 型万能外圆磨床

1—先导阀；2—换向阀；3—开停阀；4—互锁缸；5—节流阀；6—抖动缸；
7—挡块；8—选择阀；9—进给阀；10—进给缸；11—尾架换向阀；
12—快动换向阀；13—闸缸；14—快动缸；15—尾架缸；16—润滑稳定器；
17—油箱；18—粗过滤器；19—油泵；20—溢流阀；21—精过滤器；22—工作台进给缸

1）工作台的往复运动

（1）工作台右行

如图 8.8 所示状态，先导阀、换向阀阀芯均处于右端，开停阀处于右位。其主油路为：

进油路：液压泵 19→换向阀 2 右位（P→A）→液压缸 2 右腔。

回油路：液压缸 9 左腔→换向阀 2 右位（B→T_2）→先导阀 1 右位→开停阀 3 右位→节流阀 5→油箱。

液压油推液压缸带动工作台向右运动，其运动速度由节流阀来调节。

（2）工作台左行

当工作台右行到预定位置，工作台上左边的挡块拨与先导阀 1 的阀芯相连接的杠杆，使先导阀芯左移，开始工作台的换向过程。先导阀阀芯左移过程中，其阀芯中段制动锥 A 的右边逐渐将回油路上通向节流阀 5 的通道（D_2→T）关小，使工作台逐渐减速制动，实现预制动；当先导阀阀芯继续向左移动到先导阀芯右部环形槽，使 a_2 点与高压油路 a_2'相通，先导阀芯左部

环槽使 $a_1 \to a_1'$ 接通油箱时,控制油路被切换。这时,借助于抖动缸推动先导阀向左快速移动(快跳)。其油路是:

进油路:泵 19→精滤油器 21→先导阀 1 左位($a_2' \to a_2$)→抖动缸 6 左端。

回油路:抖动缸 6 右端→先导阀 1 左位($a_1 \to a_1'$)→油箱。

因抖动缸的直径很小,上述流量很小的压力油足以使之快速右移,并通过杠杆使先导阀芯快跳到左端,故使通过先导阀到达换向阀右端的控制压力油路迅速打通,同时又使换向阀左端的回油路也迅速打通(畅通)。

这时的控制油路是:

进油路:泵 19→精滤油器 21→先导阀 1 左位($a_2' \to a_2$)→单向阀 I2→换向阀 2 右端。

回油路:换向阀 2 左端回油路在换向阀芯左移过程中有 3 种变换。

换向阀 2 左端 b_1'→先导阀 1 左位($a_1 \to a_1'$)→油箱。换向阀芯因回油畅通而迅速左移,实现第一次快跳。当换向阀芯 1 快跳到制动锥 C 的右侧关小主回油路($B \to T_2$)通道,工作台便迅速制动(终制动)。换向阀芯继续迅速左移到中部台阶处于阀体中间沉割槽的中心处时,液压缸两腔都通压力油,工作台便停止运动。

换向阀芯在控制压力油作用下继续左移,换向阀芯左端回油路改为:换向阀 2 左端→节流阀 J_1→先导阀 1 左位→油箱。这时,换向阀芯按节流阀(停留阀)J_1 调节的速度左移由于换向阀体中心沉割槽的宽度大于中部台阶的宽度,因此,阀芯慢速左移的一定时间内,液压缸两腔继续保持互通,使工作台在端点保持短暂的停留。其停留时间在 0~5 s 由节流阀 J_1,J_2 调节。

当换向阀芯慢速左移到左部环形槽与油路($b_1 \to b_1'$)相通时,换向阀左端控制油的回油路又变为换向阀 2 左端→油路 b_1→换向阀 2 左部环形槽→油路 b_1'→先导阀 1 左位→油箱。这时,换向阀左端回油路畅通,换向阀芯实现第二次快跳,使主油路迅速切换,工作台则迅速反向启动(左行)。这时的主油路是:

进油路:泵 19→换向阀 2 左位(P→B)→液压缸 22 左腔。

回油路:液压缸 22 右腔→换向阀 2 左位($A \to T_1$)→先导阀 1 左位($D_1 \to T$)→开停阀 3 右位→节流阀 5→油箱。

当工作台左行到位时,工作台上的挡铁又碰杠杆推动先导阀右移,重复上述换向过程,实现工作台的自动换向。

2)工作台液动与手动的互锁

工作台液动与手动的互锁是由互锁缸 4 来完成的。当开停阀 3 处于如图 8.2 所示的位置时,互锁缸 4 的活塞在压力油的作用下压缩弹簧并推动齿轮 z_1 和 z_2 脱开。这样,当工作台液动(往复运动)时,手轮不会转动。

当开停阀 3 处于左位时,互锁缸 4 通油箱,活塞在弹簧力的作用下带着齿轮 z_2 移动,z_2 与 z_1 啮合,工作台就可用手摇机构摇动。

3)砂轮架的快速进、退运动

砂轮架的快速进退运动是由手动二位四通换向阀 12(快动阀)来操纵,由快动缸来实现的。在如图 8.2 所示的位置时,快动阀右位接入系统,压力油经快动阀 12 右位进入快动缸 14 右腔,砂轮架快进到前端位置,快进终点是靠活塞与缸体端盖相接触来保证其重复定位精度的;当快动缸左位接入系统时,砂轮架快速后退到最后端位置。为防止砂轮架在快速运动到达前后终点处产生冲击,在快动缸两端设缓冲装置,并设有抵住砂轮架的闸缸 13,用以消除丝杠和螺母间的间隙。

手动换向阀 12(快动阀)的下面装有一个自动启、闭头架电动机和冷却电动机的行程开关和一个与内圆磨具联锁的电磁铁(图上均未画出)。当手动换向阀 12(快动阀)处于右位使砂轮架处于快进时,手动阀的手柄压下行程开关,使头架电动机和冷却电动机启动。当翻下内圆磨具进行内孔磨削时,内圆磨具压另一行程开关,使联锁电磁铁通电吸合,将快动阀锁住在左位(砂轮架在退的位置),以防止误动作,保证安全。

4)砂轮架的周期进给运动

砂轮架的周期进给运动是由选择阀 8、进给阀 9、进给缸 10 通过棘爪、棘轮、齿轮、丝杠来完成的。选择阀 8 根据加工需要,可使砂轮架在工件左端或右端时进给,也可在工件两端都进给(双向进给),还可以不进给,共 4 个位置可供选择。

如图 8.8 所示为双向进给。周期进给油路:压力油从 a_1 点→J_4→进给阀 9 右端;进给阀 9 左端→I_3→a_2→先导阀 1→油箱。进给缸 10→d→进给阀 9→c_1→选择阀 8→a_2→先导阀 1→油箱,进给缸柱塞在弹簧力的作用下复位。当工作台开始换向时,先导阀换位(左移)使 a_2 点变高压、a_1 点变为低压(回油箱);此时,周期进给油路为:压力油从 a_2 点→J_3→进给阀 9 左端;进给阀 9 右端→I_4→a_1 点→先导阀 1→油箱,使进给阀右移;与此同时,压力油经 a_2 点→选择阀 8→c_1→进给阀 9→d→进给缸 10,推进给缸柱塞左移,柱塞上的棘爪拨棘轮转动一个角度,通过齿轮等推砂轮架进给一次。在进给阀活塞继续右移时堵住 c_1 而打通 c_2,这时进给缸右端→d→进给阀→c_2→选择阀→a_1→先导阀 a_1'→油箱,进给缸在弹簧力的作用下再次复位。当工作台再次换向,再周期进给一次。若将选择阀转到其他位置,如右端进给,则工作台只有在换向到右端才进给一次,其进给过程不再赘述。从上述周期进给过程可知,每进给一次是由一股压力油(压力脉冲)推进给缸柱塞上的棘爪拨棘轮转一角度。调节进给阀两端的节流阀 J_3,J_4 就可调节压力脉冲的时期长短,从而调节进给量的大小。

5)尾架顶尖的松开与夹紧

尾架顶尖只有在砂轮架处于后退位置时才允许松开。为操作方便,采用脚踏式二位三通阀 11(尾架阀)来操纵,由尾架缸 15 来实现。可知,只有当快动阀 12 处于左位、砂轮架处于后退位置、脚踏尾架阀处于右位时,才能有压力油通过尾架阀进入尾架缸推杠杆拨尾顶尖松开工件。当快动阀 12 处于右位(砂轮架处于前端位置)时,油路 L 为低压(回油箱),这时误踏尾架阀 11 也无压力油进入尾架缸 14,顶尖也就不会推出。

尾顶尖的夹紧是靠弹簧力。

6)抖动缸的功用

抖动缸 6 的功用有两个:一是帮助先导阀 1 实现换向过程中的快跳;二是当工作台需要作频繁短距离换向时实现工作台的抖动。

当砂轮作切入磨削或磨削短圆槽时,为提高磨削表面质量和磨削效率,需工作台频繁短距离换向—抖动。这时,将换向挡铁调得很近或夹住换向杠杆,当工作台向左或向右移动时,挡铁带杠杆使先导阀阀芯向右或向左移动一个很小的距离,使先导阀 1 的控制进油路和回油路仅有一个很小的开口。通过此很小开口的压力油不可能使换向阀阀芯快速移动,这是因为抖动缸柱塞直径很小,所通过的压力油足以使抖动缸快速移动。抖动缸的快速移动推动杠带先导阀快速移动(换向),迅速打开控制油路的进油口、回油口,使换向阀也迅速换向,从而使工作台作短距离频繁往复换向—抖动。

8.5.3　万能外圆磨液压系统的特点

由于机床加工工艺的要求,因此,M1432A型万能外圆磨床液压系统是机床液压系统中要求较高、较复杂的一种。其主要特点是:

①系统采用节流阀回油节流调速回路,功率损失较小。

②工作台采用活塞杆固定式双杆液压缸,保证左右往复运动的速度一致,并使机床占地面积不大。

③本系统在结构上采用了将开停阀、先导阀、换向阀、节流阀及抖动缸等组合一体的操纵箱,既结构紧凑、管路减短、操纵方便,又便于制造和装配修理。此操纵箱属行程制动换向回路,具有较高的换向位置精度和换向平稳性。

通过对典型液压系统的分析,应掌握对液压系统进行分析的步骤和方法,明确系统的特点,特别要注意基本回路在一个复杂液压系统中的作用等。在阅读复杂液压系统时,首先应了解设备的工艺对液压系统的动作要求,以执行元件为中心,将系统分成若干子系统。根据工况即工作循环图,对每个子系统的每个工况时油路进行分析,注意各元件的作用以及所含基本回路的功能。根据各执行元件间的顺序动作、同步和防干扰要求,分析各系统之间的联系。

思考与练习

分析题

1. 分析如图8.9所示的液压系统,回答以下问题:

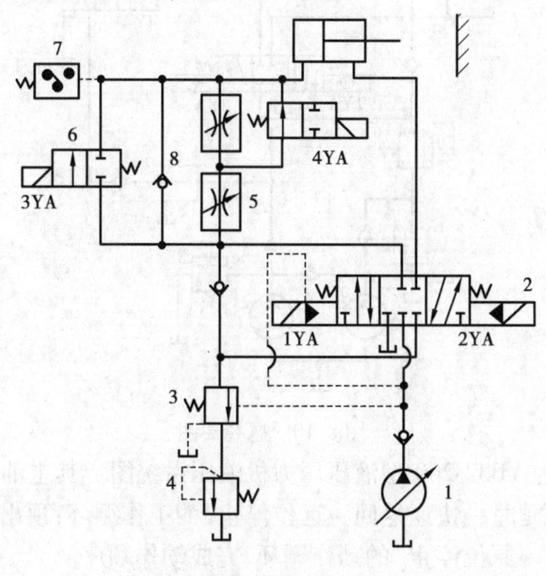

图8.9　题8.1图

(1)分别写出系统的快进、一工进、二工进、快退情况下的进油、回油路线。

(2)填写电磁铁的动作顺序表。

表 8.3　电磁铁的动作顺序

动作	1YA	2YA	3YA	4YA
快进				
一工进				
二工进				
快退				
原位停止				

2. 如图 8.10 所示的双泵供油系统,缸Ⅰ为夹紧缸(注:失电夹紧),缸Ⅱ为工作缸。两缸的工作循环为“缸Ⅰ夹紧→缸Ⅱ快进→工进→快退→原位停止→缸Ⅰ松开”(注:泵 1 为小流量泵,泵 2 为低压大流量泵)。完成电磁铁动作顺序。

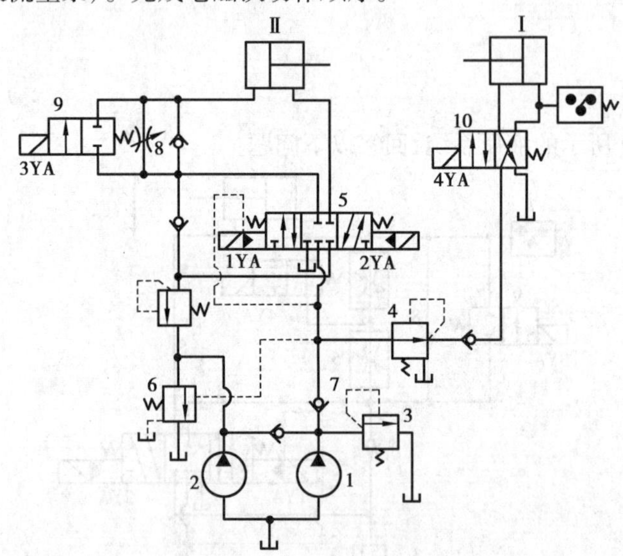

图 8.10　题 8.2 图

3. 如图 8.11 所示为 YB32-200 型液压压力机液压系统图。其主油缸(上缸)能实现“快速下行→慢速加压→保压延时→快速返回→远位停止”的工作循环;顶出缸(下缸)能实现“向上顶出→停留→向下退回→原位停止”的动作循环,完成动作顺序。

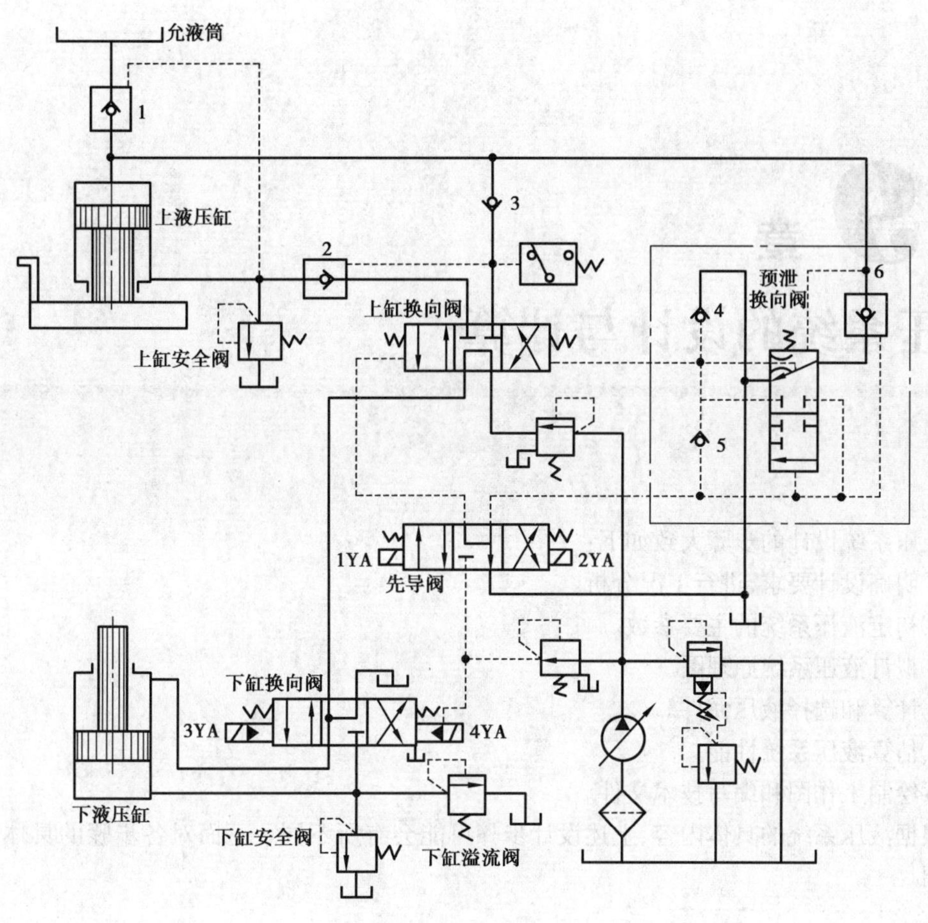

允液筒
1
上液压缸
2
3
上缸换向阀
上缸安全阀
预泄
换向阀
4
5
6
1YA
2YA
先导阀
下缸换向阀
3YA
4YA
下液压缸
下缸安全阀
下缸溢流阀

图 8.11　题 8.3 图

第9章 液压系统的设计与计算

液压系统设计的步骤大致如下：

①明确设计要求，进行工况分析。

②初定液压系统的主要参数。

③拟订液压系统原理图。

④计算和选择液压元件。

⑤估算液压系统性能。

⑥绘制工作图和编写技术文件。

根据液压系统的具体内容，上述设计步骤可能会有所不同。下面对各步骤的具体内容进行介绍。

9.1 液压系统的设计计算步骤

9.1.1 明确设计要求进行工况分析

在设计液压系统时，首先应明确以下问题，并将其作为设计依据：

①主机的用途、工艺过程、总体布局，以及对液压传动装置的位置和空间尺寸的要求。

②主机对液压系统的性能要求，如自动化程度、调速范围、运动平稳性、换向定位精度，以及对系统的效率、温升等。

③液压系统的工作环境，如温度、湿度、振动冲击，以及是否有腐蚀性和易燃物质存在等情况。

在上述工作的基础上，应对主机进行工况分析。工况分析包括运动分析和动力分析。对复杂的系统还需编制负载和动作循环图，由此了解液压缸或液压马达的负载和速度随时间变化的规律。下面对工况分析的内容作具体介绍。

1）运动分析

主机的执行元件按工艺要求的运动情况，可用位移循环图（L-t 图）、速度循环图（v-t 图）或速度与位移循环图来表示。由此对运动规律进行分析。

(1)位移循环图 L-t

如图 9.1 所示为液压机的液压缸位移循环图。纵坐标 L 表示活塞位移,横坐标 t 表示从活塞启动到返回原位的时间,曲线斜率表示活塞移动速度。该图清楚地表明,液压机的工作循环分别由快速下行、减速下行、压制、保压、泄压慢回及快速回程 6 个阶段组成。

(2)速度循环图(v-t 图,或 v-L 图)

工程中,液压缸的运动特点可归纳为 3 种类型。如图 9.2 所示为 3 种类型液压缸的 v-t 图。

①如图 9.2 所示的实线,液压缸开始作匀加速运动,然后匀速运动,最后匀减速运动到终点。

②液压缸在总行程的前一半作匀加速运动,在另一半作匀减速运动,且加速度的数值相等。

③液压缸在总行程的一大半以上以较小的加速度作匀加速运动,然后匀减速至行程终点。

v-t 图的 3 条速度曲线,不仅清楚地表明了 3 种类型液压缸的运动规律,也间接地表明了 3 种工况的动力特性。

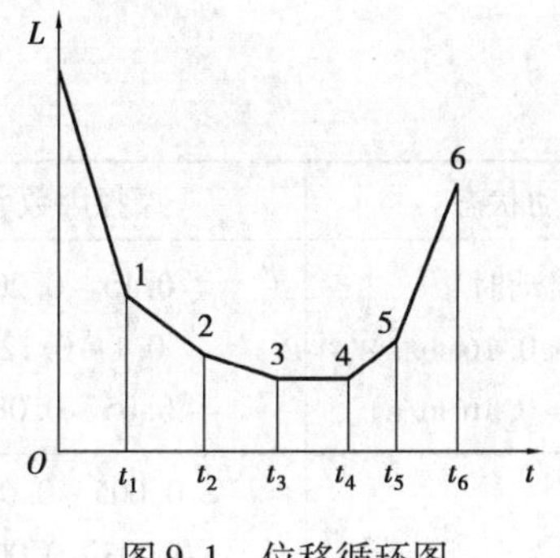

图 9.1 位移循环图

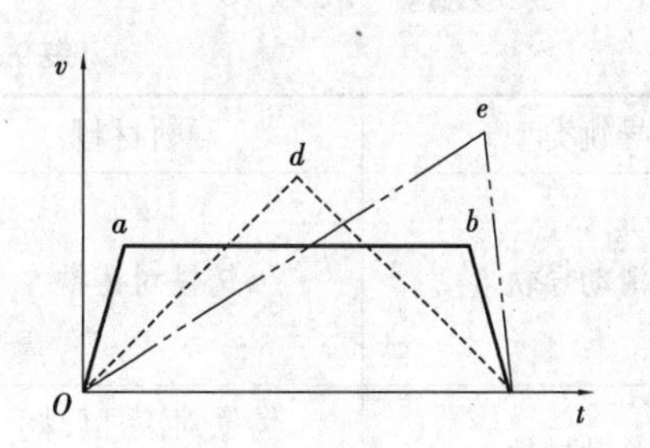

图 9.2 速度循环图

2)动力分析

动力分析研究的是机器在工作过程中执行元件的受力情况。对于液压系统而言,就是研究液压缸或液压马达的负载情况。

(1)液压缸的负载及负载循环图

①液压缸的负载力计算

工作机构作直线往复运动时,液压缸必须克服的负载由 6 个部分组成,即

$$F = F_c + F_f + F_i + F_G + F_m + F_b \tag{9.1}$$

式中 F_c——切削阻力;

F_f——摩擦阻力;

F_i——惯性阻力;

F_G——重力;

F_m——密封阻力;

F_b——排油阻力。

A. 切削阻力 F_c

切削阻力 F_c 为液压缸运动方向的工作阻力。对于机床来说,就是沿工作部件运动方向的切削力。此作用力的方向如果与执行元件运动方向相反,则为正值;若两者同向,则为负值。

该作用力可能是恒定的,也可能是变化的。其值要根据具体情况计算或由实验测定。

B. 摩擦阻力 F_f

摩擦阻力 F_f 为液压缸带动的运动部件所受的摩擦阻力。它与导轨的形状、放置情况和运动状态有关。其计算方法可查有关的设计手册。如图 9.3 所示为最常见的两种导轨形式。其摩擦阻力的值如下:

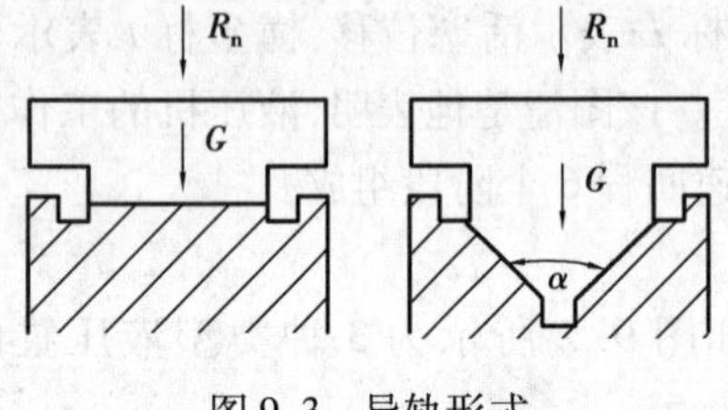

图 9.3 导轨形式

平导轨

$$F_f = f\sum F_n \tag{9.2}$$

V 形导轨

$$F_f = f\sum \frac{F_n}{\sin\frac{\alpha}{2}} \tag{9.3}$$

式中 f——摩擦因数,参阅表 9.1 选取;

$\sum F_n$—— 作用在导轨上总的正压力或沿 V 形导轨横截面中心线方向的总作用力;

α——V 形角,一般为 90°。

表 9.1 摩擦因数 f

导轨类型	导轨材料	运动状态	摩擦因数 f
滑动导轨	铸铁对铸铁	启动时 低速($v<0.16$ m/s) 高速($v>0.16$ m/s)	0.15~0.20 0.1~0.12 0.05~0.08
滚动导轨	铸铁对滚柱(珠) 淬火钢导轨对滚柱(珠)		0.005~0.02 0.003~0.006
静压导轨	铸铁		0.005

C. 惯性阻力 F_i

惯性阻力 F_i 为运动部件在启动和制动过程中的惯性力。可计算为

$$F_i = ma = \frac{G}{g}\frac{\Delta v}{\Delta t} \tag{9.4}$$

式中 m——运动部件的质量,kg;

a——运动部件的加速度,m/s^2;

G——运动部件的质量,N;

g——重力加速度,$g = 9.81$ m/s^2;

Δv——速度变化值,m/s;

Δt——启动或制动时间,s,一般机床 $\Delta t = 0.1 \sim 0.5$ s,运动部件质量大的取大值。

D. 重力 F_G

垂直放置和倾斜放置的移动部件,其本身的质量也是一种负载。当上移时,负载为正值;下移时,为负值。

E. 密封阻力 F_m

密封阻力 F_m 是指装有密封装置的零件在相对移动时的摩擦力。其值与密封装置的类型、液压缸的制造质量和油液的工作压力有关。在初算时,可按缸的机械效率($\eta_m = 0.9$)考虑;验算时,按密封装置摩擦力的计算公式计算。

F. 排油阻力 F_b

排油阻力 F_b 是指液压缸回油路上的阻力。它与调速方案、系统所要求的稳定性、执行元件等因素有关。在系统方案未确定时,无法计算,可放在液压缸的设计计算中考虑。

②液压缸运动循环各阶段的总负载力

液压缸运动循环各阶段的总负载力计算,一般包括启动加速、快进、工进、快退、减速制动等阶段。每个阶段的总负载力是有区别的。

A. 启动加速阶段

这时,液压缸或活塞处于由静止到启动并加速到一定速度。其总负载力包括导轨的摩擦力、密封装置的摩擦力(按缸的机械效率 $\eta_m = 0.9$ 计算)、重力和惯性力等项,即

$$F = F_t + F_i \pm F_G + F_m + F_b \tag{9.5}$$

B. 快速阶段

$$F = F_t \pm F_G + F_m + F_b \tag{9.6}$$

C. 工进阶段

$$F = F_t + F_c \pm F_G + F_m + F_b \tag{9.7}$$

D. 减速

$$F = F_f \pm F_G - F_i + F_m + F_b \tag{9.8}$$

对简单液压系统,上述计算过程可简化。例如,采用单定量泵供油,只需计算工进阶段的总负载力。若简单系统采用限压式变量泵或双联泵供油,则只需计算快速阶段和工进阶段的总负载力。

③液压缸的负载循环图

对较为复杂的液压系统,为了更清楚地了解该系统内各液压缸(或液压马达)的速度和负载的变化规律,应根据各阶段的总负载力和它所经历的工作时间 t 或位移 L 按相同的坐标绘制液压缸的负载时间图(F-t 图)或负载位移图(F-L 图),然后将各液压缸在同一时间 t(或位移)的负载力叠加。

如图9.4所示为一部机器的 F-t 图。其中,$0 \sim t_1$ 为启动过程;$t_1 \sim t_2$ 为加速过程;$t_2 \sim t_3$ 为恒速过程;$t_3 \sim t_4$ 为制动过程。它清楚地表明了液压缸在动作循环内负载的规律。其中,最大负载是初选液压缸工作压力和确定液压缸结构尺寸的依据。

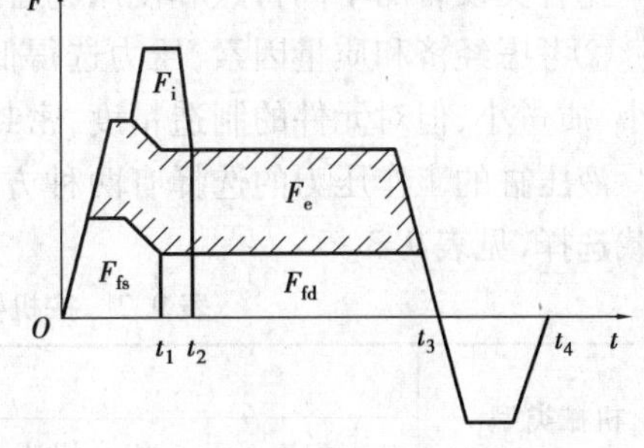

图9.4 负载循环图

(2)液压马达的负载

工作机构作旋转运动时,液压马达必须克服的外负载为

$$M = M_e + M_f + M_i \tag{9.9}$$

①工作负载力矩 M_e

工作负载力矩 M_e 可能是定值,也可能随时间变化。应根据机器工作条件进行具体分析。

②摩擦力矩 M_f

摩擦力矩 M_f 为旋转部件轴颈处的摩擦力矩。其计算公式为

$$M_f = GfR \tag{9.10}$$

式中 G——旋转部件的质量,N;

f——摩擦因数,启动时为静摩擦因数,启动后为动摩擦因数;

R——轴颈半径,m。

③惯性力矩 M_i

惯性力矩 M_i 为旋转部件加速或减速时产生的惯性力矩。其计算公式为

$$M_i = J\varepsilon = J\frac{\Delta\omega}{\Delta t} \tag{9.11}$$

式中 ε——角加速度,r/s^2;

$\Delta\omega$——角速度的变化,r/s;

Δt——加速或减速时间,s;

J——旋转部件的转动惯量,$kg \cdot m^2$,即

$$J = \frac{GD^2}{4g}$$

GD^2——回转部件的飞轮效应,$N \cdot m^2$。

各种回转体的 GD^2 可查《机械设计手册》。根据式(9.9),分别算出液压马达在一个工作循环内各阶段的负载大小,便可绘制液压马达的负载循环图。

9.1.2 确定液压系统主要参数

1)液压缸的设计计算

(1)初定液压缸工作压力

液压缸工作压力主要根据运动循环各阶段中的最大总负载力来确定。此外,还需要考虑以下因素:

①各类设备的不同特点和使用场合。

②考虑经济和质量因素,压力选得低,则元件尺寸大、质量大;压力选得高一些,则元件尺寸小、质量小,但对元件的制造精度,密封性能要求高。

液压缸的工作压力的选择有两种方式:一是根据机械类型选择,见表9.2;二是根据切削负载选择,见表9.3。

表9.2 按机械类型选执行元件的工作压力

机械类型	机 床				农业机械	工程机械
	磨床	组合机床	龙门刨床	拉床		
工作压力/MPa	≤2	3~5	≤8	8~10	10~16	20~32

表9.3 按负载选执行元件的工作压力

负载/N	<5 000	500~10 000	10 000~20 000	20 000~30 000	30 000~50 000	>50 000
工作压力/MPa	≤0.8~1	1.5~2	2.5~3	3~4	4~5	>5

(2)液压缸主要尺寸的计算

缸的有效面积和活塞杆直径,可根据缸受力的平衡关系具体计算,详见第 4 章。

(3)液压缸的流量计算

液压缸的最大流量 q_{max}(m^3/s)为

$$q_{max} = Av_{max} \tag{9.12}$$

式中　A——液压缸的有效面积 A_1 或 A_2,m^2;

v_{max}——液压缸的最大速度,m/s。

液压缸的最小流量 q_{min}(m^3/s)为

$$q_{min} = Av_{min} \tag{9.13}$$

式中　v_{min}——液压缸的最小速度。

液压缸的最小流量 q_{min} 应等于或大于流量阀或变量泵的最小稳定流量。若不满足此要求,则需重新选定液压缸的工作压力,使工作压力低一些,缸的有效工作面积大一些,所需最小流量 q_{min} 也大一些,以满足上述要求。

流量阀和变量泵的最小稳定流量可从产品样本中查到。

2)液压马达的设计计算

(1)计算液压马达排量

液压马达的排量可计算为

$$V_m = \frac{6.28T}{\Delta p_m \eta_{min}} \tag{9.14}$$

式中　T——液压马达的负载力矩,N·m;

Δp_m——液压马达进出口压力差,N/m^2;

η_{min}——液压马达的机械效率,一般齿轮和柱塞马达取 0.9~0.95,叶片马达取 0.8~0.9。

(2)计算液压马达所需流量液压马达的最大流量

液压马达所需流量液压马达的最大流量可计算为

$$q_{max} = V_m n_{max}$$

式中　V_m——液压马达排量,m^3/r;

n_{max}——液压马达的最高转速,r/s。

9.1.3　液压元件的选择

1)液压泵的确定与所需功率的计算

(1)液压泵的确定

①确定液压泵的最大工作压力

液压泵所需工作压力的确定,主要根据液压缸在工作循环各阶段所需最大压力 p_1,再加上油泵的出油口到缸进油口处总的压力损失 $\sum \Delta p$,即

$$p_B = p_t + \sum \Delta p \tag{9.15}$$

$\sum \Delta p$ 包括油液流经流量阀和其他元件的局部压力损失、管路沿程损失等。在系统管路未设计之前,可根据同类系统经验估计。一般管路简单的节流阀调速系统,$\sum \Delta p = (2 \sim 5) \times$

10^5 Pa;用调速阀及管路复杂的系统,$\sum \Delta p = (5 \sim 15) \times 10^5$ Pa。$\sum \Delta p$ 也可只考虑流经各控制阀的压力损失,而将管路系统的沿程损失忽略不计。各阀的额定压力损失可从液压元件手册或产品样本中查找,也可参照表 9.4 选取。

表 9.4 常用中、低压各类阀的压力损失 Δp_n

阀名	$\Delta p_n/(10^5$ Pa)	阀名	$\Delta p_n/(10^5$ Pa)	阀名	$\Delta p_n/(10^5$ Pa)	阀名	$\Delta p_n/(10^5$ Pa)
单向阀	0.3 ~ 0.5	背压阀	3 ~ 8	行程阀	1.5 ~ 2	转阀	1.5 ~ 2
换向阀	1.5 ~ 3	节流阀	2 ~ 3	顺序阀	1.5 ~ 3	调速阀	3 ~ 5

②确定液压泵的流量 q_B

液压泵的流量 q_B 根据执行元件动作循环所需最大流量 q_{max} 和系统的泄漏确定。

a. 多液压缸同时动作时,液压泵的流量要大于同时动作的几个液压缸(或马达)所需的最大流量,并应考虑系统的泄漏和液压泵磨损后容积效率的下降,即

$$q_B \geqslant K\left(\sum q\right)_{max} \tag{9.16}$$

式中 K—— 系统泄漏系数,一般取 1.1 ~ 1.3,大流量取小值,小流量取大值;

$\left(\sum q\right)_{max}$ —— 同时动作的液压缸(或马达)的最大总流量,m^3/s。

b. 采用差动液压缸回路时,液压泵所需流量为

$$q_B \geqslant K(A_1 - A_2)v_{max} \tag{9.17}$$

式中 A_1, A_2——液压缸无杆腔与有杆腔的有效面积,m^2;

v_{max}——活塞的最大移动速度,m/s。

c. 当系统使用蓄能器时,液压泵流量按系统在一个循环周期中的平均流量选取,即

$$q_B = \sum_{i=1}^{Z} \frac{V_i K}{T_i} \tag{9.18}$$

式中 V_i——液压缸在工作周期中的总耗油量,m^3;

T_i——机器的工作周期,s;

Z——液压缸的个数。

③选择液压泵的规格。根据上面所计算的最大压力 p_B 和流量 q_B,查液压元件产品样本,选择与 p_B 和流量 q_B 相当的液压泵的规格型号。

上面所计算的最大压力 p_B 是系统静态压力。系统工作过程中存在着过渡过程的动态压力,而动态压力往往比静态压力高得多,因此,液压泵的额定压力 p_B 应比系统最高压力大 25% ~ 60%,使液压泵有一定的压力储备。若系统属于高压范围,则压力储备取小值;若系统属于中低压范围,则压力储备取大值。

④确定驱动液压泵的功率

a. 当液压泵的压力和流量比较衡定时,所需功率为

$$P = \frac{p_B q_B}{\eta_B} \times 10^{-3} \tag{9.19}$$

式中 p_B——液压泵的最大工作压力,Pa;

q_B——液压泵的流量,m^3/s;

η_B——液压泵的总效率,各种形式液压泵的总效率可参考表9.5估取;液压泵规格大,取大值,反之取小值;定量泵取大值,变量泵取小值。

表9.5　液压泵的总效率

液压泵类型	齿轮泵	螺杆泵	叶片泵	柱塞泵
总效率	0.6~0.7	0.65~0.80	0.60~0.75	0.80~0.85

b. 在工作循环中,泵的压力和流量有显著变化时,可分别计算出工作循环中各个阶段所需的驱动功率,然后求其平均值,即

$$p = \sqrt{\frac{t_1 P_1^2 + t_2 P_2^2 + \cdots + t_n P_n^2}{t_1 + t_2 + \cdots + t_n}} \tag{9.20}$$

式中　$t_1, t_2, t_3, \cdots, t_n$——一个工作循环中各阶段所需的时间,s;

$P_1, P_2, \cdots, P_n$——一个工作循环中各阶段所需的功率,kW。

按上述功率和泵的转速,可从产品样本中选取标准电动机,再进行验算,使电动机发出最大功率时,其超载量在允许范围内。

2)阀类元件的选择

(1)选择依据

选择依据为额定压力、最大流量、动作方式、安装固定方式、压力损失数值、工作性能参数及工作寿命等。

(2)选择阀类元件应注意的问题

①应尽量选用标准定型产品,只有在不得已时才自行设计专用件。

②阀类元件的规格主要根据流经该阀油液的最大压力和最大流量选取。选择溢流阀时,应按液压泵的最大流量选取;选择节流阀和调速阀时,应考虑其最小稳定流量满足机器低速性能的要求。

③一般选择控制阀的额定流量应比系统管路实际通过的流量大一些。必要时,允许通过阀的最大流量超过其额定流量的20%。

3)蓄能器的选择

①蓄能器用于补充液压泵供油不足时,其有效容积为

$$V = \sum A_i L_i K - q_B t \tag{9.21}$$

式中　A——液压缸有效面积,m^2;

L——液压缸行程,m;

K——液压缸损失系数,估算时可取$K=1.2$;

q_B——液压泵供油流量,m^3/s;

t——动作时间,s。

②蓄能器作应急能源时,其有效容积为

$$V = \sum A_i L_i K \tag{9.22}$$

当蓄能器用于吸收脉动缓和液压冲击时,应将其作为系统中的一个环节与其关联部分一起综合考虑其有效容积。

根据求出的有效容积,并考虑其他要求,即可选择蓄能器的形式。

4)管道的选择

(1)油管类型的选择

液压系统中,使用的油管分硬管和软管。选择的油管应有足够的通流截面和承压能力。同时,应尽量缩短管路,避免急转弯和截面突变。

①钢管

中高压系统选用无缝钢管,低压系统选用焊接钢管,钢管价格低,性能好,使用广泛。

②铜管

紫铜管工作压力在6.5 MPa以下,易变曲,便于装配;黄铜管承受压力较高,达25 MPa,不如紫铜管易弯曲。铜管价格高,抗振能力弱,易使油液氧化,应尽量少用,只用于液压装置配接不方便的部位。

③软管

软管用于两个相对运动件之间的连接。高压橡胶软管中,夹有钢丝编织物;低压橡胶软管中,夹有棉线或麻线编织物;尼龙管是乳白色半透明管,承压能力为2.5~8 MPa,多用于低压管道。因软管弹性变形大,容易引起运动部件爬行,故软管不宜装在液压缸和调速阀之间。

(2)油管尺寸的确定

①油管内径 d 可计算为

$$d = \sqrt{\frac{4q}{\pi v}} = 1.13 \times 10^3 \sqrt{\frac{q}{v}} \tag{9.23}$$

式中 q——通过油管的最大流量,m^3/s;

v——管道内允许的流速,m/s,一般吸油管取0.5~5 m/s,压力油管取2.5~5 m/s,回油管取1.5~2 m/s。

②油管壁厚 δ 可计算为

$$\delta \geqslant \frac{pd}{2[\sigma]} \tag{9.24}$$

式中 p——管内最大工作压力;

$[\sigma]$——油管材料的许用压力,$[\sigma] = \sigma_b / n$;

σ_b——材料的抗拉强度;

n——安全系数,钢管 $p < 7$ MPa时取 $n = 8$,$7 < p < 17.5$ MPa时取 $n = 6$,$p > 17.5$ MPa时取 $n = 4$。

根据计算出的油管内径和壁厚,查手册可选取标准规格的油管。

5)油箱的设计

油箱的作用是储油、散发油的热量、沉淀油中杂质及逸出油中的气体。其形式有开式和闭式两种。开式油箱油液液面与大气相通;闭式油箱油液液面与大气隔绝。开式油箱应用较多。

(1)油箱设计要点

①油箱应有足够的容积,以满足散热。同时,其容积应保证系统中油液全部流回油箱时不渗出,油液液面不应超过油箱高度的80%。

②吸箱管和回油管的间距应尽量大。

③油箱底部应有适当斜度,泄油口置于最低处,以便排油。

④注油器上应装滤网。

⑤油箱的箱壁应涂耐油防锈涂料。

(2)油箱容量

计算油箱的有效容量 V 可近似用液压泵单位时间内排出油液的体积确定，即

$$V = K\sum q \tag{9.25}$$

式中　K—— 系数，低压系统取 2 ~ 4，中高压系统取 5 ~ 7；

$\sum q$—— 同一油箱供油的各液压泵流量总和。

6)滤油器的选择

选择滤油器的依据有以下 4 点：

(1)承载能力

按系统管路工作压力确定。

(2)过滤精度

按被保护元件的精度要求确定，选择时可参阅表 9.6。

(3)通流能力

按通过最大流量确定。

(4)阻力压降

应满足过滤材料强度与系数要求。

表 9.6　滤油器过滤精度的选择

系统	过滤精度/μm	元件	过滤精度/μm
低压系统	100 ~ 150	滑阀	1/3 最小间隙
70×10^5 Pa 系统	50	节流孔	1/7 孔径(孔径小于 1.8 mm)
100×10^5 Pa 系统	25	流量控制阀	2.5 ~ 30
140×10^5 Pa 系统	10 ~ 15	安全阀溢流阀	15 ~ 25
电液伺服系统	5		
高精度伺服系统	2.5		

9.1.4　液压系统性能的验算

为了判断液压系统的设计质量，需要对系统的压力损失、发热温升、效率和系统的动态特性等进行验算。由于液压系统的验算较复杂，因此，只能采用一些简化公式近似地验算某些性能指标。如果设计中有经过生产实践考验的同类型系统供参考或有较可靠的实验结果可采用时，可不进行验算。

1)管路系统压力损失的验算

当液压元件规格型号和管道尺寸确定之后，就可较准确地计算系统的压力损失。压力损失包括油液流经管道的沿程压力损失 Δp_L、局部压力损失 Δp_c 和流经阀类元件的压力损失 Δp_V，即

$$\Delta p = \Delta p_L + \Delta p_c + \Delta p_V \tag{9.26}$$

计算沿程压力损失时，如果管中为层流流动，则可按经验公式计算为

$$\Delta p_{\mathrm{L}} = 4.3VqL \times \frac{10^6}{d^4} \tag{9.27}$$

式中　q——通过管道的流量，$\mathrm{m^3/s}$；

L——管道长度，m；

d——管道内径，mm；

v——油液的运动黏度，$\mathrm{m^2}$。

局部压力损失可估算为

$$\Delta p_{\mathrm{c}} = (0.05 \sim 0.15)\Delta p_{\mathrm{L}} \tag{9.28}$$

阀类元件的 Δp_{V} 值可近似计算为

$$\Delta p_{\mathrm{V}} = \Delta p_{\mathrm{n}}\left(\frac{q_{\mathrm{V}}}{q_{\mathrm{Vn}}}\right)^2 \tag{9.29}$$

式中　q_{Vn}——阀的额定流量，$\mathrm{m^3/s}$；

q_{V}——通过阀的实际流量，$\mathrm{m^3/s}$；

Δp_{n}——阀的额定压力损失，Pa。

计算系统压力损失的目的是正确地确定系统的调整压力，分析系统设计的好坏。系统的调整压力为

$$p_0 \geqslant p_t + \Delta p \tag{9.30}$$

式中　p_0——液压泵的工作压力或支路的调整压力；

p_1——执行件的工作压力。

如果计算出来的 Δp 比在初选系统工作压力时粗略选定的压力损失大得多，应重新调整有关元件、辅件的规格，重新确定管道尺寸。

2）系统发热温升的验算

系统发热来源于系统内部的能量损失，如液压泵和执行元件的功率损失、溢流阀的溢流损失、液压阀及管道的压力损失等。这些能量损失转换为热能，使油液温度升高。油液的温升使黏度下降，泄漏增加。同时，使油分子裂化或聚合，产生树脂状物质，堵塞液压元件小孔，影响系统正常工作。因此，必须使系统中油温保持在允许范围内。一般机床液压系统正常工作油温为 30～50 ℃；矿山机械正常工作油温为 50～70 ℃；最高允许油温为 70～90 ℃。

（1）系统发热功率 P 的计算

系统发热功率 P 可计算为

$$P = P_{\mathrm{B}}(1 - \eta) \tag{9.31}$$

式中　P_{B}——液压泵的输入功率，W；

η——液压泵的总效率。

若一个工作循环中有几个工序，则可根据各个工序的发热量，求出系统单位时间的平均发热量，即

$$P = \frac{1}{T}\sum_{i=1}^{n} P_{\mathrm{b}i}(1 - \eta)t_i \tag{9.32}$$

式中　T——工作循环周期，s；

t_i——第 i 个工序的工作时间，s；

$P_{\mathrm{b}i}$——循环中第 i 个工序的输入功率，W。

(2)系统的散热和温升系统的散热量的计算

系统的散热和温升系统的散热量可计算为

$$P' = \sum_{j=1}^{m} K_j A_j \Delta t \tag{9.33}$$

式中　K_j——散热系数，W/(m^2·℃)，当周围通风很差时 $K \approx 8 \sim 9$，周围通风良好时 $K \approx 15$，用风扇冷却时 $K \approx 23$，用循环水强制冷却时的冷却器表面 $K \approx 110 \sim 175$；

A_j——散热面积，m^2，当油箱长、宽、高比例为1∶1∶1或1∶2∶3，油面高度为油箱高度的80%时，油箱散热面积近似为

$$A = 0.065 \sqrt[3]{V^2}$$

V——油箱体积，L；

Δt——液压系统的温升，℃，即液压系统比周围环境温度的升高值；

j——散热面积的顺序号。

当液压系统工作一段时间后，达到热平衡状态，则

$$P = P'$$

因此，液压系统的温升为

$$\Delta t = \frac{P}{\sum_{j=1}^{m} K_j AS_j} \tag{9.34}$$

计算所得的温升 Δt，加上环境温度，不应超过油液的最高允许温度。当系统允许的温升确定后，也可利用上述公式来计算油箱的容量。

3)系统效率验算

液压系统的效率是由液压泵、执行元件和液压回路效率来确定的。液压回路效率 η_c 一般可计算为

$$\eta_c = \frac{p_1 q_1 + p_2 q_2 + \cdots}{p_{b1} q_{b1} + p_{b2} q_{b2} + \cdots} \tag{9.35}$$

式中　$p_1, q_1, p_2, q_2, \cdots$——每个执行元件的工作压力和流量；

$p_{b1} q_{b1}, p_{b2} q_{b2}, \cdots$——每个液压泵的供油压力和流量。

液压系统总效率

$$\eta = \eta_B \eta_C \eta_m \tag{9.36}$$

式中　η_B——液压泵总效率；

η_m——执行元件总效率；

η_C——回路效率。

9.1.5　绘制正式工作图和编写技术文件

经过对液压系统性能的验算和必要的修改之后，便可绘制正式工作图。具体包括绘制液压系统原理图、系统管路装配图和各种非标准元件设计图。正式液压系统原理图上要标明各液压元件的型号规格。对自动化程度较高的机床，还应包括运动部件的运动循环图以及电磁铁、压力继电器的工作状态。管道装配图是正式施工图，各种液压部件和元件在机器中的位置、固定方式、尺寸等应表示清楚。自行设计的非标准件，应绘出装配图和零件图。编写的技

术文件包括设计计算书,使用维护说明书,专用件、通用件、标准件及外购件明细表,以及试验大纲等。

9.2 液压系统设计计算举例

在某厂汽缸加工自动线上,要求设计一台卧式单面多轴钻孔组合机床。机床有主轴 16 根,钻 14 个 $\phi 13.9$ mm 的孔,2 个 $\phi 8.5$ mm 的孔。要求的工作循环是:首先快速接近工件,然后以工作速度钻孔,加工完毕后快速退回原始位置,最后自动停止。工件材料为铸铁,硬度 HB 为 240。假设运动部件重 $G = 9\ 800$ N;快进快退速度 $v_1 = 0.1$ m/s;动力滑台采用平导轨,静、动摩擦因数 $\mu_s = 0.2$,$\mu_d = 1.0$;往复运动的加速、减速时间为 0.2 s;快进行程 $L_1 = 100$ mm;工进行程 $L_2 = 50$ mm。试设计其液压系统。

9.2.1 作 F-t 图与 v-t 图

1)计算切削阻力钻铸铁孔时,其轴向切削阻力可计算为

$$F_c = 25.5DS^{0.8}\ 硬度^{0.6}$$

式中 D——钻头直径,mm;

S——每转进给量,mm/r。

选择切削用量:钻 $\phi 13.9$ mm 孔时,主轴转速 $n_1 = 360$ r/min,每转进给量 $S_1 = 0.147$ mm/r;钻 8.5 mm孔时,主轴转速 $n_2 = 550$ r/min,每转进给量 $S_2 = 0.096$ mm/r。因此

$$F_c = 30\ 500\ \text{N}$$

2)计算摩擦阻力

静摩擦阻力为

$$F_s = F_a G = 0.2 \times 9\ 800\ \text{N} = 1\ 960\ \text{N}$$

动摩擦阻力为

$$F_d = f_d G = 0.1 \times 9\ 800\ \text{N} = 980\ \text{N}$$

3)计算惯性阻力

$$F_i = \frac{G}{g} \cdot \frac{\Delta v}{\Delta t} = \frac{9\ 800}{9.8} \times \frac{0.1}{0.2}\ \text{N} = 500\ \text{N}$$

4)计算工进速度

工进速度可按加工 $\phi 13.9$ 的切削用量计算,即

$$v_2 = n_1 s_1 = 360/60 \times 0.147\ \text{mm/s} = 0.88\ \text{mm/s}$$

5)计算各工况负载

根据上述分析,计算各工况负载,见表 9.7。

表 9.7 液压缸负载的计算

工况	计算公式	液压缸负载 F/N	液压缸驱动力 F_0/N
启动	$F = f_a G$	1 960	2 180
加速	$F = f_d G + \frac{G}{g}\frac{\Delta v}{\Delta t}$	1 480	1 650

续表

工况	计算公式	液压缸负载 F/N	液压缸驱动力 F_0/N
快进	$F=f_dG$	980	1 090
工进	$F=F_c+f_dG$	31 480	35 000
反向启动	$F=F_aG$	1 960	2 180
加速	$F=f_dG+\frac{G}{g}\frac{\Delta v}{\Delta t}$	1 480	1 650
快退	$F=f_dG$	980	1 090
制动	$F=f_dG-\frac{G}{g}\frac{\Delta v}{\Delta t}$	480	532

其中,取液压缸机械效率 $\eta_{cm}=0.9$。

6)计算快进、工进时间和快退时间

快进

$$t_1=\frac{L_1}{v_1}=\frac{100\times10^{-3}}{0.1}\ \mathrm{s}=1\ \mathrm{s}$$

工进

$$t_2=\frac{L_2}{v_2}=\frac{50\times10^{-3}}{0.88\times10^{-3}}\ \mathrm{s}=56.6\ \mathrm{s}$$

快退

$$t_3=\frac{L_1+L_2}{v_1}=\frac{(100+50)\times10^{-3}}{0.1}\ \mathrm{s}=1.5\ \mathrm{s}$$

7)绘制液压缸 F-t 图与 v-t 图

根据上述数据,绘制液压缸 F-t 图与 v-t 图,如图 9.5 所示。

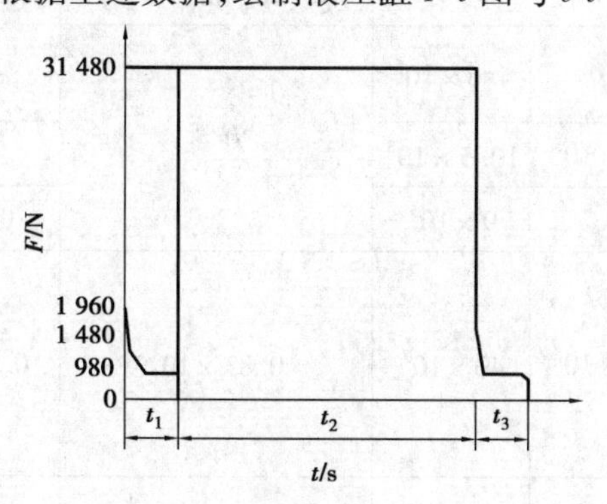

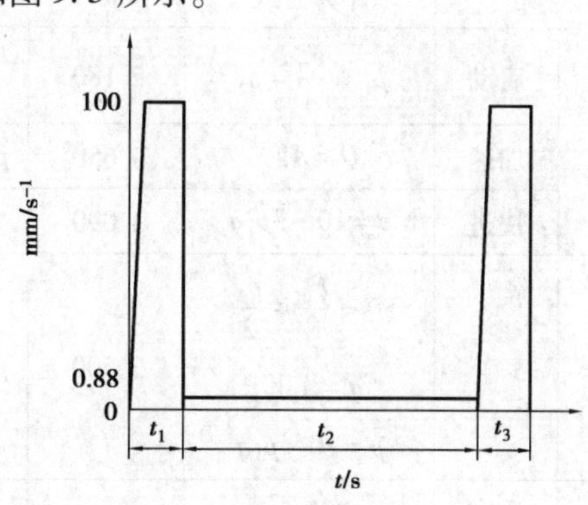

图 9.5 F-t 图与 v-t 图

9.2.2 确定液压系统参数

1)初选液压缸的工作压力

由工况分析可知,工进阶段的负载力最大。因此,液压缸的工作压力按此负载力计算。根据液压缸与负载的关系,选 $p_1=40\times10^5$ Pa。本机床为钻孔组合机床,为防止钻通时发生前冲现象，液压缸回油腔应有背压，设背压 $p_2 = 6 \times 10^5$ Pa，为使快进快退速度相等，选用 $A_1 = 2A_2$ 差动油缸，假定快进、快退的回油压力损失为 $\Delta p = 7 \times 10^5$ Pa。

2）计算液压缸尺寸

由公式 $(p_1A_1 - p_2A_2)\eta_{cm} = F$，得

$$A_1 = \frac{F}{\mu_{cm}\left(p_1 - \frac{p_2}{2}\right)} = \frac{31\ 480}{0.9(40 - 6/2) \times 10^3}\ \mathrm{m}^2 = 94 \times 10^{-4}\ \mathrm{m}^2 = 94\ \mathrm{cm}^2$$

液压缸直径

$$D = \sqrt{\frac{4A_1}{\pi}} = \sqrt{\frac{4 \times 94}{\pi}}\mathrm{cm} = 10.9\ \mathrm{cm}$$

取标准直径

$$D = 110\ \mathrm{mm}$$

因为 $A_1 = 2A_2$，所以

$$d = \frac{D}{\sqrt{2}} \approx 80\ \mathrm{mm}$$

液压缸有效面积为

$$A_1 = \frac{\pi}{4}D^2 = 95\ \mathrm{cm}^2$$

$$A_2 = \frac{\pi}{4}(D^2 - d^2) = 47\ \mathrm{cm}^2$$

3）工作循环各阶段压力、流量和功率计算表

计算液压缸在工作循环中各阶段的压力、流量和功率。液压缸工作循环各阶段压力、流量和功率计算见表 9.8。

表 9.8 液压缸工作循环各阶段压力、流量和功率计算

工况		计算公式	F_0/N	p_2/Pa	p_1/Pa	$Q/(10^{-3}\mathrm{m}^3 \cdot \mathrm{s}^{-1})$	P/kW
快进	启动	$p_1 = \frac{F_0}{A} + p_2$	2 180	$p_2 = 0$	4.6×10^5	0.5	—
	加速	$Q = AV_1$	1 650	$p_2 = 7 \times 10^5$	10.5×10^5		—
	快进	$p = 10 - 3p_1q$	1 090		9×10^5		0.5
工进		$p_1 = \frac{F_0}{a_1} + \frac{p_2}{2}$ $q = A_1V_1$ $p = 10^{-3}p_1q$	3 500	$p_2 = 6 \times 10^5$	40×10^5	0.83×10^5	0.033
快退	反向启动	$p_1 = \frac{F_0}{a_1} + 2p_2$	2 180	$p_2 = 0$	4.6×10^5	—	—
	加速	—	1 650	—	17.5×10^5	—	—
	快退	$Q = A_2V_2$	1 090	$p_2 = 7 \times 10^5$	16.4×10^5	0.5	0.8
	制动	$p = 10^{-3}p_1q$	532	—	15.2×10^5	—	—

4)绘制液压缸工况图

绘制液压缸工况图,如图9.6所示。

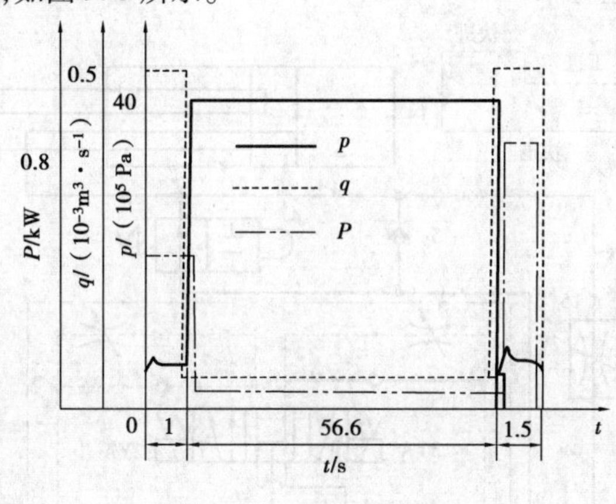

图9.6　液压缸工况图

9.2.3　拟订液压系统图

1)选择液压回路

(1)调速方式

由工况图可知,该液压系统功率小,工作负载变化小,可选用进油路节流调速。为防止钻通孔时的前冲现象,在回油路上加背压阀。

(2)液压泵形式的选择

从 q-t 图清楚地看出,系统工作循环主要由低压大流量和高压小流量两个阶段组成。最大流量与最小流量之比为

$$\frac{q_{\max}}{q_{\min}} = \frac{0.5}{0.83 \times 10^{-2}} \approx 60$$

其相应的时间之比 $t_2/t_1 = 56$。根据该情况,选叶片泵较适宜。在本方案中,选用双联叶片泵。

(3)速度换接方式

因钻孔工序对位置精度及工作平稳性要求不高,可选用行程调速阀或电磁换向阀。

(4)快速回路与工进转快退控制方式的选择

为使快进快退速度相等,选用差动回路作快速回路。

2)确定液压系统原理图

组成系统在所选定基本回路的基础上,再考虑其他有关因素。如图9.7所示为液压系统图。

9.2.4　选择液压元件

1)选择液压泵和电动机

(1)确定液压泵的工作压力

前面已确定液压缸的最大工作压力为 40×10^5 Pa,选取进油管路压力损失 $\Delta p = 8 \times 10^5$ Pa,其调整压力一般比系统最大工作压力大 5×10^5 Pa。因此,泵的工作压力

$$p_B = (40 + 8 + 5) \times 10^5\ \text{Pa} = 53 \times 10^5\ \text{Pa}$$

即高压小流量泵的工作压力。

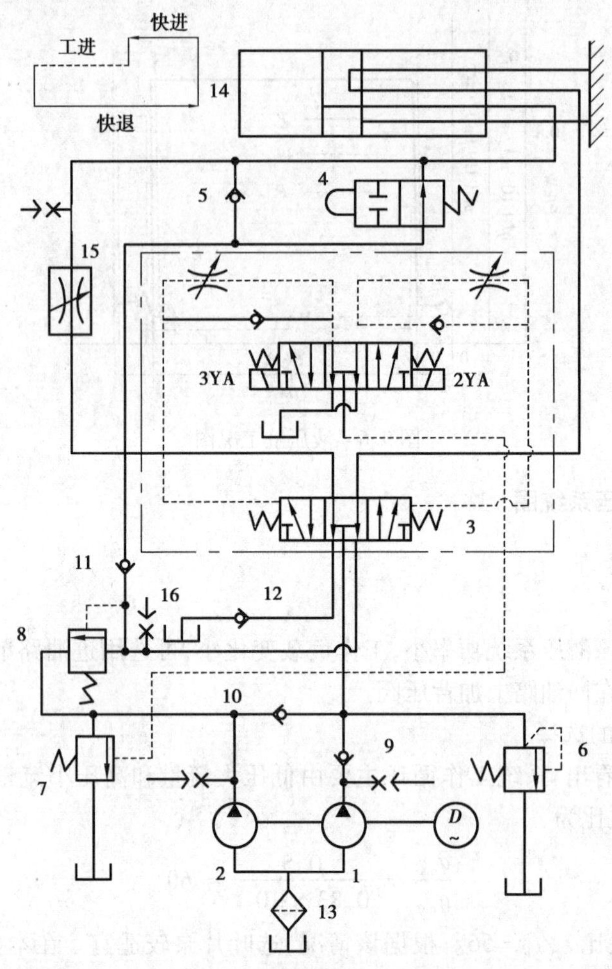

图 9.7　液压系统原理图

1,2—双联叶片泵;3—三位五通电液换向阀;4—行程阀;5,9,10,11,12—单向阀;6—液流阀;7—顺序阀;8—背压阀;13—过滤器;14—液压缸;15—调速阀;16—压力表开关

由图 9.7 可知,液压缸快退时的工作压力比快进时大,取其压力损失 $\Delta p = 4 \times 10^5$ Pa,则快退时泵的工作压力为

$$p_B = (16.4 + 4) \times 10^5\ \text{Pa} = 20.4 \times 10^5\ \text{Pa}$$

即低压大流量泵的工作压力。

(2)液压泵的流量

由图 9.7 可知,快进时的流量最大,其值为 30 L/min;最小流量在工进时,其值为 0.51 L/min。根据式(9.20),取 $K = 1.2$,则

$$q_B = 1.2 \times 0.5 \times 10^{-3}\ \text{L/min} = 36\ \text{L/min}$$

由于溢流阀稳定工作时的最小溢流量为 3 L/min,因此,小泵流量取 3.6 L/min。

根据以上计算,选用 YYB-AA36/6B 型双联叶片泵。

(3)选择电动机

由 P-t 图可知,最大功率出现在快退工况,其计算为

$$p = \frac{10^{-3} p_{B_2}(q_1 + q_2)}{\eta_B}$$

$$= \frac{10^{-3} \times 20.4 \times 10.5(0.6 + 0.1) \times 10^{-3}}{0.7} \text{kW} = 2 \text{ kW}$$

式中　η_B——泵的总效率,取 0.7;

$q_1 = 36$ L/min $= 0.6 \times 10^{-3}$ m^3/s,大泵流量;

$q_2 = 6$ L/min $= 0.1 \times 10^{-3}$ m^3/s,小泵流量。

根据上述计算结果,查电动机产品目录,选与上述功率和泵的转速相适应的电动机。

2)选其他元件

根据系统的工作压力和通过阀的实际流量,选择液压元件。其型号和参数见表 9.9。

表 9.9　所选液压元件的型号与规格

序号	元件名称	通过阀的最大流量 /(L·min^{-1})	规格 型号	公称流量 /(L·min^{-1})	公称压力 /MPa
1	双联叶片泵		YYB-AA36/6	36/6	6.3
2	三位五通电液换向阀	84	35DY-100B	100	6.3
3	行程阀	84	22C-100BH	100	6.3
4	单向阀	84	1-100B	100	6.3
5	溢流阀	6	Y-10B	10	6.3
6	顺序阀	36	XY-25B	25	6.3
7	背压阀	≈1	B-10B	10	6.3
8	单向阀	6	1-10B	10	6.3
9	单向阀	36	1-63B	63	6.3
10	单向阀	42	1-63B	63	6.3
11	单向阀	84	1-100B	100	6.3
12	滤油器	42	XU-40×100	—	6.3
13	液压缸	—	SG-E110×180L	—	6.3
14	调速阀	—	*q*-6*B*	6	6.3
15	压力表开关	—	K-6B	—	6.3

3)确定管道尺寸

根据工作压力和流量,按式(9.27)和式(9.28)确定管道内径和壁厚。

4)确定油箱容量

可按经验公式估算,取 $V = (5 \sim 7)q$。

本例中，$V=6q=6(6+36)$ L = 252 L，有关系统的性能验算从略。

思考与练习

一、简答题

1. 设计一个液压系统一般应有哪些步骤？需要明确哪些要求？
2. 设计液压系统需要进行哪些方面的计算？

二、设计题

1. 设计一台卧式单面多轴钻孔组合机床液压传动系统，要求完成：

(1)工件的定位与夹紧，所需夹紧力不超过 6 000 N；

(2)机床进给系统的工作循环为快进—工进—快退—停止。机床快进、快退速度为 6 m/min，工进速度为 30 ~ 120 mm/min，快进行程为 200 mm，工进行程为 50 mm，最大切削力为 25 000 N；运动部件总质量为 15 000 N，加速(减速)时间为 0.1 s，采用平导轨，静摩擦系数为 0.2，动摩擦系数为 0.1(注：不考虑各种损失)。

2. 现有一台专用铣床，铣头驱动电动机功率为 7.5 kW，铣刀直径为 120 mm，转速为 350 r/min。工作台、工件和夹具的总质量为 5 500 N，工作台行程为 400 mm，快进、快退速度为 4.5 m/min，工进速度为 60 ~ 1 000 mm/min，加速(减速)时间为 0.05 s，工作台采用平导轨，静摩擦系数为 0.2，动摩擦系数为 0.1，试设计该机床的液压系统(注：不考虑各种损失)。

3. 设计一台小型液压机的液压传动系统，要求实现快速空程下行—慢速加压—保压—快速回程—停止的工作循环。快速往返速度为 3 m/min，加压速度为 40 ~ 250 mm/min，压制力为 200 000 N，运动部件总质量为 20 000 N(注：不考虑各种损失)。

第10章 液压仿真软件 AMESim

10.1 AMESim 中液压仿真的总体介绍

AMESim(Advanced Modeling Environment for performing Simulation of engineering systems)为多学科领域复杂系统建模仿真平台,是 LMS 旗下的一款性能很强大的系统仿真软件。用户可在这个单一平台上建立复杂的多学科领域的系统模型,并在此基础上进行仿真计算和深入分析,也可在这个平台上研究任何元件或系统的稳态和动态性能。例如,在燃油喷射、制动系统、动力传动、液压系统、机电系统及冷却系统中的应用。面向工程应用的定位,使 AMESim 成为在汽车、液压和航天航空工业研发部门的理想选择。AMESim 不需要书写任何程序代码即可仿真,用户从数学建模中解放出来,从而可专注于物理系统本身的设计。本章将介绍 AMESim 在流体力学、液压元件和回路的仿真。

10.1.1 仿真概述

仿真是利用模型复现实际系统中发生的本质过程,并非通过系统模型的实验来研究存在的或设计中的系统,又称模拟。仿真有两个直接目的:一是分析现有系统;二是辅助设计新系统。仿真的实际系统不存在时,就能在一定程度上对其进行了解、研究。这样,将会大量节省人们所需的时间及精力。

AMESim 已成功应用于航空航天、车辆、船舶、工程机械等领域,成为包括流体、机械、热分析、电气、电磁及控制等复杂系统建模和仿真的优选平台。

在 AMESim 中进行仿真都必然要经历 4 个阶段:草图阶段、子模型阶段、参数设置阶段及仿真阶段。

1)仿真阶段

在该阶段中,用户主要是将 AMESim 库中提供的仿真元件有机地连接到一起,形成自己的仿真模型。怎么将这些仿真元件连在一起,就是这里要学习的内容。不同的库仿真背景不同,怎样组合与库所对应的工程背景有关。本章主要介绍液压库,对于液压库来说,基本上草图阶段建立的模型和液压系统原理图一模一样;对于液压元件设计库来说,搭建的仿真草图和液压元件的机械结构很相近,这一阶段考验用户对所仿真对象的理解程度。

2)子模型阶段

之所以要有子模型阶段,是对上一步草图阶段的仿真模型进一步完善。草图阶段只是建立了仿真模型之间的联系,而每个仿真模型具体的物理特性还没有给定,这正是子模型阶段要完成的任务。对于 AMESim 库中的仿真元件来说,每个仿真元件对应的子模型可能有一个或多个。草图中通常不只包含一种元件,表面上看建立的是一堆元件,实际上建立的是线性方程、非线性方程或微分方程组。

3)参数设置阶段

顾名思义,该阶段就是为仿真对象设置参数。其实际上是为上一步建立的方程组赋值系数。AMESim 在参数设置阶段,当首次或更改了子模型后,进入这一阶段,首先要进行编译链接,如果编译能顺利通过,则说明用户的仿真模型在链接上是没有错误的,这时可设置各个子模型的参数;如果模型有错误,编译失败,则需要返回,检查前两步,找出错误,并修改模型。

4)仿真阶段

进入仿真阶段后,进行仿真。仿真结束后,将变量从窗口"Variables"中拖至草图窗口中,AMESim 将会自动绘制曲线。

10.1.2 AMESim 中的库

LMS Imagine. Lab AMESim 拥有一套标准且优化的应用库,拥有 4 500 个多领域的模型。这些库中包含了来自不同物理领域预先定义好并经试验验证的部件。库中的模型和子模型是基于物理现象的数学解析表达式,可通过 LMS Imagine. Lab AMESim 求解器来计算。不同应用库的完全兼容省去了大量额外的编程。例如,流体系统包括液压库、液压元件设计库、液阻库、注油库、气动库、动元件设计库及混合气体库等。

本章主要介绍 AMESim 液压系统的仿真。最常用的与液压相关的库有以下 3 种:标准液压库(Hydraulic,HYD)、液组库(Hydraulic Resistance,HR)和液压元件设计库(Hydraulic Component Design,HCD)。启动 AMESim 后,在默认情况下,这 3 个库应出现在右侧的"Library tree"列表中,如图 10.1 所示。

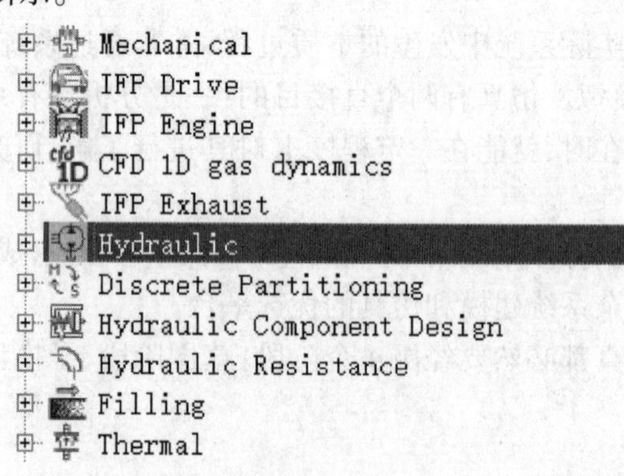

图 10.1 与液压相关的 Amesim 库

标准液压库主要是通过库内典型液压元件进行液压系统仿真。其仿真元件如图10.2所示。

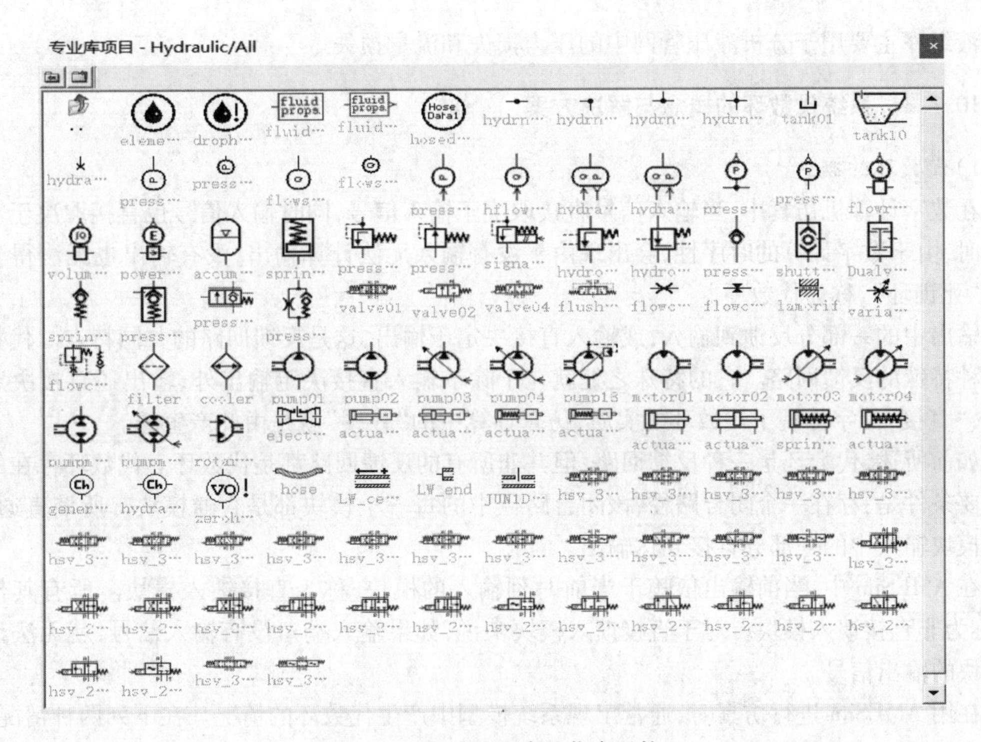

图 10.2　标准液压库的仿真元件

液压元件设计库是由基本几何结构单元组成的基本元素库，用于根据几何形状和物理特性详细构建各种液压元件的仿真模型。其仿真元件如图 10.3 所示。

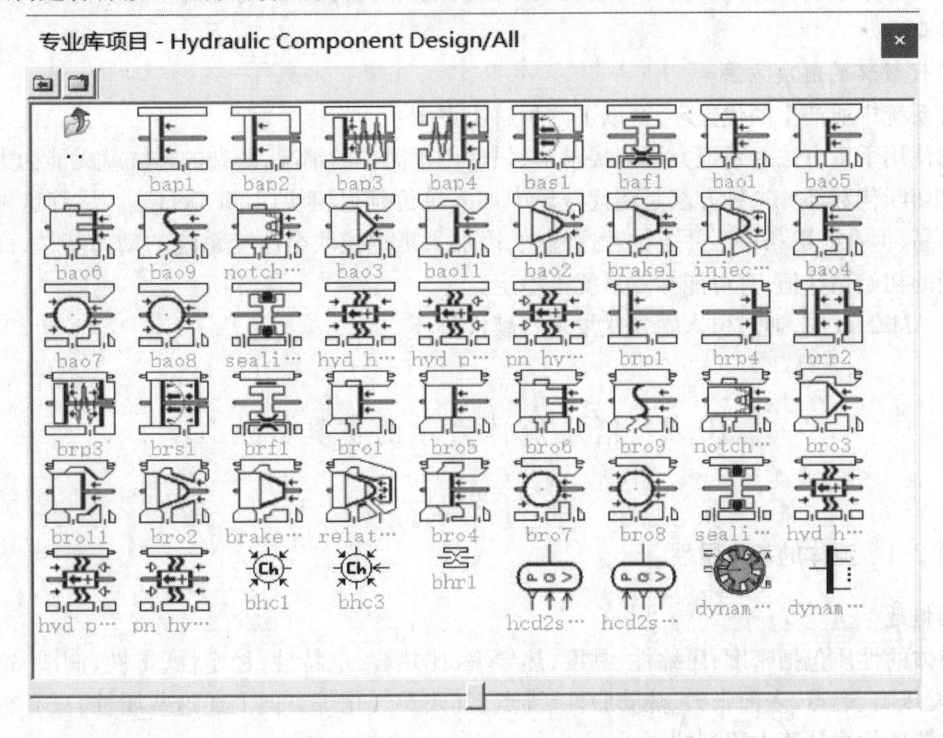

图 10.3　液压元件设计库的仿真元件

液组库主要用于分析液压管网中的压力损失和流量损失。

10.1.3　系统代数环的概念与解决方案

1)代数环的概念

在数字计算机仿真中,当输入信号直接取决于输入信号,同时输入信号也直接取决于输入信号时,由于数字计算的时序性,会出现由于没有输入无法计算输出,没有输出也无法得到输入的“死锁环”,称为代数环。

输出中的一部分反馈到输入,或输入直接决定于输出,这是反馈回路的共同特点。代数环是一种特殊的反馈回路。它的特殊之处就在于除了输入直接决定输出外,输出还直接决定于输入,“直接”二字体现了代数环的实质,仿真计算中的“死锁”就是由此产生的。

如前所述,代数环是一种反馈回路,但并非所有的反馈回路都是代数环。代数环存在的充分必要条件是:存在一个闭合路径,该闭合路径中的每一个模块都是直通模块。所谓直通,指的是模块输入中的一部分直接到达输出。

在 AMESim 中,当前输出依赖于当前时刻输入的模块,称为直接馈入模块。所有其他模块,称为非直接馈入模块。对于直接馈入模块来说,如果输入端口没有输入信号,就无法计算该模块的输出信号。

在用 AMESim 进行仿真时,通常出现系统模型中产生代数环的情况。在下列两种情况下,系统模型中会产生代数环:

①具有直接馈入特性的模块的输出端口直接由此模块的输出驱动。

②具有直接馈入特性的模块的输入端口由其他具有直接馈入特性的模块所构成的反馈回路间接驱动。

2)代数环的解决方法

对系统中所产生的代数环,有以下两种解决方案:

①使用手工方法对系统方程直接求解,只适用于简单的情况,复杂的系统就无能为力了。

②切断代数环。这种方法是在代数环中加入单位延迟模块(Unit Delay)。尽管这种方法非常容易,但在一般条件下并不推荐这样做,因加入延迟模块会改变系统的动态特性,而且对不适当的初始估计值,有可能导致系统不稳定。

在 AMESim 中,通过引入隐含变量来打破代数环。

10.2　液压流体力学的仿真方法

10.2.1　流体的基本属性

1)概述

液体的性质包括密度、压缩性、黏度、热导率、比热容、电特性、稳定性、毒性、润滑、饱和压力、蒸发压力、燃点、表面张力、热膨胀性、沸点、气穴及气化等。但上述这些属性,只有很少几个是在液压仿真计算中用到的。

影响液体动态效果的 3 个基本属性包括:密度,该属性为液体的质量特性;体积模量,是液体的可压缩性,也称刚度特性;黏度,为液体的阻尼特性。

2)流体密度

流体密度 ρ 定义为单位体积的质量,即

$$\rho = \frac{M}{V} \tag{10.1}$$

式中　M——流体的质量,kg;

V——流体的体积,m^3。

流体密度是压力、温度和流体类型这 3 个变量的函数,即

$$\rho = f(P, T, fluid) \tag{10.2}$$

式中　p——压力,Pa;

T——温度,℃。

在 AMESim 中,液压油的密度计算考虑了液体的弹性模量。对属性为“Simplest”的液压油,密度的计算公式为

$$\rho(p) = \begin{cases} \rho(p_{atm})\exp\left(\dfrac{p}{B(p_{sat})}\right) & 当\ p \geqslant p_{sat} \\ \rho(p_{sat})\exp\left(\dfrac{1\ 000}{B(p_{sat})} \cdot (p - p_{sat})\right) & 当\ p < p_{sat} \end{cases} \tag{10.3}$$

式中　$\rho(p_{atm})$——在大气压力下的油液密度;

$\rho(p_{sat})$——在饱和压力下的油液密度;

$B(p_{sat})$——在饱和压力下的油液弹性模量;

p——当前压力。

而在仿真中,更常使用的油液属性为“elementary”。在该属性下,油液密度的计算公式为

$$\rho(p) = \rho(p_{atm})\exp\left(\frac{p - p_{atm}}{B(p_{sat})}\right) \tag{10.4}$$

式中　p_{atm}——大气压力。

其余符号意义同前。

3)流体的可压缩性

任何物体,在特定的比例下都是可压缩的。

如图 10.5 所示,假设将拉力 δF 作用在一杆上,则该杆将发生线性伸长,其体积的增加 $\delta V/V$ 与单位面积上的力(压强)δp 有关,满足公式

$$\frac{\delta V}{V} = \frac{\delta L}{L} = \frac{1}{E} \cdot \frac{\delta F}{A} \tag{10.5}$$

式中　E——弹性模量,Pa;

A——杆的横截面积,m^2。

注意,本例是在牵引力作用下的变形。在压力的作用下,由于体积发生缩小,为了保证弹性模量为正直,应在式中的右侧添加负号。

如图 10.4 所示的右侧液压缸内,封闭液体在外力作用下满足

$$\frac{\delta V}{V} = -x(p, T) \cdot \delta p \tag{10.6}$$

将式(10.6)整理,得

$$x(p,T) = -\frac{1}{V} \cdot \frac{\delta V}{\delta p} \tag{10.7}$$

式中 $x(p,T)$——流体的可压缩性系数。

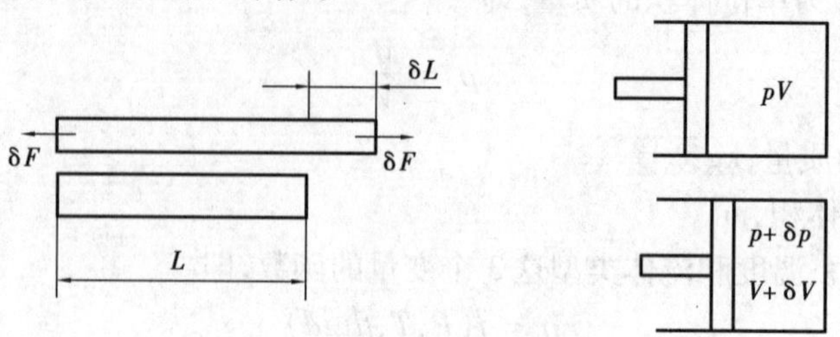

图 10.4 杆在作用力下的变形

$x(p,T)$的倒数,称为弹性模量,即弹性模量 B 为

$$B = \frac{1}{x(p,T)} = -V \cdot \frac{\delta p}{\delta V} \tag{10.8}$$

体积 V 的液压刚度由 $\delta p/\delta V$ 定义,表达式为

$$K_{\text{hyd}} = \frac{B}{V} \tag{10.9}$$

当液体中混有气泡时,称为有效体积弹性模量 B_{eff}。

机械刚度的定义为

$$\delta F = \left(\frac{E \cdot A}{L}\right) \cdot \delta L = K_{\text{mec}} \cdot \delta L \tag{10.10}$$

即

$$K_{\text{mec}} = \frac{EA}{L} \tag{10.11}$$

对封闭容积的流体,其刚度为

$$K_{\text{hydr}} = \frac{B}{V} = \frac{B}{AL} \tag{10.12}$$

机械刚度和液压刚度的等效定义为

$$K_{\text{mec equiv}} = A^2 K_{\text{hydr}} = B\frac{A}{L} \tag{10.13}$$

弹性模量 E 和液压弹性模量数值的典型值为 $E = 2.2 \times 10^{11}$,$B = 1.7 \times 10^{9}$,两种相差大约 125 倍。

4)黏性

液体在外力作用下流动(或有流动趋势)时,由液体分子间的内聚力而产生一种阻碍液体分子之间进行相对运动的内摩擦力,这种产生内摩擦力的性质称为液体的黏性。

黏性是流体和气体的固有属性。

黏性的存在产生了压力损失,并带来了内部阻尼。

黏性产生的原因是速度不同的两层流体之间分子扩散所产生的动量交换。因此,黏性是流体属性而不是流动性。牛顿首先给出了黏性的定义:距离为"dy"的两层液体,促使两层液体相对运动而施加的力由下式给出,即

$$F = \mu \cdot A \cdot \frac{\mathrm{d}U}{\mathrm{d}y} \tag{10.14}$$

式中　A——两层液体之间的接触面积,m^2;

μ——动力黏度,Pa·s;

U——流体速度,m/s。

液体的黏度通常有 3 种不同的测量单位:绝对黏度、运动黏度和相对黏度。

(1)绝对黏度 μ

绝对黏度又称动力黏度,直接表示液体的黏性即内摩擦力的大小。绝对黏度 μ 在物理意义上讲,是当速度梯度 $dU/dz=1$ 时,单位面积上的内摩擦力 τ 的大小,即

$$\mu = \frac{\tau}{dU/dz} \tag{10.15}$$

绝对黏度的国际计量单位为牛顿·秒/米^2,符号为 N·s/m^2,或为帕·秒,符号为 Pa·s。而在 AMESim 中,默认的绝对黏度单位是厘泊,符号为 cP。如子模型 FP04 中,绝对黏度默认值为 51cP。常用单位换算为 1 000 厘泊 =1 帕·秒,即 1 000 cP =1 Pa·s。

(2)运动黏度 ν

运动黏度是绝对黏度 μ 与密度 ρ 的比值,即

$$\nu = \frac{\mu}{\rho} \tag{10.16}$$

式中　ν——液体的运动黏度,m^2/s;

ρ——液体的密度,kg/m^3。

运动黏度的国际计量单位为 m^2/s,以前沿用的单位为 St(斯),则

$$1\ m^2/s = 10^4 St = 10^6 cSt(厘斯)$$

(3)相对黏度

相对黏度,又称条件黏度,是以相对于蒸馏水的黏性的大小来表示该液体的黏性。

(4)压力对黏度的影响

在一般情况下,压力对黏度的影响较小。在工程中,当压力低于 5 MPa 时,黏度值的变化很小,可不考虑。当液体所受的压力增加时,分子之间的距离缩小,内聚力增大,其黏度也随之增大。因此,在压力很高以及压力变化很大的情况下,黏度值的变化就不能忽略。

在 AMESim 中,绝对黏度通常被假定为不变。由于压力增加,液体的密度发生变化,则液体的运动黏度就要发生变化。

(5)温度对黏度的影响

液压油黏度对温度的变化十分敏感。当温度升高时,其分子间的内聚力减小,黏度随之降低;反之,当温度降低时,黏度随之升高。

10.2.2　流体静力学仿真

1)静压力的基本方程

静压力的基本方程为

$$p = p_0 + \rho g h \tag{10.17}$$

2)静压力的基本特性

①液体静压力的方向垂直于承压面,与该面的内法线方向一致。

②静止液体内任何一点所受到的静压力在各个方向上都相等。

3)液体静压力的仿真

在 AMESim 中,可使用带液位高度的油箱来仿真液体的静压力。

在 AMEsim 的草图工作模式下,搭建如图 10.5 所示的仿真草图。

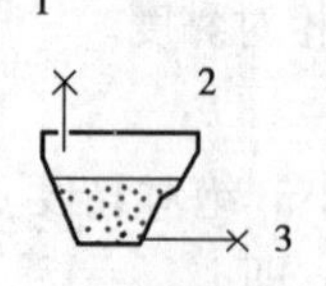

图 10.5　液体静压力仿真草图

元件 1,3 模拟封堵了油箱出油口的元件。元件 2 模拟盛有一定液位高度的油箱。

进入子模型阶段,对所有元件应用主子模型。

进入参数设置阶段,设置各元件的参数,在本例中,所有的元件参数保持默认值。

双击元件 2,观察其默认参数,如图 10.6 所示。由该图形可知,油箱的液位高度为 0.25 m,该值在后面计算中有用。

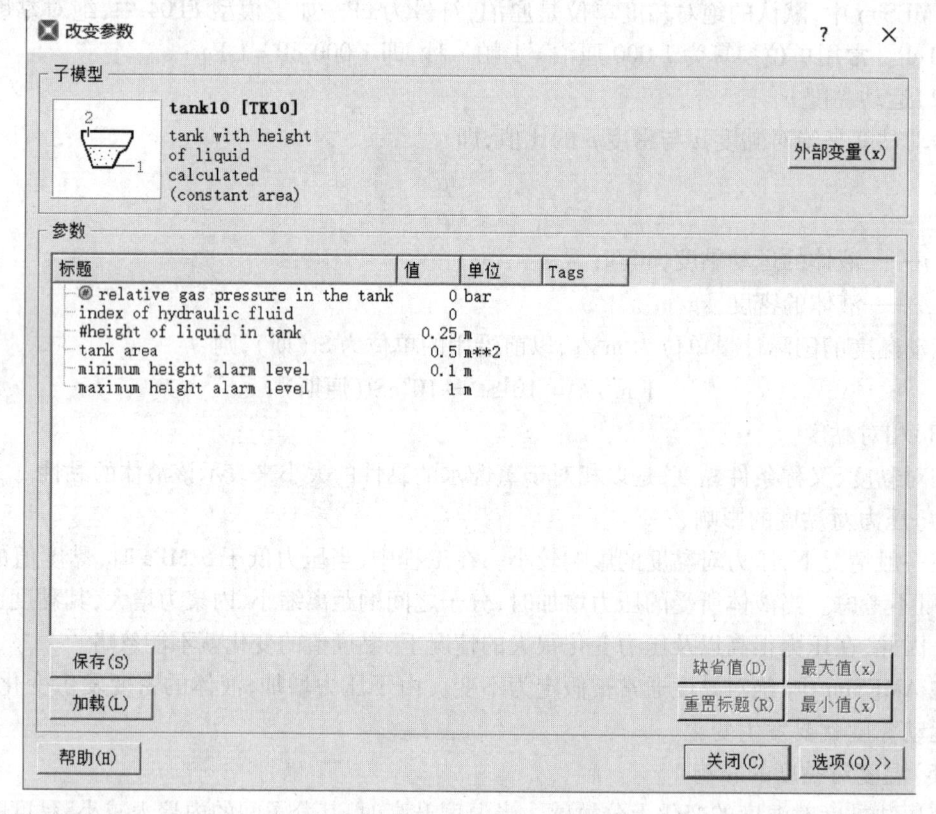

图 10.6　油箱模型参数设置

完成参数设置后,进入仿真模式,进行仿真。

在仿真结束后,在"variables(变量)"窗口中,可看到油箱端口 1 上的压力(pressure at port1)为 0.020 815 3 bar。

为了验证仿真结果,可以进行验算。油箱的端口 2 被封堵,则油箱液位面上的压力为 0 bar,而液体高度为 0.25 m,油液的密度为 850 kg/m^3,重力加速度 g 取 9.807 m/s^2,将上式代入式(10.17)中,有

$$p = 0 + 850 \times 9.807 \times 0.25\ \text{Pa} = 2.084 \times 10^3\ \text{Pa}$$

由计算结果可知,与仿真结果 0.020 815 3 bar 十分接近,证明了仿真的正确性。

10.2.3　流体动力学仿真

流体动力学主要讨论液体的流动状态、运动规律和能量转换等问题。这些都是液体动力学的基础及液压传动中分析问题和设计计算的理论依据。流体运动时,因重力、惯性力、黏性摩擦等影响,其内部各处质点的运动状态是各不相同的,这些质点在不同时间、不同空间的运动变化对液体的能量损耗有影响。

液体连续性方程是质量守恒定律在流体力学中的一种表现形式。根据质量守恒定律,液体流动时既不能增加也不能减少,而且液体流动时又被认为几乎不可压缩的。根据质量守恒定律,在单位时间内流过两个截面的液体质量相等,即

$$\rho_1 \nu_1 A_1 = \rho_2 \nu_2 A_2 \tag{10.18}$$

当忽略液体的可压缩性时,即 $\rho_1 = \rho_2$,则

$$\nu_1 A_1 = \nu_2 A_2 \tag{10.19}$$

由于通流截面是任意选取的,故

$$q = \nu A = 常数 \tag{10.20}$$

因此,不管通流截面的平均流速沿着流程怎样变化,流过不同截面的流量是不变的;液体流动时,通过管道不同截面的平均流速与其截面大小成反比。

例 10.1　连通液压缸如图 10.7 所示。通入左侧小液压缸的流量为 $Q_1 = 25$ L/min,$d_1 = 20$ mm,$D_1 = 75$ mm,$d_2 = 40$ mm,$D_2 = 125$ mm。假设没有泄露,求大小活塞运动速度 v_1,v_2。

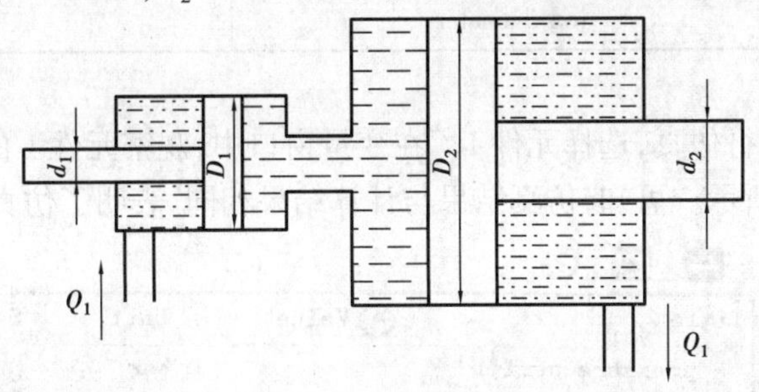

图 10.7　连通液压缸

解　根据流量连续性方程(10.20),则

$$v_1 = \frac{Q_1}{A_1} = \frac{Q_1}{\frac{\pi}{4}(D_1^2 - d_1^2)} = \frac{25 \times 10^{-3}}{\frac{\pi}{4}(0.075^2 - 0.02^2)}\ \text{m/s} = 0.102\ \text{m/s} \tag{10.21}$$

$$v_2 = \frac{q}{A_2} = \frac{\frac{\pi}{4}D_1^2 v_1}{\frac{\pi}{4}D_2^2} = \frac{0.075^2 \times 0.102}{0.125^2}\ \text{m/s} = 0.037\ \text{m/s} \tag{10.22}$$

进入 AMESim 草图模式,创建如图 10.8 所示的仿真草图,回路中的元件取自液压元件设计库。

搭建完成后,进入子模型模式,设置所有元件为主子模型。

然后进入参数模式,设置回路中的参数见表 10.1。其中没有提及的元件参数保持默认值。

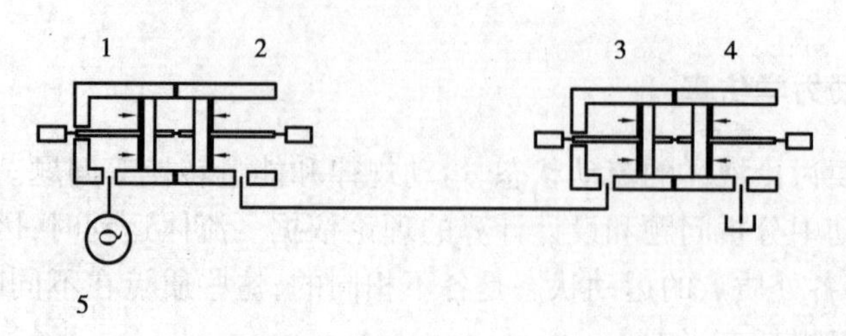

图 10.8　连通液压缸仿真草图

1,2,3,4—液压缸;5—泵

表 10.1　元件参数设置

元件编号	参　数	值
1	piston diameter	75
	rod diameter	20
2	piston diameter	75
	rod diameter	0
3	piston diameter	125
	rod diameter	0
4	piston diameter	125
	rod diameter	0

进入仿真模式,运行仿真,选择元件 1。在变量窗口中,观察元件 1 的运动速度,即"velocity port 3",如图 10.9 所示。可知,仿真结果与计算结果相同,表明了仿真的正确性。

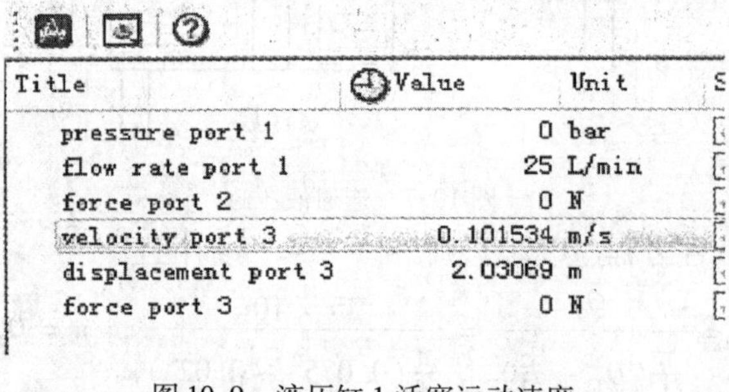

Title	Value	Unit
pressure port 1	0	bar
flow rate port 1	25	L/min
force port 2	0	N
velocity port 3	0.101534	m/s
displacement port 3	2.03069	m
force port 3	0	N

图 10.9　液压缸 1 活塞运动速度

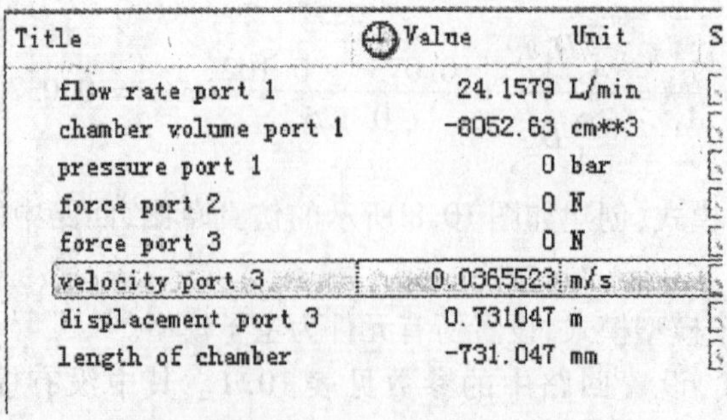

Title	Value	Unit
flow rate port 1	24.1579	L/min
chamber volume port 1	-8052.63	cm**3
pressure port 1	0	bar
force port 2	0	N
force port 3	0	N
velocity port 3	0.0365523	m/s
displacement port 3	0.731047	m
length of chamber	-731.047	mm

图 10.10　液压缸 2 活塞运动速度

选择元件4,同样观察其速度(见图10.10),与结算结果相同。

10.3　动力元件的仿真方法

10.3.1　采用液压库的液压泵的仿真方法

流量源的图标模型如图10.11所示。该元件只对应一个子模型QS00。该子模型称为分段线性液压流量源。流量源子模型如图10.12所示。

图10.11　流量源　　　图10.12　流量源子模型

QS00是液压流量源输出固定循环子模型。用户可通过指定起始值,终止值和持续时间为液压泵的流量变化设置8个阶段。

AMESim通过线性插值的方法确定输出,可指定阶段的数量、斜率的大小和步数。用户也可指定循环开始的延迟时间。当仿真进行的时间小于该值时,该子模型设置输出值为阶段1的起始值。如果所有8个阶段都完成,该子模型的输出设置为第8个阶段的终止值。通过设置循环模式,可设置在仿真中是否重复各个阶段。

注意:如果定义的阶段少于8个,并且没有选择循环模式,定义的阶段时间小于仿真时间,对没有定义的阶段将进行线性插值。仿真过程中会产生警告,但仿真不会停止。

定量泵仿真元件的子模型包括PU001,HYDFPM01P,PUS01,PEG01。上述子模型使用方法类似,本节介绍PU001。

PU001称为理想液压泵模型。该模型没有流量损失和机械损失。其流量仅由泵轴的转速、泵的排量和输入口(通常为端口1)的压力来决定。

定量泵的仿真模型如图10.13所示,定量泵的子模型如图10.14所示。

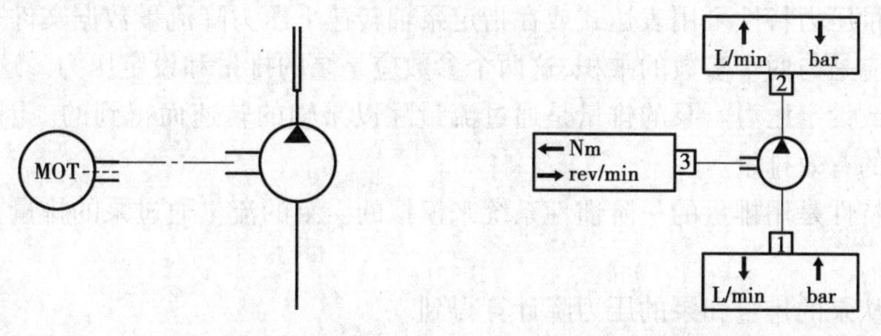

图10.13　定量泵的仿真模型　　　图10.14　定量泵的子模型

如果在液压泵的入口有空气释放或气穴现象,泵的流量将会减少。

如果该泵反向旋转,那么通常液压泵出口的端口(端口2)将变成入口。在这种情况下,端口2的压力将用来计算泵的输出流量。为了避免不连续,在压力之间添加平滑的转换。参数

"typical speed of pump"(泵的典型转速,wtyp)用于决定转换发生的转速范围。两个压力之间的转换发生在转速为正或负的 wtyp/1 000 之间。

变量泵的子模型是 PU002。

PU002 是理想变量液压泵。该子模型不存在流量损失和机械损失,泵的流量仅由轴的转速、斜盘倾角比例系数(swash fraction)、泵的排量和吸入口(通常是端口 1)的压力来决定。

斜盘倾角比例系数的范围为 0 ~ 1。

如果在泵的吸入口有空气释放或气穴现象,排量将减少。

如果泵旋转方向反向,则通常情况下输出口(端口 3)将会变成输入口。在这种情况下,端口 3 上的压力将用来计算泵的流量。为了避免不连续,压力之间的变化采用了平滑的转换。当速度超过参数"typical speed of pump"值时转换发生。当压力在正或负的 wtyp/1 000 之间变化时转换将发生。

该子模型用来仿真变量泵。其斜盘倾角的变化比例为 0 ~ 1。

参数"typical speed of pump"不用非常精准,该参数仅用来给出泵旋转速度的粗略的概念。对大多数的应用,默认值是可以接受的。仅在泵速(>5 000 rev/min)或(<100 rev/min)时修改该参数。

变量泵的仿真模型如图 10.15 所示,变量泵的子模型如图 10.16 所示。

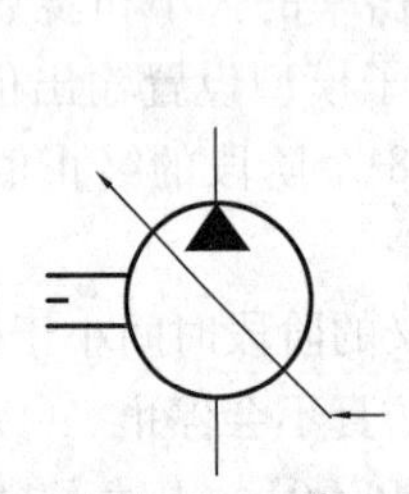

图 10.15　变量泵的仿真模型

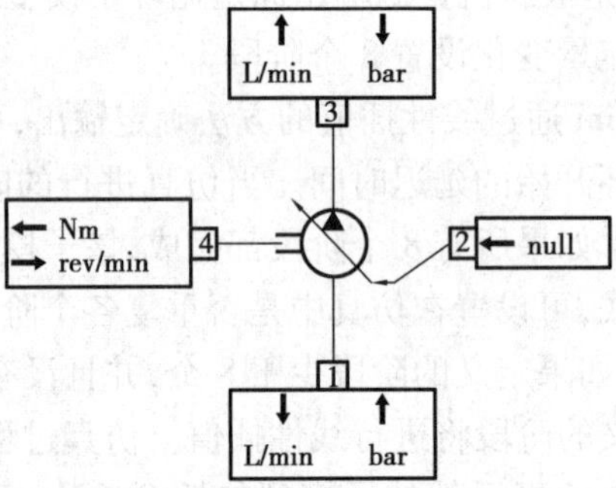

图 10.16　变量泵的子模型

恒压变量泵的子模型是 PP01。

PP01 是压力补偿泵的子模型。该子模型只简单模拟恒压泵。该泵的流量取决于通过泵的压差和轴的转速。

该泵的流量压力特性可用表达式或在指定泵轴转速下压力降流量数据文件来描述。表达式或数据文件应是与两个参数的乘积,这两个参数应是泵的排量和设定压力。这样,就很容易改变泵的排量或设定压力。泵的排量是通过流量除以泵轴的转速而得到的。因此,其排量是考虑容积效率的有效排量。

泵的动态特性是用排量的一阶惯性系统来模拟的。泵的流量通过泵的排量乘以泵的转速计算得到。

泵的转矩从泵的排量和泵的压力降计算得到。

如果在泵的入口有空气释放或气穴现象,泵的流量将会减少。

该子模型仅是对真正的压力补偿泵的主要特性简单模拟。如果需要对泵的特点进行详细模拟,可用变量泵模型(PU003)加上液压元件设计库的压力补偿部分来结合模拟。

容积效率仅用用户提供的表达式或以压力为函数的流量曲线来模拟。因此,容积效率与排量结合在一起。

超过操作范围的机械效率为定值,对于一个实际的液压泵来说这根本不可能。但是,如果想要获得更实际的模拟,其数据很难获得。

在一些回路中,泵的模型有可能造成隐含代数环,这种情况可使用另一个子模型 PP02。该子模型将输出流量当成一个状态变量。使用该子模型,可使用通过泵的压力差的函数所指定的表达式或包含压力降和流量数据对文本文件。

恒压变量泵的仿真模型如图 10.17 所示,恒压变量泵的子模型如图 10.18 所示。

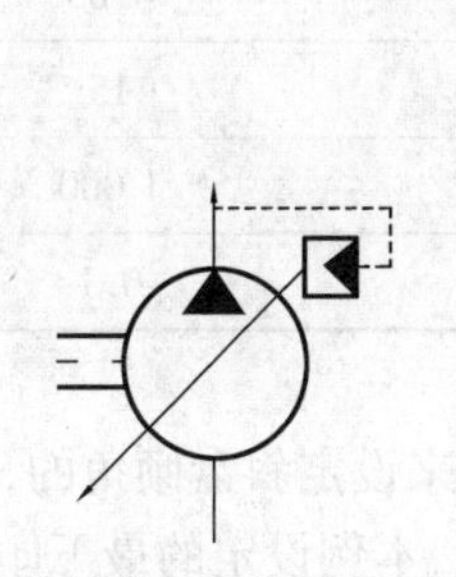

图 10.17　恒压变量泵的仿真模型

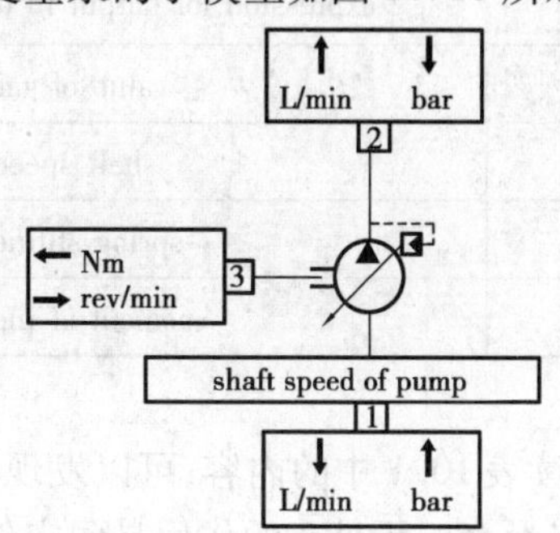

图 10.18　恒压变量泵子模型

10.3.2　柱塞泵的仿真

恒压变量柱塞泵,泵的主体部分由传动轴带动缸体旋转,使均匀分布在缸体上的柱塞绕传动轴中心线转动,通过中心弹簧将柱滑组件中的滑靴压在变量头上。这样,柱塞随着缸体的旋转而作用往复运动,完成吸油和压油动作。

建立仿真草图,如图 10.19 所示。柱塞的运动规律主要是由图 10.19 中的模型 1,2,3,4,8 来实现的。元件 6,7 模拟柱塞运动的惯性负载,5 是电动机,11 为油箱,9 是旋转运动到线性运动的转换。它将电动机的旋转运动转换成柱塞的往复运动。

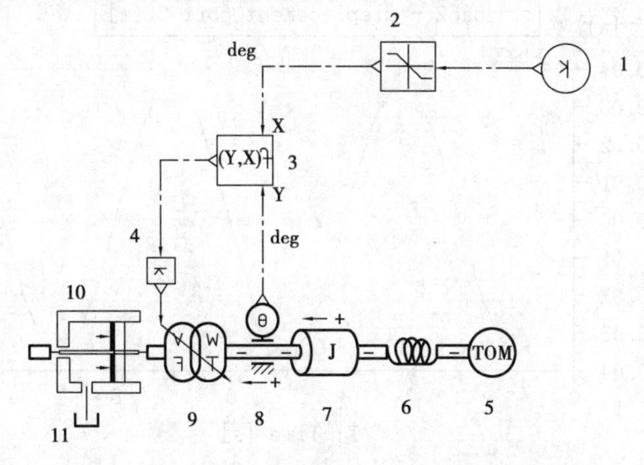

图 10.19　柱塞运动单元仿真草图

1,2,3,4,8—模型;5—电动机;6,7—惯性负载;9—转换器;10—液压缸;11—油箱

图 10.19 中的各个元件参数设置见表 10.2。其中没有提到的元件参数保持默认值。

表 10.2　元件参数设置

元件编号	参　数	值
1	constant value	45
2	minimum permitted value	0
	maximum permitted value	60
3	expression for output in terms of x and y	- sin(PI * x/180) * cos(PI * /180)
4	value of gain	0.05
5	shaft speed	15
6	spring stiffness	1 000
7	moment of inertia	0.1

仔细阅读表 10.1 中的内容,可以发现,元件 1 的作用是用来设定斜盘倾角的,在本例仿真中,将其设定为45°;元件 2 的作用是限定斜盘倾角的倾斜范围,本例设定的最下倾角为 0 °,最大倾角为 60°;元件 3 很关键,它是一个数学公式 - sin(PI * x/180) * cos(PI * /180),该表达式有两个参数 x,y,x 代表的是斜盘倾角;y 代表斜盘在电动机带动下的旋转角度,注意单位要转化成弧度。元件 4 的作用是设定斜盘的回转半径,本例设定为 50 mm;为了使仿真更加清晰,元件 5 即电动机的转速设定了一个比较小的值为 15 r/min;元件 6,7 是用来模拟惯性负载的。

进入仿真模式后,进行仿真,选择元件 10,绘制端口 3 上的位移即"displacement port 3"。其仿真结果如图 10.20 所示。

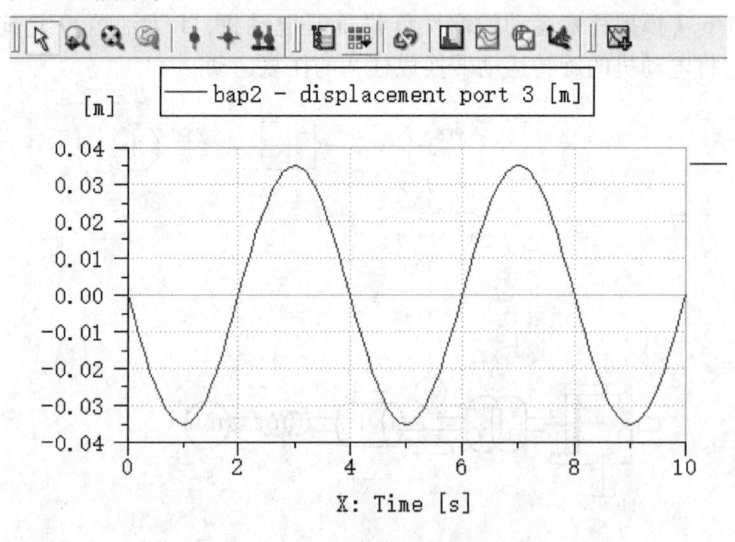

图 10.20　柱塞位移仿真图

10.4　执行元件的仿真方法

10.4.1　液压缸的模型

在液压系统中,液压缸属于执行装置,用以将液压能转变成往复运动的机械能。由于工作机构的运动速度、运动行程与负载大小、负载变化的种类繁多,因此,液压缸的规格和种类也呈现多样性。

按液压缸的结构形式,可分为活塞缸和柱塞缸;按液压油的作用方式,可分为双作用缸和单作用缸;按缸的固定方式,可分为缸固定和杆固定;活塞式缸按活塞杆在端盖伸出情况,可分为双出杆缸和单出杆缸。

AMESim液压库中的液压缸模型见表10.3。

表10.3　AMESim液压库中的液压缸模型

图　标	名　称	子模型
	带质量负载的双作用单活塞杆液压缸	HJ000
		HJ010
	带质量负载的双作用双活塞杆液压缸	HJ001
		HJ011
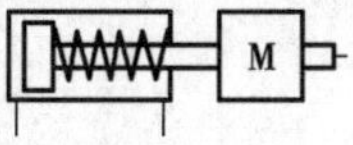	带质量负载的双作用单活塞杆带弹簧回程的液压缸	HJ002
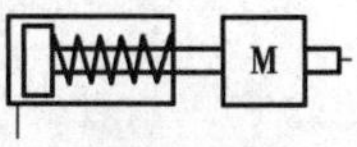	带质量负载的单作用但活塞杆带弹簧回程的液压缸	HJ003
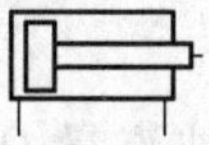	双作用单活塞杆液压缸	HJ020
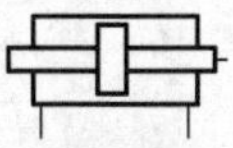	双作用双活塞杆液压缸	HJ021
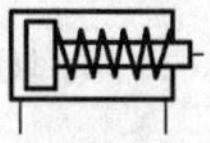	双作用单活塞杆带弹簧回程	HJ022
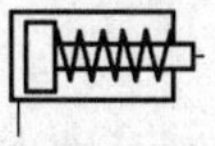	单作用单活塞杆带弹簧回程液压缸	HJ023

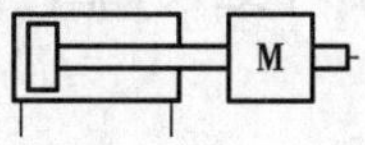

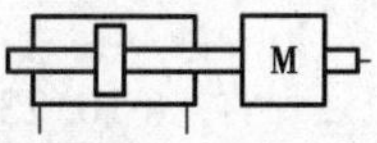

AMESim中液压缸的工作原理都是类似。本节仅以HJ000子模型为例,介绍其工作原理。

如图10.21所示为HJ000子模型原理图。HJ000是双作用、单活塞杆、缸体固定的HJ000子模型。

子模型计算两个腔体中的动态压力、库伦摩擦力、静摩擦力、黏性摩擦力活塞杆的倾斜角度和通过活塞之间的泄露。

在液压缸运动的终点部分没有考虑弹性因素。

要使用 HJ000 子模型,需要在端口 3 上提供外负载力,同时由端口 2 计算速度(m/s)、位移(m)和加速度(m/s²)。其他的两个端口输入流量(L/min),输出计算的压力(bar)。

10.4.2　柱塞缸的仿真

柱塞缸的工作原理如图 10.22 所示。

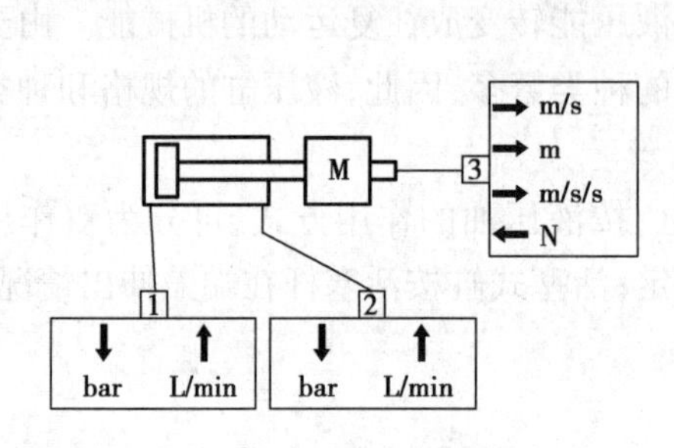

图 10.21　HJ000 子模型原理图

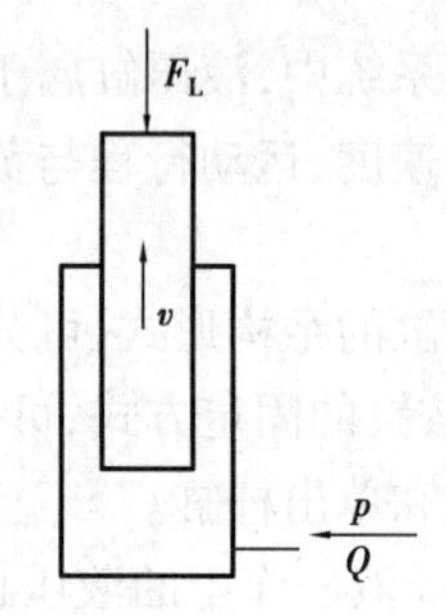

图 10.22　柱塞缸的工作原理图

一般柱塞缸是单作用缸,即只有一个进油口,柱塞的回程借助外力或者自重。当向缸体内部供入一定压力和一定流量的油液时,柱塞以一定的速度 v 推动一定的负载 F_L 运动,靠自重复位(底部管路要切换到油箱)。

柱塞缸的供油压力 p 与负载 F_L、供油流量 Q 及运动速度 v 之间的关系为

$$\begin{cases} A_1 p = F_L \\ \dfrac{Q}{A_1} = v \end{cases} \tag{10.23}$$

式中　A_1——柱塞面积,m^2,$A_1 = \pi d^2/4$,d 为柱塞直径;

p——供油压力,Pa;

Q——供油流量,m^3/s;

F_L——负载力,N;

v——柱塞缸速度,m/s。

例 10.2　已知柱塞缸的柱塞直径 $d = 12$ cm,供油压力 $p = 25$ MPa,供油流量 $Q = 10$ L/min。不计摩擦和泄露,试确定活塞伸出速度。

解　活塞伸出速度为

$$v = \frac{Q}{\frac{\pi}{4}d^2} = \frac{10}{\frac{\pi}{4} \times 1\,000 \times 60 \times \left(\frac{12}{100}\right)^2} \text{ m/s} = 0.015 \text{ m/s} \tag{10.24}$$

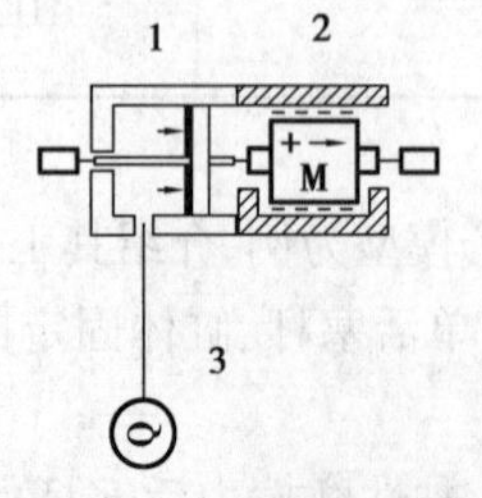

图 10.23　柱塞缸速度仿真草图

1—液压缸元件;2—负载元件;3—泵元件

速度仿真回路如图 10.23 所示。

其中,元件 1 模拟液压缸的柱塞,元件 2 模拟驱动的负载。

参数设置见表 10.4。其中没有提及的元件参数保持默认值。

在本例中,值得说明的是元件 1 的参数设置,柱塞缸工作的有效面积是活塞杆的面积。但在 AMESim 中,只能用活塞模拟柱塞缸的有效面积,而活塞杆的直径应

设置为 0,以免影响活塞的有效工作面积。

表 10.4　柱塞缸速度计算参数设置

元件编号	参　数	值
1	piston diameter	120
	rod diameter	0
2	Mass	0.1
3	number of stages	1
	flow rate at start of stage 1	10
	flow rate at end of stage 1	10

速度仿真结果,运行仿真,将 2 号元件的参数"velocity port 1"拖至工作空间中。绘制出的仿真结果如图 10.24 所示。

可知,液压缸速度约为 0.015 m/s,该结果与上式计算结果相符。

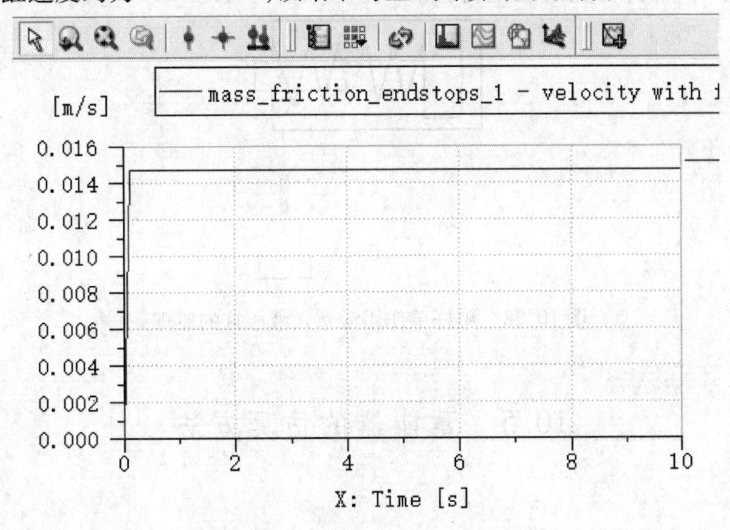

图 10.24　速度计算仿真运行结果

10.4.3　单杆活塞的仿真

1) 单杆双作用

单杆双作用液压缸的原理如图 10.25 所示。

单杆双作用液压缸伸出行程时,活塞力平衡方程为

$$A_1p_1 - A_2p_2 = F_L \tag{10.25}$$

式中 A_1——大腔面积。

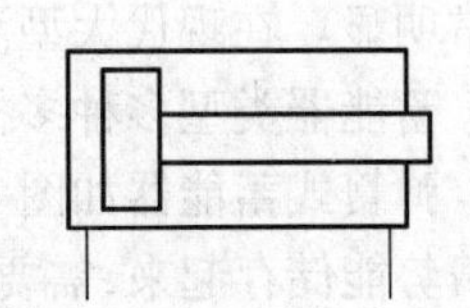

图 10.25　单杆双作用液压缸的原理

如图 10.26 所示为最简单的液压缸模型。两个活塞模块元件 1,2 构成缸体和活塞部分,在此基础上还可进行适当的修改。为了

模拟液压缸的进油腔和回油腔,可添加两端液压腔体模型,如图 10.27 所示的元件4,5 代表了可变容积和压力的液压腔体模型,恰好仿真了液压缸的进油腔和回油腔。

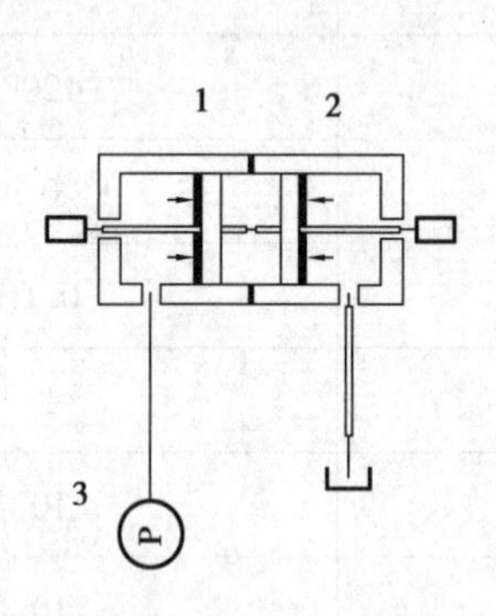

图 10.26 单杆双作用液压缸仿真草图

1,2—液压缸;3—泵

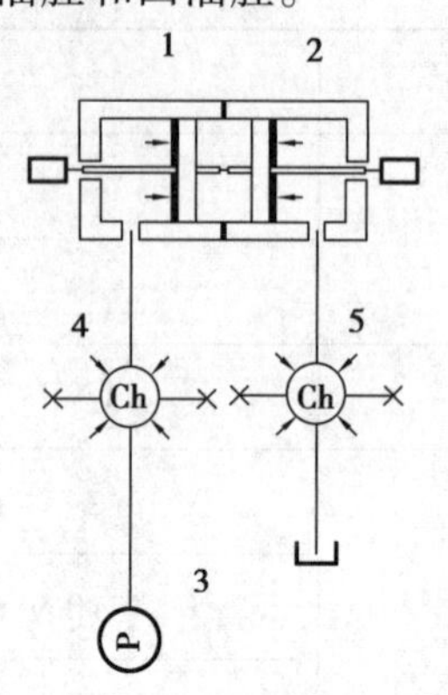

图 10.27 双作用液压缸改进草图

1,2—液压缸;3—泵;4,5—模型

2)单杆单作用

水平放置的单杆单作用活塞式液压缸的原理如图 10.28 所示。当供入液压能时,活塞以速度 v 推动负载 F_L,靠弹力完成反向行程。

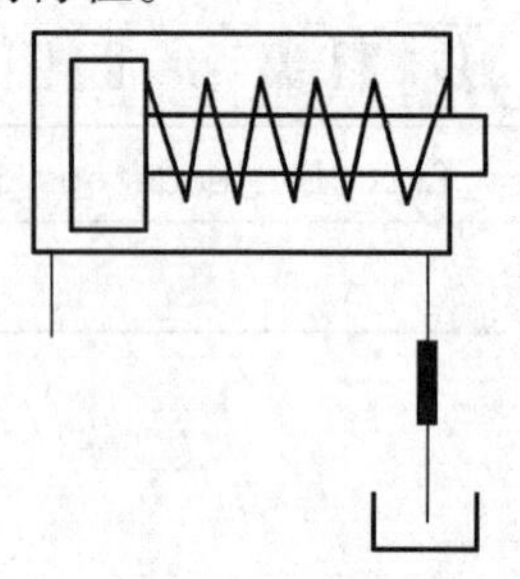

图 10.28 单杆单作用活塞式液压缸的原理

10.5 蓄能器的仿真方法

10.5.1 蓄能器仿真简介

蓄能器是一种能把液压能储存在耐压容器里,带需要时又将其释放出来的能量储存装置。蓄能器是液压系统中的重要辅件,对保证系统正常运行,改造其动态品质、保持工作稳定、延长寿命、降低噪声等起着重要的作用。蓄能器给系统带来的经济、节能、安全、可靠、环保等效果非常明显。在现代大型液压系统,特别是具有间歇性工况要求的系统中尤其值得推广。

蓄能器类型多种多样、功用复杂。按加载方式,可分为弹簧式、重锤式和气体式。

弹簧式蓄能器如图 10.29(a)所示。它依靠压缩弹簧把液压系统中的过剩压力能转化为弹簧势能储存起来,需要时释放出去。其结构简单、成本较低。但因弹簧伸缩量有限,伸缩对压力变化不敏感,故只适合小容量、低压系统,或用作缓冲装置。

重锤式蓄能器如图 10.29(b)所示。它通过提升加载在密封活塞上的质量块把液压系统中的压力能转化为重力势能积蓄起来。其结构简单、压力稳定。其缺点是安装局限很大,智能垂直安装;不易密封;质量块惯性大,不灵敏。

气体式蓄能器如图 10.29(c)所示。它由铸造或锻造而成的压力罐、气囊、气体入口阀和油入口阀组成。它这种蓄能器可做成各种规格,适用于各种大小型液压系统。

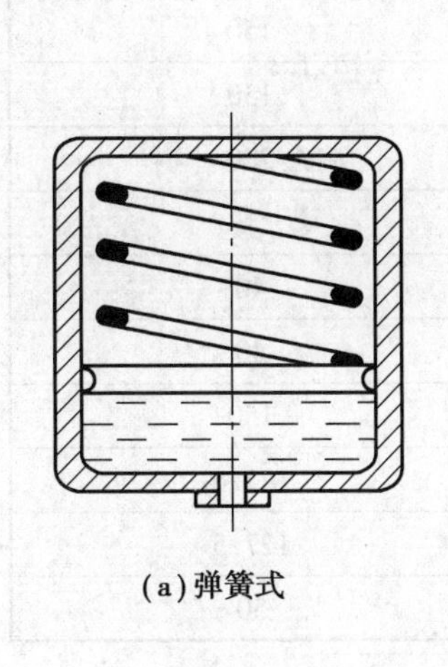

(a)弹簧式

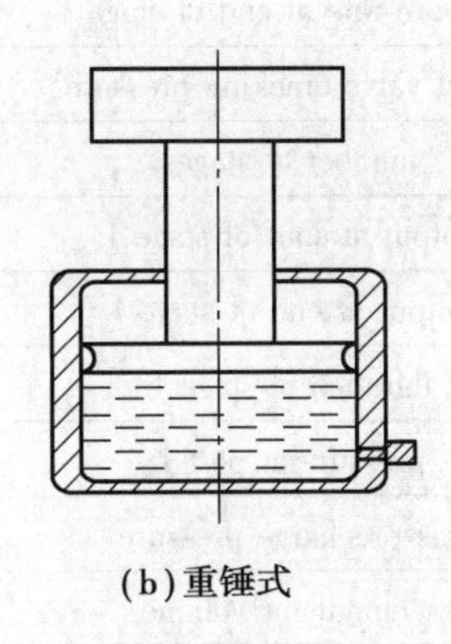

(b)重锤式

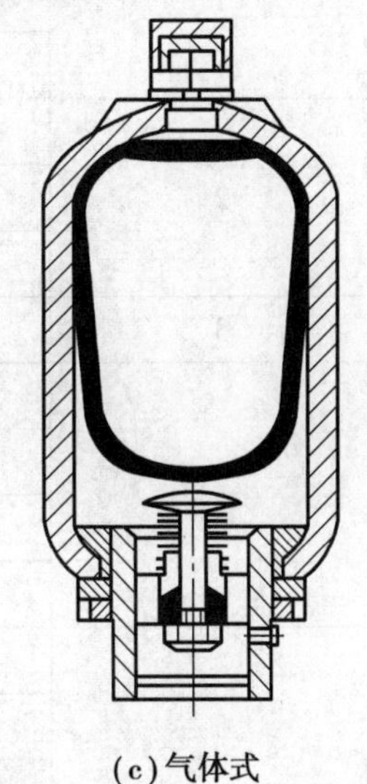

(c)气体式

图 10.29　蓄能器原理

10.5.2　蓄能器仿真实例

为了验证蓄能器的数学模型,搭建如图 10.30 所示的仿真草图。

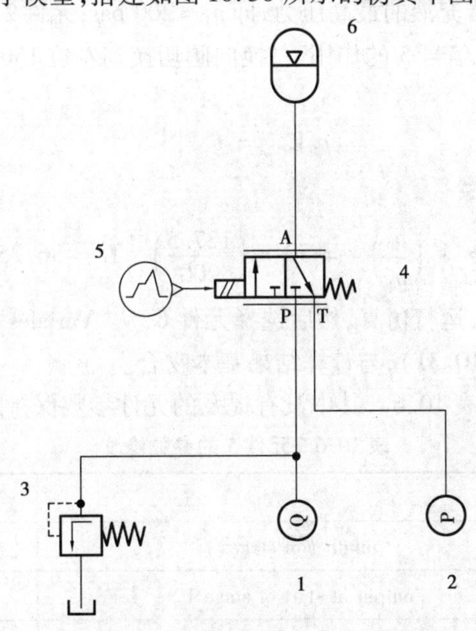

图 10.30　蓄能器充液、放液仿真草图

1,2—泵;3—溢流阀;4—二位三通换向阀;5—压力表;6—蓄能器

系统中各元件的参数设置见表 10.5。其中没有提及的元件参数保持默认值。

表 10.5　参数数值

元件编号	参　数	值
1	number of stages	2
	flow rate at start of stage 1	63
	flow rate at end of stage 1	63
2	number of stages	1
	pressure rate at start of stage 1	150
	pressure rate at end of stage 1	150
3	relief valve cracking pressure	200
5	number of stages	1
	output at start of stage 1	40
	output at end of stage 1	40
	duration of stage 1	150
6	pressure at port 1	127.6
	gas precharge pressure	127.5
	accumulator volume	50

由表 10.5 中的参数设置可知,蓄能器中气体的充气压力为 6 号元件的"gas precharge pressure",其值为 127.5 bar,即 $p_0=127.5$ bar,而蓄能器初始容积 $V_0=50$ L;图 10.31 中,溢流阀的设定压力限制了蓄能器充液的最高压力,即 $p_1=200$ bar;元件 2 限制了蓄能器工作最低压力,即 $p_2=150$ bar。在控制信号 5 的作用下,换向阀切换到左位 150 s,即蓄能器充液 150 s。

根据公式

$$p_0 V_0^{1.4} = p_1 V_1^{1.4} \tag{10.26}$$

整理并代入数据,得

$$V_1 = V_0\left(\frac{p_0}{p_1}\right)^{\frac{1}{4}} = 50 \times \left(\frac{127.5}{200}\right)^{\frac{1}{1.4}}\ \mathrm{L} = 36.25\ \mathrm{L} \tag{10.27}$$

设置仿真时间为 150 s,运行仿真,然后选择元件 6,从"Variales"选项卡中,观察蓄能器体积变量"gas volume"(见图 10.31),与计算结果基本吻合。

修改元件 5 的参数,见表 10.6。其中没有提及的元件参数保持默认值。

表 10.6　元件 5 的参数修改

元件编号	参　数	值
5	number of stages	2
	output at start of stage 1	40
	output at end of stage 1	40
	duration of stage 1	150
	duration of stage 2	150

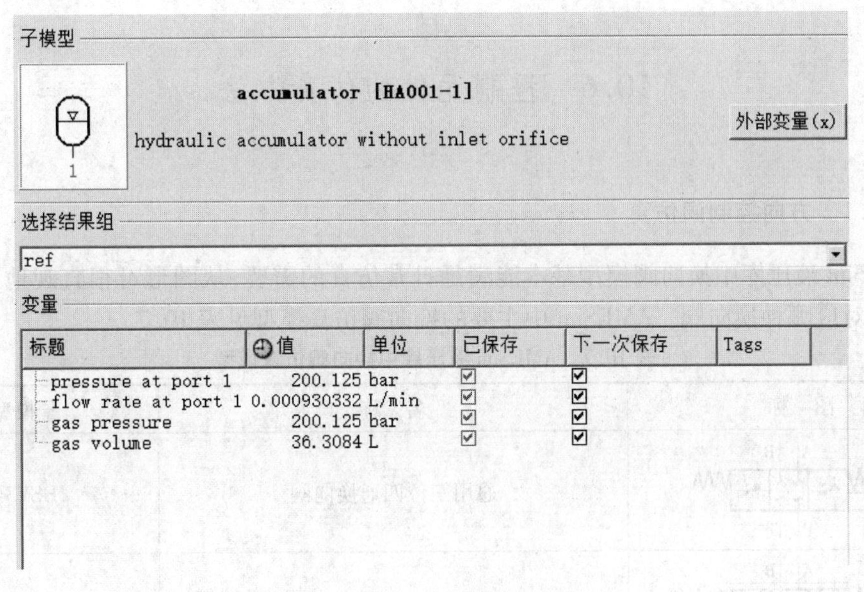

图 10.31　充液后蓄能器体积

由表 10.6 中的参数设置可知,控制信号 5 先控制电磁阀 4 接通 150 s,给蓄能器充液 150 s,然后再断电 150 s,即蓄能器放液 150 s。

根据公式

$$p_0 V_0^{1.4} = p_2 V_2^{1.4} \tag{10.28}$$

整理并代入数据,得

$$V_2 = V_0 \left(\frac{p_0}{p_2} \right)^{\frac{1}{1.4}} = 50 \times \left(\frac{127.5}{150} \right)^{\frac{1}{1.4}} \text{L} = 43.10 \text{ L} \tag{10.29}$$

再次设置仿真为 210 s,运行仿真。选择元件 6,观察蓄能器的体积变量即“gas volume”为 43.10 L,如图 10.32 所示。

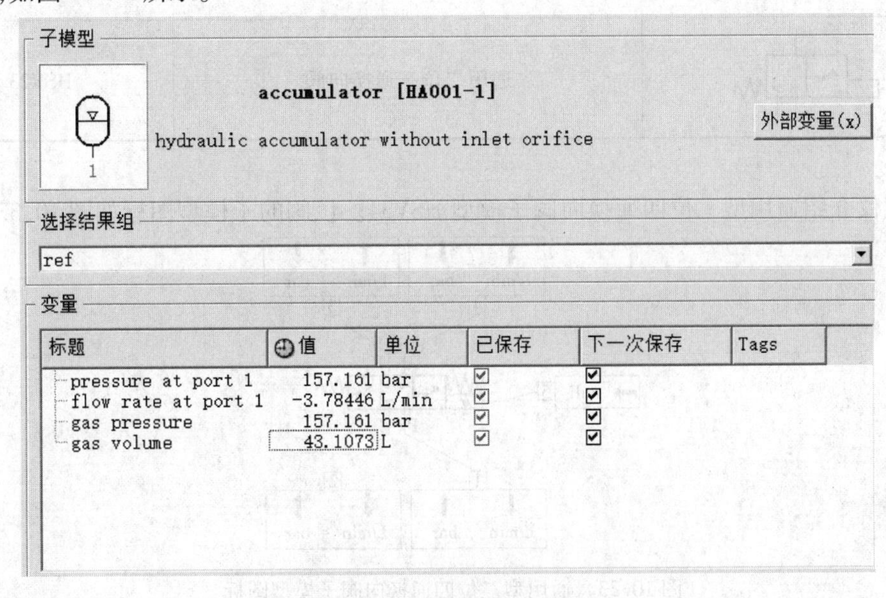

图 10.32　蓄能器放液后的体积

10.6 控制元件的仿真方法

10.6.1 方向控制阀仿真

AMESim 液压库中换向阀模型基本能满足日常仿真的需要,从图形可很直观地判断出每一个图标对应哪种换向阀。AMESim 中主要的换向阀仿真模型见表 10.7。

表 10.7 AMESim 液压库中换向阀仿真模型

图 标	名 称	子模型
	通用三位四通换向阀	HSV34
	中位机能为 O 型的三位四通换向阀	HSV34_01
	中位机能为 H 型的三位四通换向阀	HSV34_02
	中位机能为 M 型的三位四通换向阀	HSV34_03
	通用二位四通换向阀	HSV24
	通用二位三通换向阀	HSV23

这里仅介绍通用型三位四通换向阀子模型 HSV34。该阀的子模型图标如图 10.33 所示。

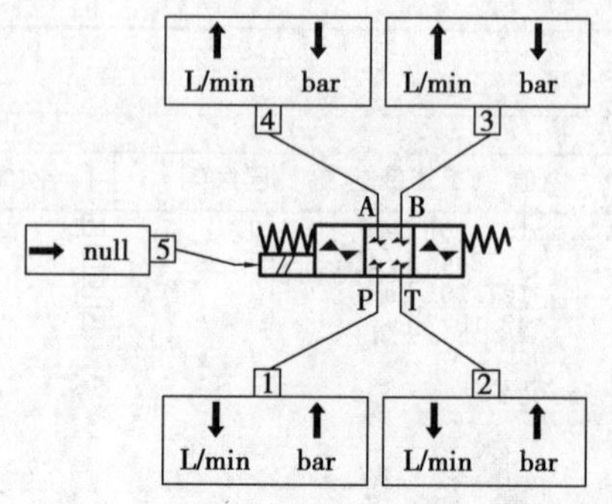

图 10.33 通用型三位四通换向阀子模型图标

滑阀的动态特性用二阶振荡系统来模拟。该系统由自然频率和阻尼比来定义。该阀有 6 种可能的通路：P 到 A、P 到 B、P 到 T、T 到 A、T 到 B 及 T 到 P。

要使用该模型，必须指定在阀全开时的流量和对应的压力降，同时也必须给定开口法则。该定义指定了端口之间是如何连接的。

该子模型可用来模拟大部分种类的三位四通液压换向阀。它已被用来定义一系列换向阀模型。

建立仿真模型，滑阀开口形式仿真模型如图 10.34 所示。元件 1,2 代表了环形开口、锐边节流的阀芯模型；元件 3 的作用是将一个无量纲数据转换成位移和速度；元件 4 的作用是产生对阀芯的位移控制信号；元件 5 用来模拟系统压力；元件 6 是油箱。

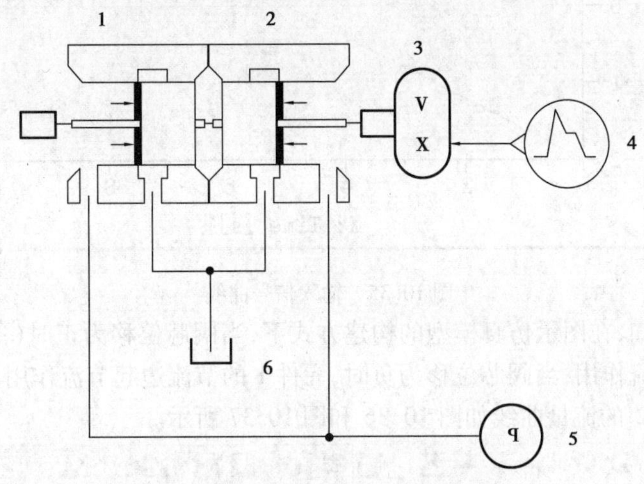

图 10.34　滑阀开口形式仿真草图

参数设置见表 10.8。其中没有提及的元件参数保持默认值。

表 10.8　参数表

元件编号	参　数	值
1	underlap corresponding to zero displacement	-0.5
2	underlap corresponding to zero displacement	-0.5
4	number of stages	2
	output at start of stage 1	-0.002
	duration of stages 1	5
	output at end of stage 2	0.02
	duration of stages 2	5
5	number of stages	1
	pressure at start of stage 1	0.1
	pressure at end of stage 1	0.1

完成上述参数设置后，进入仿真模式，运行仿真。

首先绘制元件4的曲线图(见图10.35),参考图10.35和表10.7可以理解,设置的阀芯控制信号为0~10 s,即-0.002~0.002。

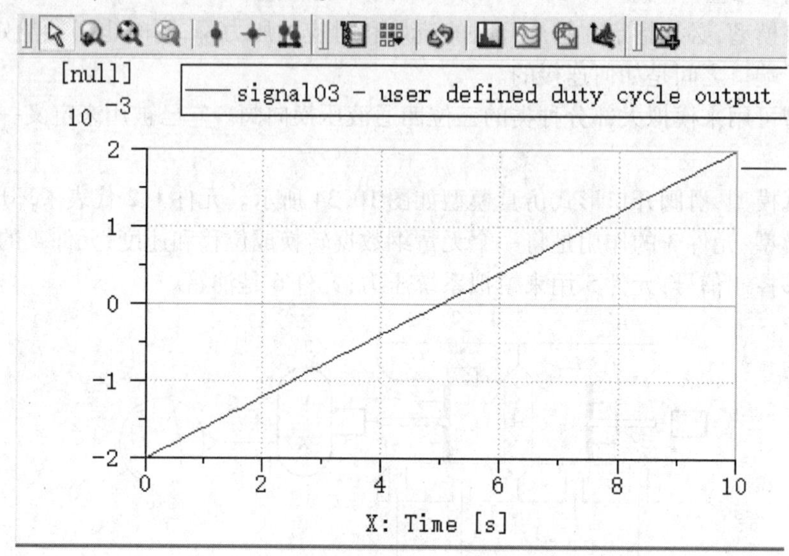

图10.35　输入信号曲线

由图10.34可知,在图示仿真模型的构建方式下,当阀芯位移为正时(阀芯向左运动),元件2的节流边起节流作用;当阀芯位移为负时,元件1的节流边起节流作用。

元件1和元件2的流量曲线如图10.36和图10.37所示。

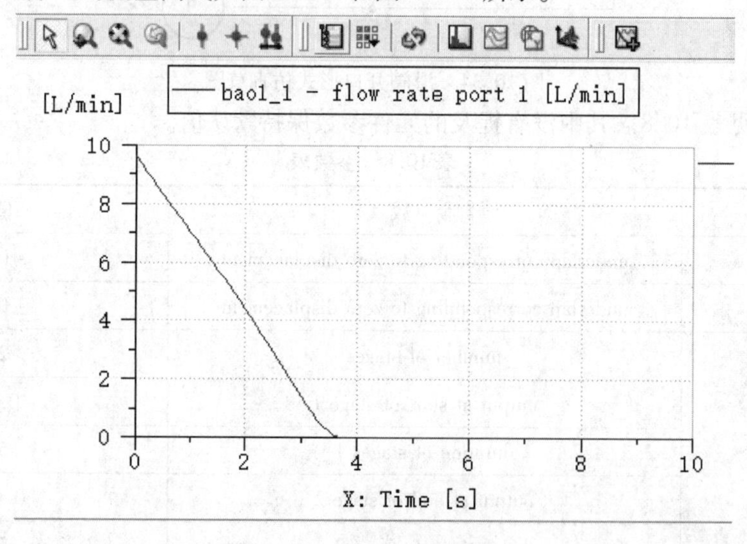

图10.36　元件1流量曲线

10.6.2　压力控制阀仿真

1)减压阀仿真的基本原理

RV0003子模型是直动式减压阀的仿真模型。其仿真图标如图10.38所示。

减压阀在液压系统中所扮演的角色是目标液压系统提供一个降低了压力。减压阀的输出压力(在下游的端口2)是一个比系统中其他部分(与减压阀的端口1相连)压力都低的压力。

减压阀也称压力调节阀。

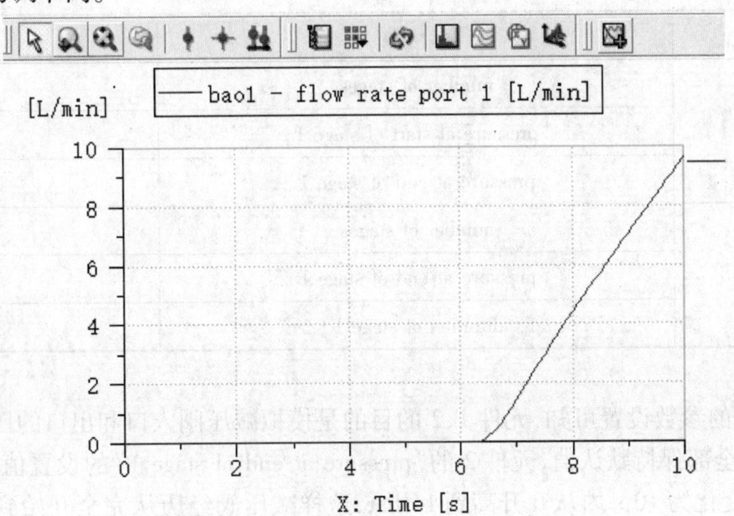

图 10.37　元件 2 流量曲线

减压阀的初始状态是开启的。当下游的压力比设定的压力(cracking pressure 参数)高时,该阀打开让油液通过,则下游压力得到调节;当下游压力变得比最大压力高时,阀丧失调节功能,完全关闭。

端口 1,2 的压力是输入变量。系统将计算体积流量作为两个端口的输出。

阀的开启函数作为内部变量来计算。

除此之外,也计算阀的流通面积、流量系数和流数,以进行更高阶的分析。

该阀的流量压力降特性是阀在调节时可变节流口的模型。当阀全开时,该阀的流通面积在内部被限制为最大开口值;当阀关闭时,输出流量为零。

要使该阀正常工作,端口 1 上的输入压力应比阀的最大压力高。

2)减压阀的流量压力特性

首先进入草图模式,创建如图 10.39 所示的减压阀仿真草图。

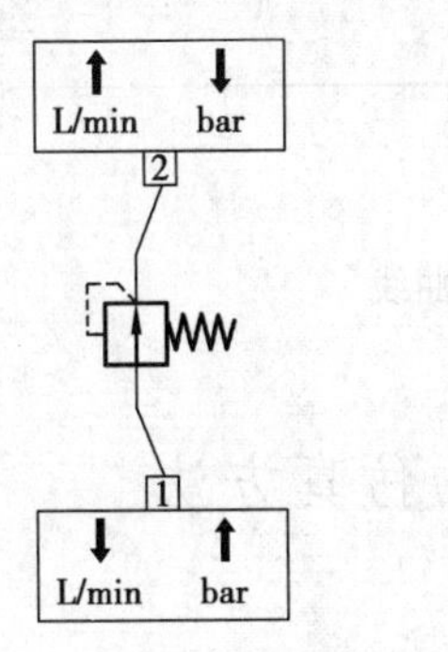

图 10.38　减压阀仿真图标

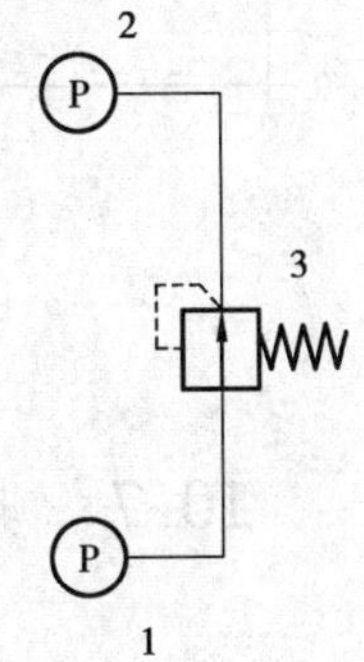

图 10.39　减压阀仿真草图

1,2—泵;3—减压阀

然后进入子模型模式,选所有元件应用主子模型。再进行参数设置模式,见表 10.9。其中没有提及的元件参数保持默认值。

表 10.9　减压阀参数设置

元件编号	参　数	值
1	number of stages	1
	pressure at start of stage 1	20
	pressure at end of stage 1	20
2	number of stages	1
	pressure at end of stage 1	14
	duration of stage 1	10

由表 10.9 的参数设置可知,元件 1,2 的目的是模拟减压阀入口和出口的压力。对于元件 3 来说,其参数全部保持默认值,元件 2 的“pressure at end of stage 1”的设置值为 14 bar,说明元件 2 的压力变化为 10 s 内从 0 升高到 14 bar,这样减压阀经历从完全开始到减压调节再到完全闭关这样一个过程。元件 1 的作用是为减压阀提供上游(入口)压力,同样由前面的减压阀工作原理分析可知,减压阀的入口压力应高于其最大压力。

参数设置完成后,进行仿真。选中减压阀(元件 3)按住 ctrl,将“flow rate at port 2”和“pressure at port 2”,将这两个变量拖至草图窗口中,如图 10.40 所示。

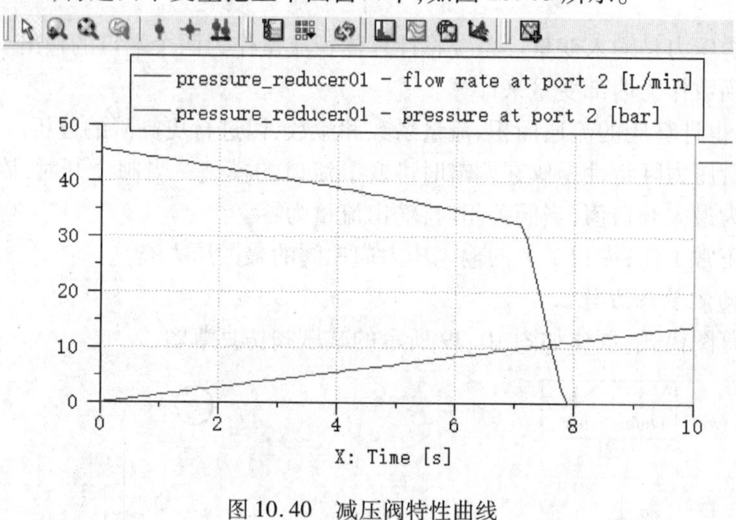

图 10.40　减压阀特性曲线

10.7　典型液压回路的仿真方法

首先进入草图模式,创建出如图 10.41 所示的仿真草图。因该回路较复杂,故这里分部分介绍其仿真。液压部分的仿真草图如图 10.42 所示。

图中的元件 1,2 的作用都很简单,就是为了产生所需的流量。在本例中,设计的流量为 10 L/min,设置元件 1 的“shaft speed”为 1 000,元件 2 的“pump displacement”为 10,两者相乘为 10 L/min。

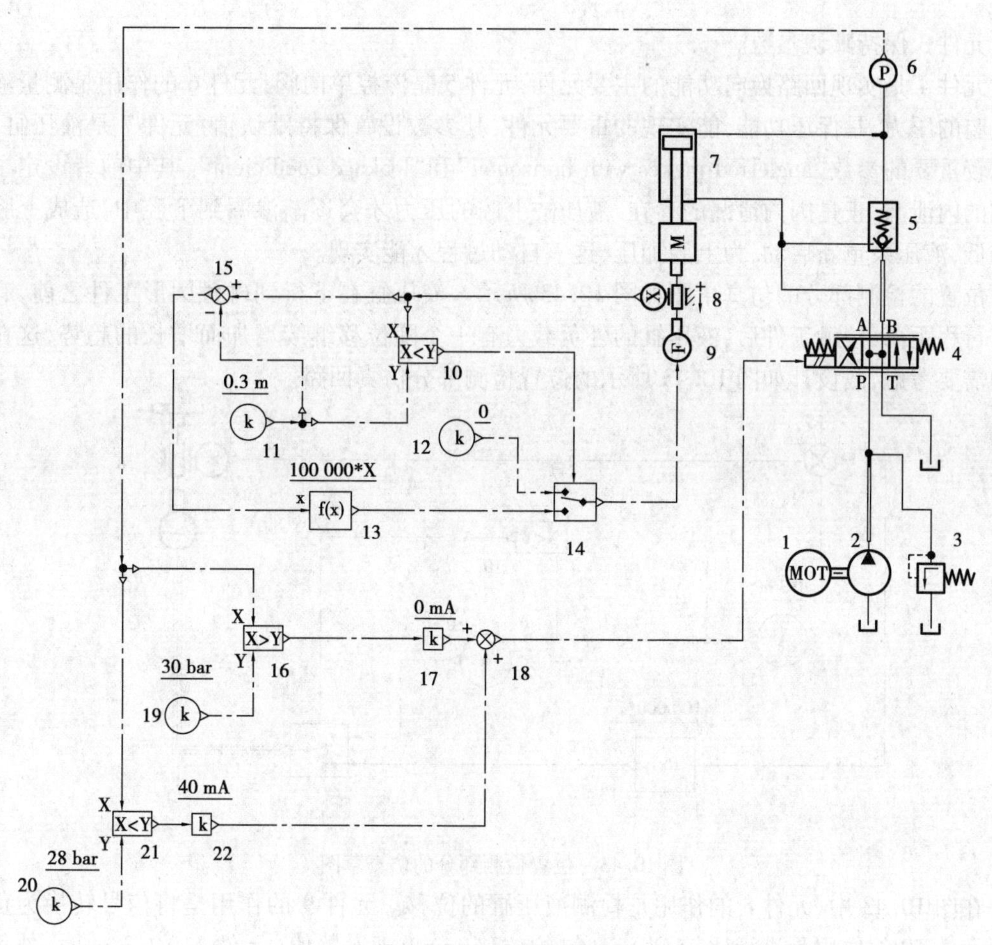

图 10.41　系统仿真草图

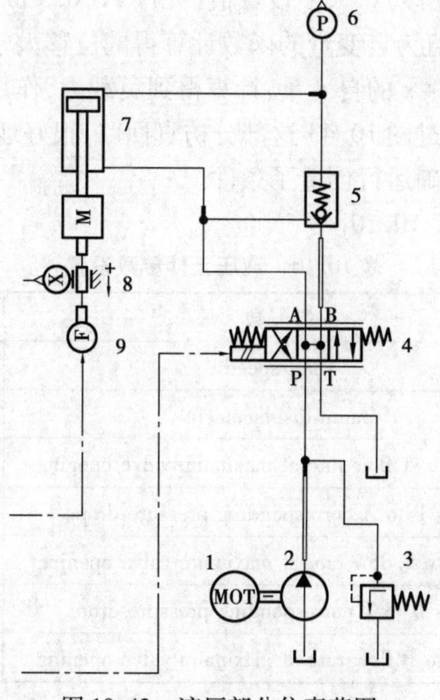

图 10.42　液压部分仿真草图

元件 3 保持默认参数。

元件 4 是实现回路换向功能的主要元件;元件 5 是液控单向阀;元件 6 的作用是测量液压缸上腔的压力,是保压功能,能实现的重要元件,其参数设置保持默认值;元件 7 是液压缸,其中比较重要的参数"angle rod makes with horizontal"和"leakage coefficient",其中前者设定了液压缸的内泄漏,正是因内泄漏的存在,液压缸上腔的压力才会逐渐渗漏到下腔中,造成上腔压力降低,液压泵重新启动,为上腔加压,这一自动过程才能实现。

位置的检测部分的仿真草图如图 10.43 所示。液压缸在下行到碰触圆形工件之前,有一段空行程距离,接触工件后,液压缸的外负载力有一个随位移继续增加而增长的趋势,这在仿真中需要考虑,故设计如图 10.43 所示的位置检测部分仿真回路。

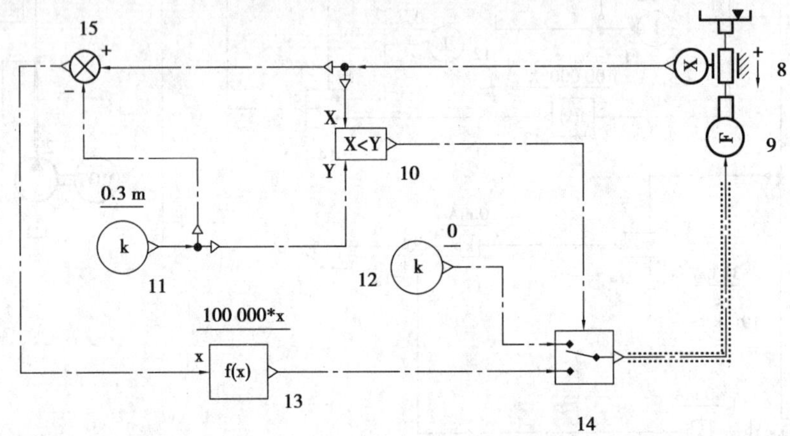

图 10.43　位置检测部分的仿真草图

在图 10.43 中,元件 8 的作用是检测液压缸的位移。元件 9 的作用是将信号转换为负载力。元件 10 的作用是进行比较,当液压缸的位移(x)小于设置值(元件 11)0.3 m 时,外负载力由元件 12 设定;当液压缸位移(x)大于设置值(元件 11)0.3 m,外负载力的大小由液压缸的位移与 0.3 m(元件 11)的差值为自变量的函数计算得的位移大于 0.3 m 时,位移值与 0.3 的差值作为函数 $f(x)=100\ 000*x$ 的自变量,计算得到负载力,作用在液压缸上,模拟液压缸挤压工件所受到的力。这样,通过图 10.43 这部分仿真回路,很好地模拟了液压缸的位移和外负载力之间的关系,为仿真的正确运行创造了条件。

液压元件的参数设置见表 10.10。

表 10.10　液压元件参数设置

元件编号	参　数	值
1	shaft speed	1 000
2	pump displacement	10
4	ports P to A flow rate at maximum valve opening	10
	ports P to A corresponding pressure drop	0.3
	ports B to T flow rate at maximum valve opening	10
	ports B to T corresponding pressure drop	0.3
	ports P to B flow rate at maximum valve opening	10

续表

元件编号	参　数	值
4	ports P to B corresponding pressure drop	0.2
	ports A to T flow rate at maximum valve opening	10
	ports A to T corresponding pressure drop	0.3
5	check valve cracking pressure	0.5
	nominal pressure dorp	1
7	piston diameter	50
	rod diameter	30
	length of stroke	0.5
	total mass being horizontal	50
	angle rod makes with horizontal	-90
	leakage coefficient	0.000 1

位置检测参数设置见表 10.11。其中没有提及的元件参数保持默认值。

表 10.11　位置检测部分参数设置

元件编号	参　数	值
11	constant value	0.3
12	constant value	0
13	expression in terms of the input x	100 000 * x
14	switch threshold	1

控制部分的仿真草图如图 10.44 所示。元件 19,20 的作用是设定压力的上下限,模拟的是电接点压力表的上下限。在本例中,下限设定为 28 bar,上限设定为 30 bar。元件 16,21 的作用是将液压缸上腔的压力值和设定的上下限进行比较,当小于 28 bar 时,输出信号 40 mA(元件 22);当大于 30 bar 时,输出信号 0 mA(元件 17)。将这两个结果求和(元件 18),共同输入图 10.42 中的元件 4(换向阀),决定换向阀是左位工作(40 mA)还是中位工作(0 mA),从而控制是加压状态(左位工作)还是保压状态(中位工作)。其参数设置见表 10.12。其中没有提及的元件参数保持默认值。

表 10.12　控制部分参数设置

元件编号	参　数	值
17	value of gain	0
19	constant value	30
20	constant value	28
22	value of gain	40

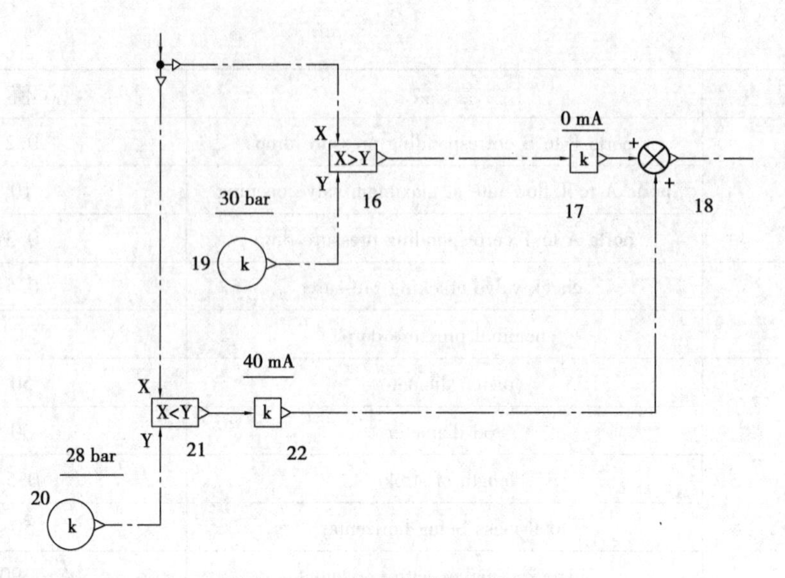

图 10.44 控制部分仿真草图

自此回路搭建完成,将仿真时间设定为 50 s。运行仿真。

选择液压缸 7,绘制活塞杆的位移曲线,如图 10.45 所示。可知,在液压缸下行碰触到工件前,运动速度较快,当触碰到工件后(位移超过 0.3 m),有一段时间积蓄压力,如图示的第一个台阶。然后继续加压下行,到位移大约为 0.35 m 处,停止前进,进行保压。

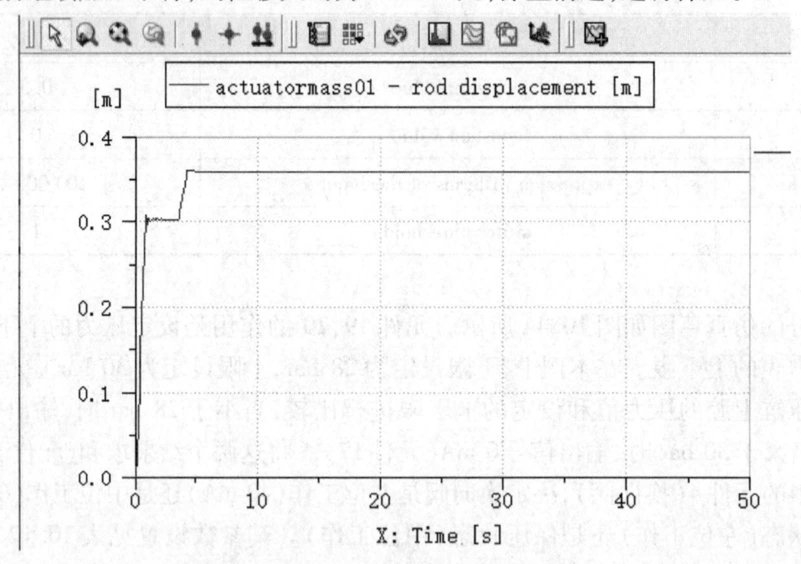

图 10.45 活塞杆位移曲线

液压缸端口 1 处的压力曲线如图 10.46 所示。

绘制元件 4 的输入信号(input signal),如图 10.47 所示。可知,最开始,换向阀的输入信号为 40 mA,液压缸快速下行,碰到工件后,压力上升,达到 28 bar(见图 10.46)后进入保压阶段(见图 10.47)。液压缸内部有泄漏,随着时间的延续,液压缸上腔压力有所下降,在 34 s,44 s 处,换向阀两次接通(见图 10.47),自动补充压力,进行保压。

由上述分析可知,本仿真完美地模拟了保压回路的自动工作过程。

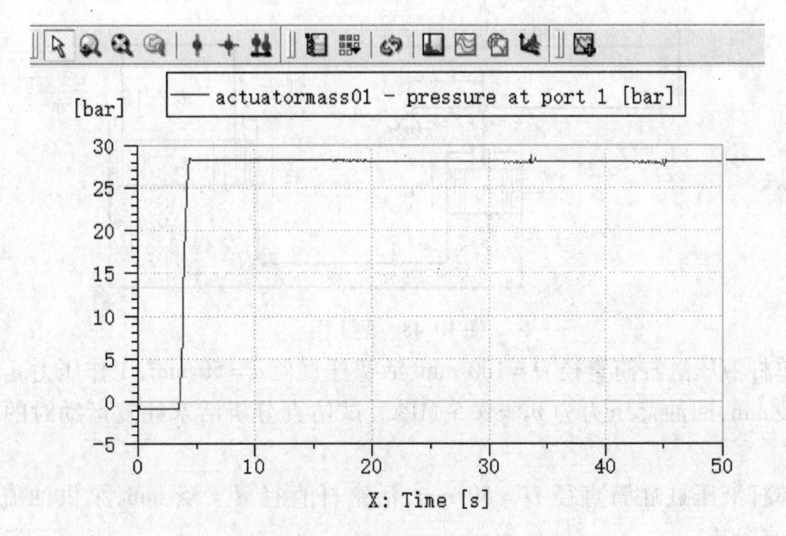

图 10.46　端口 1 的压力曲线

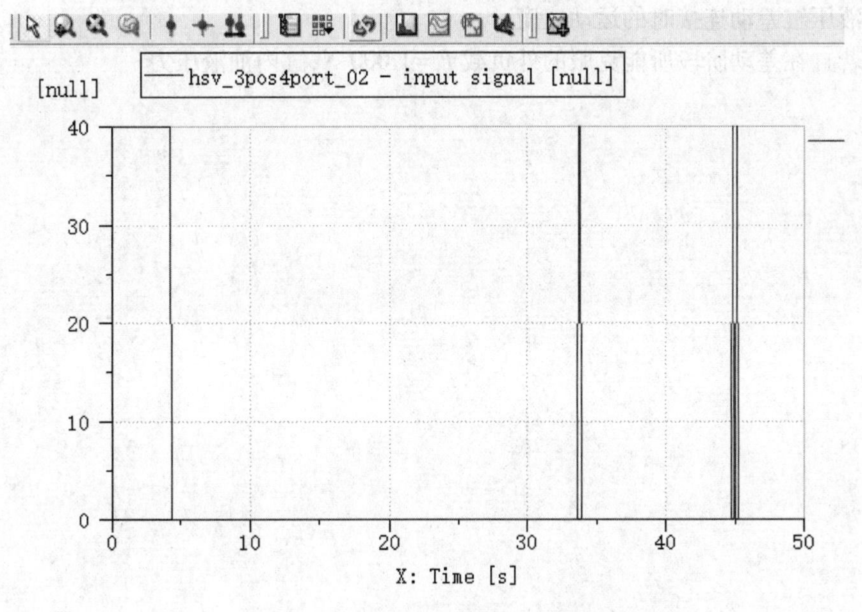

图 10.47　元件 4 的输入信号仿真结果

思考与练习

分析题

1. 在如图 10.48 所示的液压千斤顶中，人施加的力为 $T=3\ 000$ N，大小活塞的面积分别为 $A_2=5\times10^{-3}\ \text{m}^2$，$A_1=1\times10^{-3}\ \text{m}^2$，压力损失不计。请仿真分析：

(1)在小活塞上作用的力 F_1 以及产生的系统压力 p。

(2)如果重物 $G=200\ 000$ N，此时系统压力 p。

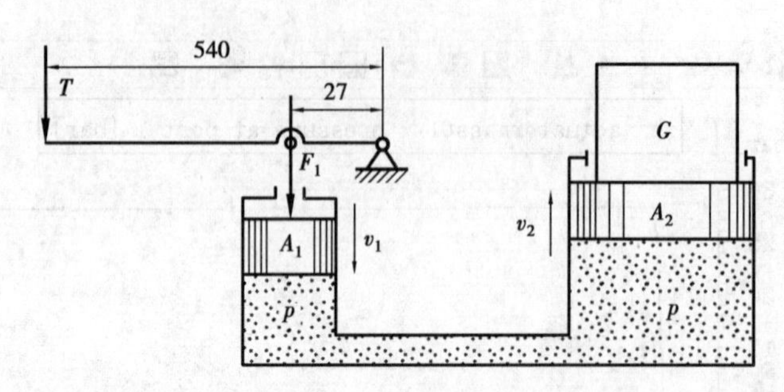

图 10.48　题 1 图

2. 已知单杆液压缸缸筒直径 $D=100$ mm，活塞杆直径 $d=50$ mm，工作压力 $p_1=2$ MPa，流量为 $q=10$ L/min，回油背压力为 $p_2=0.5$ MPa。试仿真分析活塞往复运动时的推力和运动速度。

3. 已知单杆液压缸缸筒直径 $D=50$ mm，活塞杆直径 $d=35$ mm，泵供油流量为 $q=10$ L/min。试仿真分析：

(1)液压缸差动连接时的运动速度；

(2)若缸在差动阶段所能克服的外负载 $F=1\ 000$ N，缸内油液压力。

第2篇 气压传动与控制

第11章 气压传动基础知识

气压传动是以压缩气体为工作介质,靠气体的压力传递动力或信息的流体传动。气动是气动技术或气压传动与控制的简称。气动技术是以空气压缩机为动力源,以压缩空气为工作介质,进行能量传递或信号传递的工程技术,是实现各种生产控制、自动控制的重要手段。气动技术广泛地应用于工业生产的各个领域,在工业企业自动化中具有非常重要的地位。

11.1 气压传动系统的工作原理

气压传动是利用空压机把电动机或其他原动机输出的机械能转换为空气的压力能,然后在控制元件的作用下,通过执行元件把压力能转换为直线运动或回转运动等其他形式的机械能,从而完成所需要的各种动作。由此可知,气压传动系统和液压传动系统工作原理类似。

气压传动系统如图 11.1 所示。其工作原理概括为以下 3 个部分:

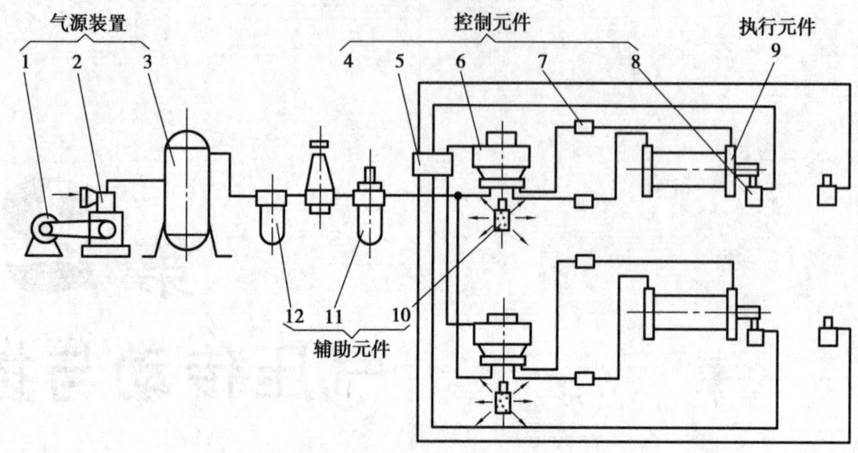

图 11.1 气压传动系统

1—电动机;2—空气压缩机;3—储气罐;4—压力控制阀;5—逻辑元件;6—方向控制阀;7—流量控制阀;8—机控阀;9—气缸;10—消声器;11—油雾器;12—空气过滤器

1)压缩空气的产生与净化

由电动机 1 带动空气压缩机 2 产生压缩空气,经冷却、油水分离后进入储气罐 3 备用。

2)净化空气的调节与控制

压缩空气从储气罐 3 引出,经空气过滤器 12 再次净化,然后经压力减压阀 4、油雾器 11、逻辑元件 5、方向换向阀 6 和流量控制阀 7 到达气缸 9。

3)执行元件完成工作机构要求动作

通过机控阀 8 控制完成油缸所需的动作。

此外,还要满足一些其他的要求,如使用消声器 10 消除噪声等。

11.2 气压传动系统的构成

完整的气压传动系统是由气源装置、执行元件、控制元件及辅助元件 4 个部分组成的,如图 11.1 所示。

1)气源装置

气源装置是压缩空气的发生装置。它将原动机(如电动机)输出的机械能转化为气体的压力能,并经净化设备净化,为系统提供洁净的压缩空气。气源装置的主体部分是空气压缩机(简称空压机),还配有储气罐、气源净化装置等附属设备。

2)执行元件

执行元件是系统的能量转换装置,如气缸和气马达。它们将压缩空气的压力能转换为机械能,并输出到工作机构上,以驱动工作部件。它的主要形式有:气缸输出直线往复式机械能;摆动气缸输出回转摆动式机械能;气马达输出旋转式机械能。对以真空压力为动力源的系统,则采用真空吸盘来完成吸吊作业。

3)控制元件

控制元件用来对压缩空气的压力、流量和流动方向进行调节和控制,使系统执行元件能按功能要求的程序和性能进行工作。根据功能不同,控制元件可分为压力控制阀、流量控制阀、方向控制阀及逻辑元件等。

4)辅助元件

除了上述3类元件外,其余元件为辅助元件。辅助元件包括用于净化空气、消除噪声、元件间的连接,以及信号转换、显示、放大、检测等所需的各种气动元件,如分水滤气器、油雾器、消声器、管件及管接头、转换器、显示器、放大器及传感器等。它们对保持气动系统可靠、稳定和持久运行起着十分重要的作用。

11.3　气压传动系统的特点

11.3.1　气压传动系统的优点

气压传动系统的优点如下:

①气压传动的工作介质是取之不尽的空气。用后的空气可排到大气中,排气处理简单,一般不会污染环境。

②空气的黏度低,管道阻力损失小,便于集中供气和远距离输送;利用空气的可压缩性可存储能量。

③气动系统对工作环境适应性好,可在 -40 ~ 50 ℃的温度范围、潮湿、多尘的环境下可靠工作;在易燃、易爆、强磁等恶劣工作环境工作时,安全可靠性优于液压、电子和电气系统;对冲击载荷和过载载荷有较强的适应能力。

④气压传动反应迅速,调节方便,运动速度可无级调节,可利用气压信号实现自动控制。气缸的推力在1.7 ~ 48 230 N,常规速度在50 ~ 500 mm/s。若与液压阻尼缸组合使用,气缸的最低速度可达0.5 mm/s。

⑤气动元件结构简单,可靠性高,维护方便,使用寿命长,易于标准化、系列化和通用化。

⑥气动技术可与其他学科技术(计算机、电子、通信、仿生、传感等)相结合,如工控机、气动伺服定位系统、现场总线、仿生气动肌腱以及模块化的气动机械手等。

11.3.2　气压传动系统的缺点

气压传动系统的缺点如下:

①空气的可压缩性大,气压传动系统的速度稳定性差,给系统的速度和位置控制精度带来很大的影响。

②气源中的杂质及水蒸气须作净化处理,空气的净化处理较为复杂。

③因空气黏度小,润滑性差,需配置单独的润滑装置。

④工作压力较低,输出力或转矩较小。

⑤气压传动系统的噪声大,尤其是排气时,需加消音器。

11.4 气压传动的应用

气压传动的应用历史非常悠久。早在公元前,埃及人就开始利用风箱产生压缩空气来助燃。后来,人们懂得用空气作为工作介质传递动力做功,从18世纪的产业革命开始,气压传动逐渐被应用于各类行业中,如矿山用的风钻、火车的刹车装置、汽车的自动开关门等。当今气动技术已发展成包括传动、控制与检测在内的现代自动化技术。

气压传动应用十分广泛,下面简要介绍生产技术领域应用气动技术的情况。

1)机械制造业

例如,机械加工生产线上工件的装夹及搬运,铸造生产线上的造型、合箱等;在通用机床和专用机床上,大量采用了气动控制系统;在汽车制造中,汽车自动化生产线、车体部件的加工、自动搬运与固定、组装、自动焊接等。

2)电子、电器、半导体制造行业

例如,保护膜处理、晶片的搬运、元器件的插装与锡焊、家用电器的组装等。

3)石油、化工业

例如,石油提炼加工、气体加工和化肥生产等用管道输送介质的自动化流程。

4)轻工食品包装业

例如,酒类、油类、食品的包装等各种半自动或全自动包装生产线。

5)机器人

例如,装配机器人、喷漆机器人、搬运机器人及焊接机器人等。

6)生命科学领域

例如,医疗检查、牙科治疗及灭菌设备、环境分析仪器及生物工程分析等。

7)其他

例如,车辆刹车装置、车门开闭装置、颗粒物质的筛选及鱼雷导弹自动控制装置等。

11.5 空气的性质

气压传动以压缩空气作为工作介质。了解空气的性质是学习气动技术的基础。

11.5.1 空气的组成

自然界中的空气是由若干种气体混合而成的。它的主要成分有氮气(N_2)、氧气(O_2)、氩气(Ar)及二氧化碳(CO_2)等。空气分为干空气和湿空气两种形态。完全不含水蒸气的空气,称为干空气;大气中的空气或多或少总含有水蒸气,由空气与水蒸气组成的混合气体,称为湿空气。

11.5.2 空气的基准状态和标准状态

气体的状态参数有温度、压力、密度(或比容)、热力学能、焓、熵。根据状态参数,规定了空气的两种状态。

1)基准状态

基准状态是指温度为0 ℃、压力为1.013×10^5 Pa的干空气的状态。在基准状态下,空气的密度$\rho_0=1.293$ kg/m³。

2)标准状态

标准状态是指温度为20 ℃、相对湿度为65%、压力为0.1 MPa的空气状态。在标准状态下,空气的密度$\rho=1.185$ kg/m³。

11.5.3　空气的密度

单位体积空气所具有的质量,称为空气的密度,以ρ表示,单位为kg/m³,即

$$\rho = \frac{m}{V} \tag{11.1}$$

式中　m——均质气体的质量,kg;

V——均质气体的体积,m³。

单位质量空气所占的体积,称为空气的比容,以ν表示,单位为m³/kg,即

$$\nu = \frac{V}{m} = \frac{1}{\rho} \tag{11.2}$$

空气的密度与温度、压力有关,干空气的密度计算公式为

$$\rho = \rho_0 \frac{273}{273+t} \times \frac{p}{0.101\ 3} \tag{11.3}$$

式中　ρ_0——基准状态下干空气密度,$\rho_0=1.293$ kg/m³;

p——绝对压力,MPa;

$273+t$——热力学温度,K,t为气体的摄氏温度。

11.5.4　空气的压力

压力是由于气体分子热运动而互相碰撞,在容器的单位面积上产生的力的统计平均值,以p表示,法定计量单位为Pa,较大的压力单位用kPa或MPa,即

$$1\ \text{Pa} = 1\ \text{N/m}^2$$

$$1\ \text{kPa} = 1\times10^3\ \text{Pa}$$

$$1\ \text{MPa} = 1\times10^6\ \text{Pa}$$

1)绝对压力

以绝对真空作为起点的压力值,称为绝对压力。

2)表压力

在当地大气环境下,由压力表测得的压力值称为表压力。它表示的是高出当地大气压的压力值,以p_a表示。在工程计算中,常将当地大气压力用标准大气压力代替,即令

$$p_a = 101\ 325\ \text{Pa}$$

为简化计算,常取$p_a=0.1$ MPa。

混合气体的压力为全压,各组成气体的压力为分压,混合气体的全压为各组成气体压力的总和。

11.5.5 空气的黏度

空气的黏度是空气质点相对运动时产生阻力的性质。空气黏度主要受温度变化的影响，随着温度的升高，空气的黏度增大。压力的变化对空气的黏度的影响很小，可忽略不计。

11.5.6 空气的压缩性

一定质量的静止气体，因压力改变而导致气体所占容积发生变化的现象，称为气体的压缩性。气体的体积受压力和温度变化的影响极大。空气的压缩性远大于液体的压缩性，故液体常被当作不可压缩流体，而气体为可压缩流体。气体易于压缩，有利于气体的储存。

11.5.7 湿空气

湿空气中含水量的多少对气动系统的工作稳定性有直接的影响。在一定的温度和压力条件下，湿空气能在气动系统的局部管道和气动元件中凝结成水滴，造成气动管道和气动元件腐蚀和生锈，导致气动系统工作失灵。因此，必须采取适当措施，减少压缩空气中所含的水分，并在各种气动元件中，明确规定压缩空气的含水量。

湿空气中所含水分的程度，可用湿度来表示。湿度分为绝对湿度和相对湿度两种。

1）绝对湿度

每立方米湿空气中所含水蒸气的质量，称为湿空气的绝对湿度，以 χ 表示，单位为 kg/m^3，即

$$\chi = \frac{m_s}{V} \tag{11.4}$$

式中 m_s——湿空气中水蒸气的质量，kg；

V——湿空气的体积，m^3。

若在一定湿度下，当空气中水蒸气的含量超过某一限度时，空气中就会有水滴析出，这表明湿空气中能容纳水蒸气的数量是有一定限度的，这种极限状态的湿空气称为饱和湿空气。此条件下的绝对湿度，称为饱和绝对湿度，以 χ_b 表示。

绝对湿度表明了湿空气中所含水蒸气的数量，但不能说明湿空气所具有的吸收水蒸气的能力大小。因此，引入相对湿度的概念来表示湿空气的吸湿能力以及它离饱和状态的程度。

2）相对湿度

相对湿度是指在相同的温度和压力条件下，绝对湿度 χ 与饱和绝对湿度 χ_b 的比值，即湿空气中水蒸气的分压力与同温度下饱和水蒸气的分压力之比。相对湿度用符号 φ 以百分值表示，即

$$\varphi = \frac{\chi}{\chi_b} \times 100\% = \frac{p_s}{p_b} \times 100\% \tag{11.5}$$

式中 χ——绝对湿度，kg/m^3；

χ_b——饱和绝对湿度，kg/m^3；

p_s——水蒸气的分压力，Pa；

p_b——饱和水蒸气的分压力，Pa。

湿空气的 φ 值在 0 ~ 100% 变化。

干空气:$\varphi=0$;

饱和湿空气:$\varphi=100\%$。

φ 值越大,表示湿空气吸收水蒸气的能力越弱,离水蒸气达到饱和而析出的极限越近。因此,在气压传动系统中,降低进入气动设备的空气湿度是十分有利的,φ 值越小越好。气动技术规定压缩空气的相对湿度 φ 不得超过90%。

当湿空气的温度和压力发生变化时,其中的水分可能由气态变为液态或由液态变为气态,气动系统中应考虑湿空气中水分物相变化的影响。未饱和湿空气,保持水蒸气分压力不变而降低温度,相对湿度将增加。当达到饱和状态时的温度,称为露点。到温度降到露点以后,水蒸气就要凝析出来。因此,降低空气温度可减少湿空气中的水分。

11.6　气体的状态变化

11.6.1　理想气体的状态方程

不计黏性的气体,称为理想气体。气压传动系统中的空气可视为理想气体。一定质量的理想气体在状态变化的瞬间,有气体状态方程成立,即

$$\frac{pV}{T}=常量 \tag{11.6}$$

式中　p——气体的绝对压力,Pa;

V——气体的体积,m^3;

T——气体的热力学温度,K。

11.6.2　气体状态变化过程

1)等温过程

一定质量的气体,在状态变化过程中温度保持不变,这种过程称为等温过程,即

$$p_1V_1=p_2V_2=常量 \tag{11.7}$$

在等温过程中,无内能变化,气体和外界所交换的热量全部用于气体对外做功或外界对气体做功。在气动系统中,气缸工作、管道输送空气等均可视为等温过程。

2)绝热过程

一定质量的气体,与外界没有热量交换时的状态变化过程,称为绝热过程,即

$$p_1V_1^{\kappa}=p_2V_2^{\kappa}=常量 \tag{11.8}$$

式中　κ——等熵指数,$\kappa=1.4$。

气动系统中快速充、排气过程可视为绝热过程。

3)等容过程

一定质量的气体,在状态变化过程中体积保持不变,这种过程称为等容过程,即

$$\frac{p_1}{T_1}=\frac{p_2}{T_2}=常量 \tag{11.9}$$

在等容过程中,气体对外不做功,气体与外界的热交换用于增加(减少)气体的热力学能。

4)等压过程

一定质量的气体,在状态变化过程中压力保持不变,这种过程称为等压过程,即

$$\frac{V_1}{T_1} = \frac{V_2}{T_2} = 常量 \tag{11.10}$$

5)多变过程

在实际问题中,气体的变化过程不能简单归属为上述4个过程中的任何一个。不加任何条件限制的过程,称为多变过程,可表示为

$$p_1 V_1^n = p_2 V_2^n = 常量 \tag{11.11}$$

式中 n——多变指数,n 在 0~1.4 变化。

在某一多变过程中,n 保持不变;对不同的多变过程,n 值不同。

11.7 气体的流动规律

11.7.1 气体流动基本方程

1)连续性方程

气体在管道内作定常流动时,根据质量守恒定律,通过管道任意截面的气体质量流量都相等,则

$$\rho_1 v_1 A_1 = \rho_2 v_2 A_2 \tag{11.12}$$

式中 ρ_1,ρ_2——截面1和截面2处气体的密度,kg/m³;

v_1,v_2——截面1和截面2处气体的流动速度,m/s;

A_1,A_2——截面1和截面2的管道截面积,m²。

2)伯努利方程

根据能量守恒定律,在流管的任意截面上,推导出的伯努利方程为

$$\frac{v^2}{2} + gz + \int \frac{\mathrm{d}p}{\mathrm{d}\rho} + gh_w = 常量 \tag{11.13}$$

式中 v——气体的流速,m/s;

g——重力加速度,m/s²;

z——位置高度,m;

p——气体的压力,Pa;

ρ——气体的密度,kg/m³;

h_w——摩擦阻力损失,m。

因气体可以压缩($\rho \neq$ 常数),又因气体流动很快,来不及与周围环境进行热交换。按绝热状态计算,则

$$\frac{v^2}{2} + gz + \frac{k}{k-1}\frac{p}{\rho} + gh_w = 常量 \tag{11.14}$$

因气体的黏度很小,忽略摩擦阻力和位置高度,则

$$\frac{v^2}{2} + \frac{k}{k-1}\frac{p}{\rho} = 常量 \tag{11.15}$$

在低速流动时,气体可认为是不可压缩的(ρ = 常数),则

$$\frac{v^2}{2}+\frac{p}{\rho}=\text{常量} \tag{11.16}$$

11.7.2　声速与马赫数

声音引起的波,称为"声波"。声波在介质中的传播速度,称为声速,以 c 来表示,单位为 m/s。声音传播速度很快,在传播过程中来不及和周围的介质进行热交换,属绝热过程。对于理想气体来说,声音在其中传播的相对速度只与气体的温度有关。当介质温度升高时,声速增加。气体的声速是随气体状态参数的变化而变化的。

气流速度 v 与当地声速 c 之比,称为马赫数,以 Ma 表示,则

$$Ma=\frac{v}{c} \tag{11.17}$$

马赫数 Ma 是气体流动的一个重要参数。它集中反映了气流的压缩性。Ma 越大,气流密度变化越大。

当 $Ma<1$ 时,$v<c$,为亚声速流动;

当 $Ma=1$ 时,$v=c$,为声速流动,也称临界状态流动;

当 $Ma>1$ 时,$v>c$,为超声速流动。

11.7.3　气体在管道中的流动特性

气体在管道中的流动特性随流动状态的不同而不同。

1)在亚声速流动时($Ma<1$)

气体的流动特性和不可压缩流体的流动特性相同。如图11.2所示,当管道截面缩小时,气流速度加大;当管道截面扩大时,气流速度减小。因此,在亚声速流动时,要使气流流动加速,应把管道设计为收缩管。

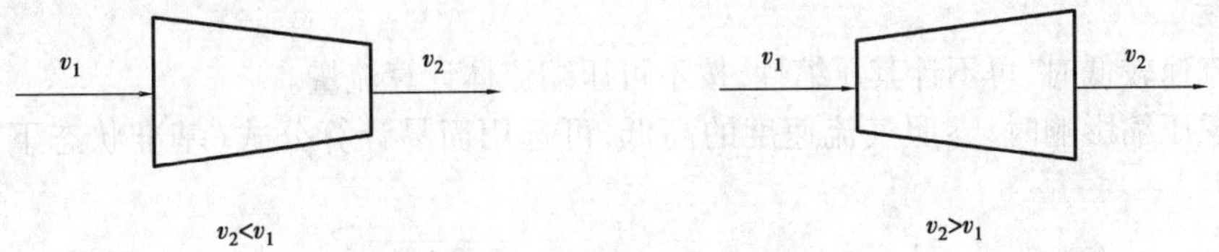

图11.2　$Ma<1$ 的流动状况

2)在超声速流动时($Ma>1$)

气体的流动特性和不可压缩流体的流动特性不同。当管道截面缩小时,气流速度减小;当管道截面扩大时,气流速度增加。因此,在超声速流动时,要使气流流动加速,应把管道设计为扩散管,如图11.3所示。

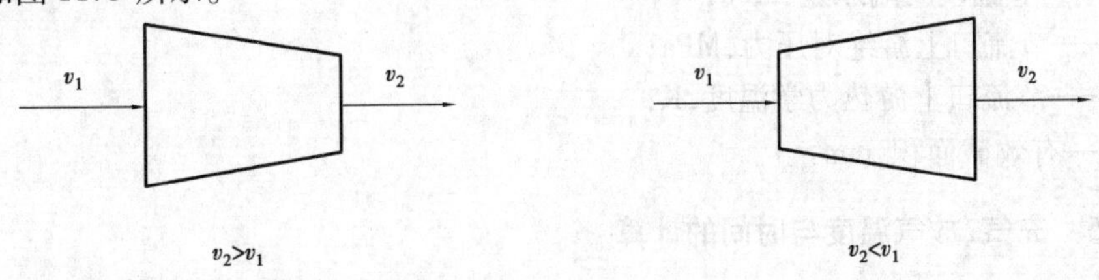

图11.3　$Ma>1$ 的流动状况

当 $v \leqslant 50$ m/s 时,不必考虑压缩性。

当 $v \approx 140$ m/s 时,应考虑压缩性。

在气动装置中,气体流动速度较低,且已经经过压缩,可认为不可压缩流体流动。但需要区别的是,自由气体经空压机压缩的过程中,气体是可压缩的。

11.7.4 气动元件的流通能力

气动元件的通流能力是指单位时间内通过阀、管路等的气体质量。目前,通流能力可采用有效截面积和流量表示。

1)有效截面积

由于实际流体存在黏性,因此,流速的收缩比节流孔实际面积小。此最小截面积称为有效截面积,以 S 表示,单位为 mm^2。它代表了节流孔的通流能力。

有效截面积的简化计算如下:

(1)阀口或管路的有效截面积

阀口或管路的有效截面积为

$$S = \alpha A_0 \tag{11.18}$$

式中 α——收缩系数;

A_0——孔口实际面积,mm^2。

(2)多个气动元件组合后有效截面积的计算

并联元件

$$S_R = S_1 + S_2 + \cdots + S_n = \sum_{i=1}^{n} S_i \tag{11.19}$$

串联元件

$$\frac{1}{S_R^2} = \frac{1}{S_1^2} + \frac{1}{S_2^2} + \cdots + \frac{1}{S_n^2} = \sum_{i=1}^{n} \frac{1}{S_i^2} \tag{11.20}$$

2)流量

气体流速较低时,可不计其压缩性,按不可压缩流体计算流量。

需考虑压缩影响时,参照气流速度的高低,可选用简易计算公式(基准状态下的体积流量),即

$$M_a < 1: q = 234S\sqrt{\frac{273\Delta p p_1}{T_1}} \tag{11.21}$$

$$M_a > 1: q = 113Sp_1\sqrt{\frac{273}{T_1}} \tag{11.22}$$

式中 q——自由空气流量,l/min;

Δp——节流口两端压差,MPa;

p_1——节流口上游绝对压力,MPa;

T_1——节流口上游热力学温度,K;

S——有效截面积,mm^2。

11.7.5 充气、放气温度与时间的计算

在气动系统中,向气罐、气缸、管路及其他执行元件充气,或由它们向外排气所需的时间及

温度变化是正确利用气动技术的重要问题。

1)容器充气问题

(1)充气时引起的温度变化

向容器充气的过程视为绝热过程,容器内压力由 p_1 升高到 p_2,容器内温度也由室温 T_1 升高到 T_2,充气后的温度为

$$T_2 = \frac{kT_s}{1 + \frac{p_1}{p_2}\left(k\frac{T_s}{T_1} - 1\right)} \tag{11.23}$$

式中　T_s——气源的热力学温度,K;

k——绝热系数。

设定 $T_s = T_1$,则

$$T_2 = \frac{kT_1}{1 + \frac{p_1}{p_2}(k - 1)} \tag{11.24}$$

容器内温度下降至室温,其内的气体压力也要下降,下降后的稳定值为

$$p = p_2\frac{T_1}{T_2} \tag{11.25}$$

(2)充气时间

充气时,容器中的压力逐渐上升,充气过程基本上分为声速和亚声速两个充气阶段。当容器中气体压力小于临界压力,在最小截面处气流的速度都是声速,流向容器的气体流量保持为常数。容器中压力达到临界压力后,管中气流的速度小于声速,流动进入亚声速范围,随着容器中压力的上升,充气流量将逐渐降低。

容器内压力由 p_1 充气到 p_2 所需总时间 t 为

$$\begin{cases} t = t_1 + t_2 = \left(1.285 - \frac{p_1}{p_s}\right)\tau \\ \tau = 5.217 \times 10^{-3} \times \frac{V}{kS}\sqrt{\frac{273}{T_s}} \end{cases} \tag{11.26}$$

式中　p_s——气源的绝对压力,Pa;

τ——充气时间常数,s;

V——容器的容积,m^3;

S——管道的有效截面积,m^2。

2)容器的放气

(1)绝热放气时容器中的温度变化

容器内空气的初始温度为 T_1,压力为 p_1,经绝热放气后温度降低到 T_2,压力降低到 p_2,则放气后温度为

$$T_2 = T_1\left(\frac{p_2}{p_1}\right)^{\frac{k-1}{k}} \tag{11.27}$$

容器停止放气,容器内温度上升到室温,其内的压力也上升至 p,则

$$p = p_2 \frac{T_1}{T_2} = p_2 \left(\frac{p_2}{p_1}\right)^{\frac{k-1}{k}} \tag{11.28}$$

(2)放气时间

与充气过程一样,放气过程也分为声速和亚声速两个阶段。容器由压力 p_1 降到大气压力 p_a 所需绝热放气时间为

$$\begin{cases} t = t_1 + t_2 = \left\{\dfrac{2k}{k-1}\left[\left(\dfrac{p_1}{p_e}\right)^{\frac{k-1}{2k}} - 1\right] + 0.945\left(\dfrac{p_1}{p_a}\right)^{\frac{k-1}{2k}}\right\}\tau \\ \tau = 5.217 \times 10^{-3} \times \dfrac{V}{kS}\sqrt{\dfrac{273}{T_s}} \end{cases} \tag{11.29}$$

式中　p_e——放气临界压力,Pa。

思考与练习

简答题

1. 简述气压传动的特点。
2. 简述气压传动的工作原理和构成。
3. 什么是湿空气?什么是露点?
4. 什么叫空气的相对湿度?对于气压传动系统来说,多大的相对湿度合适?
5. 什么是理想气体?说明理想气体状态方程的物理意义。
6. 什么是气体的等温变化过程?气动系统中哪些工作过程可视为等温过程?
7. 什么是气体的绝热过程?气动系统中哪些过程可视为绝热过程?

第12章 气源装置和气动元件

气源装置是向气动系统提供经过降温、除尘、除油、过滤等一系列处理后的压缩空气。其主体部分是空气压缩机。在气压系统中，通常在空气压缩机出口管路上安装气压辅助元件，如过滤器、冷却器、干燥器、油水分离器、油雾器、转换器、消声器、管道和管接头等。本章介绍气源装置和气动元件。

12.1　气源装置

气源装置是向气压系统提供干燥、清洁的压缩空气。其结构如图12.1所示。气源装置通常由以下3个部分组成：

①气压发生装置。最常见的是空气压缩机。

②净化压缩空气的设备和装置，如过滤器、油水分离器、干燥器等。

③管道系统。

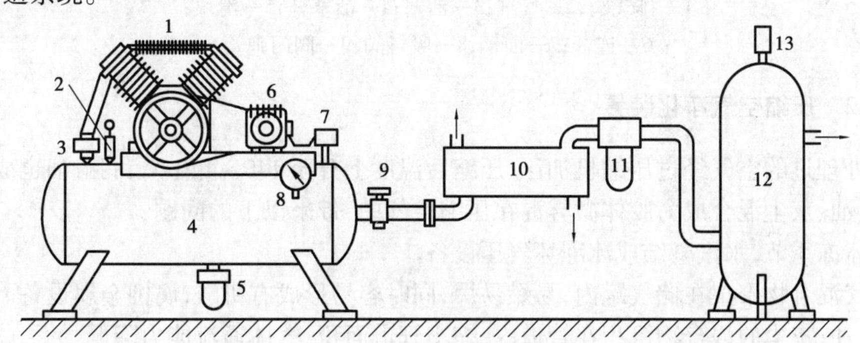

图12.1　气源装置的组成

1—空气压缩机；2,13—安全阀；3—单向阀；4—小气罐；5—排水器；
6—电动机；7—压力开关；8—压力表；9—截止阀；
10—后冷却器；11—油水分离器；12—储气罐

12.1.1　气压发生装置

气压发生装置将机械能转换为气体压力能。空气压缩机是最常见的一种气压发生装置。

1)空气压缩机的类型

空气压缩机可按工作原理、结构形式和性能参数进行分类。按工作原理,可分为容积型空气压缩机和速度型空气压缩机两大类。按输出性能,可分为压力型和流量型两大类。其中,压力型分为鼓风机、低压空气压缩机、中压空气压缩机、高压空气压缩机及超高压空气压缩机5种类型;流量型则分为微型、小型、中型及大型4种类型。按润滑方式,可分为润滑型空气压缩机和无润滑型空气压缩机两大类。

2)空气压缩机的运行原理

如图12.2所示为活塞式空气压缩机的工作原理。原动机带动活塞3往复运动,当活塞向右运动时,缸内密封容积由小变大,形成局部真空,大气压力打开吸气阀8,空气进入气缸中,此过程称为吸气过程。当活塞向左运动时,缸内密封容积由大变小,吸气阀8关闭,空气受到压缩而使压力升高,此过程为压缩过程。当压力达到负载时,排气阀1打开,气体被排出,并经排气管输送到储气罐中,此过程为排气过程。活塞式空气压缩机具有结构简单,寿命长,易维修,活塞的密封性能好,以及容易实现大容量和高压输出等优点;其缺点是噪声大,振动大,输出压力脉动大,需设置储气罐。

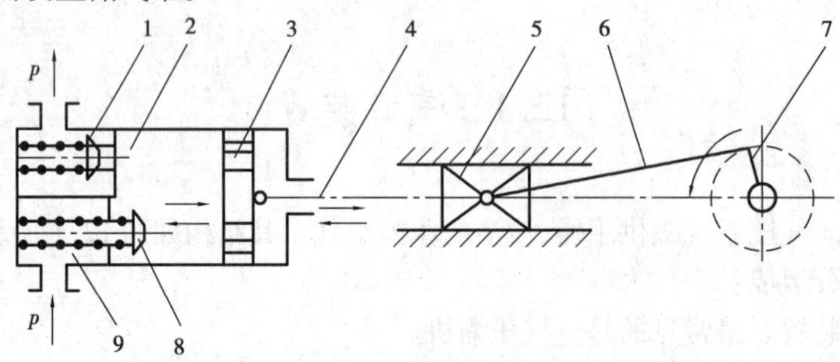

图12.2　活塞式空气压缩机的工作原理

1—排气阀;2—气缸;3—活塞;4—活塞杆;5—滑块;
6—连杆;7—曲柄;8—吸气阀;9—阀门弹簧

12.1.2　压缩空气净化装置

没有处理过的空气经过压缩机加压、压缩后温度上升至140～170 ℃,润滑油也成为气态,容易使水、油、灰尘混合成为胶体微雾混在压缩空气中,带来以下的问题:

①在冰冻季节,水汽凝结成冰冻坏气压设备。

②油气混合物聚集在储气罐内,易燃易爆,同时容易形成有机酸,腐蚀金属设备。

③水、油、灰尘的混合物沉积在管道内,缩小管道面积,气体通流能力降低。

④杂质加快气压元件的磨损,缩短元件使用寿命。

因此,必须设置一些能除水、除油、除尘并使压缩空气干燥的气源净化处理辅助设备,提高压缩空气的质量。

气体净化设备通常包括油水分离器、后冷却器、储气罐及空气干燥器等。

1)油水分离器

油水分离器的作用是将析出的水滴、油滴等杂质从压缩空气中分离出来。其结构形式有撞击折回式、环行回转式和离心旋转式等。

如图 12.3 所示为撞击折回式油水分离器。压缩空气自右端入口进入分离器壳体,气流受隔板的阻挡受到碰撞而沉降于壳体的底部,气流回转后再升高,依靠急剧转折时的离心力析出水滴或油滴,由下端排污阀定期排出。

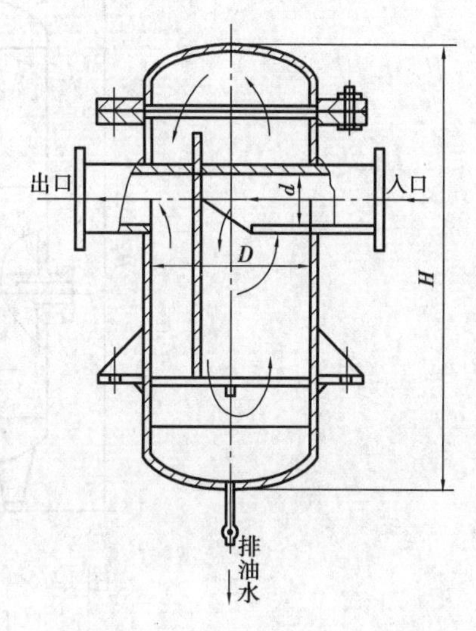

图 12.3　撞击折回式油水分离器

2)后冷却器

后冷却器的作用是将压缩空气的温度由 70 ~ 120 ℃降至 40 ~ 50 ℃,使大部分水蒸气、油雾转化成液态,方便排出,通常安装在空气压缩机的出口管路上。一般采用水冷却法,为了提高散热效果,采取的结构形式有蛇管式、列管式、散热片式及套管式等。如图 12.4(a)所示为蛇管式后冷却器的结构示意图和图形符号;如图 12.4(b)所示为列管式冷却器。

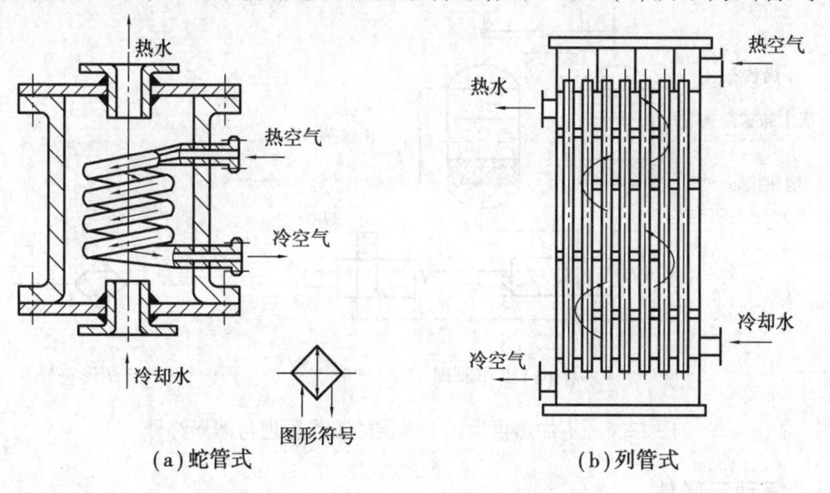

图 12.4　后冷却器

3)储气罐

储气罐的作用是分离空气中的水分和油分;存储高压气体,吸收压力冲击和减缓压力波动,可保证供气的连续和稳定。如图 12.5 所示为立式储气罐的结构与图形符号。

4)空气干燥器

干燥空气的方法主要有吸附法和冷冻法两种。吸附法是利用吸附剂(如硅胶、铝胶或分子筛等)吸附压缩空气中的水分,从而干燥空气;冷冻法是利用制冷设备使压缩空气降温到露点温度,析出所含的多余水分。吸附剂在吸附水分后逐渐达到饱和状态,吸附剂失去吸湿能力,此时需要去除吸附剂中的水分,重新恢复吸附剂吸附水分的能力,这就是吸附剂的再生。如图 12.6 所示为一种不加热再生式干燥器的工作原理与图形符号。

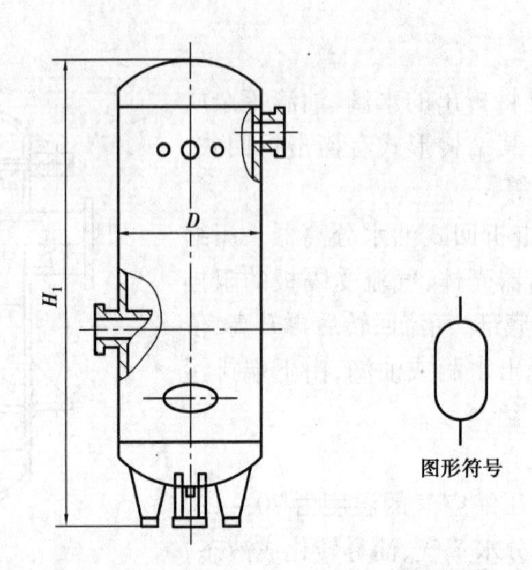

图 12.5 立式储气罐的结构与图形符号

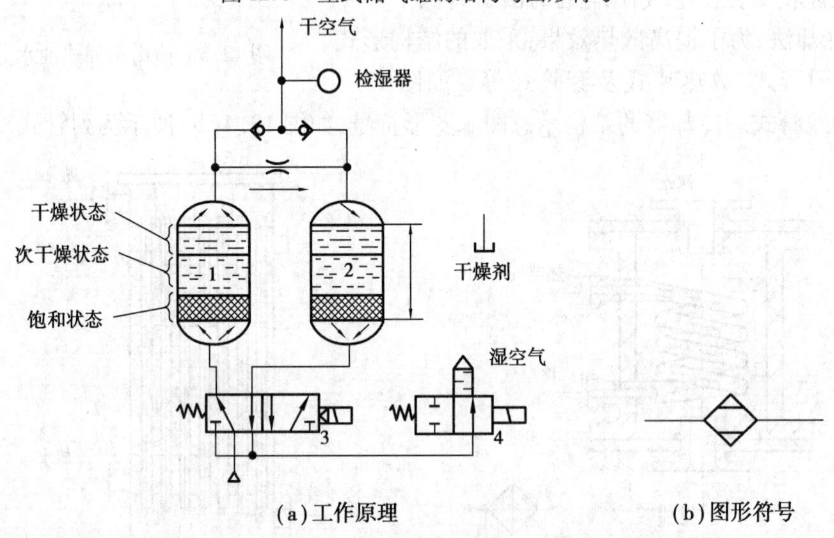

图 12.6 不加热再生式干燥器的工作原理与图形符号

12.1.3 气动三联件

在气压传动与控制技术中,气动三联件是指空气过滤器、减压阀和油雾器,如图 12.7 所示。气动三联件是气动系统中必不可少的辅助装置。

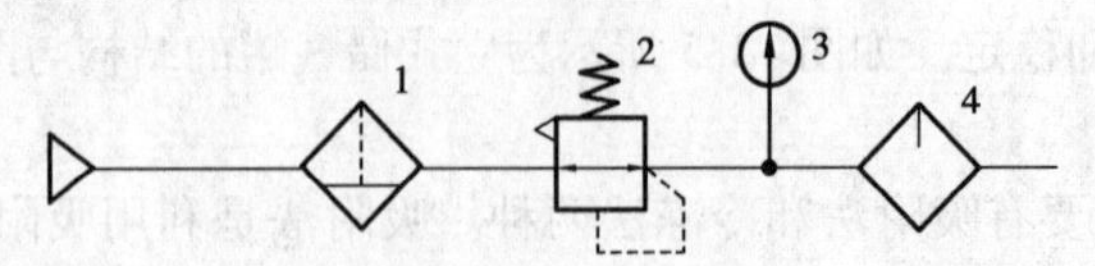

图 12.7 气动三联件

1—空气过滤器;2—减压阀;3—压力表;4—油雾器

1)空气过滤器

空气过滤器的主要作用是分离水分,过滤杂质。其滤灰效率为 70% ~99% 。

如图 12.8 所示为空气过滤器的结构及其图形符号。从输入口输入的压缩空气由旋风叶子 1 导向,沿杯壁产生强烈的旋转,空气中夹杂的较大的水滴、油滴等在离心力的作用下从空气中分离出来,流到杯底。滤芯 2 的作用过滤掉气流中的灰尘及部分雾状水分。挡水板 4 的功能是防止气流的旋涡卷起存水杯中的积水,底部排水阀 5 可定期排放积水。

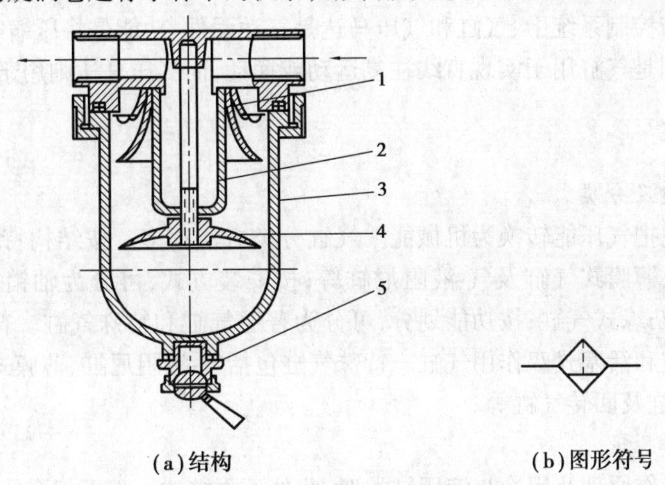

图 12.8　空气过滤器的结构与图形符号

1—旋风叶子;2—滤芯;3—存水杯;4—挡水板;5—排水阀

2)油雾器

油雾器是一种特殊的注油装置。其功能是把润滑油雾化后,随压缩空气一起进入需要润滑的部件,达到润滑气动部件的目的。如图 12.9 所示为普通油雾器的结构。

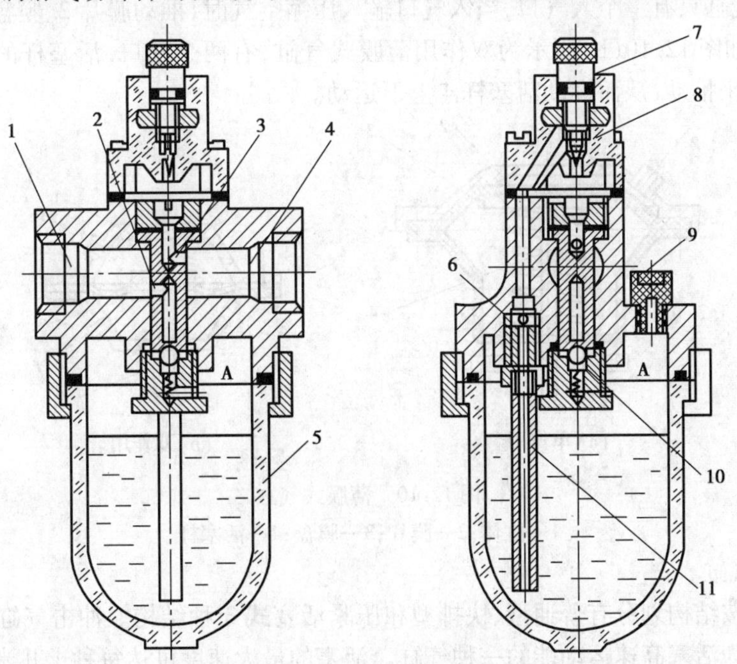

图 12.9　普通油雾器的结构

1—气流入口;2,3—小孔,4—出口;5—储油杯;6—单向阀;7—节流阀;

8—视油器;9—旋塞;10—截止阀;11—吸油管

12.2 气动元件

在气压传动与控制系统中,气缸和气压马达是气动元件,功能是将压缩空气的压力能转换为机械能。其差别是气缸用于实现直线往复运动或摆动,而气压马达则用于实现旋转运动。

12.2.1 气缸

1)气缸的用途及分类

气缸用于实现把气压能转换为机械能。气缸分类方法很多。按结构特点,可分为活塞式气缸、叶片式气缸、薄膜式气缸及气-液阻尼缸等;按安装方式,可分为轴销式气缸、法兰式气缸、耳座式气缸及凸缘式气缸;按功能划分,可分为普通气缸和特殊气缸。普通气缸主要是指活塞式单作用气缸和活塞式双作用气缸。特殊气缸包括气-液阻尼缸、薄膜式气缸、冲击气缸、增压气缸、步进气缸及回转气缸等。

2)气缸的工作原理

普通气缸的工作原理及用途与液压缸类似,此处不再赘述。下面仅介绍3种特殊气缸,即薄膜式气缸、冲击气缸和气-液阻尼缸。

(1)薄膜式气缸

薄膜式气缸具有结构紧凑而简单、成本低、维修方便、寿命长、泄漏少、效率高等优点。但其行程短。薄膜式气缸是以薄膜取代活塞而工作的一种气缸,如图12.10(a)所示为单作用薄膜式气缸,此气缸只有一个入气口,当入气口输入压缩空气时,推动膜片2、膜盘3以及活塞杆4向下运动。如图12.10(b)所示为双作用薄膜式气缸,有两个气口,活塞杆的上下运动都可依靠压缩空气来推动,从而推动活塞杆4上下运动。

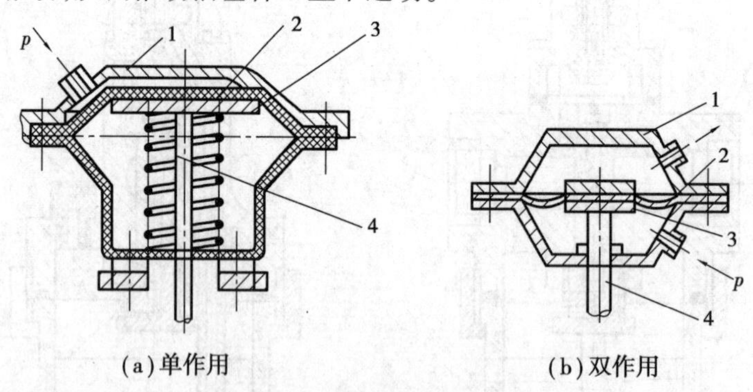

图12.10 薄膜式气缸

1—缸体;2—膜片;3—膜盘;4—活塞杆

(2)冲击气缸

冲击气缸按结构划分有普通型、快排型和压紧活塞式3种结构。冲击气缸是将压缩空气的压力能转化为活塞高速运动能的一种气缸。活塞的最大速度可达每秒十几米,用于下料、冲孔、弯曲成型、铆接、破碎及模锻等作业中。冲击气缸具有结构简单、体积小、成本低廉、可靠性高等优点。如图12.11所示为普通型冲击气缸的结构图。

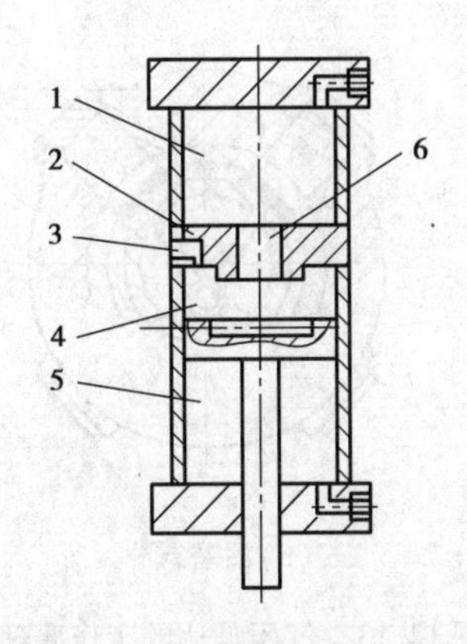

图12.11　普通型冲击气缸

1—蓄能腔;2—中盖;3—喷嘴口;4—活塞腔;5—活塞杆腔;6—泄气口

(3)气-液阻尼缸

气-液阻尼缸由液压缸和气缸组合而成。压缩空气为动力源。与普通气缸相比,它传动非常平稳,定位精度高,运动噪声小;与液压缸相比,它不需要液压泵,经济性好,故得到了广泛应用。如图12.12所示为气-液阻尼缸的工作原理。

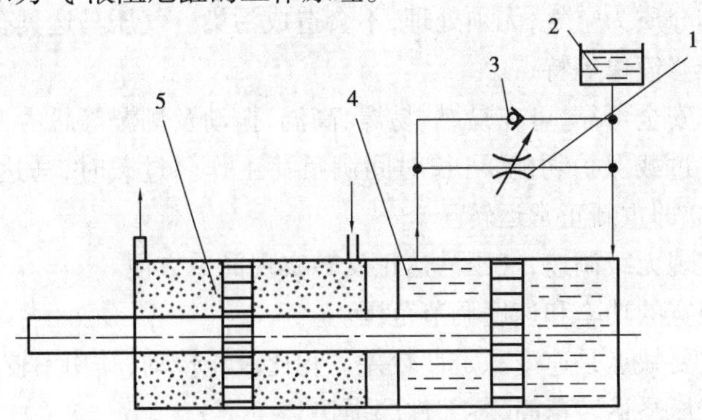

图12.12　气-液阻尼缸的工作原理

1—节流阀;2—补给油箱;3—单向阀;4—液压缸;5—气缸

12.2.2　气压马达

气压马达把压力能转换成旋转运动的机械能。其功能相当于电动机或液压马达。

1)气压马达的分类和工作原理

最常用的气压马达按结构,可分为薄膜式气压马达、活塞式气压马达和叶片式气压马达3种。

(1)薄膜式气压马达

薄膜式气压马达的工作原理如图12.13(a)所示。它就是一个薄膜式气缸,当活塞杆作往复运动时,通过推杆端部的棘爪使棘轮作间歇性转动。

(2)活塞式气压马达

活塞式气压马达的工作原理如图12.13(b)所示。压缩空气经进气口进入配气阀后再进入气缸,推动活塞及连杆组件运动,推动曲轴旋转。

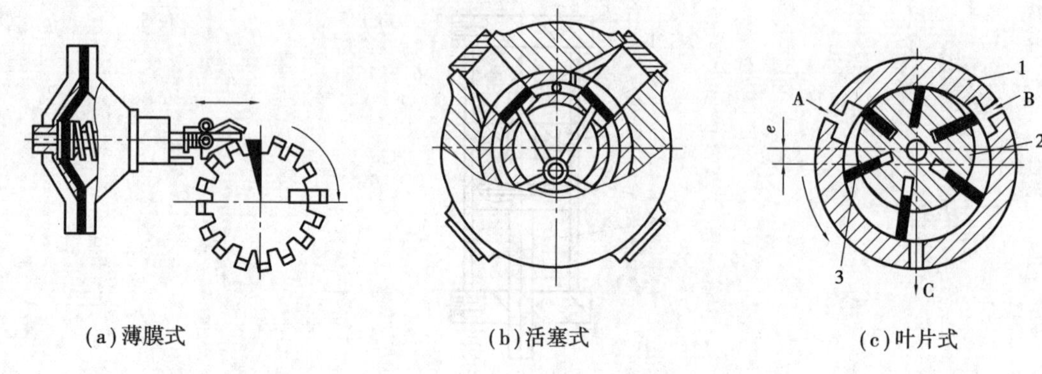

(a)薄膜式　　(b)活塞式　　(c)叶片式

图 12.13　气压马达的工作原理

1—定子;2—转子;3—叶片

(3)叶片式气压马达

叶片式气压马达由定子 1、转子 2 和叶片 3 等构成。叶片式气压马达的工作原理如图 12.13(c)所示。

2)气压马达的特点

气压马达的工作介质为空气,无须处理,不会造成污染。气压马达具有结构简单、体积小、质量小、操纵方便、维修简单等特点。

①气压马达工作安全可靠,可在易燃、易爆、高温、振动及潮湿等恶劣工况下工作。

②气压马达具有过载保护功能,可长时间满负荷工作。过载时,马达只是降低速度或停车。在过载解除后,立即重新正常运转。

③气压马达可实现无级调速,气压马达正反转实现简单方便。

④气压马达有很宽的功率和速度调节范围。

⑤气压马达的主要缺点是速度稳定性较差。相比液压传动,其功率较小,噪声大。

⑥叶片式高速气压马达转速高,零部件磨损快。

12.3　气动控制元件

在气压传动与控制系统中,气动控制元件的作用是调节压缩空气的压力、流量、方向,以及发送相应的信号,以保证气动系统得到合适的相关控制参数。气动控制元件一般按功能,可分为方向控制阀、压力控制阀和流量控制阀等。

12.3.1　方向控制阀

在气压传动与控制系统中,控制改变执行元件运动方向的元件,称为方向控制阀。其作用是改变压缩空气的流动方向和控制气流的通断。常见的类型有单向型方向阀和换向型方向阀两大类。单向型方向阀有单向阀、梭阀、双压阀及快速排气阀 4 种类型。

1)单向型方向阀

(1)单向阀

单向阀是指气流只能朝一个方向流动而不能逆向流动的阀,且压降较低。气压单向阀的结构、工作原理和图形符号与液压传动中的单向阀基本相同,如图 12.14 所示。

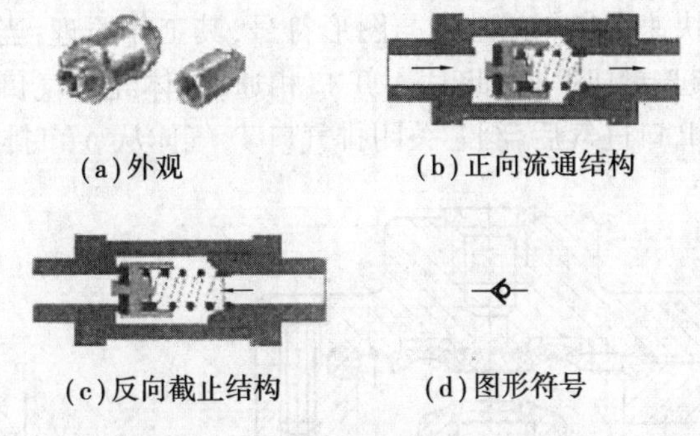

图 12.14　单向阀的结构与图形符号

(2)梭阀

梭阀相当于由两个单向阀组合而成。如图 12.15 所示为梭阀的结构与图形符号。P_1,P_2 是梭阀的两个进气口,A 口为工作口。当 P_1 进高压气体时,阀芯 2 右移,封住 P_2 口,使 P_1 与 A 相通。同理,当 P_2 进气时,阀芯 2 左移,封住 P_1 口,使 P_2 与 A 相通。

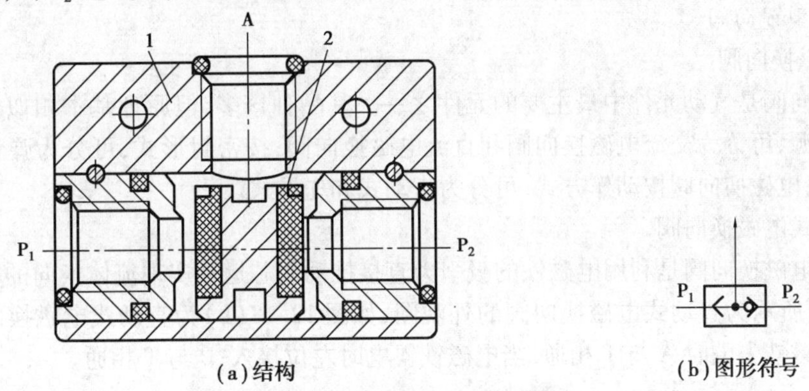

图 12.15　梭阀的结构与图形符号

1—阀体;2—阀芯

(3)双压阀

如图 12.16 所示为双压阀的结构与图形符号。双压阀也称"与门"梭阀。该阀有 3 个端口,两个输入口 P_1,P_2 和一个输出口 A。当只有一个输入口有气体输入,则输出口 A 没有有压信号输出。只有当 P_1 和 P_2 两个输入口都有气信号时,输出口 A 才有气信号输出。

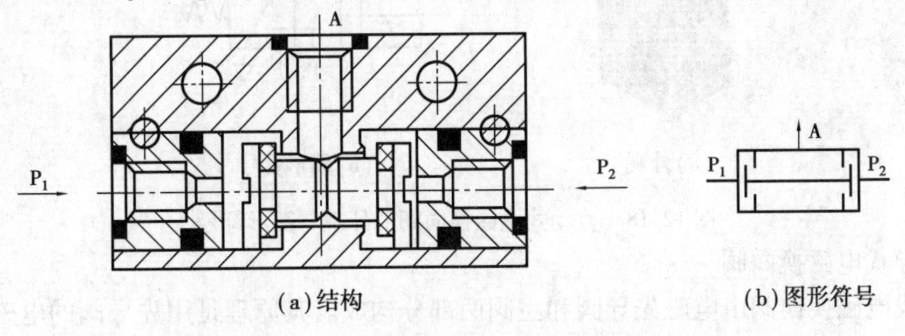

图 12.16　双压阀的结构与图形符号

(4)快速排气阀

如图 12.17 所示为快速排气阀的结构与图形符号,其工作原理:当 P 口无气输入时,A 口的气体的压力使阀芯顶起,封住 P 口,此时 A、T 口相通,气体经排气口 T 快速排出,由于流通面积大,排气阻力小;在 P 口进气后,阀芯关闭排气口 T,气体从 A 口排出。

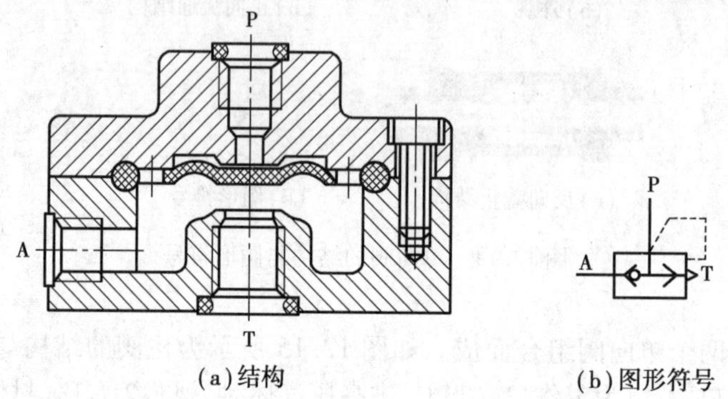

(a)结构　　(b)图形符号

图 12.17　快速排气阀的结构与图形符号

2)换向型方向阀

(1)电磁换向阀

电磁换向阀是气动元件中最主要的元件之一。其品种繁多,但原理基本相似。电磁换向阀按所用电源,可分为交流电磁换向阀和直流电磁换向阀;按密封形式,可分为弹性密封和间隙密封两种;电磁换向阀按动作方式,可分为直动式和先导式。

①直动式电磁换向阀

直动式电磁换向阀是利用电磁铁的吸引力直接推动阀芯运动实现流体换向的一种阀。如图 12.18(a)所示为直动式电磁换向阀的外观图,如图 12.18(b)为直动式电磁换向阀的图形符号。当电磁铁失电时 A 与 T 相通,当电磁铁得电时左位接入,P 与 T 相通。

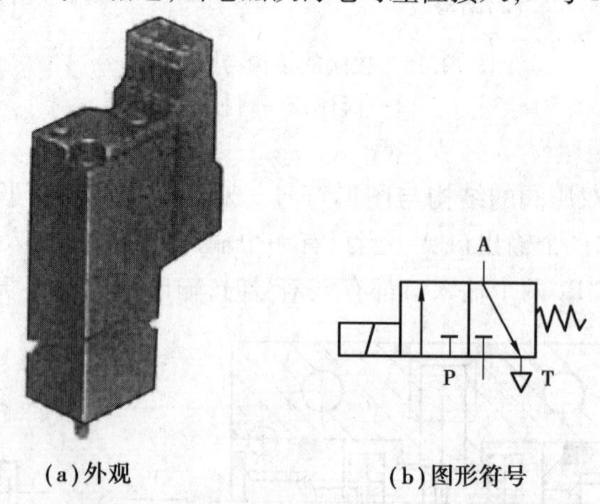

(a)外观　　(b)图形符号

图 12.18　直动式电磁换向阀的外观与图形符号

②先导式电磁换向阀

先导式电磁换向阀由电磁先导阀和主阀两部分构成。其原理是用先导阀的电磁铁控制气路,产生先导压力,再由先导压力去推动主阀阀芯,使其换向。先导阀的流量小,主阀的流量通常较大。如图 12.19 所示为先导式单电控二位五通电磁换向阀。

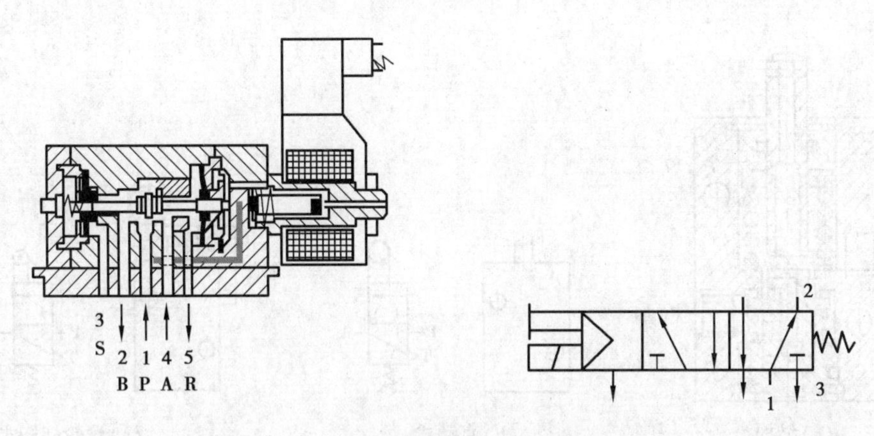

图12.19　先导式单电控二位五通电磁换向阀

1,2—电磁先导阀;3—主阀

(2)气控换向阀

气控换向阀可理解为先导式换向阀去掉先导阀,保留主阀部分。气控换向阀通过外加的气压信号为动力来切换主阀,控制回路换向。气控换向阀有加压控制、卸压控制和差压控制3种类型。加压控制是逐渐提高压力值,使阀换向;卸压控制是给阀逐渐减少压力值,使阀换向;差压控制是利用控制气压差使阀换向的一种控制方式。

如图12.20所示为单气控加压截止式二位三通换向阀的工作原理。如图12.20(a)所示为气控口K口没有控制信号时阀的状态,此时阀芯在弹簧力与P腔气压的作用下处于最上方,A—O口接通,P—A口断开。如图12.20(b)所示为气控口K口有控制信号时阀的状态,此时A—O口断开,P—A口接通。

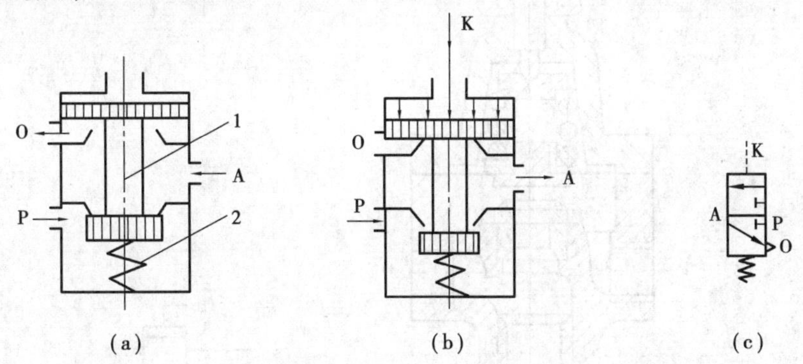

图12.20　单气控加压截止式二位三通换向阀的工作原理

1—阀芯;2—弹簧

(3)机控换向阀

靠外力使阀芯切换的阀,称为机控换向阀。外力可以是凸轮、滚轮、杠杆或撞块等机构,如图12.21所示。

12.3.2　压力控制阀

在气压传动与控制系统中,压力控制阀是调节和控制气压大小的控制阀。一般常见的有溢流阀、顺序阀和减压阀。

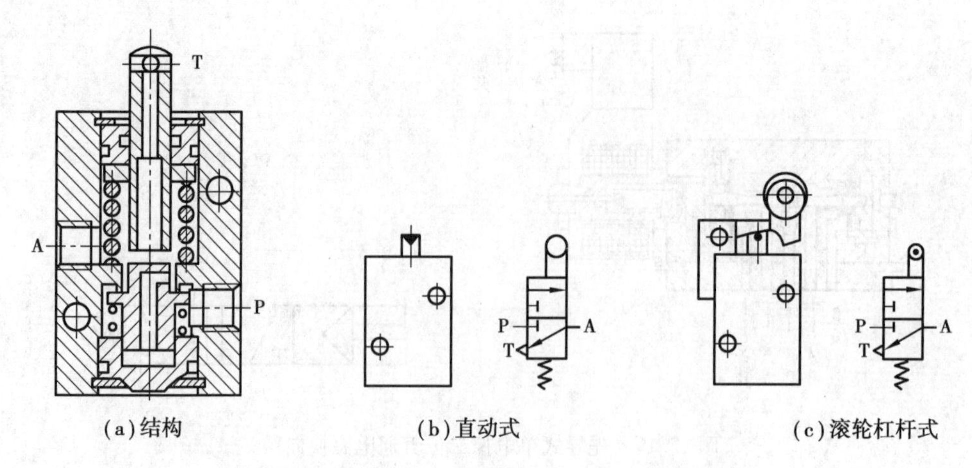

(a)结构　　(b)直动式　　(c)滚轮杠杆式

图 12.21　机控换向阀的结构及常用的机械控制方式

1)溢流阀

气压传动与控制系统中的溢流阀主要起到限定气压系统最高工作压力的作用,也可起到安全保护的作用。按结构,可分为直动式和先导式两种类型。

(1)直动式溢流阀

直动式溢流阀结构如图 12.22(a)所示。当气体作用在阀芯上的力和弹簧的作用力相互比较,随气压的增加压缩弹簧,阀芯上移,溢流阀开启,入口 P 维持一定的压力;入口 P 的气压降低低于弹簧的弹力,阀芯下移,阀芯关闭。如图 12.22(b)所示为该阀的图形符号。

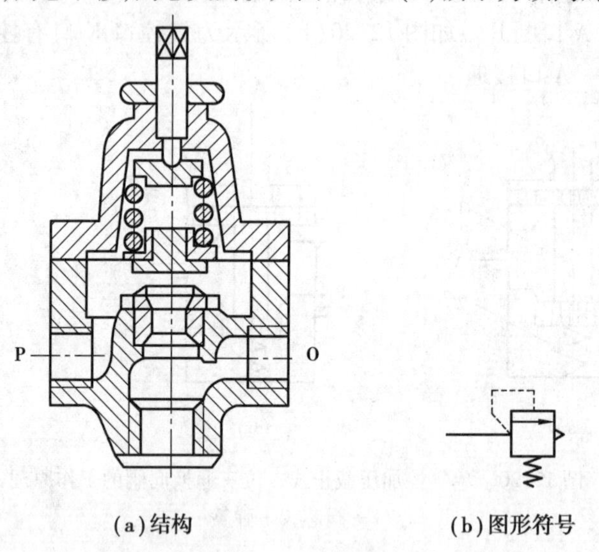

(a)结构　　(b)图形符号

图 12.22　直动式溢流阀

(2)先导式溢流阀

如图 12.23 所示为先导式溢流阀的结构与图形符号。它由先导阀和主阀两级构成。其先导阀通常是一个小型直动式减压阀。减压阀减压后的压缩气体从上部 K 口进入阀内,从而替代了直动式溢流阀的弹簧,故不会因调压弹簧在阀不同开度时的不同弹簧力而使调定压力产生波动,阀的流量特性好。先导式溢流阀适用于大流量和远距离控制的场合。

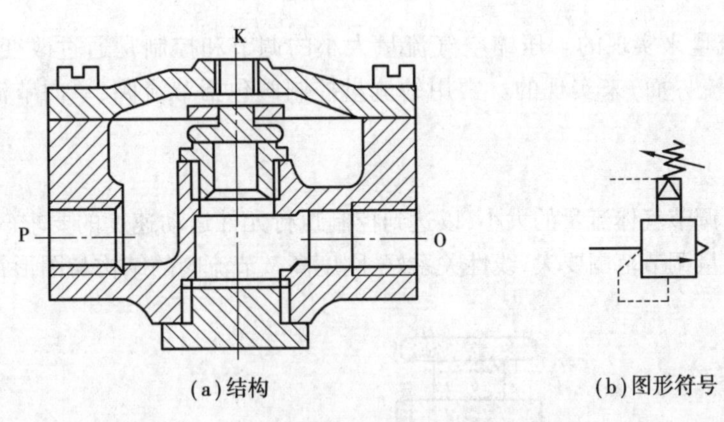

(a)结构　　(b)图形符号

图12.23　先导式溢流阀

2)顺序阀

气动顺序阀与液动顺序阀类似,都是压力的变化控制多个执行元件按顺序动作。气动顺序阀也是根据压力和调压弹簧的比较控制其开启或关闭。当输入压力达到顺序阀的调定压力时,阀口开启,有气流输出;反之,阀口闭合,无气流输出。顺序阀通常与单向阀组合在一起,构成单向顺序阀。

压缩空气由P口进入,单向阀6处于关闭状态。作用在活塞3上的压力超过压缩弹簧2的力,顶起活塞,顺序阀正向开启,压缩空气由A口流出。如图12.24(a)所示为单向顺序阀正向开启的情况。反向流动时,P口变成排气口,单向阀6只需要很小的压力即可开启,由O口排气,调节手柄1就可改变单向顺序阀的开启压力,以便在不同的空气压力下控制执行元件的顺序动作,如图12.24(b)所示。顺序阀的图形符号如图12.24(c)所示。

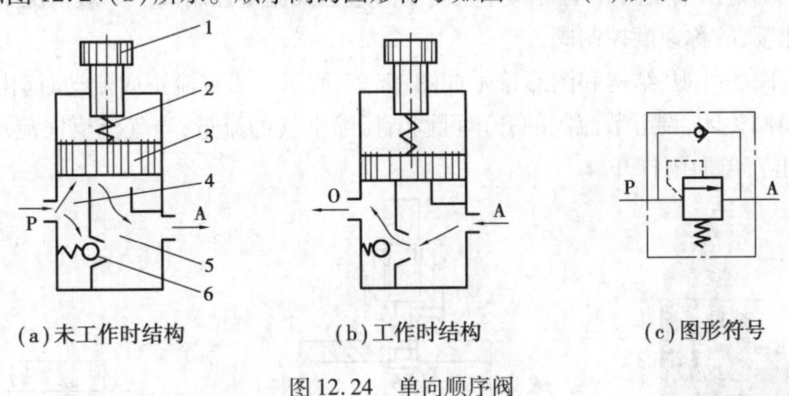

(a)未工作时结构　　(b)工作时结构　　(c)图形符号

图12.24　单向顺序阀

1—调节手柄;2—压缩弹簧;3—活塞;4—左腔;5—右腔;6—单向阀

3)减压阀

减压阀有出口压力恒定的定值减压阀,也有进出口压力差为定值的定差减压阀,还有进出口压力成比例的定比例减压阀,这一点与液压系统的减压阀是一致的。由于篇幅所限,这里不再讨论。

12.3.3　流量控制阀

在气压传动与控制系统中,控制执行元件的运动速度和油雾器的滴油量等都是通过控制压缩空气的流量来实现的。压缩空气流量大小的调节和控制是通过改变流量控制阀的开口大小(即通流界面)来实现的。常用的流量控制阀包括节流阀、单向节流阀、排气节流阀等。

1)节流阀

节流阀用于调节气体流量的大小,以达到控制执行元件运动速度的要求。对节流阀调节特性的要求是流量调节范围要大,线性关系好、刚度高。节流阀的结构与图形符号如图12.25所示。

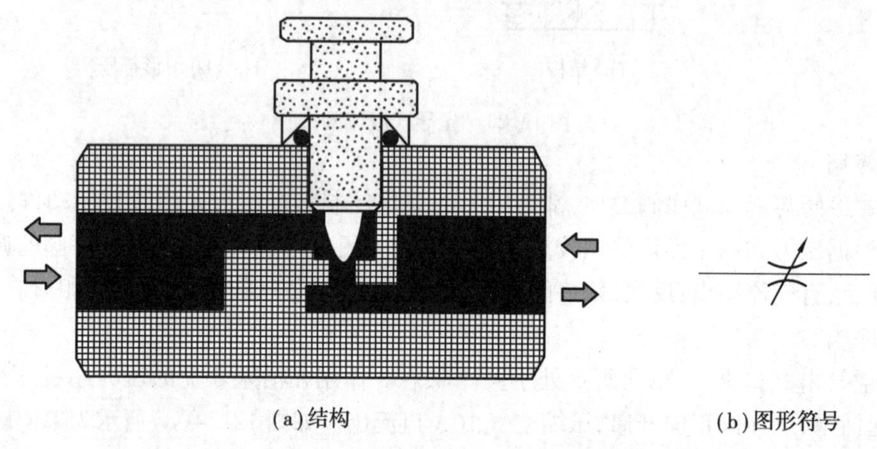

(a)结构　　(b)图形符号

图12.25　可调节流阀的结构及图形符号

2)单向节流阀

单向节流阀是由节流阀和单向阀并联而成的组合式流量控制阀。一般情况下用该阀控制气缸的运动速度,故称速度控制阀。

单向节流阀的外观、结构和图形符号如图12.26所示。当气流正向流动时(由1口流入,2口流出),单向阀关闭,调节节流阀的开口可调节压缩空气的流量;当气流反向流动时(由2口流入,1口流出),单向阀打开。

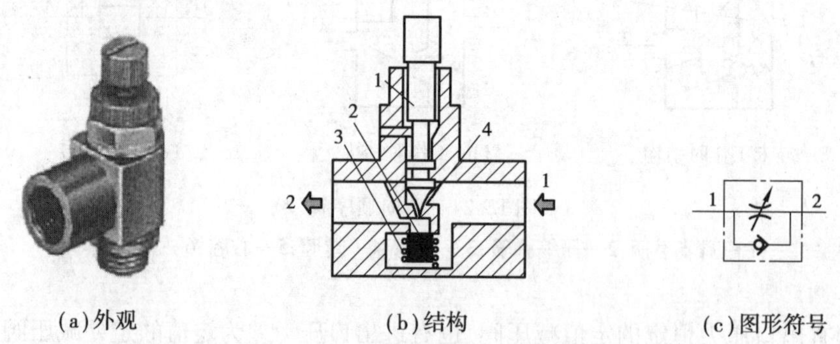

(a)外观　　(b)结构　　(c)图形符号

图12.26　单向节流阀的外观、结构和图形符号

1—螺杆;2,4—阀芯;3—弹簧

3)排气节流阀

排气节流阀调节排出气体的流量,达到改变、调节和控制执行元件运动速度的目的。它通常安装在气动装置的排气口处。在大多数情况下,为了降低噪声,排气节流阀上安装有消声器。如图12.27所示为排气节流阀的结构与图形符号。

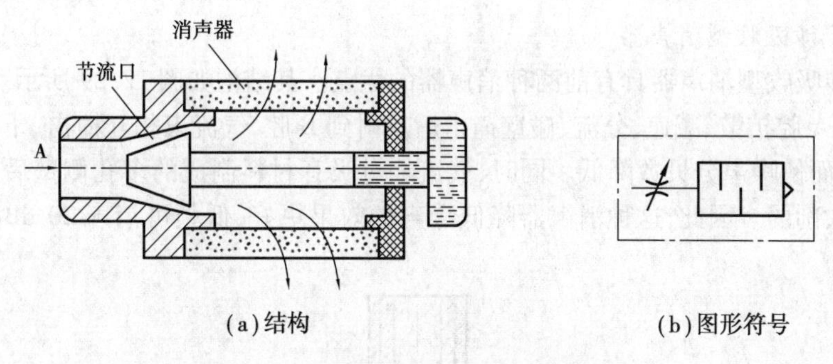

图12.27　排气节流阀的结构与图形符号

12.4　气压辅件

12.4.1　消声器

在生产现场噪声不能超过85 dB,一旦超过就会让人烦躁。随着噪声分贝数的增加,就会恶化工作环境,甚至危害人的健康。在气压传动与控制系统中,噪声会随着排气速度的提高而增加。功率提高,噪声分贝数也会增加,一般可达到100~120 dB。因此,在气压系统的排气口需要安装消声器来降低噪声。常见的消声器有以下3类:

1)膨胀干涉型消声器

膨胀干涉型消声器的形状呈管状。其直径比排气孔大得多。利用气流在里面扩散发射,互相干涉,减小了噪声强度。一般采用非吸音材料制成,开孔较大。其优点是排气阻力小,可消除中低频噪声;其缺点是体积较大。

2)吸收型消声器

吸收型消声器通常由吸音材料制作,达到可消声的目的。其结构与图形符号如图12.28所示。消声罩通常用聚苯乙烯颗粒或铜珠烧结而成。如果消声器的通径小于20 mm时,消声罩的材料为聚苯乙烯材料。当消声器的通径大于20 mm时,为了提高强度,消声罩多采用铜珠烧结。

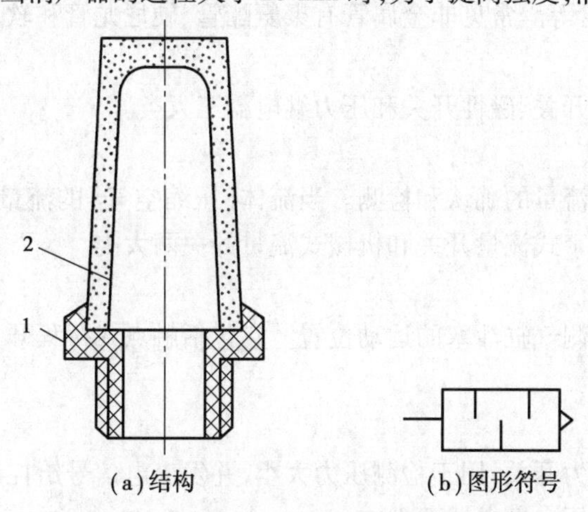

图12.28　吸收型消声器的结构与图形符号

1—连接件;2—消声罩

3)膨胀干涉吸收型消声器

膨胀干涉吸收型消声器具有前两种消声器的优点。其结构如图 12.29 所示。进气气流由斜孔引入,在 A 腔扩散、减速、分流、碰壁撞击后反射到 B 腔,气流束相互撞击、干涉,其能量进一步减速,从而使噪声分贝数降低。同时,气流经过吸音材料制成的多孔侧壁后排入大气,噪声能量被再次削弱。因此,这种消声器降低噪声的效果更好,低频可消声 20 dB,高频可消声 45 dB。

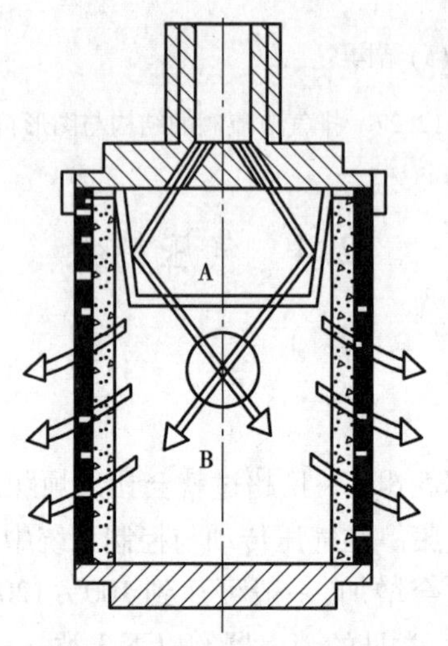

图 12.29 膨胀干涉吸收型消声器的结构

12.4.2 其他辅件

气压传动与控制系统中,还有一些其他辅件,如管件、开关和接头等。

1)管件

管件在气压传动与控制系统中起着连接各元件的重要作用。通过管件向各气动元件、装置和控制点输送压缩空气。因此,对管件的要求是:压力损失小,足够的强度,密封性好,容易安装和拆卸。管件包括管道和管接头。管件材料有金属和非金属两大类。常见金属管有紫铜管、不锈钢管和镀锌钢管等。常见非金属管有聚氨酯管、硬尼龙管和软尼龙管等。

2)开关

常见的开关有流量开关、磁性开关和压力继电器三大类。

(1)流量开关

流量开关用于流体流量的确认和检测。当流体(压缩空气)的流量达到一定值时,其触点便接通或断开。它有数字式流量开关和机械式流量开关两大类。

(2)磁性开关

磁性开关是用来检测气缸活塞的运动位置。它包括触点式行程开关和无触点式行程开关两类。

(3)压力继电器

压力继电器也称压力开关,用于检测压力大小,并发出电信号给控制电路。它包括触点式压力继电器和无触点式压力继电器两类。

思考与练习

简答题

1. 气源为什么要净化？气源装置主要由哪些元件组成？
2. 气动三联件包括哪 3 个元件？它们的安装顺序如何？
3. 气缸的自走现象是如何产生的？怎样才能消除？
4. 膜片气缸与活塞式气缸相比较，有什么特点？
5. 冲击气缸可作用在哪些设备上？
6. 油雾器为什么可在不停气的状态下加油？

第13章 气动回路和气压传动系统实例

气动系统由气源、气路、控制元件、执行元件及辅助元件等组成，并完成规定的动作。一个复杂的气路控制系统，往往是由一些具有特定功能的气动基本回路、功能回路和应用回路组成的。设计一个完整的气动控制回路，除了需要能实现预先要求的程序动作以外，还要考虑调压、调速、手动控制及自动控制等一系列问题。

基本回路是指对压缩空气的压力、流量、方向等进行控制的回路。基本回路包括供给回路、排出回路、单作用气缸回路及双作用气缸回路等；功能回路是控制执行元件的输出力、速度、加速度、运动方向及位置的回路，包括速度控制回路、力控制回路、转矩控制回路及位置控制回路等；应用回路是指在生产实践中经常用到的回路，一般由基本回路和功能回路组合或变形而成，如增压回路、同步回路、缓冲回路、平衡回路及安全回路等。

熟悉和掌握气动基本回路的工作原理和特点，可为设计、分析和使用比较复杂的气动控制系统打下基础。气动基本回路种类很多，其应用的范围也很广泛。本章主要介绍气动压力控制、气动方向控制和气动速度控制基本回路的工作原理及气动控制系统实例的相关应用。

13.1 气动压力控制回路

在气动控制系统中，进行压力控制主要有两个目的：一是提高系统的安全性，主要是指一次压力控制回路，如果系统中压力过高，除了会增加压缩空气输送过程中的压力损失和泄漏，还会使配管或元件破裂而发生危险。因此，压力应始终控制在系统的额定值以下，一旦超过了所规定的允许值，能迅速溢流降压。二是给元件提供稳定的工作压力，使其能充分发挥元件的功能和性能，主要是指二次压力控制回路。

13.1.1 一次压力控制回路

一次压力控制是指把空压机的输出压力控制在一定值以下。一般情况下，空压机的出口压力为0.8 MPa左右，并设置气罐，气罐上装有压力表、安全阀等。气源采用压缩空气站集中供气或小型空压机单独供气，只要它们的容量能与用气系统压缩空气的消耗量相匹配即可。

在正常向系统供气时,气罐中的压缩空气压力由电触点压力表4显示出来,其值一般低于安全阀的调定值。因此,安全阀9通常处于关闭状态。当系统用气量明显减少、气罐中的压缩空气过量而使压力升高到超过宿命阀的调定值时,安全阀自动开启溢流,使气罐中压力迅速下降。当气罐中压力降至安全阀的调定值以下时,安全阀自动关闭,使气罐中压力保持在规定范围内。可知,安全阀的调定值要适当。若过高,则系统不够安全,压力损失和泄漏也要增加;若过低,则会使安全阀频繁开启溢流而消耗能量,故安全阀压力的调定值一般可根据气动系统工作压力范围,调整在0.7 MPa左右。常用安全溢流阀、压力继电器或电接点压力表来控制空压机的转和停,使储气罐内压力保持在规定的范围内;采用溢流阀结构简单,工作可靠,但气量浪费大,采用电接点压力表对电机及控制要求较高,如图13.1所示。

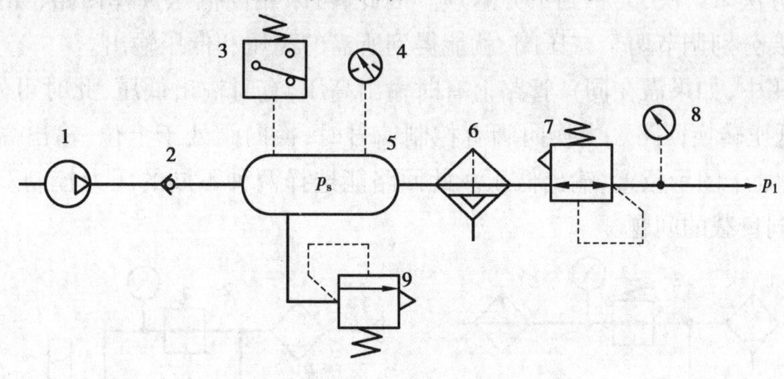

图13.1　一次压力控制回路

1—空气压缩机;2—单向阀;3—压力继电器;4—电触点压力表;
5—储气罐;6—空气过滤器;7—减压阀;8—压力表;9—安全阀

13.1.2　二次压力控制回路

二次压力控制是指把空压机输送出来的压缩空气,经一次压力控制后作为减压阀的输入压力 p_1,再经减压阀减压稳压后所得到的输出压力 p_2(称为二次压力),作为气动控制系统的工作气压使用。可知,气源的供气压力 p_1 应高于二次压力 p_2 所必需的调定值。

二次压力控制用于气动控制系统气源压力控制,以保证系统使用的气体压力为一稳定值。其回路主要由空气过滤器、减压阀、油雾器(气动三大件)组成,如图13.2所示。在选用回路时,可用3个分离元件组合而成,也可采用气源处理装置的组合件。在组合时,3个元件的相对位置不能改变。由于空气过滤器的过滤精度较高,因此,在它的前面还需要加一级粗过滤装置。若控制系统不需要加油雾器,则可省去油雾器或在油雾器之前用三通接头引出支路。另外,就是逻辑单元的供气应接在油雾器之前。

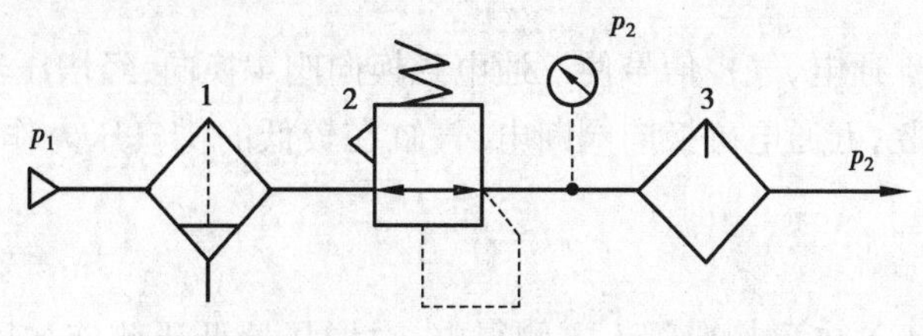

图13.2　二次压力控制回路

1—空气过滤器;2—减压阀;3—油雾器

13.1.3 高低压转换回路

气压传动的执行元件(即气缸)把气压能转换成机械能。气缸输出力是由供排气压力和活塞面积来决定的。因此,可通过改变压力和受压面积来控制气缸力。一般情况下,对已选定的气缸,可通过改变进气腔的压力来实现气缸出力控制。在实验应用中,某些气动控制系统需要有高低压力的选择。

例如,在三点焊机的气动控制系统中,用于控制工作台移动的回路的工作压力为0.25～0.3 MPa,而用于控制其他执行元件的回路的工作压力为0.5～0.6 MPa。对这种情况,若采用调节减压阀的办法来解决,会感到十分麻烦。因此,可采用高低压选择回路,如图13.3(a)所示。该回路只要分别调节两个减压阀,就能得到所需的高压和低压输出。

在实际应用中,如果需在同一管路上有时输出高压,有时输出低压,此时可先用如图13.3(b)所示的高低压转换回路。当换向阀有控制信号时,换向阀处于上位,输出高压;当换向阀无控制信号时,处于图示位置,输出低压。此回路能选择两种不同的压力控制双作用气缸,从而解决适合不同负载的问题。

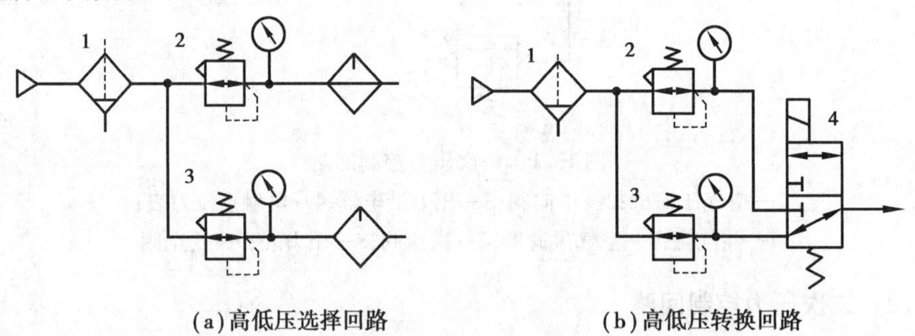

(a)高低压选择回路　　(b)高低压转换回路

图13.3　高低压控制回路

1—空气过滤器;2—高压回路;3—低压回路;4—三通电磁换向阀

13.1.4 增压回路

1)增压器增压回路

当压缩空气的压力较低,或气缸设置在狭窄的空间里,无法使用较大面积的气缸,而又要求很大的输出力时,可采用增压回路,如图13.4所示。增压回路一般使用增压器。增压器可分为气体增压器和气-液增压器。气-液增压器高压侧用液压油,以实现从低压空气到高压油的转换。

五通电磁换向阀1通电,气控信号使三通电磁换向阀4换向,经增压器6增压后的压缩空气进入气缸3的无杆腔,五通电磁换向阀断电,气缸在较低的供气压力作用下缩回,从而实现节能。

2)增压夹紧回路

如图13.5所示,五通电磁换向阀1左侧得电,对增压器低压侧施加压力,增压器动作,其高压侧产生高压油并供应给气缸3,推动气缸活塞动作并夹紧工件。五通电磁换向阀1右侧通电,可实现缸及增压器回程。使用该增压回路时,必须把气缸所需容积限制在增压器容量以内,并留有足够裕量;油、气关联部密封要好,油路中不得混入空气。

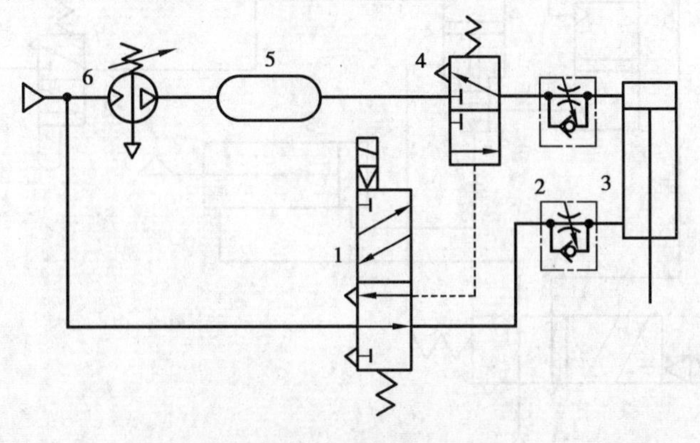

图 13.4　增压器增压回路

1—五通电磁换向阀;2—单向节流阀;3—气缸;

4—三通电磁换向阀;5—气罐;6—增压器

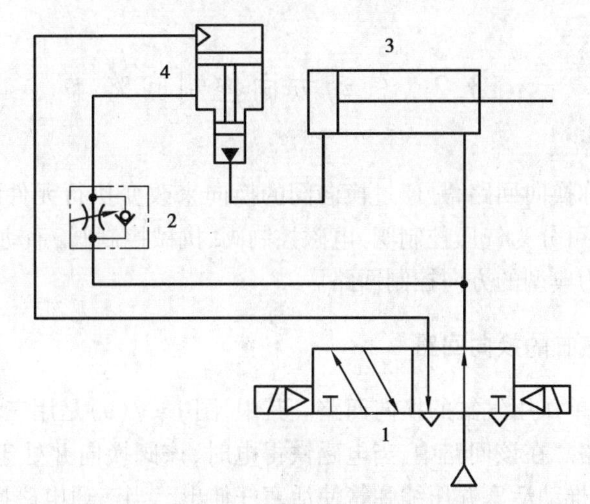

图 13.5　增压器增压回路

1—五通电磁换向阀;2—单向节流阀;3—气缸;4—增压器

13.1.5　冲压回路

冲压回路主要用于薄板冲床、压力机等。在实际冲压过程中,由于往往仅在最后很小一段行程里做功,其他行程不做功。因此,通常采用低压-高压二级回路,无负载时低压,有负载时高压。

如图 13.6 所示,五通电磁换向阀 1 通电后,压缩空气进入气-液转换器 2,使气缸 3 动作;当活塞前进到某一位置,触动高低压转换阀 5 时。该阀动作,压缩空气供入增压器,使增压器动作;由于增压器活塞向下运动,气-液转换器到增压器的低压液压回路被切断(内部结构实现),高压油作用于气缸进行冲压做功;当电磁阀复位时,气压进入增压器活塞及气缸的回程侧,使之分别回程。

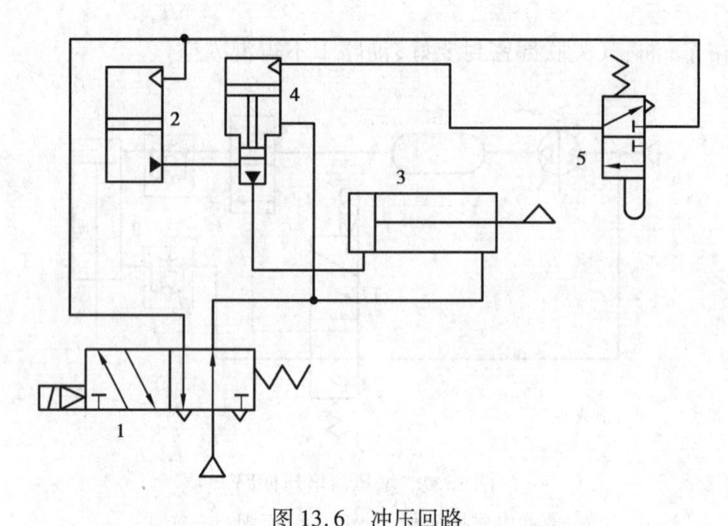

图 13.6　冲压回路
1—五通电磁换向阀;2—气-液转换器;3—气缸;4—增压器;5—高低压换向阀

13.2　气动方向控制回路

方向控制回路又称换向回路,是通过换向阀的换向来改变执行元件的运动方向的。换向型控制阀按驱动方式,可分为气压控制阀、电磁控制阀、机械控制阀、手动控制阀及时间控制阀等。下面介绍几种较为典型的方向控制回路。

13.2.1　单作用气缸的换向回路

如图 13.7 所示为单作用气缸的换向回路。其中,图 13.7(a)是用三通电磁换向阀 1 控制的单作用气缸左右回路。在该回路中,当电磁铁得电时,该阀换向并处于左位工作,压缩空气进入气缸 2 的无杆腔,推动活塞并压缩弹簧使活塞杆伸出。当三通电磁换向阀 1 断电时,该阀复位至图示位置。此时,活塞杆在弹簧力的作用下回缩,气缸无杆腔的余气经换向阀排气口排入大气。

如图 13.7(b)所示为五通电磁阀控制的单作用气缸左右和停止的回路。当五通电磁换向

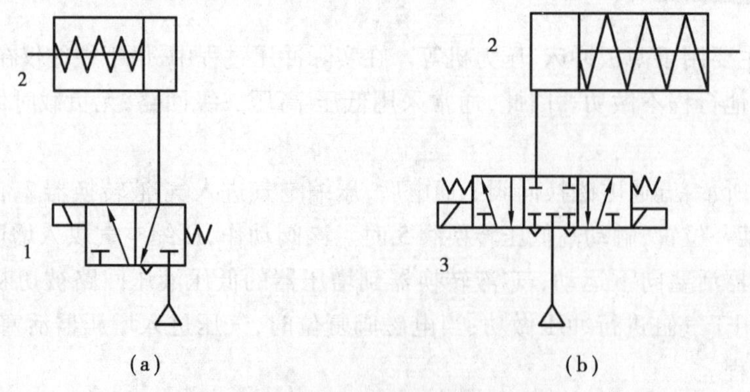

图 13.7　单作用气缸的换向回路
1—三通电磁换向阀;2—气缸;3—五通电磁换向阀

阀3左位工作时，压缩空气进入气缸2的无杆腔，推动活塞并压缩弹簧使活塞杆伸出。当五通电磁换向阀3右位工作时，活塞杆在弹簧力的作用下回缩，气缸2无杆腔的余气经换向阀排气口排入大气。该阀在两电磁铁均失电时能自动对中，使气缸停于任何位置，实现自锁和保压。但其定位精度不高，且定位时间不长。

这种回路具有简单、耗气少等特点，但气缸有效行程减小、承载能力随弹簧的压缩量而变化，在应用中气缸的有杆腔要设呼吸孔，否则不能保证回路正常工作。

13.2.2　双作用气缸的换向回路

如图13.8所示，双作用气缸的换向回路可分为比较简单的换向回路(见图13.8(a))和有中停位置的换向回路(见图13.8(b))。其工作原理基本相同，不同之处在于图13.8(b)具有中位停止定位功能，但其精度不高。当有K_1信号时，换向阀处于左位工作，气缸无杆腔进气，有杆腔排气，此时活塞杆伸出；当K_1信号撤除并加入K_2信号时，换向阀处于右位工作，气缸进气、排气方向互换，活塞杆回缩。由于双气控换向阀具有记忆功能，因此，气控信号K_1,K_2使用长短信号均可，但不允许K_1,K_2两个信号同时存在。

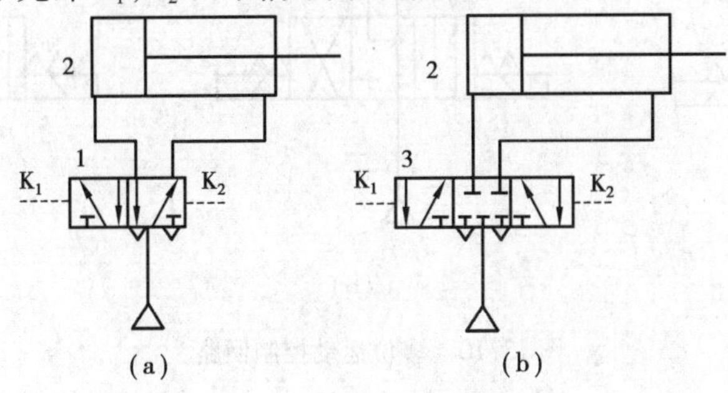

图13.8　双作用气缸的换向回路

1—三通电磁换向阀；2—气缸；3—五通电磁换向阀

13.2.3　差动控制回路

差动控制是气缸的无杆腔进气、活塞伸出时，有杆腔排的气又回到进气端的无杆腔。差动回路是指气缸的两个运动方向采用不同压力供气，从而利用差压进行工作的回路。如图13.9所示，该回路用一只二位三通电磁换向阀控制差动式气缸。当电磁阀得电处于左位时，气缸的无杆腔朝气，有杆腔排的气经换向阀也回到无杆腔形成差动控制回路。该回路与非差动连接回路相比较，在输入同等流量的条件下，其活塞的运动速度可提高，但活塞杆上的输出力要减小。当电磁阀位于右位时，气缸有杆腔进气，无杆腔余气经换向阀排出，活塞杆缩回。当双作用缸仅在活塞的一个移动方向上有负载时，采用该回路可减少空气的消耗量。但在气缸速度较低时，容易产生爬行现象。

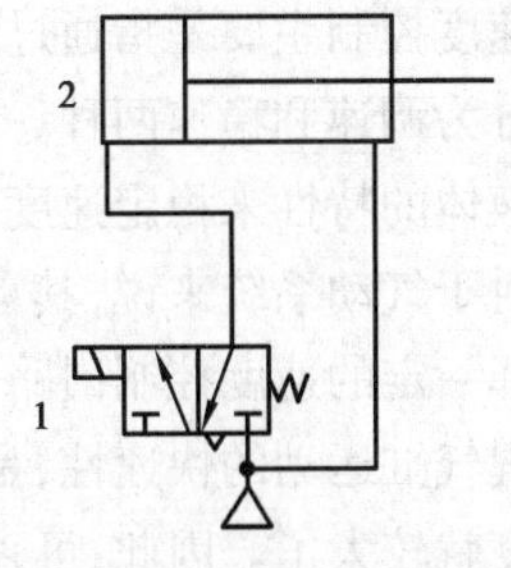

图13.9　差动控制回路

1—三通电磁换向阀；2—气缸

13.2.4　多位运动控制回路

多位运动控制回路利用三位换向阀的不同中位机能得到不同的控制方案，如图13.10所示。其中，图13.10(a)为中封式控制回路。当三位换向阀两侧均无控制信号时，阀处于中位，此时活塞停留在某一位置上。当阀的左端加入控制信号使阀处于左位时,气缸左端进气,右端排气,活塞向右运动。在活塞运动过程中,若撤去控制信号,则控制阀在对中弹簧的作用下又回到中位,而此时气缸两腔里的压缩空气均被封住,活塞停止在某一位置上。要使活塞继续向右运动,必须在使换向阀左端接入控制信号。另外,如果阀处于中位,要使活塞向左运动,只要使换向阀右端接入控制信号即可。如图 13.10(b)、(c)所示控制回路的工作原理与图 13.10(a)所示的回路基本相同,所不同的是在三位阀的中位机能不一样。当阀处于中位时,如图 13.10(b)所示回路中的气缸两端均与气源相通,即气缸两腔均保持气源的压力。由于气缸两腔的气源压力和有效作用面积都相等,因此,活塞处于平衡状态而停留在某一位置上;在如图 13.10 (c)所示回路中,气缸两腔均与排气口相通,即两腔均无压力作用,活塞处于浮动状态。

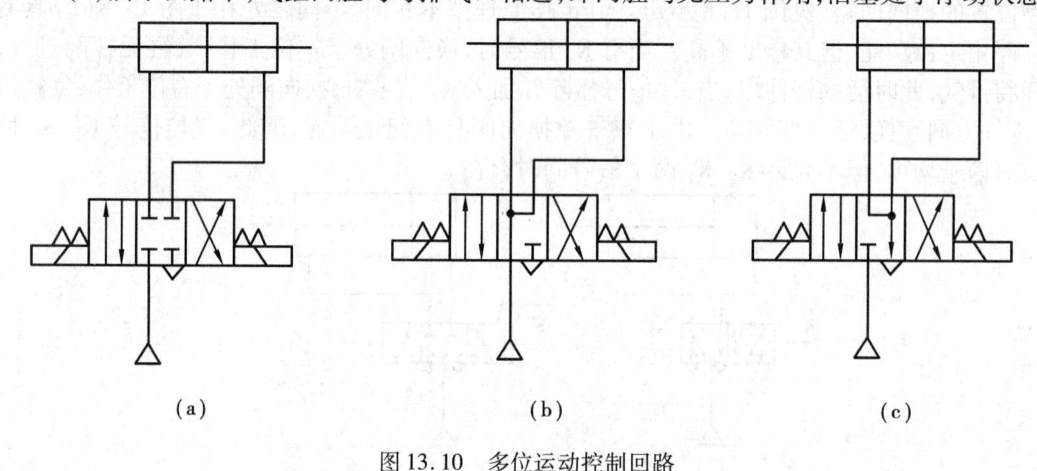

图 13.10　多位运动控制回路

13.3　气动速度控制回路

速度控制主要是指通过能流量阀的调节,达到对执行元件运动速度的控制。控制气缸速度可分为调速和稳速两种。调速是指改变气缸进排气管路的阻力;稳速是采用气-液转换法,利用液体的特性来稳定速度。

对于气动系统来说,其承受的负载较小,如果对执行元件的运动速度平稳性要求不高,那么选择一定的速度控制回路,以满足一定的调速要求是可以的。对于气动系统的调速来说,较易实现气缸运动的快速性,是其独特的优点。但是,由于空气的可压缩性,要想得到平衡的低速难度就较大了。因此,可采取一些措施,如气-液转换或气-液阻尼等方法,就能得到较好的平稳低速,即达到稳速的目的。速度控制回路的实现都是通过改变回路中流量阀的流通面积以达到对执行元件的调速的目的的。其具体方法有以下 3 种:

13.3.1　单作用气缸的速度控制回路

1)双向调速回路

在如图 13.11 所示的回路中,通过两个单向节流阀串联连接,分别实现进气节流和排气节流来控制气缸活塞杆伸出和缩回的运动速度。

2)慢进快退调速回路

在如图13.12所示的回路中,当有控制信号K时,换向阀1换向,其输出经单向节流阀2、快排阀进入单作用气缸3的无杆腔,使活塞杆慢速伸出,伸出速度的大小取决于节流阀的开口量。当无控制信号K时,换向阀复位,无杆腔的余气经快排阀排入大气,活塞杆在弹簧的作用下缩回。快排阀至换向阀连接管内的余气经单向节流阀、换向阀的排气口排出。这种回路适用于要求执行元件慢速、快速返回的场合,尤其适用于执行元件的结构尺寸较大、连接管路细而长的回路。

综上所述,即当气缸活塞上升时节流调速,下降时则通过快速排气阀排气,使活塞杆快速返回。

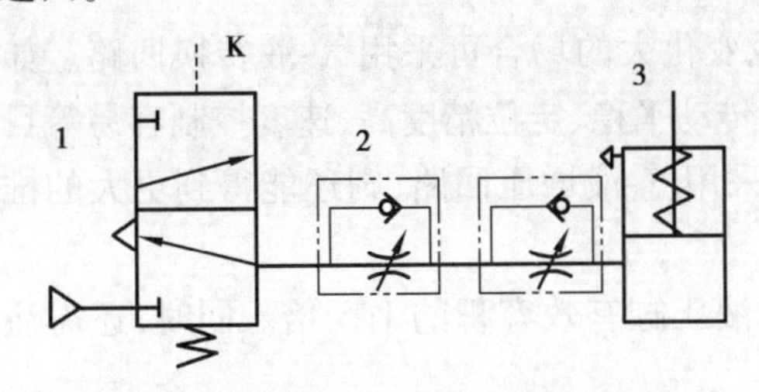

图13.11　双向调速回路

1—换向阀;2—单向节流阀;3—单作用气缸

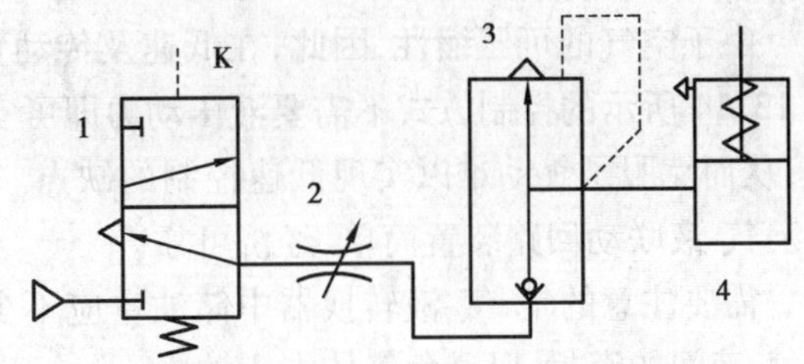

图13.12　慢进快退调速回路

1—换向阀;2—节流阀;3—快排阀;4—单作用气缸

13.3.2　双作用气缸的速度控制回路

在气缸的进气侧进行流量控制时,称为进气节流;在排气侧进行流量控制时,称为排气节流。一般来说,进气节流多用于垂直安装的气缸支承腔的供气回路,如单作用气缸和气马达等。根据使用目的和条件,也采用进气节流控制。因此,可通过进排气的节流来控制双作用气缸的运行速度。

如图13.13所示的进排气节流调速回路,控制一个双作用气缸。在进气节流调速回路(见图13.13(a))中,气缸排气腔压力很快降至大气压,而进气腔压力的升高比排气腔压力的降低缓慢。当进气腔压力产生的合力大于活塞静摩擦力时,活塞开始运动。由于动摩擦力小于静摩擦力,因此,活塞运动速度较快,由此进气腔急剧增大,而因进气节流限制了供气速度,使进

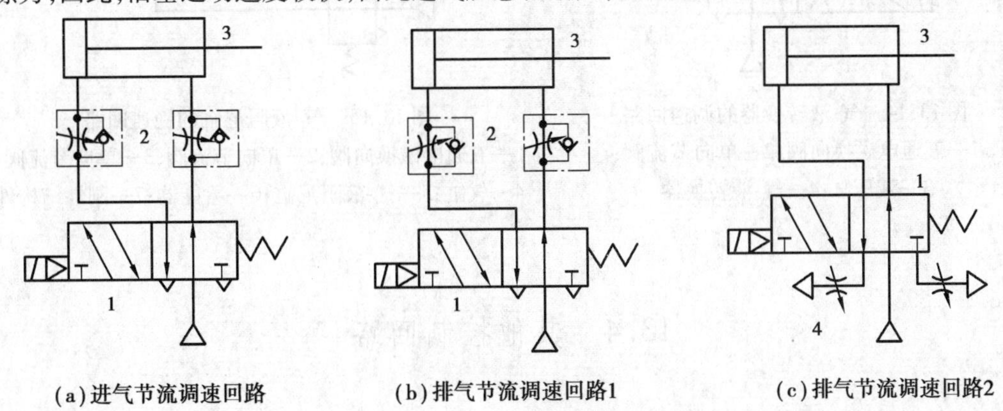

图13.13　进排气节流调速回路

1—五通电磁换向阀;2—单向节流阀;3—气缸;4—节流阀

气腔压力降低,故容易造成气缸的爬行现象。

在排气节流调速回路(见图13.13(b)、(c))中,因排气腔内可建立与负载相适应的背压,在负载保持不变或微小变动的条件下,故运动较平稳,调节节流阀的开度即可调节气缸往复运动速度。从节流阀的开度和速度的比例性、初始加速度、缓冲能力等特性来看,双作用气缸一般采用排气节流控制。图13.13(b)与图13.13(c)的回路调速效果基本相同,但从成本上考虑,如图13.13(c)所示的回路经济一些。

13.3.3 气-液联动的速度控制回路

1)采用气-液转换器的调速回路

由于空气的可压缩性,因此,在低速及传动负载变化大的场合可采用气-液转换回路。如图13.14所示的控制方式不需要液压动力即可实现传动平稳、定位精度高、速度控制容易等目的,从而克服了气动难以实现低速控制的缺点。若采用气-液增压回路,则还能得到更大的推力。气-液联动回路装置简单,经济可靠。

需要注意的是,气-液转换器中储油量应不少于液压缸有效容积的1.5倍。同时,还需注意气-液间的密封,以避免气体混入油中。

2)采用气-液阻尼缸的稳速回路

如图13.15所示,此回路比串联形式结构紧凑,气、液不易相混。不足之处是,如果安装时两缸轴线不平行,会因机械摩擦导致运动速度不平稳。

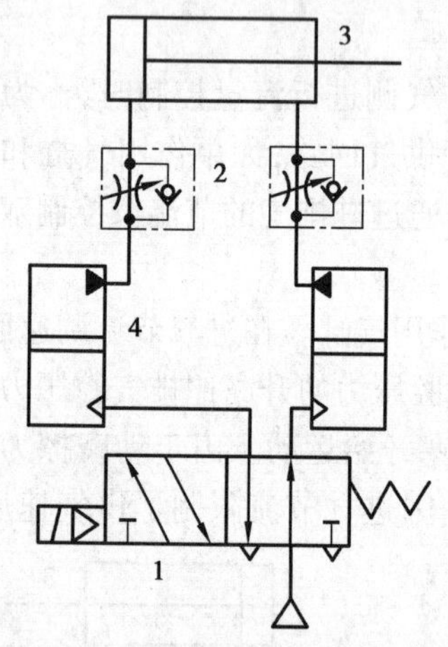

图13.14 气-液转换器的调速回路
1—五通电磁换向阀;2—单向节流阀;3—液压缸;4—气-液转换器

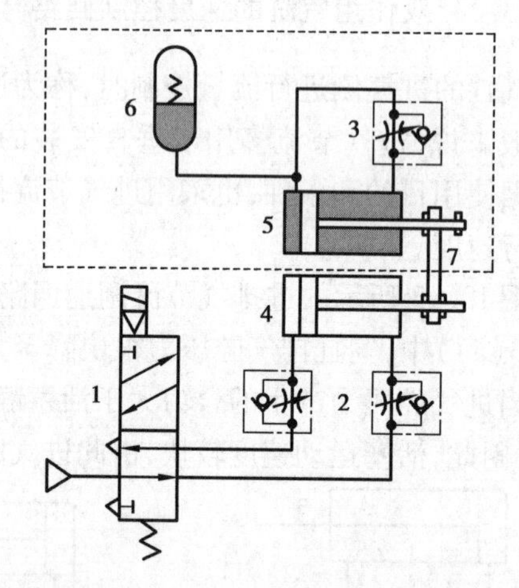

图13.15 气-液阻尼缸的稳速回路
1—五通电磁换向阀;2—单向节流阀;3—单向节流阀;4—气缸;5—气-液阻尼缸;6—蓄能器;7—刚性结构件

13.4 其他控制回路

在气动系统中,除了换向回路、压力控制回路和速度控制回路外,根据工作要求,还经常使用下面一些回路。

13.4.1　平衡回路

平衡回路是指保持外负载与气缸压力所产生的力相平衡,控制气缸速度或位置的回路。气动平衡回路不同于液压回路,因空气的压缩性,故在负载移动剧烈的装置中,有时也采用气-液转换回路或气-液阻尼缸。

1)平衡基本回路

如图13.16(a)所示,如果气缸承受的负载与减压阀设定压力所产生的推力相平衡,负载可停止在任意位置上。从理论上说,只要气缸内压与负载稍有不同,就会发生移动,但实际上因活塞的摩擦阻力,气缸可在平衡点附近一个小的范围内仍然保持停止状态。

2)平衡应用回路

如图13.16(b)所示为任意位置停止的起重机回路。在此回路中,调节减压阀1的压力使之与负载平衡,先导气控三位四通阀2用于在气缸6空气泄漏和活塞移动时供气和排气,节流阀3是在无负载时为保证先导气控三位四通阀处于中位状态而向先导气控三位四通阀右端提供一定的压缩空气(防止因空气泄漏而引起的控制压力降低),物体的提升和下降由三通手动换向阀4实现,溢流阀5是为使气缸出力与机构总质量平衡而设置的。

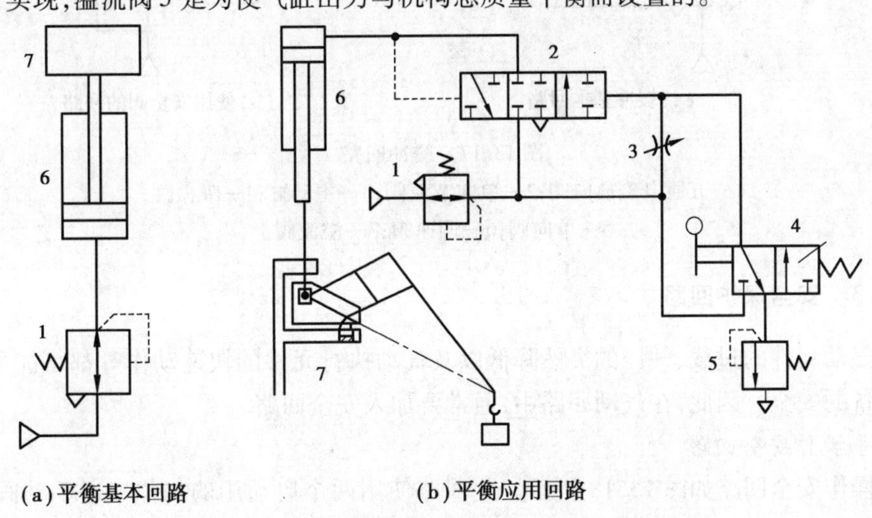

(a)平衡基本回路　　(b)平衡应用回路

图13.16　平衡回路

1—减压阀;2—先导气控三位四通阀;3—节流阀;
4—三通手动换向阀;5—溢流阀;6—气缸;7—负载

13.4.2　缓冲回路

气缸驱动较大负载高速移动时,会产生很大的动能。将此动能从某一位置开始逐渐减少,最终使负载在指定位置平稳停止的回路,称为缓冲回路。

缓冲的方法大多是利用空气的可压缩性,在气缸内设置气压缓冲装置。此外,还有在外部设置吸振气缸的方法。但对行程短、速度高的情况,气缸内设气压缓冲吸收动能较困难,一般采用液压吸振器。

1)缓冲基本回路

在如图13.17(a)所示的缓冲基本回路中,驱动负载的气缸(主动缸3)运动时具有很大的动能，到达停止前的某个位置时，触动吸振缸4的活塞杆，使吸振缸的压力上升，缸内空气经单向节流阀2和五通电磁换向阀1排出。当主动缸返回时，吸振缸也同时被供气，活塞杆伸出。

由于空气有压缩性，因此，在使用这种回路时，节流阀开度必须调节适当，否则会产生能量吸收不足，发生撞击或能量吸收过大发生反弹现象。

2）使用安全阀的回路

在如图13.17(b)所示使用安全阀的回路中，溢流阀7避免气缸（主动缸3）内压力过高。若无溢流阀，调速阀6将会产生很大的压力，单向阀5的作用是吸振缸回程时，压缩空气经其供入，使活塞返回原位；采用这种安全阀回路方式时，由于限制了缸内压力，会使气缸的缓冲行程拉长。

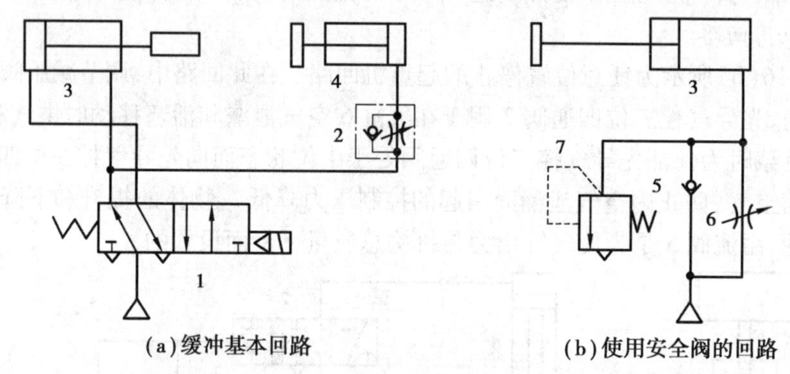

图13.17 缓冲回路

1—五通电磁换向阀；2—单向节流阀；3—主动缸；4—吸振缸；
5—单向阀；6—调速阀；7—溢流阀

13.4.3 安全保护回路

由于气动元件的过载、气压的突然降低以及气动执行元件的快速动作等都可能危及操作人员或设备的安全。因此，在气动回路中，通常要加入安全回路。

1）双手操作安全回路

双手操作安全回路如图13.18所示。此回路使用两个启动用的二位三通手动阀1，2，只有同时按动这两个阀，回路才会动作。这在锻压、冲压设备中常用来避免误动作，以保护操作者的安全及设备的正常工作。另外，这两个阀还由于安装在单手不能同时操作的位置上，因此

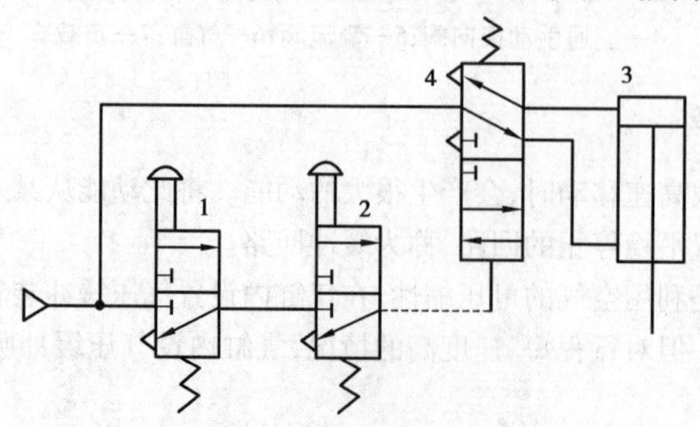

图13.18 缓冲基本回路

1，2—二位三通手动阀；3—气缸；4—五通电磁换向阀

在操作时,只要任何一只手离开,则控制信号消失,主控阀复位,而使活塞杆后退,实际上给主阀的控制信号是1,2相“与”的信号。

2)防止下落回路

气缸用于起吊重物时,如果突然停电或停气,气缸将在负载重力的作用下伸出,故需采取安全措施,防止气缸下落,使气缸能保持在原位置。防止气缸下落,可在回路设计时采用二位二通阀或气控单向阀封闭气缸两腔的压缩空气,或采用内部带有锁定机构的气缸。

3)过载保护回路

当活塞杆在伸出途中遇到故障或其他原因使气缸过载时,活塞能自动返回的回路,称为过载保护回路。如图13.19所示,当活塞杆在伸出途中,若遇到偶然障碍或其他原因使气缸过载时,活塞就立即缩回,实现过载保护。在活塞伸出的过程中,若遇到障碍,无杆腔压力升高,打开顺序阀3从而使二通电磁阀2换向,则四通电磁阀4随即复位,活塞立即退回;同样,若无障碍示意6,气缸向前运动时压下二通机动阀5,活塞也即刻返回。

4)互锁回路

该回路能防止各气缸的活塞同时动作,而保证只有一个活塞动作。如图13.20所示,四通电磁阀4的换向受3个串联的三通机动阀控制,只有3个都接通,主控阀才能换向。

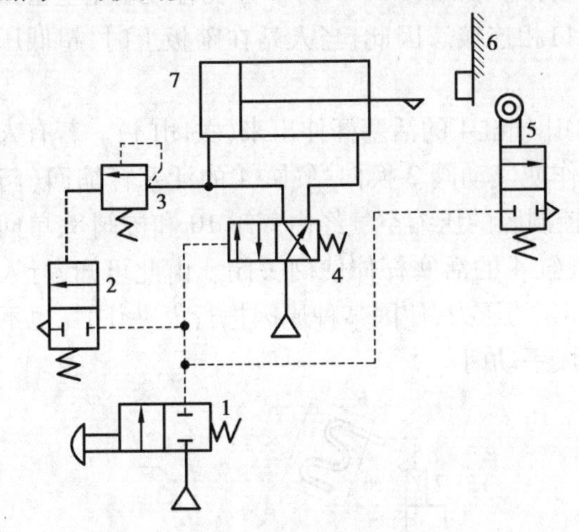

图13.19　过载保护回路

1—二通手动阀;2—二通电磁阀;3—顺序阀;4—四通电磁阀;5—二通机动阀;6—障碍示意;7—气缸

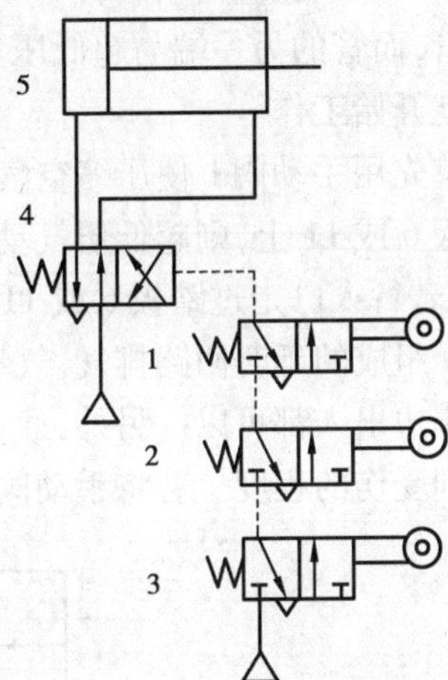

图13.20　互锁回路

1,2,3—三通机动阀;4—四通电磁阀;5—气缸

13.5　气动控制系统实例

气动技术是实现工业生产机械化、自动化的方式之一。由于气压传动系统使用安全、可靠,可在高温、易燃、强磁及辐射等恶劣环境下工作,因此,其应用日益广泛。本节简要介绍几种气压传动及控制系统在生产中的应用实例。

13.5.1　门户开闭装置

门的形式有推门、拉门、屏风式的折叠门、左右门扇的门以及上下关闭的门等,在此就拉门、旋转门的启动回路加以说明。

1)拉门的自动开闭回路之一

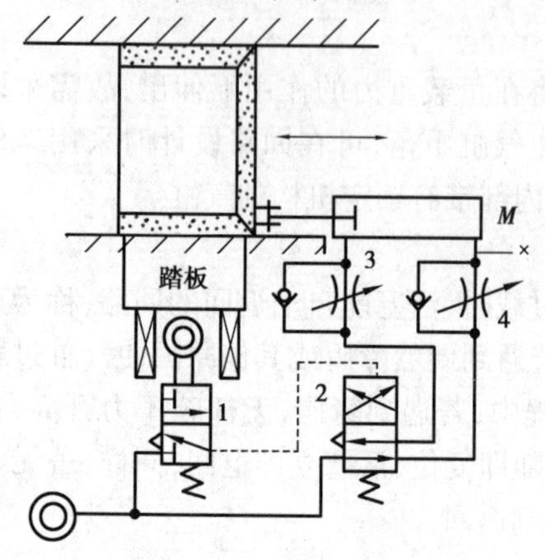

图 13.21　拉门的自动开闭回路之一

1—检测阀;2—换向阀;3,4—单向节流阀

在如图 13.21 所示的自动开闭回路中,自动门是在门的前后装有略微浮起踏板,行人踏上踏板后,踏板下沉至检测阀 1,门就自动打开,行人走过去后,检测阀自动地复位换向,门就自动关闭。此回路中的单向节流阀 3,4 起着重要作用,通过它们的调节可实现门开关的速度。此外,在 M 处装有手动闸阀,作为故障时的应急办法。当检测阀 1 发生故障而打不开门时,打开手动闸阀把空气放掉,用手可把门打开。

2)拉门的自动开闭回路之二

如图 13.22 所示为另一种自动开闭回路。该装置通过连杆机构将气缸活塞杆的直线运动转换成门的开闭运动,利用超低压气动阀 7,12 来检测行人的踏板动作。在踏板 6,11 的下方装有一端完全密封的橡胶管,而管的另一端与超低压气动阀的控制口相连接。因此,当人站在踏板上时,超低压气动阀就开始工作。

首先用手动阀1 使压缩空气通过气动阀2 让气缸4 的活塞杆伸出来(关闭门)。若有人站在踏板 6 或 11 上,则超低压气动阀 7 或 12 动作使气动阀 2 换向,气缸 4 的活塞杆缩回(门打开)。若行人已走过踏板 6 或 11,则气动阀 2 控制腔的压缩空气经由气罐 10 和梭阀 8、单向节流阀 9 组成的延时回路排气,气动阀 2 复位,气缸 4 的活塞杆伸使门关闭。由此可知,行人从门的哪边出入都可以。另外,通过调节减压阀 13 的压力,使因某种原因把行人夹住时,也不至于达到受伤的程度。若将手动阀 1 复位,则变成手动门。

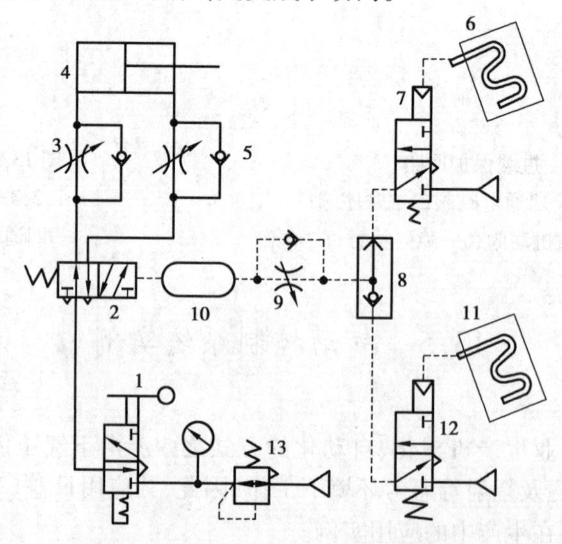

图 13.22　拉门的自动开闭回路之二

1—手动阀;2—气动阀;3,5,9—单向节流阀;4—气缸;

6,11—踏板;7,12—超低压气动阀;8—梭阀;10—气罐;13—减压阀

13.5.2　气动夹紧系统

如图13.23所示为机床夹具的气动夹紧系统。通过垂直缸活塞杆下降将工件压紧,两侧的气缸活塞杆再同时前进,对工件进行两侧夹紧,加工完后各夹紧缸退回,将工件松开。

其具体工件原理是:首先踩下脚踏阀1,压缩空气进入气缸A的上腔,使夹紧头下降夹紧工件。当压下行程阀2时,空气经单向节流阀6进入气控换向阀4(调节节流阀开口,可控制气控换向阀的延时接通时间)。因此,压缩空气通过主阀3进入工件两侧气缸B和C的无杆腔,使活塞杆前进而夹紧工件。然后钻头开始钻孔,同时流过主阀3的一部分压缩空气经过单向节流阀5进入主阀3的右控制端,经过一段时间(由节流阀控制)后主阀3右侧形成信号使其换向,两侧气缸后退到原来位置。现时一部分压缩空气作为信号进入脚踏阀1的右端,使脚踏阀1右位接通,压缩空气进入气缸A的下腔,使夹紧头退回原位。

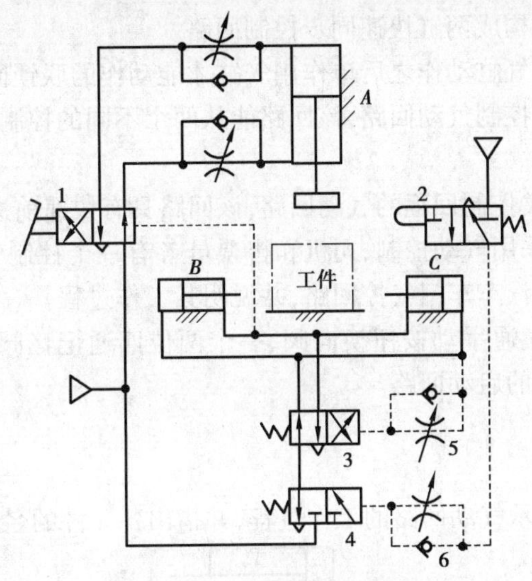

图13.23　气动夹紧系统

1—脚踏阀;2—行程阀;3—主阀;4—气控换向阀;5,6—单向节流阀

思考与练习

一、简答题

1. 气动回路中为什么需要增力回路?具体有哪些实施方案?

2. 如何保证气缸能在中间任意位置停止?哪个方案有保证停止位置更精确?

3. 液压系统有哪些调节执行元件运动速度的方法?气动系统中又是如何实现调速的?

4. 为什么气动系统通常采用排气节流调速而不采用进气节流调速?为什么有些场合需要采用气-液联动速度调节回路?

二、设计题

1. 试绘制两种能实现“快进—工进—快退”自动工作循环的回路。

2. 试绘制一气动回路,其条件是 3 个不同输入信号中任何一个输入信号均可使气缸前进,当活塞伸到头自动后退。

3. 试绘制一气动回路,其条件是只有 3 个输入信号同时输入才可使气缸前进,当活塞伸到头自动后退。

4. 设计一个限位开关控制气动回路,能使气缸完成单次循环功能。

5. 设计一个压力控制气动回路,能使气缸完成单次循环功能。

6. 试利用两个双作用气缸、一个气动顺序阀、一个二位四通单电控制换向阀组成顺序动作回路。

7. 试利用气动调速阀构成两缸快速同步控制回路。

8. 试设计一个双作用气缸动作之后单作用气缸才能动作的联锁回路。

9. 设计一个限位开关控制气动回路,该回路能从两个不同的控制点采用手动或脚踏控制,使气缸完成单次循环功能。

10. 设计一个限位开关控制回程的气动回路,该回路具有快速前进、慢速回行的功能。

11. 长途公共汽车门采用气动控制,司机和售票员各有一个控制气动开关,以控制汽车门的开和关。试设计此公共汽车车门气控回路,并说明其工作过程。

12. 试利用 3 个两位三通手动按钮换向阀、一个两位四通记忆阀和一个气动梭阀组成手动—自动选择并手动启动的启动回路。

三、分析题

试分析如图 13.24 所示气动回路的工作过程,并指出各元件的名称。

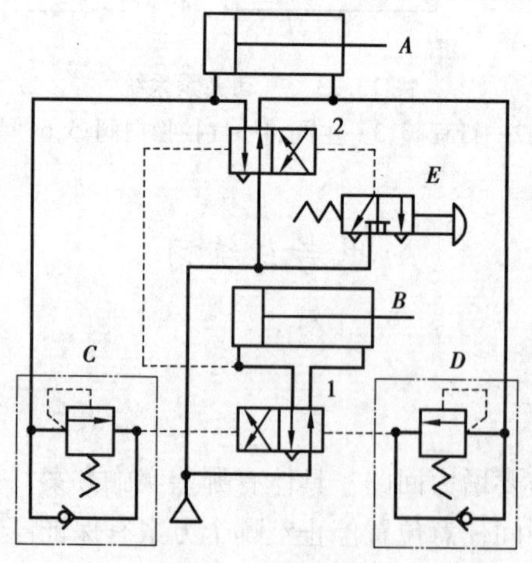

图 13.24　气动回路

参考文献

[1] 李培根,林萍华. 液压与气压传动[M]. 武汉:华中科技大学出版社,2015.
[2] 成大先. 机械设计手册:第5卷[M]. 北京:化学工业出版社,2016.
[3] 张利平. 液压泵及液压马达原理与使用维护[M]. 北京:化学工业出版社,2014.
[4] 谢群. 液压与气压传动[M]. 北京:国防工业出版社,2011.
[5] 许贤良. 液压传动[M]. 北京:国防工业出版社,2011.
[6] 孙继山. 液压与气动技术[M]. 北京:机械工业出版社,2014.
[7] 王洁. 液压元件[M]. 北京:机械工业出版社,2013.
[8] 杨培元,朱福元. 液压系统设计简明手册[M]. 北京:机械工业出版社,2012.
[9] 梁全,谢基晨,聂利卫. 液压系统 Amesim 计算机仿真进阶教程[M]. 北京:机械工业出版社,2016.
[10] 沈兴全,吴秀玲. 液压传动与控制[M]. 北京:国防工业出版社,2005.
[11] 雷玉勇,刘克福. 液气压传动与控制[M]. 重庆:重庆大学出版社,2013.
[12] 盛小明,刘忠,张洪. 液压与气压传动[M]. 北京:科学出版社,2014.
[13] 陈清奎,刘延俊,等. 液压与气压传动[M]. 北京:机械工业出版社,2019.
[14] 吴向东,李卫东. 液压与气压传动[M]. 北京:北京航空航天大学出版社,2018.
[15] 王慧. 液压与气压传动[M]. 沈阳:东北大学出版社,2011.
[16] 刘银水,陈尧明,等. 液压与气压传动学习指导与习题集[M]. 北京:机械工业出版社,2016.
[17] 姚平喜,唐全波. 液压与气压传动[M]. 武汉:华中科技大学出版社,2015.
[18] 黄志坚. 实用液压气动回路880[M]. 北京:化学工业出版社,2018.
[19] 马恩,李素敏,等. 液压与气压传动[M]. 北京:高等教育出版社,2010.
[20] SMC(中国)有限公司. 现代实用气动技术[M]. 3版. 北京:机械工业出版社,2018.